家有妙招：
智慧生活大宝库

王 浩◎编著

中国华侨出版社

图书在版编目(CIP)数据

家有妙招：智慧生活大宝库 / 王浩编著. —— 北京 :中国华侨出版社, 2015.6
ISBN 978-7-5113-5488-4

Ⅰ.①家… Ⅱ.①王… Ⅲ.①家庭生活－基本知识Ⅳ.①TS976.3

中国版本图书馆CIP数据核字（2015）第 138138 号

家有妙招：智慧生活大宝库

编　　著：王　浩
出 版 人：方　鸣
责任编辑：晴　裳
封面设计：吕秉夏
文字编辑：徐胜华
美术编辑：北京东方视点数据技术有限公司
经　　销：新华书店
开　　本：720 mm × 1020 mm　　1/16　　印张：24　　字数：561千字
印　　刷：北京鑫海达印刷有限公司
版　　次：2016年1月第1版　　2017年7月第2次印刷
书　　号：ISBN 978-7-5113-5488-4
定　　价：58.00元

中国华侨出版社　　北京市朝阳区静安里26号通成达大厦三层　　邮编：100028
法律顾问：陈鹰律师事务所
发 行 部：（010）65772781　　　　传真：（010）65756570
网　　址：www.oveaschin.com
E-mail：oveaschin@sina.com

如果发现印装质量问题，影响阅读，请与印刷厂联系调换。

前言

你是否常常被生活中的一些麻烦事儿弄得焦头烂额？是否常常为这些事情向邻居或朋友请教解决的办法？比如衣服上莫名其妙地出现一些黄斑，怎么洗都洗不掉；总是因为去土豆皮而浪费很多时间；煮稀饭时常常会溢出来，弄得锅沿上全是米汤刷起来很费劲；家里有一些旧手套、旧器具等，不知道如何利用起来；买手机时不会鉴别真假……如果你不懂得如何巧妙地处理它们，一个看似很简单的小麻烦都会成为令人头疼的大难题，给生活带来诸多不便，费时、费力又费钱。你是否又曾发现，同样的问题在别人眼中只是小菜一碟，根本不成其为问题，这是为什么？

事实上，日常生活中的很多麻烦和难题都可以用充满智慧的妙招来化解，而不是蛮干和苦干。妙招贵在巧妙、快速、简便，它可以让我们少走弯路，巧妙地将繁杂琐碎的事务简单化，省时、省力、省心又省钱，少花钱多办事，甚至不花钱就能解决大问题。如用开水冲烫可快速去除土豆皮，大大节省做饭时间；煮粥时抹一些油在锅沿上便可防止溢锅，不用再一遍一遍地去察看；输入几个字符便可鉴别手机是行货还是水货，不会再上当受骗，诸如此类的妙招会使不少烦恼即刻得到解决，提高生活质量。

本书汇总了数千条高招、绝招、巧招、妙招，针对我们在衣、食、住、用、行中经常遇到的问题，提供最便捷、最巧妙、最有效、最省钱的解决途径，帮助我们将家务打理得井井有条，轻松管理自身健康，是一部全面实用、即查即用的生活百宝箱。书中提供的妙招都是人们生活智慧的结晶，经过无数验证，所用材料随手可得，方法简便易行，效果显著，并尽可能提供多种不同的答案和解决方法，以便读者从中选择最适合的一种，或根据实际情况进行变通。善用这些妙招，不但可帮助我们轻松解决各种生活难题，还能使我们举一反三，在遇到新的问题时，能够开动脑筋自发寻找解决途径，成为真正的持家高手。

本书共分为五篇：服饰穿用篇针对我们在衣物的清洗、熨补，鞋子的修理、保养等方面遇到的难题，提供切实有效的妙招，如怎样洗衣服防褪色，怎么防止毛衣起球，如何清洗衣服上的各种污渍，皮衣怎么防皱，怎么去除皮鞋的白斑等；饮食烹调篇为我们解决食品的洗切、烹调、储鲜、特色食品的制作等方面的难题，如何快速去除桃毛？如何去除羊肉膻味？煎炸食物时如何防油外溅？使我们在柴米油盐酱醋茶的生活中过得轻松自如；居家休闲篇针对我们在居

1

室的美化、装修、清洁、去味、防虫及养鱼钓鱼、花卉养护等方面遇到的问题，提供各种解决途径，让你几分钟就能做完家务；物尽其用篇教我们充分利用起家里的各种物品，让没用的东西重获生命，变废为宝，避免浪费，同时不再为家里用剩的瓶瓶罐罐和其他废旧物品犯愁；消费理财篇将帮助你快速识别不同的衣料，分辨米、面、油、蛋、蔬菜、水果、干货等各类食品的质量优劣，选购家具、电器，鉴别金、银、翡翠等各类饰品，有效节水节电节气，解决你在投资、储蓄上产生的疑惑，令你在消费理财时不再盲目，避免掉入商家的消费陷阱，做到持家有方、生财有道。

本书提供的妙招简单易懂、易学易用，且体例简明、查阅方便，可随时随地解决你的生活难题，帮助你巧妙持家，智慧生活，是每个人都必备、必用、必读的生活枕边书。

目录

饮食烹调篇

5

二、去味烹调 ………………………43

居家休闲篇

物尽其用篇

消费理财篇

服饰穿用篇

❀ 一、衣物穿着及清洗 ❀

1. 头饰开胶了怎么办？

头饰多种多样，但容易开胶。此时，首先在裂口处的原胶面上用打火机（用火柴更好）的火苗烤几分钟，当看到胶熔化后再将打火机关掉，然后将头饰裂口的两边分别挤压粘合，待几分钟后即可重新佩戴。

2. 如何用旧衣做衬裙？

选用一件男士已不穿的大背心、衬衣（带袖及不带袖的都行），然后将其带袖部位剪掉，再用针手工将已修剪的边缝好，底边再穿上一层松紧带，衬裙即可完成。

3. 怎样才能防止纽扣掉落？

在钉扣子前，首先试着用小刀把纽扣的小孔口子围着边缘刮一圈，再去掉毛刺，纽扣就不容易掉落了。

4. 如何防止拉链下滑？

● 用挂钩防裤、裙拉链下滑。在裤、裙拉链端的相应部位，缝上一个挂钩，用此钩可钩住拉链顶端的孔，从而活动自如，不必再担心下滑。

● 用皮筋防止拉链下滑。把皮筋从拉链上的小孔中穿入一半后，系上一个死扣在其小孔上，把拉链给拉好，再把皮筋的两头套在腰间的扣子上即可。

5. 有什么方法可延长皮带使用期？

把新买的皮带用鸡油均匀地涂抹一遍，就可以防止汗液侵蚀皮带，从而可以延长皮带的使用寿命，还可以使皮带因此变得柔软具有光泽。

6. 袜子口松怎么办？

先找一双袜子口松紧合适的旧袜子，把其松口剪下，再用缝纫机把它接在口松的袜子上即可。

7. 如何使丝袜不勒腿？

丝袜因袜腰紧，穿上后常会在腿上勒出一道沟，此时，把新袜的袜腰折返部分双层丝线挑开成单层，这样就增长了袜腰，也不会脱丝，还不会勒腿。

8. 有什么方法可自行调节袜口松紧？

首先把袜子用手撑开，可以看到里面有很多的橡皮筋，再用缝衣针把里边橡皮筋给挑起，这样就很容易把里边的橡皮筋给抽出来，根据抽出的多少来调整袜子的松紧。

9. 新尼龙丝袜如何防拉丝？

新尼龙丝袜因拉丝坏了而不能再穿不免可惜，把袜子放入水中泡一段时间，同时放肥皂多搓搓即可防拉丝。

10. 鞋垫如何不出鞋外？

先找块布剪成半月形，再给鞋垫的前面缝上个"包头"，如同拖鞋一样。再往鞋里垫时，穿在脚上顶进鞋里，这样就脱穿自如了。

11. 鞋带头坏了，穿鞋眼时很不方便，怎么修理一下才好？

● 首先取长4厘米、宽1厘米的透明胶纸，把鞋带头上用胶纸粘住，再用力搓成小棍。若要想结实点，可在502胶水把鞋带往瓶里蘸一下，这样就不容易被水洗坏。

● 剪下一块旧的牙膏皮或易拉罐皮，将原鞋带包头裹住便可。

12. 白皮鞋磕破了怎么办？

选最好的涂改液涂擦在磕破的地方，可以稍多涂些，再抹平，待晾干后，基本可恢复原样。

13. 新买的皮鞋有点夹脚，可已经过了包换期限怎么办？

可自行把皮鞋撑大一些。首先把酒精均匀地涂抹在皮鞋表面，然后再将鞋撑起，并在其鞋楦中间打入小木楔，之后大约30分钟给皮鞋擦一次酒精。待4小时后，再打第二个木楔。按以上方法重复3～5次（视鞋尺寸而定），鞋大概可放大半码到一码。

14. 如何自制鞋拔子？

选一个手掌大小的竹制"痒痒挠"，然后将"手指"的齐指根部用小钢锯锯掉，顺着"手心"竖方向用木锉轻轻锉几下，这样，鞋拔子就做成了，因它的手柄长，坐在床边时不需弯腰就可轻易地穿上鞋。

15. 上衣的袖口和领口特别不好洗，有什么好办法吗？

在洗之前，可以先把衣服的袖口、领口用水浸湿，滴上几滴洗涤灵。这时你会发现，只需用手轻轻搓揉几下，上面的渍迹就很快消

失了，然后再用清水去洗，就可以将袖口和领口洗得非常干净。用同样的方法对付做饭或吃饭时不小心蹭上的油污，以及提包、书包上的油污也同样有效。

16. 有什么办法可令衣物更洁白？

（1）把脏衣服放入淘米水中浸泡10分钟，再用肥皂洗，最后用清水漂洗一遍，这样洗出来的衣服干净又清洁，尤其对于白色的衣服，看起来就更洁白。

（2）日常用的毛巾，如上面沾了水果汁，就会有一种异味，而且会变硬，这时也可把毛巾放入淘米水中浸泡10分钟，便会变得又白又干净。

（3）泛黄的衣服也可用淘米水浸泡2～3天，且每天换一批水，浸泡后再取出。最后用清水清洗，泛黄的衣服也可恢复原来的洁白。

17. 很多人都把衣服翻过来洗，这样做有什么好处？

洗衣服时，应把里面翻过来洗，这样既可以保护面料的光泽，也不会起毛，既能保护外观，还能延长衣服寿命。

18. 将衣物拿到洗衣店干洗，花了不少钱，可是怎么才能鉴别洗衣店的确是用的干洗法，而不是假干洗呢？

（1）水洗后，衣服会有不同程度地变形和掉色。

（2）干洗的标码均用无油性墨水，但圆珠笔痕是油性的，干洗后就会褪色或消除，但水洗的却相反。

（3）送洗前，在衣服上滴几滴猪油，若真的干洗，猪油绝对会消失，若是假干洗，油迹则不会消失。

（4）在不显眼的地方钉上一颗塑料扣，如果真的干洗，塑料扣就会溶化，但线还在。

（5）在隐蔽处放一团卫生纸，如果卫生纸的颜色和纸质还能平整如初，则是真的干

洗；如果卫生纸褪色破裂，就是假干洗。

19. 用什么方法洗毛类织物效果好？还应注意哪些问题？

洗涤时把毛料织物放入含有弱酸的冷水内浸泡两三分钟，一般以 0.2% ~ 0.3% 的冰醋酸水最好。另外因为毛类织物属蛋白质纤维，不耐碱性，所以洗涤时应用中高档洗衣粉、洗皂片或丝毛洗涤剂，这样不但洗涤效果较好，而且也不易损伤纤维。

洗涤时，不能进行搓洗或棒打，不能用力过猛，最好不要揉搓太长时间。

洗涤后不能拧干，要用手挤压除去水分后慢慢沥干；然后挂在通风处阴干，不要在强光下曝晒，否则面料不但会失去光泽，弹性弹力也会下降；衣服晾到半干的时候可以进行一次整形，以便熨烫；熨烫时要保证烫衣板平整且有弹性，熨斗的温度也要灵活地掌握，湿度最好控制在 120℃ ~ 160℃。熨烫时，最好能在裤子上再加一块湿布；熨烫后，应在室内挂 2 ~ 3 小时或一夜，以充分挥发掉毛料中残留的水分。

20. 自洗纯毛衣物时如何将其彻底清洗干净，同时保证其不变形？

洗衣服不一定非要去洗衣店，一些衣物在家中洗就可以了，但需学会一些必要的方法。如果是家里洗纯毛裤，最好用手洗，采取的步骤如下：

（1）浸泡于清水中，用手挤压，这样就能除去裤子表面的一部分尘土。

（2）在温水（40℃）中加入适量适合于手洗的洗衣粉，然后用手轻轻地压或者揉搓。对于污渍程度较重的局部地方，可用蘸了洗衣皂的刷子刷洗，但不要剧烈揉搓。

（3）不断更换干净的冷水，直至漂洗干净。

（4）用手从头至尾把洗净的裤子抓挤一

遍，再准备干燥的大浴巾一条，将其平摊在桌子上，把裤子平放在浴巾上，从裤脚开始将浴巾和裤子一齐卷起，不断压挤。这样，裤中大约 50% 的水分就可以被吸走了，而裤子上却不会留下多少褶皱。

（5）用手将吸过水的裤子抖几下，然后架起晾干。

（6）在裤子还没有完全干时，就用蒸汽熨斗使其熨烫定型。

21. 怎样洗毛料裤子效果好？

在洗毛料裤时，先备用一点香皂头、汽油及软毛刷，然后在裤口、袋口及膝盖等积垢较多的部位，用软毛刷沾点汽油再轻轻擦洗，直至除去积垢。

然后，将毛料放在 20℃ 清水中浸泡约 30 分钟，取出后滤出水分，再放入溶化的皂液中轻轻挤压，不能揉擦，避免粘合。

在洗涤过程中，可先在板上用软包沾点洗液轻轻刷洗，再用温水漂洗（换水四次左右）。

最后，把毛料裤放入氨水中浸泡大约 2 小时，再用清水漂洗干净，最后用衣架挂在阴凉通风处晾干，千万别用手拧绞及曝晒。

若毛料衣裤不是太脏，最好别湿洗或是不洗，放在阳光下晒晒，再拍去灰尘，待热气散发后再收进箱子。

22. 毛料裤子穿久了在膝盖处起了"鼓包"，很难看，怎么恢复平整？

先用汽油擦净油污，再把湿的厚布（不能用毛巾）平铺在裤子上（特别是裤缝处）进行熨烫，置于通风处吹干，使其自然定型，每月整理一次，"鼓包"即能清除，毛料裤即能保持平整。

23. 毛料衣服穿久了，某些部位会磨得发亮，很不美观，如何解决？

● 方法一：用蘸了醋酸（少量）的棉花在发亮之处擦几下，然后在擦有醋酸的地方用热熨斗反复熨几次，即可消失。

● 方法二：可用水、醋各一半混合喷洒一下，偶尔洗涤一次，即能恢复原样。

24. 洗毛衣时如何防止其起球？

洗涤时，把毛衣翻过来，使其里朝外，这样能减少毛衣表面之间的摩擦度，即可防止毛衣起球。如果加入洗发精来洗毛衣，便可使洗出的毛衣柔顺自然。

25. 兔毛衫怎样洗涤效果好？

把兔毛衫放进一个白布袋里，用温水（40℃）浸泡，然后加入中性的洗涤剂，双手轻轻地揉搓，再用温水漂净。晾得将要干时，从布袋中将兔毛衫取出，垫上白布，用熨斗烫平，然后用龙搭扣贴在衣服的表面，轻飘、快速地向上提拉，兔毛衫就会变得质地丰满，并且柔软如新。

26. 羊毛织物如何清洗？

羊毛不耐碱，所以要用皂片或中性洗涤剂进行洗涤。在30℃以上的水中，羊毛织物会因收缩而变形，所以洗涤时温度不要超过40℃，通常用室温（25℃）的水配制洗涤剂水溶液效果会更好。不能使用洗衣机洗涤，应该用手轻洗，切忌用搓板搓，洗涤时间也不可过长，以防止缩绒。洗涤后不要用力拧干，应用手挤压除去水分，然后慢慢沥干。用洗衣机脱水时不要超过半分钟。晾晒时，应放在阴凉通风处，不要在强光下曝晒，以防止织物失去弹性和光泽，并引起弹力下降。熨烫时，温度要恰当（约140℃），如有可能，最好能在衣物上垫上一块布，再行熨烫。

27. 漂亮的兔羊毛围巾和兔羊毛衫很容易掉毛，怎么办？

用如下方法处理后就可不掉毛了：先将一汤匙淀粉溶解于半盆凉水中，然后取出用清水浸透后的兔羊毛衫、围巾（勿拧），稍控一下水，然后放入溶有淀粉的水里浸泡，5～10分钟后装入网兜并挂起来控水，待水基本被控完时再晾干即可。

28. 怎样去除羊毛衫上的灰尘？

先取一块20厘米长胶布，把两端给固定在袜子上，然后再轻轻把羊毛衫上的灰尘给粘掉，或是用块海绵蘸水后再拧干，再轻轻地擦掉灰尘。

29. 怎样洗涤羊绒衫效果好？

羊绒衫可以干洗，也可以用水洗。多色或提花羊绒衫不能浸泡，不同颜色的羊绒衫也不要在一起洗涤，以免串色。洗涤的具体方法：

（1）先检查有没有严重脏污，如有，就在上面做好记号。但如果沾有果汁、咖啡或者血渍等，应送专业的洗涤店进行洗涤。

（2）洗前将身长、胸圈、袖长的尺寸量好并记录下来，然后将里翻出。

（3）用羊绒衫专用的洗涤剂进行洗涤。将洗涤剂放入35℃左右水中搅匀，然后放入已浸透的羊绒衫，浸泡一刻钟至半小时后，在领口处及其他重点污渍处用浓度比较高的洗涤剂涂抹，并用挤揉的方法进行洗涤，其他的部位则轻轻拍揉。

（4）用30℃左右的清水漂洗，待洗干净后，按说明量放入配套的柔软剂，会使衣物的手感更好。

（5）洗后，把羊绒衫里的水挤出，然后把它放到脱水筒里脱水。

（6）脱水后，将羊绒衫平铺在铺有毛巾被的桌子上，用尺子量到原来记录的尺寸，再用手整理成原来尺寸。然后在通风的地方阴干。

（7）阴干后，可用140℃左右的蒸气熨斗进行熨烫，但熨斗与羊绒衫要保持0.5～1厘米的距离，不可直接将熨斗压在衣服上面，如用其他熨斗必须垫上微湿的毛巾。

30. 手洗羊绒衬衫有什么技巧？

将衬衣放在水盆里浸泡十几分钟，在领口、袖口等重点脏污处涂上适当的洗剂轻揉，再用清水洗干净，不能拧绞，应在伸展后放在衣架上让其自然阴干。如果局部出现不平整的情况，可用蒸气熨斗熨烫，如果用普通的熨斗来熨，则要垫一层薄布。

31. 洗涤深色丝绸衣物如何使其保持原有的色泽？

夏令穿着的深色丝绸衣裤不宜用肥皂洗涤，否则会出现皂渍。为使丝绸服装保持原色泽，可在最后漂洗的水中加 2 ~ 3 滴醋。

32. 洗晒丝绸衣物有什么技巧？

丝绸纤维是由多种氨基酸组成的蛋白质纤维，在碱性溶液中易被水解，从而损伤结实度。因此，洗涤丝绸衣物的时候应注意：

（1）水温不能过高，一般情况下，冷水即可。

（2）洗涤时，要用碱性很小的高级洗涤剂，或选用丝绸专用洗涤剂，然后轻轻揉洗。

（3）待洗涤干净后，可加入少许醋到清水中进行过酸，就能保持丝绸织物的光泽。

（4）不要置于烈日下晾晒，而应在阴凉通风之处晾干。

（5）在衣物还没完全晾干时就可以取回，然后用熨斗熨干。

33. 真丝产品怎么洗可保持色泽？

织锦缎、花软缎、天香绢、金香结、古香缎、金丝绒等不适合洗涤；漳绒、乔其纱、立绒等适合干洗；有些真丝产品还可以水洗，但应用高级皂片或中性皂和高级合成洗涤剂来进行洗涤。清洗时，如果能在水中加一点点食醋，洗净的衣物将会更加光鲜亮丽。

具体的水洗方法是：先用热水把皂液溶化，等热水冷却后把衣服全部浸泡其中，然后轻轻地搓洗，洗后再用清水漂净，不能拧绞，应该用双手合压织物，挤掉多余水分。因为桑蚕丝耐日光差，所以晾晒时要把衣服的反面朝外，放在阴凉的地方，晾至八成干的时候取下来熨烫，可以保持衣物的光泽不变，而且耐穿，但熨烫时不要喷水，以避免形成水渍，影响衣物的美观。

34. 怎样洗涤蕾丝衣物效果好？

如果是一般的或者小件的蕾丝衣物，可以将其直接放在洗衣袋中，用中性清洁剂洗涤。但比较高级一点的蕾丝产品，或者比较大件一点的蕾丝床罩等，建议最好还是送到洗衣店里去清洗。洗完后再用低温的熨斗将花边烫平，这样，蕾丝衣物的延展性才会好，其蕾丝花样也不会扭曲变形。

需要注意的是，不能用漂白剂、浓缩洗衣剂等清洗剂进行洗涤，因为它们对布料的伤害较大，从而会影响颜色的稳定度，把好的蕾丝制品糟蹋了。

35. 怎样洗涤羽绒服效果好？

（1）先将羽绒服放入温水中浸湿，另取洗衣粉约 2 汤匙，在少量温水中溶化，然后逐步加水，加到盆满为止，水温为 30℃最佳。

（2）把已经浸湿的羽绒服中的水分稍挤掉一些，放入调好的洗涤液中浸泡半小时。

（3）洗涤时，轻轻地揉搓和翻动，使沾在衣服表面上的污垢疏松并溶解下来，随后擦少许肥皂到领口、袖口、胸前、门襟等处，根据面料结构和直丝，用软刷子轻轻刷洗。

（4）刷洗干净后，再反复在清水中漂洗。在最后一遍清洗时，放 50 ~ 100 克的食用白醋到水中，这样就能使羽绒服在洗后保持色泽的光亮、鲜艳。

（5）漂洗后，把羽绒服平摊于洗衣板上，

先将大部分水分挤压掉，再将衣服用干毛巾包裹起来，轻轻挤压，让干毛巾吸走其余的水分，切忌拧绞。

（6）然后用竹竿将羽绒服串起来，晾在通风阴凉之处吹干。用藤条拍轻轻地拍打干后的羽绒服，使之恢复原样。

36. 怎样洗涤纯棉衣物可防其褪色？

因为纯棉衣物的耐碱性强，所以可用多种洗液及肥皂进行洗涤。水洗时，应使水温低于35℃，不能长时间浸泡在洗涤剂中，以免产生褪色现象；为了保持其花色的鲜艳，在晾衣服时，最好反晒或晾在阴凉处。熨烫时温度也应该控制在120℃以下。

37. 如何洗涤棉衣效果好？

先在太阳下晒2～3小时，然后用棍子抽打棉衣，把灰尘从衣内抽打出来，再把灰刷掉，用开水冲一盆碱水（或肥皂水），待水温热时，将棉衣铺在桌面（或木板）上，用蘸着碱水或肥皂水的刷子刷一遍，在脏的地方可以刷重一些。待全部刷遍，拿一块干净布，蘸着清水擦拭衣服，擦去碱水或脏东西。把蘸脏的水换掉，直擦得衣服面上干净了为止，再将衣服挂起来，晾干后熨平就可以了。如果希望棉花松软一些，可轻轻地用小棍子抽打棉衣。

38. 莱卡衣物怎样洗更好？

莱卡衣物同毛涤织物、棉织物的特性比较接近，它集合了涤纶和毛的优点，褶皱回复性好、质地也轻薄，易洗快干，坚牢耐用，尺寸稳定，但手感不如全毛柔滑。应选用专用羊毛洗涤剂或中性洗涤剂，不能用碱性洗涤剂。洗涤时最好轻揉，不宜拧绞，只可阴干。高档莱卡衣服最好干洗，而西装、夹克装等则必须干洗。要注意防虫蛀和防霉。

39. 麻类制品怎样洗不影响其外观？

麻类制品大部分都经过了特殊的处理，

所以在洗涤的时候一般不会缩水，可以用各种洗涤剂和肥皂进行洗涤。但水温不能过高，30℃以下水温为宜。浸泡20分钟后，用手轻搓，不能放在搓板上搓揉。洗干净后，也不要用力拧干，以免起毛，使麻纤维出现滑移，从而影响服装外观和使用寿命。晾晒时，应把它放在阴凉的地方晾干。熨烫时温度不能超过150℃。

40. 麻类织物怎样洗效果好？

麻纤维刚硬，可以水洗，但其纤维抱合力差，所以洗涤时力度要比棉织物轻些，不能强力揉搓，洗后也不可用力拧绞，更不能用硬毛刷刷洗，以免布面起毛；有色织物不能用热水烫泡，也不可曝晒，以免褪色；麻织物应该在晾晒至半干的时候进行熨烫，熨烫时应沿纬线横着烫，这样可以保持织物原来具有的光泽；不宜上全浆，以避免其纤维断裂。

41. 怎么洗涤亚麻服饰？

亚麻在生产中一般都采用了防缩、柔软、抗皱等工艺，但如果洗涤方法不恰当，就会造成变旧、退色、榴皱等缺陷，影响美观。因此，必须掌握正确的方法进行洗涤。应选择在40℃左右的水温，用不含氯漂成分的低碱性或中性洗涤剂进行洗涤；洗涤时要避免用力揉搓，尤其不能用硬刷刷洗；洗涤后，不可以拧干，但可用脱水机甩干，然后用手弄平后再挂晾。一般情况下，可不用再熨烫了，但是若有时经过熨烫效果会更好。

42. 洗晒尼龙衣物如何防变黄？

适用一般洗剂，由于尼龙衣物比较容易干，所以应晾在阴凉的通风处，不要长时间曝晒，以免使衣服变黄。晾干的时候垫上一块布进行熨烫，熨烫温度在120℃～130℃为宜。

43. 去除衣领处的污迹有什么妙招？

● 用盐洗衣领。在要洗衣物的领口撒

一些盐，揉搓后再洗。汗液里的蛋白质会很快溶解在食盐溶液中。

● 用汽油洗衬衫领。新买的的确良衬衫，首先用棉花蘸些纯汽油，把衣领及袖口上擦拭两遍，待挥发后洗净，如果以后再沾上污迹，也容易洗干净。

● 用爽身粉除衬衫领口污迹。在洗净、晾干的衬衫领口（或袖口）上撒些婴儿爽身粉，然后扑打几下，用电熨斗轻压后，再撒些爽身粉即可。这些部位在下次洗涤时就会很容易洗净。

● 浸泡去污渍。可以先将衣物放入溶有洗衣粉的温水溶液中浸泡约20分钟，再进行正常洗涤，就能有效地去除袖口和衣领的污迹。

44. 怎样洗衬衣效果更好？

一般人认为，用热水洗贴身的衬衣才会洗净，实则不然，汗液中含有的蛋白质是水溶性的物质，但受热后容易发生变性，所生成的变性蛋白质就难溶于水，并渗积到衬衣的纤维之间，不但很难洗掉，还会导致织物变黄和发硬。有汗渍的衬衣最好用冷水来洗，为了使蛋白更容易溶解，还可以加少许食盐到水里，会有更佳的洗涤效果。

45. 洗涤内衣有什么好方法？

内衣是最贴近人体的衣服，也是人类的第二皮肤，有最佳的舒肤、保洁功能。在洗涤、晾干、打理时多注意点，可以保持它优异的穿着效果。

最好将内衣单独洗涤，这样既能防止内外衣物交叉感染或被其他颜色污染，又能有效清除污垢，疏通织物的透气、吸湿的功能。

应使用中性洗剂，避免将洗衣液直接倾倒在衣物上。正确方法是先用清水浸泡约10分钟，然后进行机洗。对于一些柔和细致的高档面料，为了使它的色彩稳定以及使穿着的有效时间延长，水温应控制在40℃以下。

机洗时要先将拉链拉上，扣子扣好，再按深浅色分别装在不同的洗衣网袋内，并留有空隙、轻柔慢洗。不过，手洗是更利于对超细微面料的保护的洗涤方法。

洗好后，不要用力拧挤，可用毛巾包覆吸去部分浮水，以减少晾晒时的滴水。然后稍加拉整、扬顺后在通风处晾干，这是最好的干衣方式，因为长时间曝晒易使衣物变黄或减色。若用脱水机，应继续放置在洗衣网袋里，脱水时间不要超过30秒。

46. 西装洗涤不当或穿的时间过长，某些部位会出现一些小气泡，影响美观，怎么处理？

有一种方法可解决这一困扰：先找一个注射器，再用一枚大头针把胶水或较好的黏合剂均匀地涂于起泡处，再度晾干，烫平即可。

47. 熨裤子很麻烦，有什么方法可免熨？

洗前，把对好缝的裤子抻直，整齐叠起，平放在水中浸泡半小时，然后放在调制好的肥皂液（或肥皂粉）水中浸泡10分钟。洗时不要在搓衣板上搓洗，只能顺着裤缝用手整齐地搓、揉，也可像揉面一样用双手轻轻揉捏，非常脏的地方就用手轻搓一下。搓洗后再用温水浸泡，最后用清水清洗。清洗时，要用手抻着裤脚上下拉动，切勿乱搓。清洗完毕，裤缝对整齐后抻拎裤脚，夹在衣架上，挂起晾晒，干后的裤子像熨烫过一样挺直。

48. 怎样洗涤牛仔服可防褪色？

为防止牛仔服褪色，第一次洗涤前要将其浸泡于较浓的盐水中，一小时以后再洗。若仍有轻微掉色，则在每次洗涤之前都要事先浸泡在盐水中，这样就容易保持原来的颜色了。

49. 怎样洗涤紧身衣物效果好？

洗紧身衣物，用碱性小的皂液为宜，用温水轻洗，待洗净后再用清水漂洗，若在漂洗时加少量糖，这样不仅能使衣服洁净，而且能使衣物耐穿，延长其穿用寿命。

50. 洗衣时怎样防纽扣脱落？

在洗衣服前，先将纽扣扣好，然后再把衣服反过来，纽扣就不容易坏，也不易脱落，且不会划坏洗衣机。

51. 如何使毛巾洁白柔软？

将毛巾浸泡在半盆淘米水中，并加入适量洗衣粉，放在火上煮沸，待晾凉后拿出，再漂洗干净。经过处理后，毛巾既柔软又洁白。

52. 洗印花被单怎样防图案褪色？

为避免被单污垢沉积，不好洗涤，得勤换勤洗。首先用冷水或者是温水将印花被单浸泡，再放入到肥皂水中洗。初洗新印花被单时选用较淡的肥皂水，但不能用力搓，由于上过浆，如果肥皂水过浓或使劲搓，会导致印花同浆水一块儿洗去。在第二次洗时，因浆水上次已洗干净，印花浆不会褪色，所以在洗时可用较浓的肥皂水，但不能在肥皂水中过夜，以免碱质腐蚀色泽。

53. 怎样有效去除床单上的灰尘？

将洗净晒干的旧腈纶衣物在床上依次朝一个方向抹擦，由于静电作用，旧腈纶衣物能吸附床上的灰尘。用水洗净晒干后，旧腈纶衣物可反复使用。连续抹擦就像干洗一样。

54. 怎样洗涤毛毯可保持其原有色泽？

纯毛毯大多是羊毛制品，因此耐碱性较差，在洗涤时，就要选用皂片或中性的洗衣粉。先将毛毯在冷水中浸泡1小时左右，再在清水中提洗1~2次，挤出水分后，把毛毯泡入配制好的洗涤液（40℃）中（两条毛毯加入50克洗衣粉）上下拎涮。

对于较脏的边角，可用蘸了洗涤液的小毛刷轻轻刷洗，拎涮过后，先在温水中浸洗3次，再用清水进行多次冲洗，直至没有了泡沫，洗净后的毛毯还应放入醋酸溶液（浓度为0.2%）或食醋溶液（30%）中浸泡2~3分钟，这样，残存的皂碱液即可被中和掉，从而毛毯原有的光泽得以保持。

55. 洗涤纯毛毛毯怎样可令其干净如初？

纯毛毯一旦污染就很难清洗干净，可先将毛毯放在水中浸泡，然后用皂液加上两汤匙松节油，调成乳状后用来洗涤毛毯。洗净后再用温清水漂洗干净，使其自然干燥。待大半干时，用不太烫的熨斗隔着一层被单把它熨平，再稍稍晾晒，即可干净如初。

56. 怎样洗涤毛巾被效果更好？

如果是用手洗来清洗毛巾被，用搓板来搓洗是最忌讳的，加适量洗衣粉轻轻地揉搓是最好的办法。若选用洗衣机来清洗，则要开慢速档且水要多加，尽最大的努力来减少毛巾被在洗衣桶里的摩擦。清洗完后，用将水轻轻挤出或者洗衣机甩干时，不要太用力拧绞或脱水，切记不要放在烈日下曝晒。

57. 电热毯怎么洗？

肥皂、洗衣粉或毛毯专用洗涤剂等都可用于洗涤电热毯。洗涤时，只能用手搓，而不能用洗衣机来洗。为了避免插头、开关和调温器被浸泡在水中，只能用手搓洗。

普通的电热毯一般有两面，一面是布料，另一面是棉毯（或毛毯）。电热丝被缝合于布料和棉毯（毛毯）之间，同时被固定在布料上。

在洗涤布料面时，最好平铺开，用肥皂液或撒上洗衣粉后轻轻地刷，洗涤棉毯（或毛毯）一面时，不要用刷子，而最好是用手搓。为避免折断电热丝，应在搓洗时避开电热丝

（用手可以在布料的一面摸到电热丝）。

清洗干净的电热毯不能拧，将其挂起，让水自然滴干。洗涤后的电热毯最好放在阳光下晒干，这样能同时起到杀菌和灭螨的作用。

使用电热毯时，一般要在上面铺上一层布毯，一方面可以缓冲热感，以防烧灼人体；另一方面则可保持电热毯干净，以减少其洗涤次数。

58. 尿布怎样清洗效果好？

洗尿布时，一般选用肥皂或洗衣粉洗，此时洗过的尿布上都会留有看不见的洗衣粉，这样会刺激孩子的皮肤，如选用在洗尿布时加上几滴醋，这样便可清除掉这些残留物。

59. 绒布最容易沾灰，用刷子刷又很容易破坏绒面，怎么办？

用绒布擦拭绒布，则灰尘就很容易去除，即使反复地擦拭，绒布和绒面也不会被损坏。

60. 洗雨伞有何妙招？

● 用酒精洗雨伞。用蘸有酒精的小软刷来刷洗伞面，然后用清水再刷洗一遍，这样伞面就能被刷洗干净了。

● 用醋水洗雨伞。将伞张开后晾干，用干刷子把伞上的泥污刷掉，然后用蘸有温洗衣粉溶液的软刷来刷洗，最后用清水冲洗。如没洗刷干净，还可用醋水溶液（1：1）洗刷。

61. 怎样防衣物褪色？

洗高级的衣料时，可加少量的明矾于水中，就能避免（或减少）所洗衣服褪色。

62. 有些衣服在洗过多次之后，就不再有鲜艳的颜色了，怎么办？

出现这种现象是因为洗衣服的水中含有的钙和肥皂接触后，就生成了一种不易溶解的油酸钙，这种物质附着在衣服上，就会使衣服失去鲜艳的光泽。最后一次漂洗时，在水中滴入几滴醋，就能把油酸钙溶解掉，从而保持了

衣服原有的色彩。

63. 如何避免衣物洗后泛黄？

如果在洗涤时水温较高，而漂洗时水温稍低，待晾干后，衣物大多会出现泛黄的现象。所以，在漂洗衣物时，水温最好接近洗涤时的温度，衣物才能焕然一新。

64. 怎样保持红色衣物的光泽？

在洗红色（或紫色）的棉织物时，若在清水中加一些醋来洗涤，就能保持原有的光泽。

65. 洗黑棉布衣服如何防褪色？

● 咖啡洗涤防黑布衣褪色。对于黑色棉布衣服，漂洗时在水里加一些咖啡、浓茶或者啤酒，就能使这些褪色的衣服还原当初的色泽。

● 常春藤水防黑布衣褪色。容易褪色的黑布衣服，若在常春藤水中泡一泡（或煮一下），其颜色就能恢复如初。

66. 穿用时间较长的黑色毛织物颜色会变得不鲜艳，如何令其变黑？

可用煮菠菜的水洗一下，色泽即可恢复如新。

67. 洗毛衣时如何防褪色？

洗毛衣、毛裤时用茶水，就能避免褪色。方法是：放一把茶叶到一盆开水中，水凉后滤出茶叶，将毛衣、毛裤放在茶水里泡十几分钟，轻轻揉搓后漂净，晒干即可。

68. 放在衣柜中的换季衣物通常会加几枚樟脑丸来防虫蛀，但也会令衣物带上樟脑味，怎么办？

● 水洗法：消除衣服上这种气味的最好方法是用水洗。马上要穿的衣服可用蒸汽熨斗熨烫，如果找不到蒸汽熨斗，可在衣物上铺一块拧干的湿毛巾，再用普通的熨斗熨烫一下，也能快速到达除樟脑味的目的。

● 电风扇去味法：在衣服熨烫前，先用电风扇吹五六分钟，衣物上就没有樟脑味了。

● 冰箱去味法：将衣物装入塑料袋，加入除臭剂，扎紧袋口，放进冰箱里，樟脑味很快就会消失。

● 晾晒去味法：将衣物晾在阴凉处，几天后樟脑味即可消失。

69. 怎样去除身上的烟味？

经常吸烟的人会从身上散发出烟味，虽然自己不能觉察到，却令许多人（特别是女性）厌恶。因此，在参加一些活动（如宴会或与异性的约会）之前，过多吸烟的人最好把身上的烟味除掉。水洗是去除衣服上烟味的最好方法，或在太阳下晒 1～2 小时。如果时间来不及，可用吹风机吹一遍衣服，同样能去除衣服上的烟味，但要使吹风机与衣服的距离保持在20 厘米外，以防烫伤衣服。对于口里的烟味，漱口或嚼口香糖就可以解决。

70. 怎样去除衣服的霉味？

阴雨天洗的衣服不易干，便会产生霉味；衣服长期放置也会因受潮而产生霉味。如下方法可以消除霉味：用清水再次洗涤时，加入几滴风油精。待衣服干后，不但霉味会消失，而且有清香味散发出来。

71. 除衣物上的霉斑有何妙招？

● 方法一：服装上非常难以清洗的霉斑，可使用漂白粉溶液或者 35℃～60℃ 的热双氧水溶液擦拭，再用水洗干净。棉麻织品上面的霉斑，可先用 1 升水兑氨水 20 克的稀释液浸泡，然后再用水洗干净。丝毛织品上面的霉斑，可以使用棉球蘸上松节油进行擦洗，然后在太阳下晾晒，以去除潮气。

● 方法二：若为新渍，先用刷子刷净，再用酒精清洗。陈渍要先用洗发香波浸润，再用氨液刷洗，最后用水冲净；或先涂上氨水，

再用亚硫酸氢钠溶液处理，而后水洗，但此时须防衣物变色。

72. 如何消除白衣服上的霉点？

在春夏之际衣物上很容易起霉点，白衣服上的霉点很难看，取几根绿豆芽，在霉点处揉碎，然后轻轻揉搓一会儿，用水冲后即可去除。

73. 皮衣上的霉渍怎么去除？

若皮衣上面长了霉，请不要用湿布来擦拭，应将其烘干或晒干后，用软毛刷将其霉渍刷掉。

74. 毛呢织物的霉斑怎么去除？

如果毛呢织物上有轻微霉斑，可等织物晾干后，用刷子轻轻刷掉即可。重度霉渍则可用棉花蘸少量汽油，反复在霉斑处擦洗，即可除去。

75. 怎样清除白色棉麻织物的霉渍？

如果白色棉麻织物上有霉渍，可用清水冲洗干净后，再用高温皂碱液进行清洗。漂洗干净后，可选用 1%～3% 的氯酸钾溶液对其进行氧化漂白。漂白后再用苏打脱氯，然后用肥皂洗。

76. 怎样清除丝绸织物上的轻度霉渍？

如果丝绸织物上有轻度霉渍，可选用淡氨水加入溶剂酒精，再用软棕刷轻轻擦拭。若是白色丝绸上面的霉渍，可以用保险粉或双氧水对其进行还原或氧化法去除，或用 50% 浓度的酒来反复擦洗，然后放于通风处晾干。

77. 呢绒衣服的霉迹如何清除？

先在阳光下把衣服晒上几个小时，待干燥后，用刷子将霉点轻轻地刷掉即可。如果发霉是因油渍或汗渍而引起的，可以用蘸了少量汽油的软毛刷在有霉点之处反复刷洗，然后反复用干净的毛巾擦几遍，放在通风之处晾干

即可。

78. 怎样处理化纤衣服上的霉斑？

可以先用刷子蘸上一些浓肥皂水来刷洗，再经温水冲洗一遍，就可除掉霉斑。

79. 皮帽上的污迹如何有效清除？

● 葱头法除皮帽污迹。普通皮帽子上的污迹用葱头即可擦干净。

● 汽油法除皮帽污迹。对于裘皮帽子上的污迹，宜用软布蘸汽油顺毛擦拭，即可去除干净。

● 精盐去除皮帽污迹。鹿皮帽子上的污迹，可用精盐进行擦洗。

80. 衣物上的汗渍如何去除？

● 用酒精除汗渍。把衣服上染上的汗渍放在酒精中浸泡一小时左右，再用清水及肥皂水搓洗干净，即可去除。

● 用冷盐水去汗渍。把衣服浸泡在冷盐水（1000克水放50克盐）中，3～4个小时后用洗涤剂清洗。或先用生姜（冬瓜、萝卜）汁擦拭，半小时后水洗干净即可。

81. 怎样处理床单或衣物上的黄斑？

若床单或衣服上有发黄的地方，可在发黄的地方涂些牛奶，然后放到阳光下晒几小时，再用水清洗一遍即可。如果是新的黄斑，可先用刷子刷一下，再用酒精清除；陈旧的黄斑则先要涂上氨水，放置一会儿，再涂上一些高锰酸钾溶液，最后再用亚硫酸氢钾溶液来处理一下，再用清水漂洗干净。

82. 衣物上的呕吐污迹如何清洗？

对于不太明显的呕吐污迹，可以先用汽油把污迹中的油腻成分去除，再用浓度为5%左右的氨水溶液擦拭一下，然后用清水洗净。如果是很久以前的呕吐污迹，可先用棉球蘸一些浓度为10%左右的氨水把呕吐污迹湿润，然后用肥皂水、酒精揩擦呕吐的污迹，最后再用清水漂洗，直到全部洗净。

83. 除衣服上的尿迹有何妙招？

（1）染色衣服：用水与醋配成的混合液（5∶1）冲洗。

（2）绸、布类：可用氨水与醋酸的混合液（1∶1）冲洗；也可用氨水（28%）和酒精的混合液（1∶1）冲洗。

（3）在温水中加入洗衣粉（或肥皂液、淡盐水、硼砂）清洗。

（4）被单和白衣料上的尿迹：用柠檬酸溶液（10%）冲洗。

（5）新的尿迹：温水洗净。

84. 怎样去除衣服上的漆渍？

如果不慎在衣服上沾了漆，可以把清凉油涂在刚沾上漆的衣服正反两面，几分钟后，顺衣料的布纹用棉花球擦几下，便可除清漆渍。去除陈漆渍时要多涂些清凉油，漆皮会自行起皱，此时即可剥下漆皮，再将衣服洗一遍，便会完全去掉漆渍。

85. 怎样洗掉衣物上的煤焦油斑？

可先用汽油把织物润湿，再把汽油洗干净。如果煤焦油的污迹陈旧，可以用等量的四氯化碳与汽油混合物来清洗。

86. 怎样除掉衣物上的蜡油污渍？

在污渍处的上下垫上卫生纸，在纸上用熨斗熨烫，蜡油熔化后被纸吸走，反复几次后即可除净。

87. 怎样去除衣服上的机油污迹？

衣服上不慎沾了机油，可在沾有机油的地方涂抹牙膏，1小时左右将牙膏搓除，用蘸水的干净毛巾擦洗，油污即被去除。

88. 衣物上已晒干的油斑如何去除？

已晒干的油斑无法用汽油和稀料清除，

可用棉花蘸松节油涂于油渍处，轻搓两下，再用肥皂冲洗，油斑即可消失。

89. 沾了松树油的衣服很难洗去，有什么办法可去除？

可用蘸了牛奶的纱布擦拭，若还有痕迹，可再用纱布蘸酒精擦拭，最后就能除掉了。

90. 去除衣物上的药渍有何妙招？

● 方法一：将水和酒精（或高粱酒）混合（水少许，几滴即可），然后涂在污处，用手揉搓，待污渍慢慢消失后，用清水洗干净。另一种方法是先用三氯钾洗，然后用清水、肥皂水洗就可以将污渍去除。

● 方法二：也可在污处洒上食用碱面，用温水慢慢揉搓。如果将放在铁勺内加热后的碱面撒在污处，这样用温水揉搓就会更快将污渍去除。

91. 衣服上的紫药水如何去除？

先在被染处涂上少许牙膏，稍等一小会儿，再喷上一些厨房清洗剂，紫色的污物就会慢慢变浅，直至完全消失。

92. 怎样去除高锰酸钾污渍？

高锰酸钾是家庭常用的消毒剂，它与皮肤或衣物接触后，留下的黄褐色污渍难以除去，用沾水的维生素C片涂擦便可去除。

93. 不小心洒了些医用的碘酒在桌布上，非常难看，怎么办？

此时，将可乐滴在碘酒污渍上，不到20分钟即可去除碘酒的污渍，非常有效。

94. 去除衣物上的墨迹有什么妙招？

● 方法一：将米饭或面糊涂在沾染的新墨渍上面，并细心揉搓，用纱布擦去脏物后用洗涤剂清洗干净，清水冲净即可。若为陈墨渍，可用酒精和肥皂液（1:2）制成的溶液反复揉搓，这样效果会更好。

● 方法二：衣服沾上墨水，可先用清水清洗一下，再用牛奶洗一洗，然后用清水洗干净，这样也可清除。

● 方法三：先把衣服浸湿，拧掉过多水分。然后用硬物把几片维生素C片压成粉，倒在衬衣被污染的地方反复揉搓，最后再用清水冲洗一遍，衬衣便干净如初了。

95. 红墨水渍怎么去除？

用洗涤剂清洗后，再用酒精（10%）或高锰酸钾溶液（0.25%）洗净即可。

96. 圆珠笔油渍如何处理干净？

洗净前不要用汽油擦拭，用四氯化碳和香蕉水等量混合配成的溶液擦洗（若为醋纤织物，只能用四氯化碳）。如果需要，白色织物可用双氧水继续漂白（富纤、锦纶除外）。

97. 印泥油渍怎么去除？

先用四氯化碳擦拭，再用肥皂和酒精混合液清洗。若仍留有残迹，再用含少量碱的酒精清洗。如有必要，白色织物在去渍后还要漂白。

98. 怎样洗除衣物眉笔色渍？

如果衣物上不小心沾染了眉笔的色渍，可先用汽油溶剂把衣物上面的污渍润湿，然后用含有氨水的皂液洗除，最后用清水漂净。

99. 染发水粘到衣物上非常难以去除，如何处理？

可以根据织物纤维的一些性质，分别选用双氧水或次氯酸钠对污渍进行氧化处理，就能除去污渍了。

100. 衣物上的唇膏渍如何清洗？

衣物一旦染上了唇膏，先用热水或用四氯乙烯擦去唇膏的油质，然后用洗涤剂清洗一下，最后再用清水漂洗干净。

101. 衣物上的不明污渍怎样清洁?

对衣物上沾上的不明污渍，用下面的两种配方即可去除。

● 方法一：1 份乙醚，2 份 95% 酒精，8 份松节油来配制。

● 方法二：用 15 份氨水，20 份酒精皂液，3 份丙酮配制。

102. 白色织物的色渍怎样除去?

因衣物本身就是白色，若被污染上的颜色是牢度不强的染料，则比较容易处理一些。即使是牢度比较强的染料，由于一般不易褪色，也不容易污染其他的衣物。所以不必着急，用双氧水、氧化剂次氯酸钠等就可去除。也可以用冷漂法和热漂法两种。但建议采用低温冷漂法，因为相对而言冷漂法比较安全和平稳。另外还可采用高温皂碱液剥色法，使污染的颜色均匀地退下来，从而去除色渍。

103. 羊毛织物的色渍如何清洗干净?

在干洗羊毛织物的时候，一般不会发生串色或搭色，只是在个别的情况或者用水清洗的时候才容易发生色渍的污染。

如果羊毛织物上面污染了色渍，可以使用拎洗乳化的方法进行处理。选用浓度适宜的皂碱液，将其温度控制在 50℃ ~ 70℃ 之间，先用冷水浸透衣物，再把它挤干，然后放入皂碱液中，上下反复地快速拎洗，以去掉污渍，并让整件衣物的色调均匀。然后再用 40℃ 左右的温水漂洗两次，再用冷水清洗一次，最后要用 1% ~ 3% 的冰醋酸水溶液进行一下特殊的浸酸处理，用来中和掉残留在织物纤维内的碱液。

在洗涤后，羊毛织物一般会出现花结现象，可以使用浸泡吊色的方法进行处理。把花结的衣物放在清水里浸泡后并轻轻挤干，然后放入 40℃ ~ 50℃ 之间恒温的平加（学名烧基聚氯乙烯）水溶液中，要将衣里向外衣面向内，并随时注意观察溶液的褪色程度和温度。让衣物一定浸在溶液中，经过 2 ~ 3 小时的处理之后，待花结衣物上面的污渍全部均匀后，再取出用脱水机脱水。再把衣物放在平加溶液里，让溶液缓慢吸到纤维内，从而恢复衣物原来的色调。最后脱水，自然风干。

104. 怎样清洗掉丝绸衣物上的色渍?

洗涤深色丝绸衣物（如墨绿、咖啡色、黑色、紫红等）时，用力不均、方法不当或选用的洗涤剂不当，都会造成新的特殊污渍。洗涤时，要选用质量较好的中性洗涤剂进行揉洗，不能用搓板搓洗，也不能使用生肥皂。一旦发现了衣物颜色的不均，就用中草药和冰糖熬成水，等水温降到常温 20℃ 时，将出现了白霜的丝绸衣物及色花放在冰糖水里浸泡 10 分钟。将衣物浸泡在茶水里 10 分钟，也能取得不错的效果。

对于浅色或白色的丝绸衣物，可选用一些优质的皂片溶液清洗，水温要控制在 40℃ ~ 60℃，使用拎洗法，通过乳化作用清除污渍。

105. 衣物上的血斑怎样处理干净?

较好的染色丝毛织品的服装上面的血迹可以用淀粉加水熬成糯糊涂抹在血斑上，等其干燥。待全干后，只需将淀粉刮下，先用肥皂水洗上一遍，再用清水漂洗一遍，最后再用水 1 升兑醋 15 克制成的醋液进行清洗，效果很好。去除白色织物上面的血迹，也可把织物浸入浓度为 3% 的醋液里，放置 12 小时，然后再用清水漂洗一遍，效果也不错。

106. 衣物上的动物油怎么清理掉?

取面粉 2 ~ 3 匙，调成糊状，涂于油迹的正反面，在日光下晾晒一段时间，揭去面壳后即可除去油污。

107. 怎样去除衣物上沾的鱼迹？

可以先将鱼迹用纯净的甘油湿润，然后用刷子刷，晾置约15分钟后，再用温热水（25℃～30℃）洗涤，最后喷上一些柠檬香精，印迹与腥气便会消失。

108. 去除奶渍有什么好办法？

奶渍比较难以洗涤，但可以先用洗衣粉对其进行污渍的预处理，然后再予以正常的洗涤。若遇到顽固的奶渍，使用一些对衣物没有害处的漂白剂就能去污。

109. 衣物上的酱油渍怎样处理？

可先用冷水搓洗一下，再用洗涤剂来清洗。而陈旧的酱油渍可加入适量氨水在洗涤剂溶液里进行清洗，还可用2%的硼砂溶液进行清洗。最后再用清水漂洗。

110. 衣物上的西红柿汁渍怎样去掉？

可在溅了西红柿汁的衣物上涂上维生素C注射剂，就能褪掉西红柿汁的颜色，最后用冷水漂净即可。

111. 除衣物上的果酱渍有什么好办法？

先用洗发香波刷洗后，用肥皂与酒精的混合液洗除即可。

112. 衣物上新沾的果汁渍如何清洗？

在上面撒少许食盐，用水润湿后轻轻搓洗，再加洗涤剂洗净。

113. 石榴皮汁不慎溅在了白色的真丝绢纺衣服上，怎么办？

将衣服放入醋精里浸泡数分钟，黄斑即可褪去。此法去除紫药水渍也非常有效。

114. 怎样彻底清洗衣物上的果汁渍？

用"84消毒液"来洗衣服上的果渍，会洗得很干净。此法对于白色衣物和棉织物适用，切勿用于深色衣物。具体方法是：先把脏衣服浸于水中，待浸湿后稍拧干。滴几滴"84消毒液"到沾有果汁处，稍等片刻后用肥皂搓洗，最后用清水洗净。

115. 衣物上的葡萄汁渍如何去除？

棉布（或棉的确良）衣服上如不小心滴上了葡萄汁，千万别用肥皂（碱性）洗。因为碱性的物质不但不能使其褪色，反而会使汁渍的颜色加重。应立即加少许食醋（白醋、米醋均可）涂于汁处，浸泡几分钟后用清水洗净，不会留下任何痕迹。

116. 衣物上的咖啡渍怎么清洗干净？

先用洗涤剂清洗，再在滴有几滴甘油、氨水和水配成的混合溶液中搓洗干净即可。

117. 衣物上的酒渍如何清洗？

新渍可在清水中搓洗。若为陈渍，可用混有氨水（2%）的硼砂溶液洗净。

118. 衣物上的口香糖印迹如何有效去除？

● 利用鸡蛋。可先用小刀刮去，将鸡蛋涂抹在印迹上，使其松散，再将其擦干净，最后放在肥皂水中清洗，用清水洗净即可。

● 利用冷冻法。可以将衣服放入冰箱冷冻一段时间，待糖渍变脆，只需用小刀轻轻一刮，就能弄干净，效果非常好。

119. 在草坪上坐了一会儿，衣服上沾了很多青草渍，怎么办？

甘油可以解决你的烦恼。便秘栓剂或者润肤乳液里就有甘油。首先，你要确认用的是纯甘油，因为有其他成分在，也许会帮倒忙。如果有甘油护手霜，那直接倒在污渍上就行了。如果你用固态甘油，那就擦一些到污渍上。甘油弄到手上也不用担心，它有护肤作用。让甘油在污渍上停一个小时后，把衣物洗干净就好了。

120. 白衬衫上的黄色斑点怎么处理？

这种斑点可能是水里面的铁元素沉淀，导致出现黄色或者棕色斑点。此时不要用漂白剂来对付，因为漂白剂会使水中的铁渗入到衣物上，反而留下更多斑点。试试这个办法：将等量的柠檬汁和水混合后，拿来处理这些污渍。注意要让混合液在斑点上作用几分钟，然后将衣物手洗。

与生锈金属接触而导致的斑点，可能会稍难去除一些。你可以直接用纯柠檬汁涂到上面，然后再照常清洗。

121. 怎样清除衣服上的锈迹？

先用柠檬汁浸段时间，然后把衣物拿到冒着水蒸汽的水壶上，让蒸汽作用于斑点上。这样可以减轻斑点在衣物上粘附的力度，从而使柠檬汁的作用更有效。

122. 除血渍有何妙招？

● 用盐除血迹：把血迹处浸到一杯加了半茶匙盐的水里，临时做个处理。

● 氨水除血渍：在冷水里加入氨水（不可以用热水），再将需要处理的衣物浸泡30分钟左右。之后用冷水清洗，再涂些洗碗液到上面。氨水可以去除大部分血污，即使你没有及时处理也不要紧。

● 牛奶除血污：要洗掉未及时处理的血污，尤其是浅颜色或白色织物上的血污，你可以先用牛奶处理，再照常清洗。

123. 不小心把指甲油弄到了衣服上，怎么办才好？

用卸甲油。如果是自然织物，那么从衣服内层吸干指甲油后，再用干布吸干。如果是人造布料，这个办法就不可行了，因为指甲油会渗透人造布料。

124. 怎样去除衣物上的口红印？

要去除衣物上的口红印，你可以用发胶试试。喷上几分钟之后，去除多余发胶，口红也就消失了。然后再照常清洗。

125. 怎样洗白袜子可令其洁白如初？

在水中溶入少量小苏打，将白袜子放在水中浸泡5分钟，洗出的袜子就会洁白且柔软。

126. 白袜子非常容易发黄，而且一发黄就特别难洗，怎么办？

若遇到了这种情况，可以先把它浸泡在洗衣粉的溶液中半个小时，再对其进行正常洗涤。

127. 怎样去除袜子臭味？

可以在袜子用洗衣粉洗过后，再放入含醋的水中泡一会儿。这样不但可以驱除臭味，还具有杀菌的作用。

128. 刷鞋后如何使鞋不发黄？

● 方法一：用肥皂（或洗衣粉）将鞋刷干净，再用清水冲洗干净，然后放入洗衣机内甩干，鞋面就不会变黄了。

● 方法二：用清水把鞋浸透，将鞋刷（或旧牙刷）浸湿透，蘸干洗精少许去刷鞋，然后用清水冲净晾干，这样能把鞋洗得干净，鞋面也不会发黄。

129. 鞋里总是潮乎乎的，穿着很不舒服，怎么办？

缝制两个和鞋子的长短、宽窄都差不多的小布袋，把干燥的石灰装在里边，然后将袋口封死，把石灰袋放入每晚脱下的鞋内。干燥的石灰具有较强的吸湿力，经过一夜便可吸干鞋内的湿气，第二天早晨，棉鞋又可以变得既舒适又干爽了。白天把石灰袋放在阳光下曝晒，晚上取回再用，也可以多缝几个，以便交替使用。

130. 春天气候干燥而且风大，皮鞋脏得很快，怎么办？

可以用卫生纸或棉球沾上几滴发油放在一个干净的小塑料袋里，出门时带着，随取随擦。用发油擦后的鞋面不但洁净、光亮，而且对皮鞋鞋质还能起到一定的保护作用。

131. 保存皮鞋有何妙招？

一般认为，多打些鞋油会起到持久保护鞋面的作用，但事实却使鞋面更易裂。若改用肥猪肉（或生猪油）抹擦，鞋面就能始终保持光滑油润，此法使皮鞋的保存效果相当好。

132. 怎样擦皮鞋可令其更加光亮？

● 用尼龙袜子擦皮鞋。将鞋刷子套上旧尼龙袜（或旧丝袜），用其蘸上鞋油来擦鞋，既方便又光亮。

● 掺食醋擦皮鞋。擦皮鞋前，滴几滴食醋到鞋油里，这样擦后的皮鞋就会色彩鲜艳，而且光亮能长久保持。

● 掺白酒擦皮鞋。皮鞋上的污迹用蘸了白酒的海绵即可擦除，这样不仅污迹可以被除去，皮鞋也非常光亮。

● 用清水擦皮鞋。滴几滴清水到鞋油里，擦出的鞋就非常亮。

● 掺牙膏擦皮鞋。擦皮鞋时，往鞋油里加点牙膏，就能使擦过的皮鞋光洁如新。

● 用香蕉擦皮鞋。先擦去皮鞋上的浮灰，然后用香蕉擦拭，鞋不仅会非常干净，而且还会乌黑发亮。

● 用橘皮擦皮鞋。在擦黑皮鞋时，用鲜橘皮的内壁首先擦拭一遍，然后再抹上鞋油擦，这样不但去污效果很好，也会使皮鞋更加光亮。

● 用蜡油擦皮鞋。先在皮鞋上涂一层蜡油，然后再用布（丝绸、旧丝袜）擦拭，皮鞋就会变得更加光亮。

133. 怎样擦皮鞋可防干燥和裂口？

不要把喝剩下（或已陈腐）的牛奶倒掉，可用来擦皮鞋（或其他皮革制品），能防止皮质干燥和裂口。

134. 怎样擦掉皮鞋灰尘又不会弄脏手？

用旧的粉扑来擦皮鞋，灰尘很容易就被擦掉，且不会把手弄脏。

135. 黄皮鞋怎样擦可光亮如初？

擦黄皮鞋时，先用柠檬汁擦掉灰尘后再用鞋油擦，鞋可光亮如初。

136. 白皮鞋怎么擦可光洁如新？

先用普通橡皮轻轻擦掉污迹，再用干净的软布把橡皮屑擦去，然后擦上白鞋油，待油干后用鞋刷子及软布擦拭几遍，这样白皮鞋就可光洁如新。

137. 白鞋油蹭到鞋的边缘就很难擦掉，怎么办？

在白皮鞋穿之前，把一层透明的指甲油涂在鞋边缘，这样即使擦鞋过程中蹭上了白鞋油也可轻松擦掉。

138. 怎样清洁白皮鞋效果好？

白皮鞋蹭脏后很难清理干净。只需把胶条粘贴在有污渍的地方轻轻按压，再揭下来，污渍就可以很轻松地被胶条粘下来。这个方法比用橡皮擦更方便、干净，而且还不伤皮鞋的皮质。

139. 如何清洗磨砂皮鞋效果好？

磨砂皮鞋鞋面脏了，可以用塑料橡皮擦鞋面上的脏迹，比用鞋粉擦拭的效果好得多。

❀ 二、衣物熨补 ❀

1. 衣物熨烫有哪些技巧？

（1）熨烫除霉点：未晾干或未洗净的衣服，贮藏时间长了也会有霉点，可用醋水洗净后再熨烫，霉点即可消除。

（2）留香技巧：熨烫衣裤时，可以喷少许花露水在垫布上，这样熨过的衣服香味持久，清香宜人。

（3）如果想保持裤线笔挺，则可采用以下方法：沿裤线用棉花蘸少许食醋擦一擦，然后再用熨斗熨，这样就变挺了。

（4）烫熨裤子时，若想保持裤线笔挺，可用棉花蘸少许食醋沿裤线擦，再用熨斗熨。

2. 如何掌握熨烫的水分？

熨烫中水分的需求量是存在一定范围的。水分多了，容易出现反弹情况，织物又要回到原来蓬松收缩的状态。水分少了，不但无法达到熨烫的目的，甚至还会将织物烫伤。因此，水分必须适量。此外，还应根据织物品种的不同，选择不同的水分需求量。一般薄织物的用水量偏少，厚织物的用水量偏多。水分的多少还与温度有关，温度低时供水量应小些，温度高时供水量应大些。

3. 如何掌握熨烫的压力？

熨烫时，压力来源于人在操作时对熨斗压、推的作用力，加上熨斗的自身质量。熨烫时，要注意压力越大越好，这样熨烫后的织物就越平整。但是也应注意，用力时要适度、均匀。切忌对局部用力过大导致出现畸形，影响织物的外观。

4. 想要熨一下衣服，可是手边没有电熨斗怎么办？

熨烫衣服一般要用到电熨斗，在手边没有电熨斗的情况下，有一种操作简便的方法，可以代替电熨斗熨平衣物，即用平底搪瓷茶缸盛满开水来代替电熨斗，不会将衣料烫糊。

5. 如何掌握不同服装的熨烫方法？

不同的服装要求不同的熨烫方法。厚衣料或毛呢织物应垫上湿垫布，丝绸织物要熨反面，维纶织物则要干烫，薄一些的面料可边喷水边移动熨斗，但丝绸物例外，因为喷水不均匀会导致局部皱纹。

普通的衣服最好在半干的时候垫上衬布熨烫，而色泽鲜艳的毛织品、涤棉则要掌握好温度，以免烫焦。如果是一些难以服帖的衣料，则可先喷上少许清水，然后用熨斗熨烫，并立即用木块或竹尺等物压牢，这样就不会再有皱纹了。

6. 熨皮革服装有什么技巧？

熨烫皮革服装可用包装纸做熨垫，同时将电熨斗的温度调到低温，不停地移动着熨烫，否则可能影响革面的平整光亮。

7. 熨烫绒面皮服装有什么技巧？

清洗去污后绒面皮的服装时，要先进行定型熨烫，而且最好能使用蒸汽型喷气熨斗垫布熨烫。要按照衣服的内里贴边、领子、袖子、前身、后身的顺序依次熨烫，并对袖口、袋口、领子、袋盖处重点定型。熨烫完后再用软毛刷顺着绒毛刷一遍。

8. 如何熨烫真皮服装？

真皮服装经水洗后很容易发生变形走样的现象，甚至有时还会出现皱褶，因此清洗后一定要进行定型熨烫。最好是能用熨斗熨烫一下，因为熨斗的气压均衡效果特别好。如果没有，也可以采用蒸汽型喷气熨斗垫布熨烫。对衣服的袖口、袋口、入贴边、袋盖处要重点定型。真皮服装的衬里，无需熨烫。如果有皱褶，则可用吹风机将其吹平。

9. 如何熨烫毛料衣服？

毛料衣服具有收缩性，在熨烫时，应先在反面垫上湿布再熨。如果是从正面烫，要先用水喷洒，这样可以使毛料有一定湿度，熨烫时，熨斗要热。

10. 如何防止熨烫毛涤衣服时常常发生的变色、枯焦、发光的现象？

关键在于两个度的把握：温度和速度。熨烫毛涤衣服时，温度应控制在 120℃ ~ 140℃ 左右。这可用以下方法检验：在熨斗上滴一滴水，如果水不外溅，说明温度适宜。熨烫时的速度要均匀且不宜过慢，更不宜滞留在某处，而且为防止衣服发光，熨烫时还要垫上一块湿布。

11. 如何熨凸花纹毛衣？

熨烫有凸花纹的毛衣时，必须先垫上软物和湿布后，再从反面顺着纹路熨烫，切忌用力压，否则可能破坏凸花纹的立体感。

12. 如何熨烫丝绸织品？

熨丝绸织品时注意不宜喷水，如果喷水不匀，有的地方会出现皱纹。要从反面轻些熨。

13. 怎样熨丝绸方便？

丝绸衣服质地较软，特别容易起褶，而且又不好铺平，熨烫起来特别麻烦。可在熨烫之前先把衣服密封在袋子里，放进冰箱冷冻约 10 分钟，丝绸的硬度就会增加，这样再铺起来就会平展一些，熨烫起来也就容易多了。

14. 熨烫针织衣物如何防变形？

熨针织衣物时，由于其容易变形，所以在烫时只要轻轻按着即可，不宜用力压着烫。

15. 熨烫羽绒服装有什么技巧？

羽绒服装可用一只大号的盛满开水的搪瓷茶缸，代替电熨斗在羽绒服上垫上一块湿布再熨，这样能避免衣服表面出现难看的光痕。

16. 如何熨烫灯芯绒衣服？

熨烫灯芯绒衣服时，熨斗不能直接压在上面，否则绒毛会被压倒。

17. 如何熨呢绒大衣？

（1）取一块白棉布，用低温熨烫大衣里子。注意要先从后身开始，逐渐熨至前身，再熨左右前身及袋布。如果是穿过的大衣，则熨烫时里料不可喷水，防止产生水渍。

（2）开高熨斗温度，并将其盖上湿布，在熨领子的时候要熨干反面，其领底不可露出领面。长毛绒、立绒的领子烫后，要用毛刷帮助使绒毛立起来。应将女式的翻领熨成活型，而男式的翻领则应熨实。

（3）在熨烫衣袖时，可在肩袖中塞入一块小枕头，左手将小枕头托起，再盖上一层湿布，然后熨烫肩袖，这样可以使袖笼和肩头达到平挺圆滑的理想效果。注意：应将男式衣袖烫成前侧圆滑，后侧扁型，女式衣袖则应烫成鼓圆型。

（4）用衣架将熨烫好的衣物挂在阴凉通风处，将其晾干即可。

18. 怎样熨烫男式西服？

男式西服的款式很多，其西服的面料也很多，在熨烫的时候，要根据各种款式要求来熨烫各种风格的衣服，同时，要根据面料纤维的不同来调整熨斗的温度。除了前襟和领子外，其他部位跟中山装的熨烫相同。因为西服也是挂衬里的服装，因此在熨烫的时候，里外都要烫。在熨烫衬里的时候，要看里面的面料，若是尼龙绸免烫织物，就不用再熨，可直接熨烫西服面料即可。若需要熨烫，则要根据衬里纤维种类，调整到合理的温度对其进行熨烫。

19. 怎样熨烫男式衬衫？

男式衬衫有很多种面料，有纯棉、麻纱、的确良、丝绸以及混纺的织物。在使用蒸汽熨斗熨烫时，要把它的蒸汽压力调到 0.2 兆帕以上才能对其进行熨烫。在使用蒸汽喷雾熨斗时，要根据衬衫的面料纤维种类选择合适的熨烫温度。

熨烫男衬衫时，应先熨小片，后熨大片。其具体程序如下：

（1）衣袖：合上衬衫的前襟，将其平铺在案板上（背要朝上），分别熨平两袖的背面后，再来熨烫袖口，最后，将衬衫翻过来，把袖的前面熨平。

（2）后背：先打开衬衫的左右闪襟，然后从后背内侧将其一次熨平。

（3）托肩：将托肩平铺在案板上，将上下双层托肩用熨斗一次熨平。

（4）前襟：将前襟左右分开，先将内侧褶边熨平，然后再分别熨平左右前襟。

（5）衣领：将正反两面拉平，从领尖向中间熨烫，然后翻过来重熨领背，趁热将衣领用双手的手指捻成弧形。

20. 怎样熨烫女式衬衫？

女衬衫面料的品种也非常多，有丝绸、纯棉、的确良、麻纱及其交织或混纺面料。因此，在用蒸汽喷雾电熨斗来烫时，要根据面料纤维种类的不同来调整好所需的熨烫温度。在用蒸气熨斗熨的时候，要升足气压。因女式衬衫很多都带有装饰物及绣花，熨烫的时候要特别注意，不要使其受损。

（1）衣袖：女式衬衫的衣袖，不论是长还是短，都必须要将其熨成圆筒形。在熨烫的时候，要在衣袖中间运行熨烫，不要熨死两边，采用滚动法来将衣袖熨平。若熨斗比衣袖宽度要大，可把衬衫放于案板的边沿上，使它的下部分悬空，转动着来熨烫，即可把衣袖熨成圆形。还可将衣袖套在袖骨上来旋转着熨烫，其效果会更好。

（2）贴边：在案板上将女式衬衫的左右前襟内侧贴边烫平。在熨的过程中要注意不要将衣袖熨出褶来。

（3）领子：女衬衫有立领、开关领及一字领，在熨左、右襟时，其方法与男衬衫一样。

（4）前襟：在案上将女衬衫下面铺平，分别熨烫其左、右襟。

（5）后身：打开整铺在案上面的左右前襟，从衣服的内侧把女衬衫的后身熨平。

（6）袖肩：在穿板上，将女衬衫的肩部套入，或者用棉馒头将其垫起来，将袖肩熨成拱形，把肩与袖的接缝处熨出立体的效果。

21. 熨烫羊绒衫有什么技巧？

熨烫这类毛衫时的时候，要根据毛衫原有的尺寸，准备好尺寸适当的毛衫熨烫模板。当使用蒸汽喷雾电熨斗来熨烫的时候，要把调温旋钮调到羊毛熨烫的刻度上。如果用蒸汽熨斗来熨烫，则要升足气压。熨烫程序如下：

（1）衣袖：可先用蒸汽熨斗或调温蒸汽喷雾电熨斗接近毛衫衣袖（但不能接触），放强蒸汽，把衣袖润湿。当毛衫的衣袖发生膨胀、伸展时，在衣衫的衣袖里穿入毛衫模板里，然后再用熨斗熨烫，当毛衫衣袖扩大熨后，要及时冷却定型。

（2）衣身：毛衫用水洗完后，容易缩水，为了避免在穿入模板的时候毛衫被损伤，必须用以上方法将毛衫的前后身润湿。

（3）当毛衫的前后身被润湿后，若发生膨胀，则要将定型板穿入。

（4）用熨斗将毛衫的前后身熨平，并让它及时定型、冷却，在用模板给毛衫熨烫定型时，要注意千万不要将毛衫拉伤。

22. 如何熨烫男式西裤？

（1）反面裤腰：先将裤子翻过来让内侧朝外，把裤腰部位套在穿板上熨平裤缝、贴边及裤袋。

（2）反面裤腿：把熨完反面裤腰的西裤放在案上，熨平裤腿中缝及内缝，熨平裤脚卷边及膝盖。

（3）正面裤腰：将裤子套在穿板上转动熨平裤腰及前门。袋口及袋盖要重点熨牢。

（4）裤腿正面：将前面朝上平铺在熨案上，熨斗在裤腿中间由裤脚向裤腰行动，不能将两边缝合线压死，膝盖部位要重点熨平。

（5）裤腿背面：将熨完前面的裤子翻过来熨平裤腿背面。

（6）裤侧面：将两裤腿的中缝对齐，侧放在熨案上，先熨平上面裤腿的侧面，然后将熨完侧面的上面裤腿折起，再熨平下面裤腿的内侧。

23. 如何熨烫女式西裤？

前开门的女西裤，其熨烫的方法跟男西裤方法相同。在熨烫旁开门女西裤的裤线时，必须扣齐女西裤的旁门，将裤腿中线的位置找准了再压死裤线，避免两腿不对称或将裤线熨歪。除此之外，其熨烫的方法跟男西裤方法相同。

24. 如何熨烫西服裙？

西服裙式样比较多。除了长短变化外，主要的变化在褶上。褶的类型，一般是顺边单褶，也有对褶的，总的来说其熨烫方法也都一样，只不过是褶的多少而已。在使用蒸汽喷雾熨斗来熨烫的时候，要根据面料纤维种类的不同对温度进行相应的调节。用蒸汽熨斗熨烫的时候，要升足气压。在熨裙内腰贴边的时候，要垫布熨烫。

（1）反烫：把裙子翻过来，对于裙里接缝处要烫开、压死，可用垫布把裙子里的内腰熨平。

（2）上腰：把裙子的正面套在穿板上或者在案上转动熨平胯部、上腰、腹部、臀上部。

（3）裙身：从裙身的下口往上，套在穿板上，转动熨烫。

（4）裙褶：要按照原来的褶痕来熨烫，若没有痕迹，可按原则来作裙褶，从起褶的地方往下摆处熨，使褶的宽度慢慢减小，做到上宽下窄，这样所熨出来的褶就不会散了。

25. 如何熨烫折褶裙？

先将一块宽21厘米左右、长1米左右木板，卷上厚棉布或棉毯，然后用细绳扎紧两头，将其套入折褶裙上，注意裙子的腰头要放在靠身的左面，下摆要放在靠身的右面。最后用大头针固定好腰头。将木板架空，同时套上的裙子也悬空。然后再从裙腰叉起，在每个折褶处钉上大头针。再拉紧理直板面上的褶，盖上一块湿布，用熨斗将其熨平，熨完后，拔去大头针，然后在扎过大头针的地方补烫一下，折褶裙就会非常挺括了。

26. 如何熨烫领带？

熨烫时，熨斗温度以 70℃ 为佳。毛料领带应喷水，垫白布熨烫；丝绸领带可以明熨，熨烫速度要快，以防止出现"极光"和"黄斑"。

（1）熨领带时，可先按其式样，用厚一点的纸剪一块衬板，插进领带正反面之间，然后用温熨斗熨。这样不致使领带反面的开缝痕迹显现到正面，影响正面的平整美观。

（2）若领带有轻微的褶皱，可将其紧紧地卷在干净的酒瓶上，隔一天皱纹即可消失。

27. 如何熨烫丝巾？

熨烫丝巾时，可先将它平铺在木板上，然后在它上面平盖上一块略微湿润的白纱布，并用手把它们拍平，将电熨斗温度调至中低温，熨烫时要以轻快的动作来熨烫，以防产生水烫痕和渍印，反复熨烫至平整即可。

28. 如何熨烫衣褶？

衣服如果长期叠放容易形成死褶。对此，沿着死褶用醋擦拭，再用熨斗熨，这样很容易把褶纹熨平。如果在浆衣服时掺入少量牛奶，还可以使衣服熨后富有光泽。如果想使衣服上香味持久，则可以在熨裤时，在垫布或吸墨纸上洒一些花露水后再熨。

29. 如何熨烫花边？

先浆好花边，再用熨斗尖部来熨，注意温度要适度。不同面料的花边也有不同的熨烫方法：薄的花边要从反面来熨；麻及棉织品要先从反面熨，再从正面熨，以保持衣料原有的光泽，绣花、刺绣要铺上水布后再从反面熨。烫熨带有凸花纹的毛衣等编织衣物时，要先垫上软物和水布，同时不可太过用力。

30. 处理熨焦的衣物有何妙招？

（1）绸料衣服：取适量苏打粉，用水拌成糊状后涂在焦痕处，使其自然干燥，苏打粉脱离后，焦痕随即消除。

（2）化纤织物熨烫发黄了，可立即垫上湿毛巾，再熨烫一下即可恢复原状。

（3）棉织衣物熨烫发黄时，应马上撒些细盐于发黄处，轻轻用手揉搓，然后放在阳光下晒一会儿，再用清水洗干净，即可减轻焦痕，甚至可以使其完全消失。

（4）呢料衣物：刷洗后会失去绒毛而露出底纱。可轻轻地用针尖挑出无绒毛处，直至挑起了新的绒毛，盖上湿布后，沿着织物绒毛的原倒向，用熨斗熨几遍即可复原。

（5）冬季穿的外套不应经常洗熨。如果不慎熨焦了厚外套，可在熨焦处用上好的细砂纸摩擦，再轻轻地用刷子刷一下，焦痕就能消失。

31. 修补皮革制品裂纹有什么窍门？

皮鞋、皮衣、皮箱等皮革制品如果使用和穿戴的时间过长，表面会出现些小裂纹，这时只要在裂纹处均匀地涂上少许鸡蛋清，即可除去裂纹。

32. 修补皮夹克裂口有什么窍门？

选上一根牙签用鸡蛋清敷在裂口处，再对好茬口，用手将其轻轻压实，待晾干后；将裂口处再擦上夹克油，即算完成，既方便又实用。

33. 处理皮鞋裂纹有什么窍门？

若皮鞋面出现了裂口或裂纹，可先在裂口处填入石蜡，再用熨斗小心熨平，然后再擦上与皮鞋颜色相同的皮鞋油即可。若黑色皮鞋面有小裂纹，可在砚台内放些鸡蛋清，将其研磨成浓稠的墨汁，用毛笔蘸些墨汁涂抹在皮面的裂纹处，放在通风阴凉的地方晾干，裂痕便会弥合。

34. 黏合胶皮手套的破洞有何窍门？

橡胶制品在气温高的时候很容易发黏老化，所以家庭主妇在洗菜、洗衣的时候常用的胶皮手套也很容易破，哪怕破了一个小洞就因为漏水不能用了，扔了又很可惜。其实这样的小洞修补非常简单。可以像补车胎一样，找一块比要补的洞稍大的胶皮（可以取自以前的破胶皮手套），涂上防水的强力胶粘上即可。

35. 补脱丝尼龙袜有什么妙招？

当袜子刮破时，应立即脱下，点上一滴胶液在刮破处，待几分钟后，轻轻捏平，破口处将被牢牢粘住，不会再脱丝。若出现了破洞，可涂上一圈胶液在洞口，破口处将不会再扩大；若洞口较大时，将袜子给翻过来，套在一个比较光滑的圆柱体上（如易拉罐），使洞口能展开，再从旧的袜子里找到相同的颜色，剪下与洞口大小一样的一块，在四周均匀涂上胶液，待几分钟过后再粘上、压平。这样粘补的袜子，搓磨、水洗都不会脱丝。

36. 稍不留意长筒丝袜就会出现破洞，甚至会大片脱丝，怎么办？

如果在袜子刚出现破洞的地方滴上少许透明的指甲油，使之将破洞封住，破洞就不再扩大，即使水洗也无妨。此法对各种人造纤维类织物都适用。

❀ 三、衣服保养 ❀

1. 皮衣如何除皱？

皮衣起皱时，可用电熨斗以 60℃～70℃左右的温度熨烫，并用薄棉布做衬，同时不停地移动熨斗。

2. 皮衣怎样除霉效果好？

用柔软的干布蘸少许食醋或白酒可擦除皮面的发霉和生的白花。

3. 皮衣怎样防潮？

皮衣如果淋雨受潮，应立即用柔软的干布轻轻把它擦干，然后放在阴凉处晾干。

4. 皮衣怎样防污？

皮革容易产生受潮、起霉、生虫的现象。为此，要尽量避免接触酸性、油污和碱性等物质。

5. 如何使皮衣既防潮又美观？

涂一层无色的蜡在经常穿用的皮革衣物面上，可使它既防潮又美观。

6. 皮革服装如何防裂？

皮革存放时的湿度不能太大，湿度过大，含水量就会增加，往往导致皮面发霉变质。此时若再加上烧烤或曝晒，皮革本身就会失去水分而减弱原有的韧性，导致龟裂。所以，当皮革服装遇雪或淋雨后，应将其擦干，然后在室温下自然干燥，避免日晒或者烧烤。此外，还要注意皮革服装不能接触碱类物品、汽油，否则皮革会变质脆裂、发硬、失去光泽。经整理好的皮革服装要避免折着放，以免断裂或折皱。

7. 皮革衣物如何收藏效果好？

皮革衣物的表面处理干净、晾干后准备收藏时，可涂上一层夹克油，约两个小时后，再用洁净的干布擦净，再晾干，然后装入放有防虫剂的箱柜即可。

8. 如何收藏裘皮衣物？

收藏裘皮衣物时，应先将裘皮衣物放于温和的阳光下吹晒（千万不能用高温曝晒，以免使毛绒卷曲、皮质硬化、毛面褪色），将灰尘拍去。

用酒精细细把它喷洒一遍，把面粉用冷水调成的厚浆，顺着擦刷的毛皮面用手轻轻搓擦。搓完后将粉粒抖去，用衣架挂起，边晾晒边拍衣里和毛面，将粉末弹去。

一般粗毛皮（如羊、狗、兔等）只要将毛面朝太阳晒 3～4 小时即可。细毛皮（如紫貂、黄狼、灰鼠、豹狐等）可在皮毛上盖上一层白布，晒 1～2 小时，然后放在阴凉处吹干。

裘皮晾干凉透冷却后，应抖掉灰尘，再

放入一块樟脑丸。然后取一块干净的布遮挂住裘皮衣物，再用宽的衣架挂入衣橱内即可。

9. 如何使硬皮袄变软？

使皮袄恢复柔软弹性的办法很简单，只要用5克明矾、1升清水和5克食盐搅匀，将皮袄放入水中浸泡10分钟左右，然后再用清水将其漂洗干净，晾干，皮袄自然就会变软了。

10. 收藏皮衣有什么窍门？

收藏前，应先将衣物用抹布擦净后，再打上少许凡士林油，然后再用软布仔细地打磨出光泽来。

收藏时，为避免影响皮革的质量与光泽，注意不能让皮衣直接接触樟脑丸或卫生球等。

另外，为避免皮革表面的光泽受到影响，也不要用塑料袋来装皮革衣物，因为塑料袋不透气，就会导致皮衣暗淡无光。还有，皮革衣物折叠时间太久容易产生皱痕，要想消除皱痕，可以用一个布袋套在皮革衣物上，然后用衣架在衣柜里挂好。

11. 皮毛防蛀有什么巧妙的办法？

用薄纸把花椒包成小袋卷入皮毛内，妥当地将皮毛服装收藏好，可有效防止虫蛀。

12. 收藏毛线有何妙招？

● 缠绕樟脑法：把毛线缠绕在包有樟脑球的纸包外面，即可除虫。

● 缠绕驱虫剂瓶法：把毛线缠绕在驱虫剂的瓶子或罐子上面即可除虫。

13. 如何收藏毛线衣物？

由于毛线衣物容易生虫蛀，因此要及时收藏起来。在收藏前，要先用温水浸透，然后将其放在洗衣粉低温水溶液中浸泡15分钟左右，用手轻轻揉洗干净，切记不可搓洗。冲洗干净后，将水分拧干（不要太用力拧），将其放在桌面上用力压干，挂在通风阴凉处晾干即可收藏。

14. 如何保养黑色毛织物？

毛线、呢绒等黑色的纯毛织物穿过一段时间后，颜色就会显得污灰不堪，失去原来的光泽。要想使它光洁如新，可以用1000克菠菜煮成一锅水，再用此水将洗净的衣物刷洗一遍即可。

15. 如何收藏羊毛衫？

收藏前要先洗净并晾干，叠好后要装袋平放，切记不能挂放，以免变形，也不要与其他类的产品同袋混装。收藏时要注意存放在通风、避光、干燥处，存放时还要注意防蛀，可放些防蛀剂，但不可与羊毛衫直接接触，以免发生化学反应。

16. 如何保养羊毛衫？

羊毛衫穿了一段时间后要脱下来放几天，以消除一下羊毛衫的"疲劳"，保持它的弹性。穿羊毛衫时，很容易起小球，千万不要动手把这些小球扯掉，否则羊毛纤维会随之被拉出。汗渍、油脂很容易吸附在羊毛衫上，所以羊毛衫也不宜贴身穿，避免引起霉变和虫蛀等问题。

17. 羊毛衫穿久了，就会变硬缩短，怎么办？

要想使其复原，可将羊毛衫用一块干净的白毛巾裹好，隔水放在锅里蒸10分钟左右，取出来后赶快用力抖动，使其蓬松，同时还要小心地拉成和原来一般大，再平铺在薄板上，用衣夹固定，放在通风处晾干便可。

18. 如何收藏呢料衣服？

在收藏前，可先拿出去晒一晒，将上面

的尘土拍干净，均匀地喷洒些汽油，然后再用毛巾擦一擦。若呢料衣服上有油污，可以在油污处用布蘸上些汽油反复擦拭，干净后将其晾在通风阴凉处，让汽油自然挥发，最后铺上一层干净的湿布，用电熨斗将其熨平后就可以放心收藏了。

19. 如何收藏呢绒衣物？

（1）将衣里朝外叠好，注意要将衣领翻起，然后尽量平整地装入衣箱的上层，避免重压。

（2）收藏呢绒衣物最合适的方法，就是将呢绒衣物吊挂在衣柜内。

（3）可用薄纸裹好樟脑丸等防虫剂后放入衣服内，这样既可防蛀也可避免产生污痕。

20. 如何收藏化纤衣服？

为避免化纤衣服起球，在洗的时候不可用力刷或搓，也不可用热水来烫洗，以免收缩或起皱。洗好后，要用清水清洗干净，放到通风阴凉处晾干。为防止虫蛀，可用白纸包好的樟脑丸放在衣服处，但不可接触樟脑丸，以免损坏衣物。

21. 如何收藏纯毛织品和丝绸？

收藏时，应先刷掉或拍除衣料上的灰尘，并用罩布将其遮盖起来。而丝绸服装最好放在箱柜上层，以免压皱，然后可以再放一块棉布在上面，防止潮湿空气浸入。

22. 如何收藏丝绸衣服？

（1）忌与其他衣服混放：丝绸衣物与毛料混放，会使丝绸织物变色。桑蚕丝衣物与样蚕丝衣物混放，桑蚕丝衣物会变色。

（2）蓝纸包衣：白色丝绸衣物要用蓝颜色薄纸包严后再收藏，否则容易变黄；花色鲜艳的丝绸衣物要用深色纸包起来后再收藏，否

则容易褪色。

（3）洗净晾干：收藏丝绸衣物前，应先洗净晾干，再熨烫一下，可达到防蛀防霉、杀虫灭菌的功效。另外，为防止衣物变形，不宜久挂丝绸衣服。

（4）忌用樟脑：不能直接让丝绸衣物接触卫生球和樟脑丸，否则衣物容易变黄。

23. 如何保养丝绸衣服？

丝绸衣物吸湿性较强，在比较潮湿的空气中，容易吸收水分造成霉斑。因此，一定要将丝绸衣物晾干晾透后再收藏。同时也要保持存放丝绸衣物的箱柜干燥、清洁。

24. 怎样保养真丝衣物？

真丝印花衣物，特别是浅色面料的，吸汗过多容易变质、变色、破损。所以最好不要贴身穿，同时应注意勤洗勤换，还要避免在粗糙的物品上摩擦真丝衣物。

25. 怎样收藏棉衣？

收藏棉衣，最担心的是棉衣容易发霉，因此在收存前，应先把它洗干净，若不洗干净棉衣，其上面的油污吸潮后就会发霉。到了雨季，若遇上了好的天气，应把它们拿出来放到阳光下晒几次，否则更容易发霉。

26. 怎样收藏纯棉衣物？

浆洗容易导致虫蛀和霉变，因此，收藏前切记不要浆洗。为防布料发脆和虫蛀，收藏新衣物前，要将浮色和浆料用清水清洗干净。纯棉衣物经洗净晾干，稍加熨烫后再收藏。如果经常取出在阳光下晒晒可以让它历久如新。

27. 怎样收藏纯白衣服？

（1）白色衣物可能会吸收木制衣柜的颜色。因此无论挂起或折起收藏，都需把它套上

透明塑料袋，外面再套上深色衣服。

（2）樟脑丸也会污染布料，所以切忌在口袋中放樟脑丸，除湿剂可放在衣柜内一角落。

（3）一定要洗净油渍、污渍、水果渍等各种污渍。其中较难除掉的油渍可利用洗涤灵完全清除。

（4）一定不能残留洗衣剂，要将洗衣粉彻底冲洗干净。

28. 怎样保养西服？

首先，最好能有两三套西装交换着穿，如果一件西装连续穿多日，会容易加速西装变旧和老化。其次，如果西服口袋里填满东西又吊挂，衣服易变形。所以要及时清除口袋里的物品，西服一换下，口袋里的物品也要立即掏出。灰尘是西服最大的敌人之一，西服经穿着后一定会弄脏，这就会使西服的色彩混浊，失去原有的清新感，所以须经常用刷子轻轻刷去表面的灰尘。最后，久穿或久放在衣柜里的西服，若能挂在充满蒸汽的浴室里，过一会儿皱褶就会自动消失。

29. 怎样保养领带？

（1）洗涤不要太过频繁，防止色泽消褪。

（2）佩戴领带时手指一定要洁净。

（3）换领带的时候，要把领带的拦腰挂在衣架中，可以保持它的平整。

（4）为防丝质泛黄走色，领带不能在阳光下曝晒。

（5）领带收藏时，最好先熨烫一次，以达到防霉防蛀、杀虫灭菌的目的。

（6）存放领带时要干燥，不要放樟脑丸。

30. 怎样保养内衣？

（1）腾出一个特别用来存放内衣的柜子，专门用来存放短裤、胸罩等，这样，不但取拿非常方便，而且整齐、卫生干净。

（2）在内衣收藏前，一定要仔细地洗净，并用漂白剂将其漂白，再晾干，以防内衣泛黄。

（3）如果抽屉内没铺专用的薄垫或白纸，则不要将内衣直接放进柜内。若直接放进去，内衣就有可能变黄、变色。

（4）内衣有些香味非常好。可在柜内放些香片、干花、空香水瓶，使内衣染上香味。

31. 怎样收藏泳装？

一般泳衣在收藏前，要用热水浸泡一下，去掉盐碱迹，然后再挂起来。

32. 如何放置樟脑丸效果好？

应将樟脑丸放在衣柜的最上层，由于樟脑精、樟脑丸在从固态变成气态以后，其比重要比空气重，若把它们放在衣柜的最上层，可使气体从上往下飘过衣物，从而获得很好的效果。

33. 怎样使皱巴巴的衣服变得平整？

首先将浴室里用来沐浴用的热水龙头打开，直到浴室里充满了蒸汽，然后关上热水龙头，在浴室里面把衣服用衣架挂好，并把浴室的门窗关紧后离开。一般一个晚上以后，衣服就会变得平整，上面的皱纹也会消失干净。

34. 如何保养雨衣？

为防止损坏防水层，降低其防水性，雨衣淋湿后，一般不宜擦拭和曝晒。最好的方法是用双手提起衣领，将水珠抖去，放到通风阴凉处慢慢晾干，然后用熨斗略熨一熨使它恢复平整。洗涤雨衣时，可把它浸泡入 30℃ 以下的中性洗涤剂溶液中约 10 分钟，然后把它平铺在搓衣板上，轻轻刷洗。注意洗涤液不宜温度过高，碱性大的洗涤剂和汽油、酒精等有机溶剂也不宜使用。洗净后应放到通风阴凉处晾干，再将熨斗温度调至 70℃左右把它熨平。

35. 护理皮鞋有什么技巧？

（1）皮鞋隔一天穿一次，能避免由于撑开及褶皱无法恢复所引起的变形。

（2）汗水会使皮鞋里产生湿气，所以穿了一整天之后回到家里，应将皮鞋放于通风凉处吹吹风，以防细菌滋生。

（3）平常可用软毛或鞋布擦去皮鞋表面的灰尘，用尖头刷子去除鞋身与鞋跟间的缝隙部分的尘垢。为防止皮鞋变形，还应放入鞋撑，如没有鞋撑，也可用旧报纸代替。

（4）要保持其表面光亮润泽，应尽量避免用液体鞋油来擦鞋，可以定期地使用同色系列的鞋油来擦拭皮鞋。

（5）上鞋油时，注意要将鞋油涂在鞋布上后，再进行擦拭。

（6）若皮鞋不慎被弄湿，应用干布吸去水分，然后待其自然风干。

（7）清洁皮鞋时要采用不同的护理方法和护理用品。

36. 怎样去除皮鞋的白斑？

当皮鞋上出现白斑，可用酒精或温水将白斑擦掉，涂上鞋油，将鞋放在通风处，半小时之后白斑就会消失，即可穿用。

37. 怎样收藏皮鞋效果好？

保护皮鞋要多擦油、少浸水。要把鞋放在纸盒里，存放在干燥处。而存放皮鞋前，最好用撕碎且揉成团的旧报纸塞在鞋里，以防变形。再在鞋面涂抹菜油或猪油，以保护皮面不干皱。

收藏皮鞋时要想防止皮鞋干裂变形和生霉变质，可以采用以下办法：先把穿过的皮鞋用湿布擦净、晾干，打上鞋油，再用鞋刷把它擦亮，装入不漏气的塑料袋里，将袋内气体排出，用绳子扎紧袋口。

38. 怎样防止皮鞋变形？

为了使皮鞋不变形，可将鞋用鞋撑子撑起来，或者将旧报纸揉成团塞在鞋里，然后再用布或纸包好，放在阴凉通风处即可。

39. 怎样防皮鞋坏死干裂？

用湿布将皮鞋擦干净，晾干，再打上鞋油，待稍稍干后用鞋刷将其擦亮，然后装入不漏气的干净塑料袋里面，排出袋内的空气，将袋口用绳扎牢。这样能有效地防止皮鞋干裂。

40. 怎样防皮鞋生霉？

对于室内比较潮湿的房间，皮鞋久放不穿就会生霉，这时，可以在鞋里放两小包石灰，鞋就不容易生霉了。

41. 怎样防皮鞋落灰？

皮鞋久放不穿，容易在鞋面聚积一层层灰，若在不穿的时候，用旧的丝袜将皮鞋一只只套起来收藏，既干净又方便。

42. 怎样收藏皮凉鞋？

首先要做好皮凉鞋鞋底、鞋面的保养工作，一般不能用湿布来擦，更不能放入水中浸洗。否则鞋面上的色光浆容易被擦去而影响美观。各种光面革的凉鞋，要想它始终保持光亮色泽，可先用普通的白色橡皮轻轻擦拭鞋面，然后再用干净软布将橡皮屑掸掉，再擦上白鞋油，待略干后再用鞋刷反复轻刷，最后用软布擦拭干净即可。红色或棕色皮鞋，可在鞋上涂些柠檬汁，再用鞋油擦。

其次还要为仿皮凉鞋或皮凉鞋底去污。皮凉鞋鞋底要用干刷子刷；橡胶底或仿皮底则用刷子蘸水洗净。

在收藏皮凉鞋时，为防止霉变，应晾干鞋内的汗水潮气，并塞些布在鞋内，以免鞋面松塌，然后将其放在鞋盒内。

43. 泡沫拖鞋怎样保养？

新买回来的泡沫塑料拖鞋，在穿以前，可将鞋放在盐水里浸泡半日后再穿，这样就不容易发生破裂，且比较耐磨。

44. 皮靴如何收藏？

将皮靴打上油后，用刷子刷亮，然后用旧报纸或碎布塞实靴尖，再在靴腰塞两个空饮料瓶，可防变形。

45. 如何收藏翻毛皮鞋？

在收藏以前，先用一块湿布把鞋擦干净，然后再将其放在通风、阴凉处晾干。待皮鞋快干的时候，再蘸些毛粉用硬毛鞋刷上，将其擦鞋面，这样，毛便会蓬松起来，再放在有风处吹，翻毛即会恢复原状，然后再用纸将其包好，装入鞋箱里即可。

饮食烹调篇

❀ 一、洗切食品 ❀

1. 去除蔬菜农药有哪些妙招？

● 浸泡去农药：对于白菜、菠菜等，可浸泡在清水中除去农药。还可加入少量洗涤剂在清水中，浸泡大约30分钟，再用清水洗净。

● 烫洗除农药：对于豆角、芹菜、青椒、西红柿等，先烫5～10分钟再下锅，能达到清除部分农药残留的效果。

● 削皮去农药：对萝卜、胡萝卜、土豆，以及冬瓜、苦瓜、黄瓜、丝瓜等瓜果蔬菜，最好在清水漂洗前先削掉皮。特别是一些外表不平、细毛较多的蔬果，容易沾上农药，去皮是有效除农药的方法。

● 用淘米水去农药：呈碱性的淘米水，对解有机磷农药的毒有显著作用，可将蔬菜在淘米水中浸泡10～20分钟，再用清水将其冲洗干净，就可以有效地除去残留在蔬菜上的有机磷农药；也可将2匙小苏打水中加入盆水中，再把蔬菜放入水中浸泡5～10分钟，再用清水将其冲洗干净即可。

● 加热烹饪去农药：要去除蔬菜表面的残留农药，应在食用前经过烹煮等方法去除农药残留，方可让大家吃得放心。经过加热烹煮后大多数农药都会分解，所以，烹煮蔬菜可以消除蔬菜中的农药残留。加热也可使农药随水蒸气蒸发而消失，因此煮菜汤或炒菜时不要加盖。

● 用清水冲洗去农药：清洗蔬果最好用流动的清水冲洗，借用水的稀释及清洗能力，可以去除掉大部分残留在蔬果表面上的农药。

如果是小黄瓜、杨桃、西红柿、青椒、苦瓜等有皮的瓜果类蔬果，则可用软毛刷配合清水冲洗。另外，大白菜、高丽菜等包叶菜类蔬菜，可丢弃外围的叶片，逐片冲洗内部菜叶。青江菜、小白菜、菠菜等小片菜类蔬菜的叶柄基部，水果、青椒的向上凹陷处，均易残留农药，需部分切除或仔细冲洗。

2. 买回的蔬菜若储存时间较长，容易流失水分而发蔫，如何使其复鲜？

用1%的食醋水或2%的盐水浸泡过后，便能使蔬菜水灵起来。

3. 蔬菜生虫了，怎么办？

洗菜时，取适量食盐撒在清水中，反复揉洗后，即可清除蔬菜里的虫子。也可用2%的淡盐水将蔬菜浸泡5分钟，效果相同。

4. 去除鲜藕皮有什么好办法？

用刀削鲜藕皮常常会削得薄厚不匀，且削过的藕还易发黑。用金属丝的清洁球擦鲜藕，能够擦得又快又薄，连小凹处都可以擦到，去完皮的藕还可以保持原来形状，既白又圆。但擦前应先用水将藕冲湿。

5. 去土豆皮很费事，有什么好办法可快速去皮？

● 用清洁球刷土豆皮：用金属丝清洁球去刷土豆皮，省时又省力。此法刷当年产的土豆效果最好。

● 开水冲烫去土豆皮：可先用开水将洗净的土豆烫上 3 ~ 5 分钟（以水没过土豆为宜），拿小刀或指甲盖轻刮，土豆皮即可剥落；甚至有时用手捋一下，土豆即变得光洁干净。

● 土豆去皮放醋：土豆去皮的过程比较麻烦，可以先用热水将土豆浸泡一下，然后放入冷水中，这样很容易去。因为土豆皮中含有较为丰富的营养物质，所以土豆去皮越薄越好，不宜太厚。土豆去皮后，要存放于滴有几滴醋的冷水中，这样可使土豆洁白。

6. 剥芋头皮有什么技巧？

芋头皮刮破后，会流出乳白的汁液，这种汁有强刺激性，手沾上会很痒。刮芋头前，将芋头放热水中烫一烫，或在火上烘烘手，这样即使不小心手沾上汁液也不痒。

7. 切黄瓜有什么技巧？

（1）将黄瓜整条洗净后，将上下两面都斜切成薄片（不要切断）。这种蛇形切法，不但口感好，还容易入味，适合凉拌食用。

（2）在砧板上撒些盐，放上黄瓜轻压滚动，再用棒轻轻拍打，最后将其撕开，这样加工的黄瓜，咸淡适宜，清脆可口。

8. 西红柿如何去皮？

西红柿的营养丰富，既可生吃也能熟食，但是去皮难。若先用开水淋浇，再用冷水淋浇，则能轻易去皮。这种方法可以戏称为：先洗"热水浴"，再冲"凉水澡"。

9. 切西红柿如何保持果浆不流失？

切西红柿容易使种子与果肉分离，流失果浆。因此切时要看清表面的"纹路"，将西红柿蒂放正，顺着纹路切，便不会流失果浆了。

10. 怎样切洋葱不流泪？

洋葱内含有丙硫醛氧化硫，这种物质能在人眼内生成低浓度的亚硫酸，对人眼造成刺激而催人泪下。由于丙硫醛氧化硫易溶于水，切洋葱时，放一盆水在身边，丙硫醛氧化硫刚挥发出来便溶解在水中，这样可相对减少进入眼内的丙硫醛氧化硫，减轻对眼睛的刺激。若将洋葱放入水中切，则不会刺激眼睛。

另外，洋葱冷冻后再切，丙硫醛氧化硫的挥发性降低，也可减少对眼睛的刺激。

11. 切茄子如何防氧化？

在加工茄子的过程中要注意防止氧化。切开后的茄子，应立即浸入水中，否则茄子会被氧化而成褐色。

12. 辣椒怎样清洗效果好？

人们在洗辣椒时，习惯将其剖成两半，或者直接清洗，这种方法是不对的，因为青椒的生长姿势和形状使农药容易积累在凹陷的果蒂上。

13. 怎样剥豌豆荚较方便？

剥豌豆荚时，把豌豆取出，用手将豆荚的上端一折，然后顺势一推一拉，即可去掉一层硬膜，留下两片豆荚，又薄又嫩，洗净后用来与肉丝烹炒，味道非常可口。

14. 洗豆腐有什么小技巧？

将豆腐放在水龙头下开小水冲洗，然后泡在水中约半小时，可以除去涩味。泡在淡盐水中的豆腐不易变质。

15. 生姜怎样食用效果好？

生姜去皮会使其调味效果减半，因此洗生姜最好不去皮。生姜可研磨或剁碎后食用，也可榨成姜汁，最好是连皮一起食用。

16. "夏天常吃蒜，身体倍儿棒"，但剥蒜皮很费事，怎么办?

把大蒜掰成小瓣，在温水中泡一段时间，待蒜皮软了，就易剥去了。

17. 清洗木耳有什么小窍门?

● 盐水洗木耳：泡木耳时用盐水，浸泡约一个小时，然后再抓洗。接着用冷水洗几遍，就可去除沙子。

● 用淀粉清洗木耳：用温水把木耳泡开后，即使将其挨个洗一遍，也不一定能洗净。可加两勺细淀粉在温水中，再将细淀粉、木耳、温开水和匀，这样可使木耳上的细小脏物吸附或混存于淀粉中。捞出木耳用清水冲洗，便能洗净了。

18. 泡发木耳有什么小窍门?

● 米汤泡木耳：要使木耳松软肥大，可用烧开的米汤来泡发木耳。

● 用凉水泡木耳好：发木耳时最好用凉水，由于干制的木耳细胞塌瘪，因而变得干硬。要恢复其原有的鲜嫩，需泡发较长时间。若热水急发，因时间短，吸水不足，而且水温高会造成细胞破裂，影响水分的吸收，导致发制的木耳变烂。若改用冷水泡发，虽然时间长些，但不会有上述毛病，且口感亦佳，出品率提高(500克干木耳能发制2250克水发木耳)。

19. 洗蘑菇有什么窍门?

● 用糖洗蘑菇：加25克糖于1000克温水中，将蘑菇洗净切好放入，浸泡约12小时，加糖泡蘑菇，可使蘑菇吸水快，保持清香，且因糖液浸入了蘑菇，味道更加鲜美。

● 用盐洗蘑菇：蘑菇表面的黏液会使粘上的泥沙难以清洗。在水里放点盐，把蘑菇放入泡一会儿再清洗。粘沙的蘑菇在清洗时，要朝一个方向搅，这样泥沙容易掉下。

● 用淀粉洗蘑菇：烹制蘑菇等菜肴时，常用温水浸泡。若在其涨发后加进少量湿淀粉清洗，然后再用清水冲洗，则可去沙，且色泽艳丽。

20. 怎样泡发干菜效果好?

淘米水发干菜有很好的效果。用淘米水发干菜、海带等干货，很容易发涨，而且较容易烹烂。

21. 怎样泡发猴头菇效果好?

猴头菇的泡发要根据季节决定。春、夏、秋的猴头菇要用温水泡，冬季的则用热水或开水泡，须浸透泡软。然后用手将菇内杂物、水分、气味挤出，再用清水将菇洗净，挤出菇内的水分。

22. 怎样泡黄花菜更好?

黄花菜又名金针菜，不仅有较高的营养价值，而且味道鲜美。但若泡发的方法不正确，则会导致口感变差，质地不好。正确的泡发方法是，将黄花菜浸入温水中，直至泡软。如果用冷水泡发，则不易激发香味；若用开水泡发，则黄花菜会发艮。故以温水泡发为佳。

23. 发笋干有什么小技巧?

涨发笋干的时间较长，程序较为复杂。涨发的具体方法是：将笋干放入加满水的锅中，煮大约20分钟后，用小火焖数分钟，然后取出，洗净，弃除老根，再泡于清水或者石灰水中备用，吃不完剩下的涨发笋干，可每隔2～3天换次水。冬笋还可制成玉兰片。先用开水泡约10小时，后用文火煮十多分钟，再用淘米水浸泡，须换水数次，浸泡约10小时，直至横切开无白茬。淘米水泡发的玉兰片色泽鲜白，质感非常好。

24. 怎样才能将蔬果彻底清洗干净?

在农药的生产过程中，需加入一些油性载体，便于喷洒和使用时能更有效地黏附在农作物表面，以提高灭虫的效率。这些残余的有毒附着物和其他病菌，光用清水无法洗净。餐具洗涤剂中含有多种乳化剂和活性物，能溶解各种有害物质和污渍，在漂洗时随水冲走。清洗的正确方法是：滴几滴餐具洗涤剂在清水中，搅拌一下，洗去蔬菜瓜果表面的泥土脏物后，放在里面浸泡约10分钟，再捞出，就可以食用了。

25. 怎样洗水果效果好？

一些外壳、外皮耐温坚硬的水果，可在开水中煮约1分钟，即可除去其表面90%以上的农药。将不易洗净的瓜果先用刷子刷洗，再用沸水煮，效果也不错。

26. 如何清除瓜果表皮的病菌和农药？

为了去除瓜果表皮的寄生虫卵、某些病菌或残存的农药，在食用瓜果前，可先将瓜果放入盐水中浸泡20 ~ 30分钟，并在浸泡后再用流水冲洗两三遍。

27. 桃子不太好清洗，有什么技巧可快速去除桃毛？

● 摇动法：往装有桃子的塑料袋里倒入几滴的洗涤灵，再灌入清水（以没过桃子为度）。在洗菜盆里放小半盆水（可使摇动省力），一手拎着放入盆里的塑料袋或是两手抓住袋口，不断地摇动塑料袋，使桃子自己在袋内转动，即可借助摩擦力去掉桃毛。这样顺时针、逆时针地摇动两三分钟左右之后，一手轻轻攥住袋口，另一只手托着袋底将水倒出，然后注入水进行清洗，直至洗净为止。每袋以2000克为宜，此法关键在于摇动时要迫使桃子自己转动。

● 用盐去桃毛：用水将桃子淋湿，将一撮细盐抹在桃子表面，轻搓几下，要将整个桃子搓遍；然后把沾了盐的桃子放入水中浸泡片刻，浸泡时可随时翻动；再用清水冲洗，即

可全部除去桃毛。

● 用清洁球洗桃：可用清洁球洗桃子，能够洗得光滑干净，效果很不错。

28. 剥橙子皮时往往需拿刀切成4瓣，可这样会让橙子的汁损失很多，怎么办？

可将橙子放在桌上，用手掌揉，或是用两个手掌一起揉，1分钟左右之后，皮就好剥了。

29. 草莓捏不得，揉不得，怎么清洗才能洗干净？

用清水洗净草莓，再放入盐水中浸泡5分钟，然后用清水冲去咸味就可食用。此法既可杀菌，也可保鲜。

30. 开水果罐头有什么小窍门？

水果罐头难以拧开时，可点着打火机，将瓶对准火苗绕圈烤约1分钟，就可以轻松地打开罐头了。

31. 洗芝麻有什么小窍门？

把芝麻放到小布袋里，将袋口对着水龙头，用手在外面反复搓洗，直到从袋里流出的水清为止。然后将水沥干，冬季放到暖气上，其他三季晒干。这样就可随用随取，避免了淘洗时的浪费。

32. 栗子皮较难剥，有什么好办法？

● 糖水泡：毛栗的涩皮较难去除。所以在煮毛栗之前，先将毛栗置于糖水中浸泡一夜，可将涩皮去除干净。

● 菜刀剥板栗：

用菜刀在每个板栗上切一小口，加入沸水中浸泡，1分钟左右便可从板栗的切口处入手，迅速将板栗肉剥出。这是利用板栗果仁和皮的温度膨胀系数相异的原理，如鸡蛋煮熟后，马上放入冷水中，就非常容易剥壳，也是这个原理。

● 太阳晒使栗子皮易剥：将要吃的生

栗子置于阳光下晒 1 天后，栗子壳会开裂。这样，不管生吃或是煮熟吃，剥去外壳及里面的薄皮都很容易。将要储存的栗子最好不要晒，因为晒裂的栗子无法长期保存。

33. 剥核桃壳有什么好办法？

核桃仁在凹凸不平的桃壳里，通过砸开桃壳很难取出完整的桃仁。可以先大火蒸核桃约 8 分钟，取出后立即放入水中浸泡，两三分钟后，捞出破壳，这样就可取出完整的桃仁。或将核桃放在糖水里浸泡一晚，也便于去壳。

34. 莲子是非常好的补品，但要剥下莲子衣是件很麻烦的事，有什么简单的方法？

在锅中盛上溶有食用碱的沸水，放入干莲子（1000 克水，25 克食用碱，250 克干莲子），盖上锅盖，焖数分钟，然后用刷子反复推擦锅中的莲子，要恒速进行（动作要快，若时间太长，莲子发涨，皮就较难脱掉）。剥完后用凉水冲洗，直至洗净，莲子心可用牙签或细针捅掉。

35. 榛子好吃且有营养，不过剥皮很费劲，怎么办？

将其放入水里浸泡七八分钟，一咬即开。吃松子也同样可用此法。

36. 剥蚕豆皮有何妙招？

在搪瓷或陶瓷器皿内倒上开水，加入一定量的碱，放入蚕豆后焖上几分钟，蚕豆皮即易剥下。但其豆瓣必须去除碱味，需用水冲洗。

37. 怎样除去大米中的砂粒？

可用淘金原理来淘米。方法为：取大小两只盆，大盆中加进半盆多的清水，把米放进小盆，然后连盆浸到大盆的水中；再来回地摇动小盆，不时将悬浮状态的米及水倒入大盆内，无需倒净，也不必提起小盆；这样反复多次后，小盆的底部就只剩少量的米和砂粒了；若掌握得好，即可全部淘出大米，小盆底则只

剩下砂粒。

38. 怎样切蛋糕不粘刀？

在切生日蛋糕和奶油蛋糕时要使用钝刀，切之前把刀在温水中浸一下，这样蛋糕就不沾刀了。用黄油擦擦刀口也可达到此效果。

39. 切大面包有什么技巧？

先将刀烧热再切大面包。这样面包不会被压得黏在一起，也不掉碎渣，面包不论薄厚都能切出好形状。

40. 切黏性食品时容易粘刀，而且切得不好看，怎么办？

若将刀先切几片萝卜，再切黏性食品，就不会粘刀了。

41. 洗鱼有什么小窍门？

先剖鱼肚，后刮鱼鳞。通常人们先刮鱼鳞，这样容易压破鱼的苦胆，而污染鱼肉，吃起来会很苦。所以应该先剖鱼肚，把肚内的东西都掏出来。洗鱼要整条清洗，不要切开了洗，否则会丧失很多养分。

42. 怎样把鱼彻底清洗干净？

用凉浓盐水洗有污泥味的鱼，可除污泥味。在盐水中洗新鲜鱼，不仅可以去泥腥，且味道更鲜美。至于不新鲜的鱼，先用盐将鱼的里外擦一遍，一小时后再用锅煎，鱼味就可和新鲜的一样。而且，用盐擦鱼还可去黏液（因为鱼身上若有黏液，黏液易沾染上污物）。在洗鱼时，可先用细盐把鱼身擦一遍，再用清水冲洗一下，会洗得非常干净。

43. 洗鱼如何去除鱼身上的黏液？

在养有鲜鱼的盆中，滴入 1～2 滴生植物油，就能除去鱼身上的黏液。

44. 洗鱼块有什么技巧？

在竹箩内把鱼块排好，倒水反复冲洗，

再用干净的布或纸巾把水擦干。

45. 如何将宰杀的活鱼彻底洗干净?

现在大多是卖鱼人负责宰杀活鱼,但是他们不一定收拾得很干净,所以拿回来后要彻底地清洗,以免成菜有很大的腥味。

(1)鱼鳞:必须要彻底地抠除所有鳞片,以免成菜后的鱼头中夹沙,会变得非常难吃。

(2)额鳞:即鱼下巴到腹部连接处的鳞。这部分鳞因为要保护鱼的心脏,所以很牢固地紧贴着皮肉,鳞片碎小,不容易被发现,却是成菜后鱼腥味的主要来源。尤其是在加工海洋鱼类时,必须削除额鳞。

(3)腹内黑衣:在鲢鱼、鲤鱼等鱼类的腹腔内有一层黑衣,既带来腥味,又影响美观,在洗涤时必须要刮洗干净。

(4)腹内血筋:有些鱼的腹内深处、脊椎骨下方隐藏着一条血筋。加工时一定要将其挑破,并冲洗干净。

(5)鱼鳍:保留鱼鳍的目的是成菜后美观,若鱼鳍松散零乱的话就会适得其反,应适度修剪或全部去除。

(6)肉中筋:在鲤鱼等鱼类的鱼身两侧各有一根长而细的白筋,在加工时应剔除。宰杀去鳞后,将鱼身从头到尾抹平,可在鱼身侧面看到一条深色的线,白筋就位于这条线的下面。在鱼身的最前面靠近鳃盖处割上一刀,就可看见白色的筋,一边捏住白筋往外轻拉,一边用刀背轻打鱼身,这样抽出两面的白筋,再烹调。

46. 怎样洗河鱼可去除其泥腥味?

食用河鱼时会觉得有一股泥腥味,把鱼浸泡于有食盐、葱、姜的水中,可去腥味。

47. 洗鳝鱼和甲鱼应注意什么?

鳝鱼和甲鱼要先刮鳞破肚,在除去鳃肠后不应多洗,因为血留着味道更鲜美。

48. 洗带鱼有什么小技巧?

● 热水法:用约80℃的热水将带鱼烫10分钟,然后在冷水中刷洗,就能去掉鳞。若带鱼较脏,可用淘米水洗。

● 清水冲洗:用热咸水将带鱼浸泡一下,然后用清水冲洗,不仅极易洗净,且鱼体变白,非常清爽。

49. 由于墨鱼身体内有大量的墨汁,清除非常困难,有什么好办法?

刚买的墨鱼,要先剥掉表皮,撕开背皮,抽掉灰骨,然后把墨鱼放入清水中,以防墨汁弄脏厨具或不小心溅到衣服上。在水中掏出其内脏,并在水中取出墨鱼眼,使墨汁流尽,再冲洗干净。

50. 洗鳖肉有什么小窍门?

吃鳖要讲究鳖肉的清洗。鳖的胆囊应小心取出备用。鳖肉先要切块清洗,滤干水,然后用鳖的胆汁擦鳖肉多遍,最后用清水洗鳖肉,使其无苦味,方能烹调。这样清洗的鳖肉味道鲜美。

51. 杀黄鳝有什么小技巧?

黄鳝较难宰杀。把洗过的黄鳝盛在容器内,倒入一小杯白酒,注意:酒的度数不要过低,黄鳝便会发出猪崽吃奶似的声音。待声音消失后,黄鳝醉而不死,此时即可以取出宰杀。

52. 让泥鳅吐泥有何妙招?

泥鳅在清洗前,必须让其全部吐出腹中的泥。将泥鳅放入滴有几滴植物油或一两个辣椒的水中,泥鳅就会很快吐出腹中的泥。

53.刚从冰箱拿出的冻鱼,若想立刻烹调,怎么化冻?

此时要注意一定不要用热水烫。在热水中,冻鱼只有表皮受热,而热量传到其内部的速度很慢。这样不但冻鱼很难融化,而且鱼的表皮容易被烫熟,导致蛋白质变性,影响其鲜味和营养价值。所以应在冷水中浸泡冻鱼，加些盐在水中，这样冻鱼不但能很快化冻，而且不会损坏肉质。

54. 去鱼鳞有何妙招？

● 抹醋使鱼鳞易刮：做鲜鱼，往往很难刮掉如鲫鱼、鲤鱼等的鱼鳞。刮前，在鱼身抹些醋，一两分钟后再刮，鳞就十分容易刮掉。醋还可以起去腥易洗的作用。

● 用自制刮鳞刷除鱼鳞：根据使用的方便程度找一个适当大小的木板。把铁质啤酒瓶盖反钉于木板上，一般钉 3 ~ 5 排。这就是自制的刮鳞刷。特别适于刮青鱼、鲤鱼等鱼的大片鱼鳞。

55. 去除带鱼鱼鳞有什么技巧？

● 用搓澡巾刮带鱼鳞：将搓澡巾套到手上刮带鱼鳞，省时省力且干净利索，又不会刮破鱼肉。但去鳞前应该先将带鱼的边鳍去掉，以免刺伤手。

● 玉米棒去带鱼鳞：将带鱼放在温水里泡，然后用脱粒后的玉米棒将带鱼来回擦洗，此法既快也不损伤肉质。

● 百洁布去带鱼鳞：可拿用过的百洁布去擦带鱼的鱼鳞。只要把它在带鱼身上一擦，就可把白鳞抹掉了，又省力又干净。

● 热水浸泡去带鱼鳞：用温热的碱水把带鱼浸泡一会儿，再清水冲洗，就能将鱼鳞洗净。也可用 80℃左右的热水将带鱼烫 15 秒钟，然后马上将其放入冷水中，这时用刷子能很快刷掉鱼鳞，也可用手刮。

56. 咸干鱼非常硬，切起来费劲，怎么办？

用生姜的横切面擦擦菜刀，再抹点香油就好切多了。其他腌货也可用这个方法。

57. 切鱼肉有何妙方？

● 切鱼肉用快刀：切鱼肉要使用快刀，由于鱼肉质细且纤维短，容易破碎。将鱼皮朝

下，用刀顺着鱼刺的方向切入，切时要利索，这样炒熟后形状才完整，不致于凌乱破碎。

● 顺着鱼刺切：切时将鱼皮朝下放，刀口斜入进去，顺着鱼刺方向斜切成片状，炒熟后其形状会很完整。

58. 切鱼怎样防打滑？

在鱼的表皮上有一层非常滑的黏液，所以切起来容易打滑，先将鱼放在盐水中浸泡一下再切，便不会打滑了。

59. 泡发海米有什么技巧？

海米泡发的方法：先用温水清洗干净，再用温水浸泡三四个小时，待回软便可。也可以用凉水稍泡后，上笼蒸软。夏天，已经发好的海米若吃不完，应加醋浸泡，这样可以延长保质时间。

60. 海参的涨发有什么技巧？

先用冷水将干海参浸泡 1 天，剖开掏出内脏洗净，用暖瓶装好开水，将海参放入后塞紧瓶盖，泡发约 10 小时。期间可倒出检查，挑出部分已经发好的海参，放在冷水中待用。

灰参、岩参等的皮厚且硬，可先用火把外皮烧脆，拿小刀刮去海参的沙，在清水中泡约 2 小时，再在热水中泡 1 晚，取出后剖开其腹部，除去内脏，洗净沙粒和污垢，最后泡三四天便可。注意：一天要换一次水。

尤其要注意：海参涨发时，千万不能碰着油盐，即使是使用的器皿，也不能碰油盐，因为海参遇油容易腐烂，而遇盐较难发透。

61. 怎样令海带速软？

用锅蒸一下海带也可促使海带变软。海带在蒸前不要着水，直接蒸干海带，蒸海带的时间长短由其老嫩程度决定。一般约蒸半小时，海带就会柔韧无比。泡海带时加些醋，也可使海带柔软。待海带将水吸完后，再轻轻将沙粒洗去。

62. 泡发海螺干有什么技巧?

先将海螺干放入 30℃ ~ 40℃ 的温水中浸泡，直至回软，然后取出清洗干净，慢火将海螺煮至发软，再用碱水（500 克干海螺 8 克碱）浸泡，泡至富有弹性，清水洗净碱质，便可食用。

63. 泡发鱼翅有什么技巧?

先用开水浸泡至回软，再刮除皮上的沙。反复刮至沙净。然后放在冷水锅中加热，待水沸后离火。等水凉后捞出，去骨，再入锅，加适量碱，水沸后文火煨约 1 小时，直至用手掐有弹性，出锅，换水漂洗至碱味去尽，即可烹制。根据鱼翅厚薄、老嫩、咸淡不同，在加工时间的长短、火力的大小方面适度调节。

64. 发制鲍鱼有什么技巧?

鲍鱼放入锅中，加水烧开，使鲍鱼回软，水凉后取出（水留下备用），温水洗净，再用原来的水将鲍鱼煲约 10 小时。制成前先用温水泡鲍鱼 6 ~ 8 小时，后将其刷洗至发白，再加入鸡骨、葱、姜、黄酒、清水等，用文火煨 3 ~ 5 小时。

65. 洗墨鱼干、鱿鱼干有什么技巧?

将小苏打溶在热水中，泡入墨鱼干或鱿鱼干，待泡透后就能很快去掉鱼骨，剥去鱼皮。

66. 怎样清洗虾仁效果好?

剥皮后的虾先洗一次，然后置于食盐水中（一斤虾、半碗水、一匙盐），用筷子搅拌一会儿，取出虾仁，用冷水冲洗，直至水清为止，并要注意去泥。

67. 洗虾有何技巧?

剥除虾壳，挑去虾背部的肠泥，剪去尾刺，用刀在其腹部划几条道，然后将虾扭直，这样烹制出来的虾外形笔直。

68. 如何清洗使对虾保鲜?

虽然对虾味道鲜美，营养丰富，但若洗刷不正确，会使鲜味大减。先洗净虾体，然后剥去外皮，取出沙肠。剥皮和洗涤的顺序不能颠倒，否则，洗虾时会冲掉部分虾脑、虾黄，使鲜味减少。

69. 除虾中污物有什么窍门?

虾的味道鲜美，但必须洗净其污物。虾背上有一条黑线，里面是黑褐色的消化残渣，清洗时，剪去头的前部，将胃中的残留物挤出，保留其肝脏。虾煮到半熟后，将外壳剥去，翻出背肌，抽去黑线便可烹调。清洗大的虾可用刀切开背部，直接把黑线取出，清水洗净后烹调。

70. 怎样清洗螃蟹可有效去污?

● 方法一：用木棒等压住蟹皮，斩掉大脚后方洗得干净。

● 方法二：首先把螃蟹放在淡盐水中浸泡，约半小时后，用手将背捏住，使它悬空并接近盆边，使它的两只蟹脚刚好能将盆边夹住，用刷子将它的全身刷干净，再次将蟹壳捏住，翻开蟹脐，从脐根部往脐尖挤压，一直挤压到脐盖中间的黑线，将粪挤出来，最后，再用水冲洗干净即可。

71. 清洗螺蚌有什么窍门?

在水盆里滴入少许植物油，将螺蚌放入，养 2 ~ 3 天，闻到油味的螺蚌，会吐尽肚中的泥沙。

72. 清洗贝类有何妙招?

● 用铁器清洗：贝类的清洗，最关键的是要把它腹中的泥沙洗净。只要闻到铁的气味，贝类就会吐出泥沙。所以，将蛏子、文蛤、田螺等泡在放有菜刀或铁铲水中，约 2 ~ 3 小时，贝类就会吐出泥沙。

● 用盐水清洗：将贝类泡入盐水中一个晚上。所用的盐水需比海水稍淡一些，并放于暗处，贝类就会吐出沙子。

73. 涨发干贝有什么技巧？

先去掉干贝边上的一块老肉，再用冷水洗净盛好，加入葱、姜、酒和适量的水，水淹没干贝即可，上笼蒸大约1小时，能用手捻成丝状便可食用。

74. 怎样轻松清洗海蜇皮？

将海蜇皮放入5%的食盐液中浸泡一会儿，再用淘米水清洗，最后用清水冲一遍，能除净海蜇皮上的沙粒。

75. 海蜇泡发有什么小窍门？

用凉水将海蜇浸泡三四天，热天泡的时间可稍短，冷天可稍长，然后洗净沙粒，摘掉血筋，切成丝状，再用沸水冲一下，马上放入凉开水浸泡，这样海蜇不回缩。可拌上各种调味品食用，爽口味美。

76. 怎样清洗冷冻食物效果好？

（1）在冷盐水中解冻鸡、鱼、肉等，不仅速度快，而且成菜后味道鲜美。也可将鸡鸭泡于姜汁里约半小时后再清洗，不仅能洗净脏物，还能除腥添香。

（2）将各种冷冻食品放入姜汁中浸泡半小时左右，再用清水洗，脏物易除，可清除异味，而且还有返鲜作用。

（3）将冻过的肉放入啤酒中浸泡15分钟左右，捞出来用清水洗净即可，而且还能消除异味。

77. 清洗猪肉应掌握哪些技巧？

● 冷水冲洗：猪肉含有丰富的蛋白质。其蛋白质分为肌溶蛋白和肌凝蛋白两种，其中，肌溶蛋白的凝固点较低，在15℃~60℃，极易溶解于水中。热水浸泡猪肉时，会有大量的肌溶蛋白溶于水中。肌溶蛋白的机酸、谷氨酸和谷氨酸钠盐等成分随之被浸出，从而破坏猪肉的味道。因此，最好不用热水浸泡新鲜的猪肉，猪肉上有脏物时，可用干净的布擦净，再用冷水快速冲净，不要久泡。

● 用淘米水洗：用清水冲洗生猪肉时，感觉油腻腻，且越洗越脏，若用淘米水洗过后，再用清水冲，脏物就容易除去了。也可用和好的面，在沾染了脏物的肉上来回滚动，脏物很快便能被粘下。

78. 清洗猪肚有哪些小窍门？

● 利用植物油：剖开猪肚，清理（不要下水）好上面所附的油及其他杂物，淋上一汤匙的植物油，然后彻底地将正反面反复揉搓，揉匀之后，拿清水漂洗几次。这样不仅再没有腥臭等异味，而且洁白发滑。

● 用面粉辅助洗猪肚：先用刀刮一遍猪肚较脏的一面，然后用冷水冲洗。将大约20克面粉均匀地撒在猪的肚面上使其成糊状，一边用手搓捏，一边用水将它慢慢稀释，这样便可使脏物进入面浆中。猪肚的两面都可以用这个方法来清洗，来回搓捏两三遍就能清洗干净。

● 用盐和醋洗猪肚：人们一般用盐擦洗猪肚，但效果不太好，若再加上些醋，就会有很好的效果了。因为盐醋可除去猪肚表皮的黏液和一部分脏味，这是由于醋可使胶原蛋白缩合并改变颜色。清洗后的猪肚要放在冷水中刮去肚尖老茧。

注意：洗肚时一定不能用碱，碱的腐蚀性比较强，虽然能使肚表面的黏液脱落，但也会破坏肚壁的蛋白质，影响猪肚的营养价值。

79. 猪肠清洗有何技巧？

取适量盐和醋放入清水中搅匀，放入猪肠浸泡一会儿，摘除脏物后，再用淘米水泡（加入几片橘片甚佳），最后用清水搓洗便可。

80. 清洗猪心有何妙法？

在猪心周围涂满面粉，待 1 小时后洗净，这样可使烹炒的猪心味美纯正。

81. 清洗猪肝有什么妙招？

将猪肝用水冲 5 分钟后，切好，再用冷水泡四五分钟，取出沥干，猪肝既干净又无腥味。

82. 清洗猪肺有什么妙招？

在水龙头上套肺管，将水灌进猪肺里，肺扩张后，让大小血管充满水，然后用劲压，反复洗，即能清洗干净。

83. 脏了的猪板油不易洗净，怎么办？

可将猪板油放进温水中，水温约 30℃~40℃，用干净的包装纸慢慢地擦洗，这样较易洗净。

84. 怎样去除猪脑血筋？

猪脑有很多血筋，摘除比较费劲。可以将猪脑用冷水泡 30 分钟，使血筋网络全部松脱，然后双手轻轻抓一抓，血筋就能全部取下，干净又方便。

85. 怎样去除猪蹄毛垢？

用砂罐或瓦罐盛水，烧到约 80℃，将猪蹄放入罐中烫 1 分钟，取出，用手便可擦净毛垢。

86. 怎样去除猪毛？

将松香熬熔，趁热将其倒在有毛的肉皮上，等松香变凉，猪毛已与松香粘在一起，揭去松香便可将猪毛全部拔出。

87. 咸肉如何退盐？

将咸肉用清水洗，难以达到退盐的效果，此法不可取。应将咸肉泡在淡盐水里一会儿，然后再用清水洗，这样洗的咸肉才咸淡适宜。

88. 怎样切猪肉效果好？

猪肉较为细腻，肉中筋少，若横着纤维切，会使烹制的猪肉凌乱散碎；所以要斜着纤维切，这样既不断裂，也不塞牙。

89. 切猪肝如何保证其营养成分不流失？

在切猪肝的时候，要现切现炒。新鲜的猪肝时间一久，它的营养成分容易损失，且炒熟后会有颗粒凝结在上面。因此猪肝切片后，应迅速用水淀粉和调料拌匀，尽早下锅。

90. 怎样切牛肉效果好？

牛肉要横着纤维纹路切，因为牛肉的筋都顺着肉纤维的纹路分布，若随手便切，则会有许多筋腱未被切碎，这样就会使加工的牛肉很难被嚼烂。

91. 切羊肉时应注意什么？

羊肉中分布着很多膜，若在切之前未将其剔除干净，则会使炒熟后的肉质发硬，嚼不烂吞不下。

92. 怎样切鸡肉效果好？

鸡肉相对而言是最细嫩的，肉的含筋量最少，顺着纤维切，才能使成菜后的肉不破碎，整齐美观。

93. 冬季时常吃涮羊肉，可在外面饭店里吃觉得不卫生，能否自己制作羊肉片？

把羊肉洗净，去筋后将其卷好，放入冰箱冷冻室。准备一把刨木头的小刨子；吃涮羊肉时，用小刨子将羊肉像刨木头那样刨成片，这样刨出的肉片又薄又卫生。

94. 怎样剁葱不辣眼？

先将葱放在菜板上剖开，然后切成一寸左右的长段，再淋上一点自来水，但不要流出菜板，待 5 分钟后再剁，保证不辣眼。

95. 怎样剁大棒骨更省劲？

用大棒骨熬的汤，十分利于人体补充钙质。剁棒骨时可竖着拿住棒骨的一边圆头，再用菜刀背往棒骨的中间稍微用力一敲，待听到断裂声，再用手一掰就可以了。这种方法既不会损坏工具，也省力。

96. 剁肉时如何才能不粘刀？

● 剁肉加葱和酱油不粘刀：剁肉馅时刀上爱粘肉，剁得费劲。所以可先将肉切成小块，再连同大葱一起剁，或是边剁边倒些酱油在肉上。这样，肉中增添了水分，剁肉就不会再粘刀了，也就省劲了。

● 热水浸刀剁肉不粘刀：剁肉前，先将菜刀浸泡在热水里 3 ~ 5 分钟，然后取出，用其剁肉，肉末就不会粘刀。

97. 怎样剁肉馅味美？

肉的鲜味主要来自肉汁。用刀剁肉时，虽然肉的纤维被刀刃反复捣剁、切割，但其肉所受挤压力并不均衡，肌肉细胞破坏程度较少，大部分肉汁仍可保存于肉中，因此做出来后鲜味较强。用机器绞肉馅的时候，由于肉受到了机械强大的挤压力、撕拉，从而大量破裂了肌肉细胞，而造成细胞内的氨基酸和蛋白质的大量流失，其鲜味就逊色多了。

98. 宰杀活鸡鸭如何轻松拔毛？

在宰杀活鸡鸭的前 10 分钟，取一汤匙醋或酒，灌喂鸡鸭。烫毛时，放一些盐在水里，这样比较容易拔毛，且不会脱皮。拔毛时，要逆着毛拔，这样去毛快。若要保留鸡血，可在接鸡血时放些盐，这样血易凝固且保鲜。

99. 杀鸡有什么小技巧？

人们杀鸡时，多用刀割其脖子，这样常常难以一下子割断血管，且从食道中易流出食物把血弄脏。若使用剪刀杀鸡，将其伸入鸡嘴内剪断血管，使鸡血从喉中流出，不但鸡死得快，而且不会弄脏鸡血。

100. 给鸡拔毛时如何防脱皮？

加入一匙盐在沸水中，先烫鸡的翅膀和脚爪，然后烫身体，这样能防止拔毛时脱皮。

101. 洗皮蛋有什么技巧？

吃起来口涩的皮蛋（即松花蛋），可连皮放入清水中浸泡，每隔 1 天换次水，数日便可。

102. 切松花蛋如何不粘刀？

● 方法一：用刀切松花蛋时，蛋黄一般会粘在刀上，可将刀放入热水中烫一下再切，或者采用丝线将松花蛋割开，这样切既整齐又不粘蛋黄。

● 方法二：可以在切蛋之前（剥皮）将其放在锅内蒸两分钟，这样再切时就不粘刀。

103. 怎样切割小甜面包可保证面包不被压扁变形？

如果小甜面包一整个都连在一起，你需要把它们切开。如果用刀切，很可能会把面包压平，使它外观受影响。牙线可以帮助你避免这个问题。它可以不留痕地将小甜面包切割得整整齐齐，却又不影响面包的外观。

❀ 二、去味烹调 ❀

1. 炒菜时，若辣椒放多了，怎么办?

● 加鸡蛋去辣椒辣味：如果辣椒太辣，可将其切成丝，打入 1 个鲜蛋，然后用锅炒，可使辣味减轻。

● 酒水浸泡去辣椒辣味：辣白菜等菜在腌渍时，若放的辣椒太多，就会很辣。此时，可把小菜切段，放入 50% 的酒水中浸泡，这样不仅可淡化菜的辣味，还会使之更加可口。

● 加食醋去辣椒辣味：可放入少量食醋，便可以减轻辣味。

2. 去野菜涩味有什么好方法?

一般蔬菜的涩味可用盐搓或浸泡的方法除去。但野菜的纤维既粗又硬，所以有很重的涩味，得用热水浸泡才能除去涩味，也可加入少量碳酸钾浸泡。

3. 冻土豆食用时有股异味，如何去除?

用冷水将冻土豆浸泡 1 ~ 2 小时，然后将其放入沸水中，倒入 1 勺食醋，待土豆冷却后再烹饪，可除异味。

4. 去萝卜涩味有何妙招?

● 用食盐去萝卜涩味：烹制萝卜前，撒适量的盐在切好的萝卜上，腌渍片刻，滤除萝卜汁，便可减少其苦涩味。

● 用小苏打去萝卜涩味：在切碎的萝卜上撒些小苏打（萝卜与小苏打比例为

300：1），这样烹制的萝卜，便无涩味。

5. 去干猴头菇苦味有什么小窍门?

● 浸泡法：用开水将干猴头菇浸泡约 10 分钟，然后用温水清洗 3 次，每次要把猴头菇中的水分挤干，即可将苦味去除。

● 水煮法：将水煮沸后，放入干猴头菇，再继续煮约 10 分钟后取出，然后用温水将其清洗几遍，便可去除干猴头菇的苦味。

● 柠檬酸：把猴头菇放入配比好的柠檬酸溶液中，浸泡 1 小时后取出，再用清水冲洗 2 ~ 3 遍，即可将苦味去除掉。

6. 去柿子涩味有什么窍门?

● 用温水去柿子涩味：将新鲜的柿子放在保温的容器里，加入 40℃ ~ 50℃的温水，淹没柿子便可，翻转柿子，使其表面均匀受热，盖好盖子。一天换 1 ~ 2 次水，一天后即可去涩。

● 用苹果去柿子涩味：把苹果和柿子（100 个柿子和 40 个苹果）混放入缸中，封好口，置于 20℃ ~ 25℃的温度下，存放 5 ~ 6 天便可去涩。

● 用白酒去柿子涩味：在柿子的表面喷上白酒（也可用酒精），然后放入比较密封的容器中，封口。大约 3 ~ 5 天后便能去涩。

● 用石灰去柿子涩味：将新鲜的柿子浸泡在浓度为 3% 的石灰水里，密封，大约 3 ~ 5

天便可去涩。

● 用米糠去柿子涩味：把柿子放在米或谷糠里埋起来，大约 4～5 天后即可去涩。

7. 去米饭糊味有哪些简便的方法？

● 用面包去米饭糊味：如果米饭烧糊了，要赶紧关火，然后放一块面包皮在米饭上面，盖上锅盖。大约 5 分钟后，面包皮能吸收掉所有糊味。

● 用鲜葱去米饭糊味：趁热取半截鲜葱插入烧糊的饭里，把锅盖一会儿，能除饭的糊味。

● 用冷水去米饭糊味：把一只盛有冷水的碗压在饭里，盖上锅盖，用文火煨 1～2 分钟再揭锅，可除糊味。也可把饭锅放在冷水中，或放在用冷水泼湿的地面上，大约 3 分钟后，可消除糊味。

8. 在揭锅时，发现馒头中放多了碱，怎么办才好？

倒入二三两醋在蒸馒头的水里，再把馒头蒸大约 10～15 分钟，就能使馒头变白无碱味。

9. 怎样去除切面的碱味？

在下切面时，加适量食醋，这样既能除碱味，还能使切面变白。

10. 去除干奶酪异味有何妙招？

风干后的奶酪会变味，把风干的奶酪切块（约 1～2 厘米厚），用米酒浸泡一段时间，然后取出蒸一下（注意与水隔开），能使奶酪柔软无异味。

11. 怎样去除豆制品豆腥味？

豆腐皮、豆腐干等都是豆制品，它们往往有一股豆腥味，影响食用。若将其浸泡在盐开水（一般 500 克豆腐 50 克盐）中一段时间，不但可除去豆腥味，还可使之色白质韧，不易

破碎，延长保质期。

12. 怎样去除豆汁豆腥味？

用约 80℃的热水将浸泡好的黄豆烫一下（陈黄豆烫的时间稍长，约 5～6 分钟，新黄豆烫大约 1～2 分钟），再用冷水磨豆子，这样可除豆汁的豆腥味。

13. 怎样去豆浆的豆腥味？

将黄豆或黑豆浸泡后洗净，再用火煮，开锅 3～4 分钟后将其捞出，放到凉水中过一遍，然后加工成豆浆，用此法制成的豆浆既无豆腥味，又可增强豆香味。

14. 去除菜籽油异味有什么窍门？

● 用花生去菜籽油异味：烧菜前，先用菜籽油炸一下花生米，这样不但可以消除菜籽油异味。而且用其拌凉菜还会有花生的香味。

● 用馒头去菜籽油异味：先将菜籽油烧热，然后放入几片馒头片用油炸，也可放入温面片或其他食品。待炸过的菜籽油冷却后，将其装坛储存，日常用于炒菜，不仅无异味，而且还有油炸的香味。

● 用调料去菜籽油异味：将菜籽油烧热，改用中火，放入拍碎的生姜片、蒜瓣各 50 克，桂皮、陈皮、葱等各 25 克，以及少许茴香、丁香，待炸出香味后，再倒入料酒和白醋各 25 克，2～3 分钟后捞出作料，将油封坛储存即可。这样加工的菜籽油不但无异味，而且易贮存，不易变质。

15. 怎样去除花生油异味？

把油烧开，放入葱花，把葱花炸至呈微黄色时，离火晾凉，便可去除异味。

16. 通常炸鱼剩下的油会有腥味，有什么办法去除？

这时，可在油料中适当加入几滴柠檬汁，

便可将其油腥味除去。

17. 菜炒咸了，怎么办？

● 鸡蛋去咸：打入一个鸡蛋可使菜变淡。

● 食醋去咸：如果菜不慎做咸，加适量醋可以作为补救。

● 白糖去咸：做菜过咸，加些白糖可解盐。

18. 汤做咸了，有什么办法减轻咸味？

● 用西红柿去汤咸味法：放几片西红柿在汤里，可明显减轻咸味。

● 用土豆去汤咸味：放1个土豆在汤里，煮5分钟，能使汤变淡。

● 用豆腐去汤咸味：加几块豆腐在汤里，能使汤变淡。

● 用面粉去汤咸味：把面粉装在小布袋里（或者装上米饭），把袋子扎紧后放在汤里煮一会儿，能吸收多余盐分，使汤变淡。

● 大米除咸法：在汤太咸的时候，可用干净的薄布包上200克左右已淘洗干净的大米，将其放进汤里煮一会儿，便会将部分咸味吸去。

19. 酱菜太咸，用什么办法去咸？

可加入适量的糖，放在罐子里密封几天，这样可去咸味添甜味。

20. 在做菜的时候，醋放多了，怎么办？

可立即剥一个皮蛋，将其捣烂后拌入，即可中和。

21. 做汤时放醋放多了，怎么办？

可放些米酒，即能减轻其酸味。

22. 不加咖啡伴侣或牛奶的咖啡有一种奇特的味道，如何淡化这种味儿？

加入咖啡伴侣或牛奶，会失去咖啡的清淡爽口。若加一小片柠檬皮在咖啡里，可淡化这种味道。

23. 怎样去芥末辣味？

在容器中用水把芥末和成糊状后，用锅蒸一会儿，或用火炉烤一会儿，便可使辣味减轻。

24. 开水有油漆味，怎么办？

若发现开水中有油漆，可放入一双干净的、没上油漆的竹筷，回锅再煮，便可去除其油漆味。

25. 去鱼腥味有什么妙招？

● 用白酒去鱼腥味：洗净鱼后，在鱼身上涂抹一层白酒，约1分钟后用水冲去，便能去腥。

● 用温茶水去鱼腥味：按2～3斤鱼用一杯浓茶兑水的比例，把鱼浸泡约10分钟后取出。由于茶叶中的鞣酸有收敛之效，故可减缓腥味扩散。

● 用红葡萄酒去鱼腥味：鱼剖肚后，撒上些红葡萄酒，酒香可除腥。

● 用生姜去鱼腥味：将鱼烧上一会儿，待鱼的蛋白质凝固后，撒上生姜，可提高去腥的效果。

● 用白糖去鱼腥味：烧鱼时，加些糖，可除鱼腥。

● 用橘皮去鱼腥味：烧鱼时，加些橘皮，也可除鱼腥。

26. 去除海鱼腥味有什么好办法？

● 用水烫去海鱼腥味：用沸水将鱼稍稍烫一会儿，再用冷水冲洗。若要炖鱼，需先稍微煎一煎再炖。注意盛鱼的盘子要洗净，否则不要与其他盘子混放，以免染上腥味。

● 用调料去海鱼腥味：生姜、大蒜等作料也可除鱼腥，还要注意，在炖鱼时，其腥臭味会变为蒸汽蒸发，因此不要盖锅盖。

27. 去河鱼土腥味有什么好办法？

● 用盐水去河鱼土腥味：河鱼有很重的土腥味，将半斤盐和半斤水调兑成浓盐水，放入活鱼，盐水会通过鱼鳃渗入血液，约一小时后便可除土腥味。若是死鱼，则需延长浸泡时间，要在盐水中浸泡大约2小时（也可用细盐搓擦），便可除土腥味。

● 用米酒去河鱼土腥味：用米酒将鱼浸泡片刻，然后再炸河鱼，也可去土腥味。

● 用食醋去河鱼土腥味：把鱼剖开洗干净，放在冷水中，滴入些许食醋，也可放适量胡椒粉或月桂叶，这样泡过后的鱼再烧制时，就没土腥味了。

28. 除泥鳅泥味有什么窍门？

将泥鳅清洗干净后，把它们放入盐水中或用盐轻搓它们，泥味即可除。

29. 除鲤鱼的泥味有什么窍门？

鲤鱼有泥腥味，如果不除净，烧出的鱼就会有一股怪味。在清水中放盐或用盐轻擦，即可将其泥味去除。

30. 去活鱼土腥味有什么窍门？

垂钓或买来的活鱼，常有土腥味，非常难吃。可剖开鱼肚，掏除污物，泡在放有少许食醋的清水中，或撒些花椒在鱼肚中，再烧鱼，就能无异味。

31. 去鲜鱼腥味有何妙招？

鲜鱼剖开洗净后，再放入牛奶中泡一会儿，既可除腥味，又可增加鲜味。吃过鱼后，如果嘴巴里有味，可嚼上三五片茶叶，使口气清新。

32. 除黄花鱼腥味有什么窍门？

黄花鱼的肉质丰厚，味道鲜美。但须正确洗涤才保持它特有的美味。洗黄花鱼时，应撕掉鱼头顶的皮，这层皮很腥，除去后能大大减少鱼腥味。只有顺着鱼的纹理撕去头顶皮，才能撕得整齐、干净。

33. 怎样去除淡水鱼的土腥味？

淡水鱼有很重的土腥味，要设法除去后再烹饪。淡水鱼剖肚洗净后，置于含有少量的醋和胡椒粉的冷水中泡约30分钟。烧鱼时再加点醋和米酒当作料，就可除去土腥味。

34. 除活鱼腥味有什么窍门？

● 利用盐：活鱼有比较重的腥味，若立刻洗刮烹饪，会减少鲜味。应在烹调前，让活鱼在食盐水中游约20分钟，使鱼身上的黏液转移到食盐水中，以减少鱼腥味。也可放1~2个辣椒在水中，同样可减少鱼腥味。

● 利用甲鱼胆汁：在宰杀甲鱼的时候，把甲鱼内脏中的胆囊捡出来，取出胆汁，在胆汁中加些水，当把甲鱼用清水洗净后，把加水的胆汁涂抹在甲鱼的全身，稍过片刻后，再用清水把甲鱼清洗干净。经过这样的处理后，烹调出的甲鱼，不但不会有腥味，味道反而还会更加鲜美。

35. 去除冷冻鱼臭味有什么技巧？

喷些米酒在冷冻的鱼上，再放入冰箱，这样鱼能很快解冻，且没有水滴，也没有冷冻臭味。

36. 去除鱼胆苦味有什么窍门？

剖鱼时，若不慎弄破鱼胆，被鱼胆污染的鱼肉会很苦。而酒、小苏打或发酵粉能溶解胆汁，可将其抹在被污染的部位，然后清水冲洗，就能去苦味。

37. 买的咸鱼太咸了，有什么办法可减淡其味道？

● 用淡盐水去咸鱼味：用约2%的淡盐水浸泡咸鱼，由于两者之间存在浓度差，咸鱼中高浓度盐分会渗透到淡盐水中。将咸鱼浸泡约 2 ~ 3 小时，再取出用清水洗净。这样即可将咸鱼咸味去除。

● 用白酒去咸鱼味：先将咸鱼用清水冲洗两遍，然后倒入白酒浸泡大约 2 ~ 3 小时，可除咸鱼的多余盐分。

● 用米酒去咸鱼味：洗净咸鱼，倒入适量米酒浸泡大约 2 ~ 3 小时，可除去多余盐分，且烹制后的鱼清香纯正。

● 用醋去咸鱼味：在盆中放些温水，放入咸鱼（水没过咸鱼即可），再加入 2 ~ 3 匙醋，大约浸泡 3 ~ 4 小时，即可将其咸味去除。

● 用食碱淘米水去咸鱼味：加入 1 ~ 2 勺食碱在淘米水中，然后放入咸鱼。大约浸泡 4 ~ 5 小时后，取出咸鱼，用清水洗净，便可将异味去除。

38. 鱼被农药污染后会有火油味，怎样去除这种味儿？

宰杀前，把活鱼放在碱水（一脸盆清水中，加两粒约蚕豆大的纯碱）中养大约 1 小时，可除鱼的火油味。若是死鱼，用碱水浸泡片刻，也可减小火油味。

39. 去除虾腥味有什么好方法？

● 柠檬去腥法：在烹制前，将虾在柠檬汁中浸泡一会儿，或在烹制过程中加入一些柠檬汁，既可除腥，又能使味道更鲜美。

● 肉桂去腥法：烹制前，将虾与一根肉桂同时用开水烫煮，既可除腥，又能保持虾的鲜味。

40. 存放时间太长的肉，会有一股生味，怎么去除？

先用淡盐水浸泡几个钟头，再用温水多洗几次。烹调时，多加作料，如葱、姜、料酒、蒜等，生味就没了。

41. 屠宰不当的肉，由于血未放净，会有血腥味，怎么办？

● 清水浸泡去除肉血腥味：将肉用清水浸泡到发白，即可去除血腥味。

● 柠檬汁去除肉血腥味法：滴几滴柠檬汁在肉上，也可去除肉腥味，还能加速入味。

● 用蒜片去除肉血腥味：炒肉时，放入蒜片或拍碎的蒜瓣当作料，可去肉腥。

42. 去除肉腥味有何妙招？

将肉切成薄片，放入洋葱汁中浸泡，待肉入味后再烹调，就没有腥味了。对于肉末，可在其中搅入少许洋葱汁。

43. 去除肉的血污味有何妙招？

存放不当的肉会有血污味。用稀明矾水浸泡后反复洗涤，然后放入锅内煮（盖锅时一定要留条小缝透气），待煮沸后除去漂浮在水面的浮沫和血污，再取出用清水洗净即可。烹调时适量以葱、姜、酒等当作料，就可除去血污味。

44. 如何去除冻肉异味？

● 啤酒浸泡去除冻肉异味：将冻肉放入啤酒中浸泡约 10 分钟后取出，以清水洗净再烹制，可除异味，增香味。

● 姜汁去除冻肉异味：用姜汁浸泡冻肉可除异味。

● 盐水去除冻肉异味：用盐水化解冻肉，不仅可除从冰箱中带出的异味，还能保持肉的鲜味。

● 稻草去冻肉异味：在冰箱中放太久的猪肉会有异味。烹调前，水中放入三五根稻草，与猪肉一同煮熟，再加入几滴白酒。然后，取出沥干切片，回锅炒制，可除臭保鲜。

45. 去除肉类腥涩味有什么好办法？

如果要去除腥涩味，可以在肉类烹调时适当地添入一些八角、草果、五香粉、姜丝、葱头、辣椒、蒜蓉、食醋、白酒、味精、食糖等调味品，并视情况而定，适当多放入一点花生油，这样就可以把腥涩去除。

46. 炖肉如何除异味？

炖肉时，将大料、陈皮、胡椒、桂皮、花椒、杏仁、甘草、孜然、小茴香等香料或调味品按适当比例搭配好，放进纱布口袋中和肉一起炖，可以遮掩或除掉肉的异味，如牛羊肉及内脏等动物性原料的腥、臊、臭等难闻异味，这样不仅能去除异味，也可使香气渗进菜肴。

47. 去除猪心异味有何妙招？

在猪心表面撒上玉米面或面粉，稍待片刻，用手揉擦几次，一边撒面粉一边揉搓，再用清水洗净，这种方法也能除猪心异味。

48. 去除猪肝异味有何妙招？

净肝血，剥去表面薄皮，放在牛奶里浸泡三五分钟，就能去除猪肝的异味。

49. 去除猪腰腥味有什么好办法？

● 用刀割法去猪腰腥味：将新鲜的猪腰洗净，撕去表面的薄膜和腰油，然后将其切成两个半片。将半片的内层向上放在菜板上，拍打其四周，使猪腰内层中的白色部位向上突出，再用刀从右往左平割，即可除去异味。

● 加调料去除猪腰腥味：将切好的腰花盛在盆中，放入少许用刀拍好的葱白和姜，再滴入些许黄酒，浸没腰花，过20分钟以后，用干净的纱布挤出黄酒，挑出葱白和姜，即可将腥味去除。

● 用白酒去除猪腰腥臊味：剥去猪腰表面的薄膜，剔除筋，按需要切成片状或花状，再用清水洗一遍，捞出去水，放入适量白酒搅匀挤捏（500克猪腰约用50克白酒），再用清水漂洗2～3遍，最后用开水烫1次，即可去味烹调。

50. 去除猪肺腥味有什么窍门？

取50克白酒，慢慢倒入肺管，然后拍打两肺，使酒渗入各个支气管，约半个小时后，灌入清水拍洗，即可除腥。

51. 去猪肚异味有哪些窍门？

● 用胡椒去除猪肚异味：将十余粒胡椒包在小布袋中，和猪肚一起煮，便能除异味。

● 用食盐去除猪肚异味：猪的内脏如猪肚、猪肠等，上面有很多黏液，发出腥臭味，若洗时用适量的食盐或明矾，能很快除去黏液及异味。

● 用酸菜水去除猪肚异味：用酸菜水洗猪肚和猪肠，大概洗两遍就可除臭味。

● 用花生油去除猪肚异味：将猪肚用盐水搓洗一遍后，盛于盆中，在猪肚上抹满花生油（也可用菜油）。大约浸泡一刻钟后，用手慢慢揉搓片刻，清水洗净，就可除去猪肚的臭味。

52. 怎样去除猪肠异味？

● 用明矾去除猪肠臭味：取1匙明矾研磨成粉，撒在大肠上，拿布用力擦，然后揉搓翻动几次，最后放入清水中洗净，就能除臭。

● 用植物油去除猪肠臭味：将猪肠用盐水搓洗一遍后，盛于盆中，在猪肠上抹满植物油。大约浸泡一刻钟后，用手慢慢揉搓片刻，清水洗净，就可除去猪肠的臭味。

● 用灌洗法去除猪肠臭味：先用盐醋混合溶液洗去肠子表面的黏液，然后放入水中，用小绳扎紧肠口较小的一端并将其塞入肠内，再往里灌水，翻出肠的内壁，清除脏物。洗净后，撒上白矾粉搓擦几遍，最后用水冲洗干净，便可除臭。

● 放泡菜给猪肠除臭：猪肠放入泡菜水揉搓片刻，也能够帮助除去腥臭，使其味更美。

53. 怎样去除牛肝异味?

● 用牛奶去除牛肝异味：先将牛肝用湿布擦净，再切成薄片，泡在适量的牛奶中，即可除异味。

● 淡盐水去除牛肝异味：用淡盐水泡牛肝，挤出肝中的血。要不断地换盐水，直至血全被挤出。然后用热水烫一会儿牛肝，即可除异味。

54. 狗肉去膻有什么好办法?

● 水煮狗肉去膻法：将整块的狗肉放入冷水中，煮沸，将水倒掉，再将狗肉按需要切成块状或片状，这样加工后再烧炒，狗肉就不膻了。

● 煸炒狗肉去膻法：起油锅后，煸炒狗肉块，使狗肉中的水分不断渗出，将渗出的水分除去，待锅被烧干肉变得紧致，即可取出再做其他烹调。

● 用调料去狗肉膻味：烹烧狗肉时，放入药材，如陈皮、砂仁等，或香料，如葱、姜、蒜、酒、五香粉等。也可加入萝卜段，待其熟后扔掉萝卜，继续烹烧。

55. 去除羊肉膻味都有哪些妙招?

● 用米醋去除羊肉膻味：先把 500 克羊肉洗净，锅中加入水 500 克以及米醋 25 克，把羊肉切成块之后放入锅内。待煮沸后，把羊肉捞出再进行烹调，这样就能够去除膻味。这种做法更适宜用于制作冷盘。

● 用绿豆去除羊肉膻味：先把羊肉浸泡在水中一段时间，待其漂尽血水。煮羊肉的时候再放一些绿豆和红枣同煮，此法也可去除膻味。

● 用胡椒去除羊肉膻味：用温水洗净羊肉，切成大块，与适量胡椒同煮，沸后捞出即可去除膻味。

● 用萝卜去除羊肉膻味：烧羊肉之前准备一些全身扎上细孔的白萝卜，然后把它们和羊肉一起下汤。待煮半小时之后取出萝卜。这样，在红烧或白烧时，羊肉就不会再有膻味了。

● 用核桃去除羊肉膻味：取几个核桃，用水将其清洗干净，在核桃上扎上几个小眼，与羊肉同煮。这样炖的羊肉就不再膻了。

● 用鲜笋去除羊肉膻味：每一斤羊肉加半斤鲜笋，同时放入锅中加水炖，这样羊肉就不膻了。

● 用大蒜去除羊肉膻味：将 500 克羊肉、25 克蒜头（或 100 克青蒜也可）放入锅里加水炖，便可去除羊肉的膻味。

● 用咖喱去除羊肉膻味：在烧羊肉的时候，按照 500 克羊肉配半包咖喱粉（约为 50 克）的比例加入咖喱粉，即可烧出不带膻味而且美味的咖喱羊肉。

● 用鲜鱼去除羊肉膻味：将鲜鱼与羊肉（每 500 克羊肉配 100 克鱼）同炖，这样可使肉和汤都极其鲜美。

● 用茶叶去除羊肉膻味：泡一杯浓茶，待羊肉的水分炒干，把浓茶洒在羊肉上，连续洒三五次，羊肉就不膻了。

● 用山楂去除羊肉膻味：将几个山楂（或几片橘皮、几个红枣）与羊肉同烧，既能除膻，又能让肉熟得快。

● 用胡萝卜去除羊肉膻味：将胡萝卜用清水洗干净后，切成块与羊肉同烧，再加上姜、葱、酒等作料，便能去膻。

● 用白酒去除羊肉膻味：红烧羊肉开锅后，加入白酒（500 克羊肉，9 ~ 12 毫升白酒），不仅可除膻，还能使肉的味道鲜美。

● 用药料去除羊肉膻味：将丁香、草果、砂仁、紫苏等药料碾碎，包在纱布里与羊肉同烧，可去膻，且羊肉别有风味。

56. 羊肉馅如何去膻？

准备 30 ~ 40 粒花椒（在馅多时数量稍增），放入热水中浸泡，水凉后，将水倒到羊肉馅里（去掉花椒），和其他的调料一起搅拌，直到馅的稠度合适，这样包出来的包子或饺子味美可口且无膻味。

57. 去除咸肉异味有何妙招？

● 用醋去咸肉异味：若咸肉内并无异味，仅外面有异味，则可在水中加少量的醋将其清洗一下。

● 用白萝卜去咸肉异味：存放太久的咸肉会有异味，在煮咸肉的锅中放一个戳有很多孔的白萝卜，就能将咸肉的辛辣味、臭味和哈喇味消除。

58. 怎样去除咸肉辛辣味？

在煮咸肉的锅中，放几个钻了孔的核桃一起煮沸，就能消除咸肉的辛辣味。

59. 怎样去除咸腊肉异味？

煮咸腊肉时，放十几个钻了小孔的核桃一同烧，咸腊肉的异味可被核桃吸收掉。

60. 去鸡肉腥味有什么妙招？

● 用啤酒去除鸡肉腥味：把鸡宰好后，放入加有盐和胡椒的啤酒中，大约浸泡 1 个小时，便可除腥。

● 用酱油去除鸡肉腥味：将洗净的鸡肉放在酱油里浸泡，并加些许白酒，或者加些生姜或蒜，大约 10 分钟后取出，就不腥了。

● 水炖去除鸡肉腥味：把切好的鸡块放在锅中，加入冷水烧沸，过一会儿后捞出鸡块，倒去锅中的水，另换新水炖鸡块，并加入

所需作料。这样加工，鸡肉纯香且无腥味。

61. 怎样去除鸭腥味？

体重少于 500 克的鸭子有很重的腥气，在鸭子的尾部有一鸭膛，必须先除去，再用清水漂洗，烹调时，可减鸭腥味。

62. 怎样去除鸡蛋异味？

敲开鸡蛋，去除蛋黄上的小圆点（又称鸡眼），就能去除鸡蛋的异味。

63. 怎样去除咸蛋咸味？

腌鸭蛋太咸不宜食用时，以生咸蛋与鲜鸡蛋按 1：2 的比例磕入碗内，用筷子搅碎打散，并倒入适量冷水和匀，再放入味精、葱花、香油（猪油亦可）等作料，用大火蒸 10 分钟，取出即是咸淡适宜、味美可口的咸蛋羹。

64. 怎样去除松花蛋异味？

有些松花蛋有股辣味或涩味，可将生姜末与食醋调成姜醋汁，把松花蛋切好后，将姜醋汁倒于其上，可除其辣味和涩味。若再放上辣椒油、味精、葱花、酱油等作料，可使松花蛋更可口。

65. 怎样去除松花蛋苦味？

用清水将松花蛋洗净，放进茶盐水里浸泡 10 ~ 30 天。盐与茶水的比例为：茶叶 25 克对食盐 300 克。茶叶加水 500 毫升，熬浓后晾一会儿，滤去茶叶，倒进泡菜坛里。在盐中加入 3000 克水，待搅拌溶化后跟茶水混合，然后浸入松花蛋，以完全淹没蛋为宜。这样泡制过的松花蛋，不仅可去掉苦涩味，而且色鲜，味道更美。

❀ 三、烹调小技巧 ❀

1. 炒豆芽如何保持其脆嫩?

用旺火热油,不断地翻炒,且边炒边加入些水,可保持豆芽脆嫩。

2. 怎样识别油温?

(1)温油锅,也就是三四成热,一般油面比较平静,没有青烟和响声,原料下锅后周围产生少量气泡。

(2)热油锅,也就是五六成热,一般油从四周向中间翻动,还有青烟,原料下锅后周围产生大量气泡,没有爆炸声。

(3)旺油锅,也就是七八成热,一般油面比较平静,搅动时会发出响声,并且有大量青烟,原料下锅时候会产生大量气泡,还有轻微爆炸声。

3. 爆锅怎样用油?

做菜时若需要爆锅,应该采用凉油,凉油不是没烧开的油,而是指烧开晾凉后的油,没烧开的油含有对人体有害的苯,味道也不好。不用刚烧开的油是因为油刚烧开时就爆锅,虽然闻起来香,但做出来的菜却不香。

4. 蒸肉何时放油入味?

蒸肉类时,应注意用油的先后。比如蒸排骨应先将粉和调味料将排骨拌匀之后再放生油,这样才可使调味料渗入,如果先放油再放调味料的话,蒸出后的排骨就缺乏味香。

5. 煮面条时如何防面条粘在一起?

在煮面条的水里加入一汤匙的植物油,则面条不会粘在一起。

6. 怎样防肉馅变质?

若肉馅一时用不尽,可将其放在碗里,将表面抹平,再浇一层熟食油,即可隔绝空气,这样存放就不易变质。

7. 腌肉怎样做更简便?

在猪腿肉上面切开几条纹,放到冷却的盐水里浸1天,然后取出晾一会儿,然后拿棉花蘸上菜油,在肉的表面涂抹一遍,放到太阳下面晒,即腌成肉。腌鱼时,只要除去鱼的肠、鳃及鳞,可不用洗,做法同上。

8. 做菜汤时,汤易溢出锅外,怎么办?

若在锅口将食用植物油刷个6厘米宽的圈,汤就不会再溢出锅外,煮稀饭时也可用此法处理,同样可避免溢锅。

9. 用植物油来起油锅,会涌出大量的油沫,如何消除?

可在油里放几段葱叶,稍等片刻,油沫便会消除。

10. 怎样炒菜更省油?

炒菜时,可先放少量油来炒,等将熟时,放入一些熟油,翻炒后即可出锅,可令菜汤减少，油能够渗进菜里，虽用油不多，不过油味浓、菜味香。

11. 煎炸食物如何防油溅？

放入食物之前，先放一些食盐于油中，待食盐溶化后再把食物放入，煎炸时油就不易溅到锅外，同时也可节约油。若油外溅时，马上往油锅中投入花椒4~5粒。油沫上泛时，可用手指蘸点冷水，轻轻弹进去，经一阵起爆后，泛起的油沫立即消失。

12. 炸制麻花如何省油？

在油锅内倒入300克水，待水沸之后再倒油，油开就可放麻花进行炸制。此法可炸约5千克面制的麻花，炸好的麻花不仅好看好吃，且省油。

13. 怎样炸辣椒油？

将干红辣椒切成段，放入碗里，再往炒菜锅内倒进适量的食用油，放在火上烧热，然后把辣椒籽放进锅内炸，炸热后将火关掉，将热油倒进辣椒碗内，同时用勺均匀搅拌即可。关键是要掌握好火候和时间。

14. 怎样把握烹调时加盐时机？

（1）即熟时：在烹制回锅肉、爆肉片、炒白菜、炒芹菜、炒蒜薹时，应在热锅、旺火、油温高的时候将菜下锅，且应以菜下锅即有"噼啪"响声为好，当全部煸炒透时才放适量的盐，这样炒出的菜肴就能够嫩而不老，且营养的损失也较少。

（2）烹调前：在蒸制块肉的时候，因为肉块较厚，而且蒸制的过程中不可再添加进调味品，因此在蒸前须将盐及其他调味品一次性放足。若是烹制香酥鸡鸭、肉丸或鱼丸时，也应该先放盐或是用盐水腌渍。

（3）食用前：在制作凉拌菜，如凉拌黄瓜或是凉拌莴苣时，应在食用之前片刻放盐，且应略加腌渍，然后沥干水分，再放入调味品，

这样吃起来才会更觉得脆爽可口。

（4）刚烹时：在烧制鱼与肉时，当肉经过煸或是鱼经过煎之后，应立即放入盐和调味品，用旺火烧开，再换小火煨炖。

（5）烹烂后：在烹制肉汤、鸭汤、鸡汤、骨头汤等荤汤时，应该在其熟烂之后再放盐调味，这样就可以使肉中的蛋白质以及脂肪能较充分地溶解在汤中，从而使汤更为鲜美。炖豆腐的时候，也应该在熟后放盐，原理与荤汤相同。

15. 在炒菜的时候，酱油放多了会使色味过重，怎么办？

此时，可加入少许牛奶，即可解除色味过重的情况。

16. 烹调时如何催熟较硬的肉类？

在对一些较为坚硬的肉类或禽类野味进行烹调时，可加进适量的食醋，这样不仅可以使肉较易烂软，而且有利于消化。

17. 烹调蔬菜怎样减少其营养流失？

醋可以保护维生素，避免其遭受损失。比如，含有B族维生素及维生素C的蔬菜，在加热时维生素易被破坏掉。若适当加入一点食醋，则可以让这些维生素保持稳定，损失也极少。此外，醋对蔬菜中含有的色素也有一定程度的保护作用，它可以让蔬菜保持本来的颜色。比如，把去皮后的土豆浸在放有食醋的水中，它就不会变黑。

18. 如何给醋增香？

可以在一杯醋里面添加一点烧酒，然后掺入少许食盐，进行均匀地搅拌。这样处理过的醋不但保持了原来的醋味，也会变得十分香，且更易于保存，即使长时间不用也不会产生白膜。

19. 烹调时怎样解鱼、虾的腥膻味？

肉和鱼、虾都具有腥膻味。而之所以有腥膻味是因为它们含有一种胺类物质。胺类物质可以溶于料酒内的酒精。烹饪时加入料酒，这种胺类物质会在加热的时候随着酒精一起发酵，从而能达到去腥目的。

20. 烹调鱼类或肉时如何增香？

在烹调时，料酒中的氨基酸可与食盐相结合，从而生成了氨基酸钠盐，使鱼或肉的味道更加鲜美。此外，它还可以与糖相结合，然后形成诱人的香气。

21. 腌渍肉类时如何保鲜？

如果用料酒来腌渍鸡或鱼的话，它可以迅速地渗透进鸡和鱼的内部，从而延长保鲜时间，也有利于甜、咸等各种味道充分地渗透进菜肴中；在烹制绿叶蔬菜的时候，如果加进少量料酒，则可保持叶绿素不被破坏。

22. 烹调肉类怎样保持其鲜香的味道？

用江米做成的甜酒来代替料酒，用于牛肉、猪肉、羊肉、鱼和鸡的烹制，味道非常鲜美，比料酒还好。

23. 过冬后的老蒜常会干瘪，扔掉又太浪费，怎么办？

为使不浪费，可剥出蒜瓣，挑出尚软且未腐烂的洗净，再切成薄片（要跟芽的方向垂直）。在蒜罐子里放少量食盐，再加蒜片捣成蒜泥，装好封严后放入冰箱冷冻室内储存，在食用时取一小块放进菜中即可。这样处理过的蒜能保存一段较长的时间。

24. 怎样发芥末面？

把要发的芥末面放在碗中，慢慢地加入凉开水或者自来水，边搅拌边加水（但水不要加多了），待芥末成糊状后就可放在阴凉处，1分钟即可发好。这样既简单，效果又好。

25. 如何炒好糖色？

酱油是不可以用来代替炒糖色的，尤其是在烹调红烧肉和红烧鱼等菜肴的时候显得更加重要。炒糖色时，应等到油热之后再加进糖（红糖最好），放到锅里炒，再加进少量水。加水的时候应该注意：必须是加温水而不是冷水。这样做可以防爆，炒出来的糖色也好。

26. 如何应付油锅起火？

如果炒菜时油锅起火了，应迅速盖上锅盖，隔绝空气，火就会自行熄灭；或者立即放几片青菜叶到锅里，也能灭火。

27. 怎样除煳味？

把炸过东西的油过滤，然后滴几滴柠檬汁，就可以除去油的煳味。如果食物烧煳了，可以把它倒在干净的锅里，锅上盖一块餐巾，再撒些盐在上面，然后把锅放在火上加热一会儿，也能除掉煳味。

28. 如何用微波炉做冷面？

把一张保鲜膜放在微波炉转盘上，把面条500克直接放在保鲜膜上，大火加热3～4分钟。同时，在煤气灶上烧一锅开水，水沸后立即用筷子把刚熟的面条挑出来，放进滚水里煮，同时边用筷子挑开。待面条又滚起来时，立即捞出放入盛器内，放入调和油，拌匀拌透。搅拌时用电风扇对着吹最好，使其冷却片刻，冷面就做好了。

29. 夏天在家里做凉面时，时间一长面条就不筋道，时间一短又会夹生，怎么办？

解决方法是：刚开锅就捞出面条，再拌入素油，放到微波炉里，用高火力持续加热4分钟，待熟后放在电扇下吹凉。拌入作料后吃，很有嚼头。

30. 保持米饭营养有什么窍门？

大米不要多洗多泡，更不能反复搓洗。

更忌热水淘洗，否则米粒中的维生素、蛋白质、脂肪、无机盐及糖等的流失就会加大。

用锅蒸饭，不宜做捞米饭。否则人体对 B 族维生素的摄入就会减少。

宜用高压锅煮米饭。这样米分解很快，人体易吸收。煮前放些茶水有助消化。

烧米饭要用开水。否则会损失其中大部分的维生素 B1。

新米、陈米不可混熬。

31. 包粽子时如何使江米越泡越黏？

江米中的黏性是存贮于细胞中的，如果用水淘过就马上包，即使是上等江米都不会很黏。应将清水浸泡江米，一天换 2 ~ 3 次水，在浸泡几天后再用来包粽子，因为细胞吸水令细胞壁胀破，可释放出黏性成分，让粽子异常黏软。而只要每日能坚持换水，江米就不会变质。但是水量要足，不然江米吸足水以后暴露在空气之中，米粒就会粉化。

32. 铝锅焖饭怎样保证不煳锅？

铝锅焖饭时易煳锅，可先用新铝锅煮一次面条，那么再用铝锅焖饭时就不容易煳了。

33. 夹生饭如何处理？

米饭夹生：用筷子在饭内扎些能直通锅底的孔，洒入黄酒少许再重煮。

表面夹生：将表层的面翻到中间后再煮即可。

34. 怎样炒饭既好吃又松软？

用冷硬的剩饭来做炒饭时，可往里洒少量白酒，这样炒出的饭既好吃又松软。

35. 煮米饭时，有人要吃软的，有人吃硬的，难道要煮两锅饭吗？

不用。在米下锅时一边偏低些，一边堆高些，并且不要搅拌。这样煮出的饭就会一边稍软，一边稍硬，就能各取所需，两全其美。

36. 为婴儿煮烂饭有什么省事的办法？

出生 6 个月后的婴儿就可吃些烂饭了，但一般都需单独煮。若在做米饭时，等开锅后把火关小，再用小勺在锅中的米饭中部按一个小炕，让锅周围的水可自然地流向中间，这样等米饭熟的时候，中间部分的饭就烂糊了，不用再单做。

37. 怎样可令紫米易煮烂？

紫米虽营养丰富，可是很硬，熬粥的话需数小时。可将米淘净，用高压锅煮，25 分钟即可煮熟。

38. 煮粥时如何防止溢锅？

在煮粥的时候，加点食油在锅里（最好用麻油），这样，即使火非常旺，粥也不会再溢出，而且会更加香甜。

39. 煮粥如何增香？

● 加醋：在煮甜粥快熟的时候，加入少量食醋，粥既能增加香甜，又无酸味。

● 橘子煮粥：在粥将煮熟的时候，加入几瓣已晒干的橘皮或橘子片，粥的味就会非常清香可口。

40. 熬豆粥如何使豆快熟？

将绿豆和红小豆压成两瓣，这样就破坏了豆子的外层保护膜，这时再和大米一起下锅，饭熟了豆也就煮烂了。也可以在煮绿豆和红豆时，豆子有些膨胀时就捞出来，拿勺子压碎，然后再放入锅内。这样也很容易煮烂。

41. 用剩饭煮粥常常黏糊糊的，有什么办法可解决这一情况？

可先将剩饭拿水冲洗一下，煮出的粥就如新米一样不会发黏了。

42. 怎样使老玉米吃起来比较嫩？

煮老玉米时，在锅里加进 1 ~ 2 匙盐（要以吃不出咸味为宜），很快就可以煮好，而且吃起来比较嫩。

43. 如何发面效果好?

每 500 克面粉要加 250 毫升水,把 1.5 汤勺的蜂蜜倒进和面水里,夏天用冷水,别的季节用温水。但面团需揉均匀,宜软不宜硬,待发酵 4 ~ 6 小时就可使用。这样蒸出的馒头不仅松软清香,而且入口味甜。

44. 蒸馒头时如何防粘屉布?

● 方法一:馒头完全蒸熟后,揭开上盖,再蒸上 4 分钟左右,倒出干结的馒头,翻扣在案板上,约 1 分钟后再把第二个屉卸下来,依次取完,即不会再粘屉布了。

● 方法二:蒸包子和烧麦时,可将圆白菜叶或大白菜叶代替屉布,这样既不会粘,也可免去洗屉布的麻烦,还可在菜叶上根据自己的口味放各种调料,做成一道小菜。

45. 怎样使馏馒头不粘水?

蒸馒头时常将屉布放到馒头下边,若要馏馒头,就应将布放在馒头上边,而且要盖严,即可解决平常不拿布馏馒头的时候,馒头被蒸馏水搞得很湿而十分难吃的问题。若用铝屉,则最好将有凹槽的一面向下。

46. 蒸馒头怎样防其夹生?

蒸馒头不要等锅内的水烧开后,才将生馒头放进锅蒸。因为馒头急剧受热,里外不均,很容易使得馒头夹生,而且费火费时。若将生馒头放入刚加进水的锅里蒸,因为温度逐渐升高,馒头可受热均匀,就算有时候面发酵不好,也可在温度的渐渐上升中得到些弥补,这样蒸出的馒头又大又甜。

47. 怎样蒸馒头可使其有嚼头?

因为压力锅内的压力大、温度高,馒头就容易蒸得透,而且淀粉转化的麦芽糖就越多,所以吃的时候越嚼越甜。压力大,淀粉分

子链的拉力增强,吃起来就有嚼劲、有弹性。

48. 蒸馒头如何增白?

揉一小块猪油在发面里,可使馒头洁白、松软、味香。

49. 炸馒头片怎样才不费油?

炸前把馒头片先用水浸透,取出,待馒头片表面无水珠时再入油锅炸,馒头片要即浸即炸,防止馒头片被泡碎。这样馒头片吸饱了水,炸时消耗的主要是水,馒头片不再吸油,很省油。这样炸出的馒头片金黄均匀且外焦里嫩,撒上白糖食用更香甜可口。同理,把馒头片掰成如丸子般大小的块,炸出后撒上白糖也很有风味。

50. 热天时,若用碱不当可使馒头的酸度变高,难以下咽,怎么办?

可将酸馒头放在盘中,再放进冰箱冷藏室里,4 小时后取出,等馒头的凉气散尽后再食用。也可以烤着吃,那么酸味就可减轻许多。

51. 剩馒头,尤其在冰箱存放几天之后干硬难啃,怎么办?

可将鸡蛋和面粉加水,搅匀成稀粥状,然后将馒头切成片,浸泡 5 ~ 10 分钟,再用油炸,待稍黄即可出锅。这样的馒头口感不硬,味道也可以。若是 3 个馒头,则需 3 个鸡蛋、150 克面粉,以及少许细盐和五香粉,拌匀后加水,以浸没馒头片为宜。

52. 面粉炒食应注意什么?

倒些油在烧热的锅内,再加入些面粉,用文火翻炒,在炒的时候要不停地翻炒,待七成熟的时候便可。在食用的时候,每 50 克的面粉中加入 75 克左右的开水,不能加冷水。

53. 在没有烤箱的情况下,如何自制烤面包?

当面粉经过发酵后,加入适量的鸡蛋、

白糖和牛奶，待完全揉透后用饭勺将其做成面包形状，然后再涂少许食油在高压锅里，将面团放入后，把盖盖好，加热约3分钟即可放气，将锅盖打开，把面包翻过来，再加热约3分钟即可。

54. 怎样烤面包可增加其香味？

倒些啤酒在面粉中，揉匀，这样做出来的面包，既易烤制，又有种似肉美味。

55. 面包放时间长了有点硬，怎么办？

用原来的包装蜡纸把干面包包好，把几张纸用水浸透，摞在一起，包在其外层，装入塑料袋，过一会儿，面包就软了。倒温开水入蒸锅，再放点醋，把干面包放在屉上，盖严锅盖稍蒸一下，面包就软了。在饼干桶底放一层梨，上面放上面包，盖严盖，饼干桶内的食品可保持较长时间恒定温度。

56. 如何加工剩面包？

炸猪排。把猪肉切成小片，拌上干面粉，裹上蛋清，撒上用剩面包搓成的碎渣，入油锅中炸，待呈金黄色捞出，蘸上香菇沙司、辣酱食用，味美可口。相同做法，以虾仁代替猪肉也可做出非常美味的炸虾仁。

把剩面包切成片，再裹上一层鸡蛋清，然后用素油布包好，放入锅中蒸，硬面包可恢复松软；或把剩面包剁碎，再加入调料蒸丸子。

西式汤菜。把剩面包切成小丁，入油锅炸黄，用来做西红柿虾仁面包丁汤、奶汁面包汤等，还可把剩面包烘干、搓碎后加在肉末中，烹制出肉丸子。这种含有面包焦香的西式汤菜，别有独特风味。

57. 制作葱油饼有什么窍门？

掺些啤酒在做甜饼或葱油饼的面粉中，再发面，饼即会又松软又香。

58. 煮干切面时如何使其熟得快？

先将干切面浸泡在凉水里十几分钟（也可时间长些）。吃时，待水开锅后煮上3～5分钟即可。此法煮干切面又快又好吃。

59. 和饺子面有什么窍门？

包饺子时，若在每500克的面中加入一个鸡蛋，面就会不"较劲"，易捏合；且饺子下锅后可不"乱汤"；出锅凉后饺子也不会坨。不仅口感好，还增加营养。

60. 制蛋饺有什么妙招？

在制蛋饺外皮时，可以在鸡蛋中加入适量的牛奶并搅拌，这样不但味道鲜香，而且饺皮柔软易包。

61. 怎样制饺子皮好吃又营养？

拿土豆做饺子皮，不仅筋道好吃，营养价值也高。做法是：将土豆洗净，用水煮烂；然后剥去土豆皮，用饭勺将其搓成泥；再放入1/3的面粉掺进土豆泥内，用温水和成饺子面；在擀皮时会比面粉皮稍厚些，包馅后再上锅蒸20分钟就熟。

62. 制蛋饺皮有什么窍门？

以每500克鸡蛋加25克食油的比例在蛋液中加些食油，拌匀后，蛋液入锅。这样可避免每次都要抹一下油。摊好一张大蛋皮，用杯口或其他器具倒扣，形成一张张大小相等的圆片，把肉馅放一侧，把未放肉馅的蛋饺皮叠放到肉馅处，即成蛋饺，蛋饺大小相同，整齐美观。为使蛋皮薄且不破，在蛋液中加点醋或柠檬汁搅拌，再用小火煎，既薄而又有韧性的蛋皮即成。

63. 怎样快制饺子皮？

将面粉加水调和并揉捏后放在案板上，按照需要制成薄片。然后，用瓶盖、杯口等，压在制好的面皮上拧几下即可。

64. 吃白菜时若把老帮子扔掉，很浪费，怎么办？

只要把白菜帮内白色或淡黄色的硬筋抽出（从菜帮皮薄的内侧抽），剁成馅后挤出水分，再加肉馅，可做包子和饺子，吃起来很嫩。菜帮做馅吃，菜心炒着吃，整棵白菜就没有浪费。

65. 用萝卜做馅如何保持其养分？

把洗净的萝卜擦成丝后放在锅里用温火反复炒，可放少许油，炒到基本没汤为止。然后用铲子上下翻动以便散掉萝卜的气味，晾凉后和肉馅拌在一起。这样做出的萝卜馅不仅保持了原有的养分，还没有了萝卜的气味，吃起来口感很好。

66. 用雪里蕻做馅有什么技巧？

将雪里蕻洗净后，放入开水锅中煮。要是喜欢吃辣，煮的时间短些，约 3 ~ 5 分钟，不喜欢吃辣，煮的时间要长些。捞出雪里蕻剁成馅后控去水分再加上各种作料，包成饺子或包子，别有风味。

67. 用豆腐做馅怎样使其快熟？

将豆腐上锅，略蒸一下，待晾凉以后切成小丁，再加精盐、香油、葱末、味精拌匀即可。这样饺子易熟且味美好吃。

68. 做肉馅如何去腥？

包馄饨、饺子时，可在馅里放一点茶叶，可清口、代替料酒去腥气膻气。具体做法是：绿茶在泡过两遍后，把茶叶捞出来晾干，剁上两刀后和上肉馅，再放调料，这样包出的馄饨和饺子，吃起来风味独特、清香可口。

69. 很多人都将茄子皮去掉再烹调，这样太浪费，如何利用茄子皮才好？

茄子皮晾晒干后装入塑料袋中保存起来，到冬春季时用温水泡开并切成细末后与干菜或白菜一起做馅，包成包子或饺子吃，别有风味。

70. 做肉馅如何保持其鲜嫩？

蒸包子或是包饺子时，在肉馅里加入一点大料水，不仅可以去腥味，且可使肉馅鲜嫩。500 克的肉馅需配 10 克大料，用开水泡 20 分钟，然后把大料水拌进肉馅内即可。

71. 怎样使打馅不出汤？

吃饺子时，若以自来水打肉馅（韭菜、白菜）较易出汤，而只要取凉白开水打就可防止这种情况。

72. 怎样保持饺子馅汁水？

要想保持饺子馅的汁水，关键在于将菜馅切碎后，不要放盐，只需浇上点食油搅拌均匀，然后再跟放足盐的肉馅拌匀即可。这样就能使饺子馅保持鲜嫩而有水分。

73. 怎样防饺子馅出汤？

包饺子时，常常会碰到馅出汤，只需将饺子馅放入冰箱冷冻室内速冻一会儿，馅就可把汤吃进去了，且特别好包。

74. 怎样煮水饺不跑味儿？

用压力锅煮水饺，煮出的水饺不跑味、不破口，且节省时间。方法是：先在压力锅里倒入半锅水（若压力锅口径为 26 厘米，每次可放 80 ~ 100 个水饺）。水烧开以后，拿饭勺搅转两圈，令水起旋，再放入水饺，用旺火烧，把锅盖盖紧，不要扣阀。待气从阀孔冒出半分钟即可关火。待阀孔不再冒气，就可开锅捞饺子。用旺火时，应以不让锅内的水冒为度。

75. 煮饺子如何防粘？

为了防止饺子粘在一块儿，可在面粉 500 克中加鸡蛋 1 个，使饺子皮结实。在煮的时候，放几段大葱在锅内。加入少量食盐在沸水里，等盐完全溶化后，将饺子放进锅里，盖上锅盖，直至完全煮熟，不需要加水，也不要翻动。当饺子煮熟快要出锅的时候，将其放入温水中浸泡一下，饺子表面的面糊即会溶解，再装入盆里时就不会再粘结了。

76. 怎样煮元宵不粘？

煮元宵的时候，应该先把水烧开，而元宵则要在凉水中沾一沾，然后再下到锅里，此法煮出的元宵才不会粘连。

77. 炸元宵时油总向外溅，容易烫伤人，有什么办法可解决这一情况？

此时，可先将生元宵放入蒸锅中蒸10分钟左右，然后再炸，炸时不要把火开得太旺，这样，炸时就不会使油外溅，炸出来的元宵也外焦里嫩，十分好吃。

78. 烧煮玉米如何保持其鲜味？

在煮玉米的时候，应该连同外皮一起煮，这样可以使玉米的味道更加鲜美。

79. 煮豆沙如何防煳？

煮豆沙的时候，放1粒玻璃弹子与其同煮，能让汤水不断地翻滚，能有效避免烧煳。此法不适合用沙锅煮。

80. 煮绿豆汤如何使其易烂？

将绿豆用清水洗干净后，沥干，倒入适量的沸水里，水要没过绿豆1厘米左右，当水差不多被绿豆吸干后，再按需加入沸水，将锅盖盖严，然后再煮上十多分钟，绿豆就会酥烂，且碧绿诱人。

81. 炸花生仁有什么窍门？

炸前用水将花生仁泡胀，会比直接干燥的效果好。把泡胀的花生仁晾干水分，再放进烧热的油锅里（油量要以可浸没花生仁为宜），炸到快硬时，将火力减小，改用慢火炸到硬脆后立即捞出，再加入盐或糖即可。此法炸出的花生仁，粒大、皮全、香脆、色泽油亮。此法

还可用于炸酥脆黄豆。

82. 如何防止食白薯后返酸？

将白薯洗净后切开，放在食盐或明矾溶液中浸泡约10分钟，然后蒸煮，即能减少食后腹胀或返酸的症状。

83. 怎样烧饭做菜更营养？

粮食和蔬菜内含有的水溶性维生素，会在高温水中随水蒸气流失掉。所以，烧饭、做菜最好加盖，这样不仅能减少维生素的流失，而且能保持锅内热量，缩短烹饪时间。

84. 蒸菜如何防干锅？

在蒸锅内放入碎碗片，碗片即会随沸水的跳动不断地发出响声，若听不到声响就意味着锅内没水了。

85. 怎样能令炒出的菜又脆又嫩？

炒、煮蔬菜时，勿加冷水，因为冷水会让菜变老、变硬而不好吃，应该加开水，这样炒出的菜会又脆又嫩。

86. 炒绿叶蔬菜时如何防止其变黄？

● 绿叶蔬菜烹调时必须用旺火，先将炒锅烧热，放油后烧至冒烟，将菜放入，旺火炒几分钟后，加味精、盐等调料，炒透后立即起锅，这样方可避免菜色变黄。

● 在炒菜锅里滴入冰水（冰水要符合卫生条件），菜炒熟后可保持鲜绿，外观可人，食之味美。另外，炒青菜时不盖锅盖也可使其保持鲜绿，酱油尽量少放，不放为好。

87. 如何才能使炒出的青菜脆嫩又清鲜？

将洗净的青菜切好后，可以洒上少量的盐并拌匀，放置几分钟后，再沥去水分烹炒，这样炒出来的青菜就会脆嫩清鲜。注意：在炒菜时，盐要适当少放一些。

88. 炒茄子如何防变黑？

● 削去茄子皮后烹调。

● 茄子在切后马上下锅，或是浸泡在水中。

● 烧茄子时，加入去皮去籽后的西红柿，可防变色，也可增添美味。

● 洗净烹制茄子的铁锅，而且茄子不应长时间放在金属容器里。

89. 炒茄子特别费油，每次都要倒很多油，怎么办？

把切好的茄块（片）先撒点盐拌匀腌约15分钟，挤去渗出的黑水然后再炒，并且炒时不要加水，反复煸，至其全软为止，然后再根据个人的口味放入各种调味品，这样不仅省油而且好吃。

90. 凉调或炒食藕片如何防变色？

可将嫩藕切成薄片，拿滚开水稍烫片刻后取出，再用盐腌一下后冲洗；加姜末、醋、麻油、味精等调拌凉菜，则不易变色。或是上锅爆炒，再颠翻几下，放入食盐和味精后立即出锅就不会变色。在炒藕丝时，应边炒边加水，才可保其白嫩。

91. 如何烹调干菜更好吃？

红烧干菜时要先用温水把干菜泡30分钟左右，然后再烧，为防止泡烂菜叶，不要用开水泡。熬煮时要多加些水，用小火慢慢煮。采用先放糖，熟后再放油的方法，可达到味美省油的效果。

92. 怎样烧土豆味道好？

烧土豆时最好用文火，火急了会内生外熟。烧土豆时要等土豆变色之后再加盐升温，以免土豆形成硬皮，出锅时容易碎，且味道欠佳。

93. 怎样去除豆芽豆腥味？

● 食醋去豆腥：炒豆芽时，放食醋少许，就可去掉其豆腥味了。

● 黄油去豆腥：烧豆芽时，要先加点黄油，然后再加盐，就可去掉豆腥味了。

● 黄酒去豆腥：拌豆芽时，加点黄酒后再放点醋，拌好的豆芽就无豆腥味。

94. 如何使蘑菇味更美？

若用水浸泡干蘑菇，蘑菇的香味会消失。可用冷水将蘑菇洗净，浸泡在温水中，然后加入一点白糖。因为蘑菇吃水较快，可保住香味。浸进了糖液后，烧熟的蘑菇味道更鲜美。

95. 香菇梗怎样做更好吃？

取香菇梗切成细丝，浇些黄酒、白糖、酱油、麻油，稍腌一会儿，可当作下酒菜，十分美味可口。

96. 炒洋葱如何保鲜？

● 炒时加白葡萄酒少许，可保持鲜美。

● 洋葱切好后撒少许干面粉再炒，菜色可变得色泽金黄，菜肴可口脆嫩。

97. 如何烹调冻萝卜味更美？

将已受过冻的萝卜放在冰水里浸泡约1个小时，待其完全融化后再用清水洗干净，然后再烹调：

炒食：用旺火快速地炒。

烧汤：将其切成细条，待汤完全煮沸后再下锅。

做馅：将其切成细条，与凉水一起下锅，烫煮，待萝卜七分熟时就将它捞出来，即可加些佐料来做馅。

98. 怎样烹调速冻蔬菜可保持其鲜美的味道？

速冻蔬菜烹调前无须化冻、洗涤，用冷水冲一下即可去掉冰碴。为保持速冻蔬菜的鲜嫩味美，炒菜时可用旺火，做汤时要等汤沸后放入菜。

99. 豆腐在烹调时很容易碎，有什么方法可令其不碎？

● 先将豆腐用开水煮一会儿，然后再上锅炒，这样就不容易碎了。

● 将豆腐浸于盐水中20～30分钟再进行烹制，就可防止其碎。

100. 怎样去除豆腐的油水味？

豆腐在下锅时，先放入开水中浸渍15分钟，可清除油水味。

101. 如何做粉皮或凉粉口感更好？

将粉皮或凉粉切成小块或条，放进滚开的水里烫，轻搅3～5下，2～3分钟后灭火；捞出后放入凉水中，再换2～3次凉水。捞出后即可加辣椒油、醋、香油、麻酱、芥末油等调味品拌食。此法处理过的粉皮或凉粉柔韧、光滑，口感好，而且可以保证卫生，也能保鲜。余下的放进冰箱，再食用时口感不变。

102. 未吃完的粉皮放在冰箱里会变硬、变味，如何使其复原？

把冻粉皮放在凉水锅里，且在火上稍微煮一会儿，等粉皮变软后，把锅放到自来水下冲一会儿，粉皮就能柔韧如初。

103. 如何增加凉菜的风味？

用煮沸的啤酒把菜烫浸一下，可使热啤酒中的叶酸、烟酸分解，成为食物里的矿物质钙，从而大大增加凉菜风味。

104. 有什么方法可使腌菜又嫩又脆？

在腌菜的时候，按照菜的分量加入0.1%左右的碱，即可使叶绿素不受到损坏，使咸菜的颜色保持鲜绿。也可按照菜的分量加入0.5%左右的石灰，即可使蔬菜里面的果胶不被分解，这样腌出来的咸菜又嫩又脆。但是石灰不

能放得太多，不然会使菜坚韧而不脆。

105. 如何令腌菜色味俱佳？

用食盐和淘米水腌制萝卜、辣椒、豆角，色味俱佳。

106. 怎样做泡菜省事又味美？

罐头酸黄瓜吃完后，把汤汁倒进一个大口的玻璃瓶里。将萝卜、圆白菜、黄瓜等洗净，切成小块，待晾干水分后放进瓶里，再放两根芹菜、小半个葱头和一块鲜姜，可用以增加泡菜的浓味。加少许盐和数滴白酒，盖好瓶口，3天以后即可入味，吃后继续按照上法泡入新菜。在泡两三次后可以将汤汁倒进干净的锅中加热，等开锅后将汤晾一下继续泡。用酸黄瓜的原汁做泡菜，又省事又味美。掌握方法后，可一直泡下去。但需要备一对专用筷子，切记筷子上不要有油。

107. 如何令泡菜色香味俱佳？

● 加点芥末在泡菜里，可使泡菜的色、香、味俱佳。

● 加入适量啤酒在泡菜坛内，这样，既可以使泡菜更加鲜脆爽口，还可延长其保存期。

108. 涩柿子如何快速促熟？

将涩柿子放入冰箱冷冻室，柿子冻透时或是一天后再取出，然后放进冷水中泡或是置于暖气片上、阳台上化冻之后，即可食用。

109. 受冻变黑的生香蕉还能吃吗？怎样令其味更好？

可以吃。食用时可去掉香蕉皮，将果肉切成约一寸的小段，用碗或盆把面糊调稠，加适量白糖后搅匀，将其裹在香蕉段上，放入油里炸至黄熟，就可捞出食用了。这样的香蕉不涩，且香甜可口。

110. 酸梅放久了，就会变得又硬又干，如何令其变软？

将其放入蒸笼上稍稍地蒸一下，即会使酸梅变得跟以前一样软。

111. 用红枣煮粥时，怎样令其熟得快？

将红枣的两端用剪刀剪去，再放入锅内煮，这样，红枣不但熟得很快，而且还能保持鲜枣的风味。

112. 黑瓜子（西瓜子）存放时间稍微长点，就有一部分会剥不出完整的仁儿来，很多碎的，怎么办？

用蒸锅热熟食的时候，熟食热好后，取出，蒸锅离火，拿纱布将瓜子包好，放进蒸锅里，盖上锅盖，用锅里的余热焖一会儿，待锅凉后将瓜子取出，这时剥出的瓜子几乎都是整仁儿了，而且酥脆不变。

113. 大块冰糖不易掰碎，敲剁起来也很费劲，有什么好办法？

可用微波炉的中档"烧" 2 ~ 3 分钟，大块冰糖就能被十分轻松地掰成小块了。

114. 长时间存放蜂蜜，瓶里就会出现些类似白砂糖的结晶，有什么办法可去除？

连着瓶子一块儿放进冷水里慢慢地加热，当水温到70℃ ~ 80℃时，结晶即会自然溶化，而且也不会再结晶。

115. 如何保持啤酒泡沫？

若想保持啤酒的泡沫，可把啤酒放在低温、阴凉处，最好在15℃以下，防震荡，降低二氧化碳在啤酒里的溶解度；可随开随喝，不要来回倾倒，使气体散发出来；要保持啤酒杯的清洁，以防降低泡沫量。

116. 做鱼时何时放入生姜能起到去腥增鲜的作用？

做鱼时，若放入生姜过早，鱼体渗出液中的蛋白质将对生姜发挥去腥作用不利。当鱼体的浸出液稍偏于酸性时再放入生姜，是生姜发挥去腥效果的最佳时间。所以做鱼时要在鱼的蛋白质凝固以后再放入生姜，让生姜充分发挥去腥增香之效能。

117. 做鱼时如何提鲜，并提高鱼中钙质的吸收率？

烹制鱼时，应该添加一些料酒和米醋，因为料酒和米醋会发生化学反应，产生乙酸乙酯，这种物质会散发出非常诱人的鲜香气，能够使鱼闻起来无比鲜香，而去腥的效果自然也十分显著。

若在烹鱼时加入米醋，可以使鱼骨和鱼刺中所含的大量的钙同醋酸进行化学反应，从而转化成为醋酸钙。醋酸钙易溶于水，利于人体吸收，因此钙的利用率就提高了，同时也更有利于人体吸收鱼的营养。

118. 用什么方法可使鱼入味？

将鱼洗净，控水之后撒上细盐，再均匀地涂抹全身（若是大鱼，应也在腹内涂上盐）。腌渍半小时后清蒸或是油煎。这样处理过的鱼，在油煎时不粘锅，而且不易碎，成菜特别入味。

119. 做鱼时如何增加鱼肉的香味？

做炖鱼的话，先用油把鱼煎至金黄，再放入蒜、葱、糖、醋，然后浇上少量啤酒，鱼香的味道马上就能出来。因为啤酒可以帮助脂肪溶解，从而产生酯化反应，让鱼肉更为鲜美。

120. 烹制刺多的鱼如何使鱼骨变软？

烹制鲤鱼、鲢鱼等刺很多的鱼时，可放入山楂，既能使鱼骨柔软又能排解鱼毒。

121. 用什么方法可使小鱼快熟？

烹制小鱼时，可以放进几颗酸梅同小鱼一起炖煮。开始煮的时候就应该放入酸梅，这样做可以使小鱼快熟，鱼肉也格外鲜美。另外，煮过的酸梅味道也十分可口。

122. 如何给冻鱼提鲜？

烹制的时候在汤中加入少量牛奶，就可以使冻鱼的味道如鲜鱼一样鲜美。

123. 煎鱼时如何防粘锅？

● 锅预热法。先将锅烧热，后放油，再把锅稍微转动，这样可以使锅内的四周都有油。等到油烧热之后再将鱼放入，待鱼皮被煎成金黄时再将其翻动。此法可使鱼不粘锅。

● 利用鸡蛋。打碎鸡蛋，然后倒入碗中进行搅拌，再将清洗干净的鱼或鱼块依次放入碗中，让鱼的表面裹上一层蛋汁，最后将其放入热油锅中来煎，这样鱼也不会粘锅。

● 利用姜汁。将锅洗净擦干后烧热，然后在锅底用鲜姜涂上一层姜汁，再放入油，等到油热之后，再把鱼放进去煎，此法也可防鱼粘锅。

● 利用白糖。将锅烧热之后再倒入油，待油热得差不多时就加少量的白糖。待白糖的颜色变成微黄时，即可把鱼下锅。但要注意：放第二条鱼的时候就不用再加白糖，此法煎出的鱼不粘锅，而且色美味香。

● 热锅冷油防煎鱼粘锅。将炒锅洗净后烘干，先加入少量油，待油布满锅面之后把热的底油倒出来，另加入已熟的冷油，热锅冷油，煎鱼就不再会粘锅了。

● 利用葡萄酒。散鱼时，在锅内喷小半杯葡萄酒，即可防鱼皮粘锅。

124. 煎鱼如何防焦并去腥？

把烧热的锅用去皮生姜擦遍后再煎鱼，鱼就不易粘锅。由于生姜遇热后会产生一种黏性液体，它在锅底会形成一层很薄的锅巴，所以鱼不易焦。如果煎整条鱼，要提前约30分钟抹上盐，斜放在盘中或放入竹箩沥去水分。若是煎鱼块，提前约10分钟抹上盐，并将鱼表面的水分擦干。这样鱼身上的水分及腥味就可去掉。

125. 怎样有效去除被农药污染水域中的鱼的毒性？

准备一盆清水，放入两粒蚕豆大小的纯碱，制成碱水。在宰杀之前，将鱼放在碱水中，养约1小时后，毒性就会消失。如果买的不是新鲜的活鱼，宰杀完毕后将其放在碱水中浸泡后再洗净下锅，仍是有利无害的。

126. 煎鱼时如何防止溅油？

煎鱼前，将少许面粉撒在鱼身上，这样可使鱼在下锅时油不会往外溅，还能保证鱼皮不破、鱼肉不受损。

127. 蒸制鲜鱼有什么技巧？

用胡椒、盐、味精、料酒将鱼腌透，水开后，将鱼放入，待鱼眼鼓起，则表明鱼已熟。

在蒸鱼的时候，一定要先烧开蒸锅里面的水，然后再下锅蒸。因为鱼突然遇到温度比较高的蒸气时，其外部的组织就会凝固，而内部的鲜汁又不容易外流，这样蒸出来的鱼味道鲜美，富有光泽。在蒸之前，若放一块猪油或者鸡油在鱼的身上，跟鱼一块蒸，鱼肉会更加滑溜、鲜嫩。

128. 如何以最快的速度烧出美味的鱼肉？

先将鱼洗净后切段，或是在鱼背上划口，蘸上蛋清；往压力锅里倒入植物油至烧热，放入鱼煎黄，然后放调料，盖上盖，再把锅颠几下，使鱼不要粘锅，扣上阀后4分钟左右即可。这样既省时间，鱼的味道也很鲜美。

129. 炖鱼去腥有什么妙招？

● 用冷水炖鱼可去腥味，且应该一次性加足水，因为中途加水，就会将原汁的鲜味冲淡。

● 在炖鱼时放几颗红枣，可除腥味，

使鱼肉和汤的香味更浓。

130. 如何使鱼入味?

可以在鱼的身上划上刀纹。在烹调前将其腌渍,使鱼肉入味后再烹,这种方法适于清蒸。可通过炸煎或别的方式,先排除鱼身上的一部分水分,并且使得鱼的表皮毛糙,让调料较容易渗入其中,这样烹煮出的鱼会更加有味。

131. 何时煮鱼肉质更佳?

鱼活杀后立即下锅烹煮,并不是煮鱼的理想时间;鱼死后,因僵硬而开始软化且失去弹性,这才是最好煮鱼的时间,不仅味道鲜美,肉质也会变得松软而容易被人体吸收和消化,营养价值也更高。

132. 怎样使烤鱼皮不粘网架?

首先要将网架充分烤热,然后涂上少量醋和色拉油。腌浸过的鱼很容易被烤焦,最好能在网架上铺上一层铝箔纸再烤。

133. 怎样烧鱼可使其有熏鱼的风味?

将鱼块放入烧热的油锅,炸至外脆里嫩后捞出。与此同时,旺火烧热另一锅,放入各种调味料和汤料烹制,至卤味浓后出锅装盘,趁热放入炸好的鱼块,用筷翻动,使鱼充分吸收卤味,然后取出装盘。

134. 做带鱼时能否不除鳞,同时还要保证无腥味?

吃带鱼时无须将带鱼鳞去掉,只要稍加一点胡椒粉或是放点姜即可,一点也不腥。

135. 炒制鳝鱼怎样使其脆嫩?

鳝鱼用热油滑后,可以使其脆嫩、味浓。如果用温油滑的话,因为鳝鱼的胺性大,所以很难去除异味。

136. 炒制鳝鱼如何去腥提味?

若是在炒鳝鱼的时候配上香菜,可起到解腥、调味、鲜香等作用。

137. 炒制鳝鱼时如何上浆才能保持其鲜嫩的味道?

鳝鱼富含蛋白质以及核黄素,所以,若在上浆的时候放入盐及其他调味品,就会令鳝鱼里的蛋白质封闭起来,肉质收缩,而且水分外渗。若用淀粉上浆,在油滑之后浆会脱落,所以在上浆的时候不应加进基本的调味品。

138. 咸鱼怎样去咸返鲜?

把咸鱼放进盆中,加适量温水,再加入两三小勺醋,浸泡约 3 ~ 4 小时即可。或用适量淘米水加入一两小勺食碱,放入咸鱼,浸泡四五小时后捞出并用清水洗净。咸鱼采用上述方法处理后烹制,不光咸味减淡,肉质也较处理前更为鲜嫩。

139. 做虾时怎样提味?

在做白灼虾时,可以在开水中放一些柠檬片,这样可以使虾肉更香,味道更加鲜美且无腥味。

140. 煮龙虾时如何把握火候?

龙虾下锅的时候应用大火,若用慢火来煮,则肉易碎。

141. 怎样去除干虾的异味?

干虾必须经过浸发后才可以除掉异味,所以首次浸的水异味十分重,不能够用来烹煮,因此第二遍浸的水才可以用来烹煮。

142. 怎样炒虾仁才爽嫩可口?

把虾仁放进碗里,每 250 克虾仁加进精盐和食用碱粉 1 ~ 1.5 克,在用手轻轻地抓搓一会儿之后用清水来浸泡,再用清水洗净。用此法炒出来的虾仁通体透明如水晶,而且爽嫩可口。

143. 如何烹制虾头？

将海虾头上的须和刺剪掉，洗净后放到已加入适量盐的干面粉当中（不能用湿面粉或蛋液），将其轻轻裹上薄薄的一层干面粉。在锅中倒进适量油，待八九成熟后，将虾头倒到油里炸熟。稍凉后，鲜、香、脆、酥的炸虾头的味道比炸整虾更好，也可补钙。

144. 如何烹制海蟹可保持其营养成分？

海蟹富含蛋白质及人体所需的各种维生素和钙、铁。烹制海蟹时宜蒸不宜煮，因海蟹在海底生活，以海菜、小虾、昆虫为食，其肋条内存着少量的污泥及其他杂质，不易洗净。若用水煮，肋条内的污泥会随水进到腹腔，影响其鲜味；而且蛋白质等营养成分也会随水散失。蒸海蟹不仅可保存营养，也可保持其原有鲜味。应在水开后上笼，用旺火蒸10分钟左右即熟。在食用时可去掉肋条，蘸上食醋和姜末等调料，不仅肉质细嫩，且味道鲜美。蟹肉还可用来拌、炒、制馅，与原先一样味道鲜美。若将蟹肉制干，它的营养也不会受到破坏。

145. 蒸蟹如何才能不掉脚？

蒸蟹时因蟹受热在锅中挣扎，导致蟹脚极容易脱落。若在蒸前用左手抓蟹，右手持一根结绒线时用的细铝针，或稍长一点的其他细金属针，将其斜戳进蟹吐泡沫的正中方向（即蟹嘴）1厘米左右，随后放入锅中蒸，蟹脚就不易脱落。

146. 如何给海蜇增香？

食用海蜇前2分钟，把醋倒入海蜇中搅拌均匀，可使海蜇增香，同时还可灭菌。醋不要放得过早或过晚。

147. 怎样做海参可保其味美又营养？

海参大部分是胶原蛋白质，呈纤维状，形成的蛋白质结构较为复杂。若是加碱或酸，就会影响到蛋白质中的两性分子，会破坏它的空间结构，因此使蛋白质的性质改变。若在烹制海参的时候加醋，就会降低菜肴的酸碱度，从而与胶原蛋白自身的等电点相接近，令蛋白质的空间构型产生变化，蛋白质分子便会产生不同程度的凝聚和紧缩。食用这样的海参时会口感发凉，味道要比不加醋的时候差许多。

148. 什么方法可使海带易煮软？

海带不易煮软，因为其主要成分是褐藻胶，这种物质较难溶于普通的水但却易溶于碱水。水中的碱若适量，褐藻胶就会吸水而膨胀变软。据此特点，煮海带的时候可加进少量碱或是小苏打。煮时可用手试其软硬，软后应立刻停火。注意：不可加过多的碱，而且煮制的时间不可过长。

149. 怎样可使海带又脆又嫩？

将成团干海带打开，放进笼屉内蒸约半小时，再拿清水泡一晚上。这样处理过的海带既脆又嫩，以之凉拌、炒、炖皆可。

150. 海带煮久了就会发硬，怎样使其回软？

在煮海带前，可以先在锅里加几滴醋，这样海带就会很快软化。

151. 怎样使海带烂得快？

在煮海带时往锅里放几个山楂，这样海带煮得又快又烂，可缩短大约1/3的时间。

152. 吃剩的鱼、肉怎样回锅更好吃？

若是干烧或清蒸黄鱼之类，可把鱼刺剔净，加以鸡汤和作料勾薄芡后，倒入打散的鸡蛋及调料，烹制成美味的鱼羹。

把完整的蹄膀入油锅炸至表皮硬，再入水浸皱表皮，做成走油蹄膀。

把酥烂的瘦肉撕碎，放入鸡蛋、干淀粉、调料、适量榨菜拌匀后，入油锅炸脆，椒盐蹄膀肉则可制成。

吃剩的蹄膀可加料、改刀制成红烧肉。

把酥烂的红烧牛肉裹上用鸡蛋、淀粉调成的薄糊状，入油锅炸脆、炸酥即成干炸红烧牛肉。

153. 怎样炖肥肉才不腻？

在适量的温水中放入一块腐乳，并搅拌成糊状。将500克左右的肥肉肉片炖好后倒入，再炖5分钟左右，这样不仅味道鲜美可口而且不腻。

154. 如何解冻使肉味更美？

可使用高浓度的食盐水来给冻肉解冻，这样肉会格外爽嫩。

155. 蒸制鱼或肉时如何提鲜？

蒸肉或蒸鱼时应用开水，可使肉或鱼在外部突遇高温蒸汽后立即收缩，这样内部的鲜汁不外流，蒸好的肉、鱼不仅味道鲜美，而且很有光泽。

156. 怎样煮带骨肉使其营养更易吸收？

适量加些醋煮排骨、猪脚，骨头中的钙及磷等矿物质就容易被分解溶进汤中，有益于吸收，促进健康。

157. 炖肉时怎样把握火候？

在炖肉时，用火应先旺后微。先用旺火，目的是迅速地凝固肉块表面之上的蛋白，使得肉中的营养物质不容易渗入汤中。再用微火炖，使得汤水表面的浮油尽量不翻滚，在锅内形成气压。这样，既可以保持住肉汤的温度，又能使汤中的香气不容易挥发掉。因此，炖肉可以熟得快，肉质也较为松软。

158. 怎样炖肉可使其味道更加浓醇？

少用水的话，炖出来的汤汁会更浓，味道也自然更加醇厚浓烈。如果需要加水，也应该加热水。因为用热水来炖肉，能够迅速凝固

肉块表面之上的蛋白质。这样，肉中的营养物质不容易渗入汤中，保持在肉内，因此炖出的肉味道会显得特别鲜美。

159. 如何烧肉可保持其营养成分？

先把水烧开，再下肉，这样就使得在肉表面上的蛋白质可以迅速地凝固，而大部分的蛋白质和油则会留在肉内，烧出来的肉块味道会更加鲜美。

也可以把肉和冷水同时下锅。这时，要用文火来慢煮，让肉汁、蛋白质、脂肪慢慢地从肉里渗出来，这样烧出来的肉汤就会香味扑鼻。在烧煮的过程中，要注意：不能在中途添加生水，否则蛋白质在受冷后骤凝，会使得肉或骨头当中的成分不容易渗出。

如果是烧冷冻肉，则必须先用冷水化开冻肉。忌用热水，不然不仅会让肉中的维生素遭到破坏，还会使肉细胞受到损坏，从而失去应有的鲜味。

如果想要使肉烂得快，则可以在锅中放几片萝卜或几个山楂。注意：放盐的时间要晚一些，否则肉不容易烂。

160. 烧制前怎样处理肉类更可口？

若要讲究口味，须注意切功和烧前处理。切肉块时切记要顺着纤维的直角方向往下切，否则肉质就会变硬。若是里脊肉，肥肉的筋要用刀刃切断。烤牛排时，带脂肪的上等牛肉用不着腌浸，可边烤边抹盐及胡椒粉。如果肉质较硬，把其放入红葡萄酒、色拉油、香菜调成的汁中约半小时至1小时即可。

161. 烧肉时何时放盐效果好？

烧肉时先放盐的效果其实并不好。盐的主要成分为氯化钠，它易使蛋白质产生凝固。新鲜的鱼和肉中都含非常丰富的蛋白质，所以烹调时，若过早放盐，那么蛋白质会随之凝固。特别是在烧肉或炖肉时，先放盐往往会使肉汁

外渗，而盐分子则进入肉内，使肉块的体积缩小且变硬，这样就不容易烧熟，吃上去的口味也差。因此，烧肉时应在将煮熟之时再放盐。

162. 烤肉时如何防焦？

烤肉前，先在烤箱里放一只盛有水的器皿，由于烤箱内温度的升高会使器皿中的水变成水蒸气，这样就能防止烤肉焦糊。

163. 烹制肉食时如何使其变得又鲜又嫩？

● 加水。炒肉片、肉丝时加少量水爆炒，炒出来的肉会嫩得多。

● 加淀粉。在肉片或肉丝切好之后，可加入适量的干淀粉，把肉和淀粉拌匀后，等20分钟将肉下锅，用急火炒至刚熟，这样也可以使肉质变得鲜嫩，入口不腻。

● 用蛋清嫩肉。在肉丁、肉片、肉丝中放入适量的蛋清，搅匀后静置15～20分钟，这样能够使成菜后的肉鲜嫩味美。

● 用啤酒嫩肉。先在肉片上洒少量的淀粉和啤酒，同时拌匀，放置5分钟后再入锅烹制，这样炒出来的肉就能味美、鲜嫩、爽口。

● 用醋嫩肉。一般很硬的肉都不容易煮烂，这时可以不断地用叉子蘸点醋叉到肉里去，放置半小时左右，再煮时肉质就会变得又软又嫩。由于醋放得很少，所以一般并不会影响肉味。

164. 炒肉食时如何增加肉香？

煸炒肉丝肉片时，放葱丝姜丝后也可放些胡椒粉，这样有利于除去肉腥味，增加肉香味，口感也很好，而且无明显的胡椒粉味，不会影响菜的整体风味。

165. 如何嫩化老牛肉？

● 利用生姜。把洗净的鲜姜切成小块，放入钵内捣碎，然后把姜末放进纱布袋里，挤出姜汁，拌进切成条或片的牛肉里（500克牛肉放一匙姜汁）拌匀，要让牛肉充分蘸上姜汁，

在常温下放置一个小时即可烹调。这样处理过的牛肉不仅鲜嫩可口，且无生姜的辛辣味。

● 利用山楂。在煮老牛肉的时候，可以放进几个山楂（或是山楂片）。这样能够使老牛肉容易煮烂，而且食用时不会觉得肉的口感老。

● 用作料腌。可将待炒的肉质较老的牛肉切成肉片、肉丝或是肉丁，在当中拌好作料，然后加入适量的菜籽油或是花生油，调和均匀后腌制半个小时，最后用热油下锅。利用这种方法炒出来的肉片能使得其表面金黄玉润，肉质也不老。

● 用苏打水。对于已经切好的牛肉片，可以放到浓度为5%～10%的小苏打水溶液中浸泡一下，然后把它捞出，沥干10分钟之后用急火炒至刚熟，这样可以使牛肉显得纤维疏松，而且肉质嫩滑，十分可口。

● 利用冰糖。在烧煮牛肉时可以放进一点冰糖，这样牛肉就能很快酥烂。

● 利用芥末。先在老牛肉上涂一层凉芥末，第二天用冷水冲洗干净后就可烹调，这样处理后的老牛肉不仅肉质细嫩而且容易熟烂。

166. 如何炖牛肉烂得快？

在炖牛肉的前一天晚上，可在肉面上涂一层干芥末。在煮前把干芥末用冷水冲净。这样煮出的牛肉不仅熟得快，而且肉质十分鲜嫩。若在煮时加入一些酒或醋，那么肉就更容易煮烂了。

167. 怎样给牛肉提味？

为使牛肉肉嫩质鲜、香味扑鼻，可以啤酒代水烧煮，食之回味无穷。

168. 怎样熬猪油可使油质清纯无异味？

在电饭煲里加入一点水或是植物油，然后放入肥肉或猪板油。在接通电源后，就可以

自动把油炼好，也不溅油，更不会糊油渣，油质清纯且无异味。

169. 如何利用猪皮做成美味的菜肴？

● 做肉馅。将肉皮煮熟后剁碎，再加进切碎的蔬菜，以及调料等，就变成肉皮馅。用这种肉皮馅来包饺子、包子、馄饨等，其味道与猪肉馅不相上下。

● 做肉冻。将猪皮洗净，放入水中煮，直至开锅。然后倒掉汤，另外加入热水、姜、葱、大料一起煮熟后，再取出切成细丁状。待炒锅油热，用淀粉将切好的豆腐干丁、胡萝卜丁、泡开的黄豆或是青豆调好，加入葱、姜、精盐、酱油一并炒熟，此时将肉皮丁倒至锅中，加汤，然后调入淀粉直至其成为稀粥状，将其晾后切成块，即制成猪皮肉冻。

● 用猪皮制酱。将肉皮煮熟，切成丁，与辣椒、黄豆以及豆瓣酱等一并烩炒，出锅即成为开胃可口的肉皮酱。

● 做卤肉皮。准备好卤汤，把猪肉皮放到里面卤煮，待卤熟之后切成条丝，再用其炒芹菜等小菜，炒出来的菜肴味道特别好。

● 油炸猪皮。将猪皮去毛后洗净，再加水煮熟，取出来切成小长方形，然后用面粉或淀粉挂糊。挂糊后，放到热油中煎至焦黄，再捞出来，用蒜末、姜末、精盐、白糖混调好，淋上热油和适量酱油，即成一道味美可口的菜肴。

170. 烹制猪肝时如何减少营养流失？

猪肝富有弹性纤维，在切片之后，大量的纤维束会被割断，所以猪肝很容易失水而且散碎。尤其是在高温下用热油滑炒时，失水会更多，而且产生蛋白质凝缩现象，猪肝更易散碎。散碎的肝不但难消化，而且味道也很不好。所以在猪肝下锅烹制以前，可以用蛋清或是淀粉给它上浆，使它表面产生一层糊。上浆

后就可以减少营养的损失，吃起来也格外柔嫩可口。

171. 油炸猪排时怎样可防止其收缩？

为防猪排炸时收缩，炸前在有筋的地方可切上两三个切口。

172. 煮火腿时如何提味？

事先在火腿表皮上涂上白糖，则火腿就很易煮烂，且味道也更为香甜鲜美。

173. 熬汤时如何提升鲜味？

熬浓汤时，可加入土豆泥。平常熬制浓汤时，一般加进定量的细淀粉，但这种做法只可节省时间及工序，无法使浓汤更鲜美。若将新鲜土豆去皮后蒸熟，再捣成土豆泥，加到烹制的汤水里，使之溶解，汤水将十分鲜美。因为土豆的块茎里含大量淀粉，未经提炼，原汁原味。熬鱼汤时，可向锅内滴入几滴鲜牛奶，汤熟之后不但鱼肉嫩白，而且鱼汤也更加鲜香。

174. 怎样使做出的汤鲜香可口？

一般家中做汤的原料是用牛羊骨、蹄爪、猪骨之类。若使之鲜香可口有以下方法：

骨头类原料须在冷水时下锅，且烧制中途不要加水。因为猪骨等骨类原料，除骨头外，还多少带些肉，若为了熟得快，在一开始就将开水或热水往锅内倒，会使肉骨头表面突然受到高温，这样外层肉类中的蛋白质就会突然凝固，而使得内层蛋白质不能再充分溶于汤中，汤的味道就自然比不上放冷水而烧出的汤味鲜。

切勿早放盐。因为盐具有渗透作用，最易渗入作料，析出其内部的水分，加剧凝固蛋白质，影响到汤的鲜味。也不宜早加酱油，所加的姜、料酒、葱等作料的量也须适宜，不应多加，不然会影响到汤本身的鲜味。

要使汤清须用文火烧，且加热时间可长

些，使汤处于沸且不腾的状态，注意要撇尽汤面的浮沫浮油。若使汤汁太滚太沸，汤内的蛋白质分子会加剧运动，造成频繁的碰撞，会凝成很多白色颗粒，这样汤汁就会浑浊不清。

175. 熬骨头汤怎样可使其营养物质充分渗入汤中？

烹制骨头汤应该用冷水，并且要用小火慢慢地熬，这样就能够将蛋白质凝固的时间延长，使得骨肉中所含的营养物质能充分地渗入汤中，这样汤才好喝。

176. 熬骨头汤时如何不破坏其鲜味？

在烧煮的时候，骨头中所含的蛋白质与脂肪会逐渐解聚而且溶出，所以骨头汤便会越烧越浓，烧好的时候如膏，而且骨酥可嚼。若在煨烧中途添加生水，就会使蛋白质和脂肪迅速地凝固变性而不再分解；同时，骨头也不容易被烧熟，而骨髓中的蛋白质和脂肪就无法大量地渗出，从而会影响汤味的鲜美。

177. 怎样掌握熬骨头汤的火候？

做汤应先用大火将水烧开，再改用小火，直到做好汤。用此法熬制出的汤汁非常清醇。

178. 熬骨头汤时如何不破坏其营养成分？

骨头中所含的钙质不容易分解，若长时间熬制的话，不但不能将骨骼中的钙质溶化，而且会破坏掉骨头内的蛋白质，使得在熬出的汤中增加脂肪含量，这样反而会对人体健康不利。

179. 熬骨头汤时怎样可使骨中的营养更多地渗入汤中？

加一定量的醋，骨头中含有的钙和磷就能被溶解在汤里，这样既可以增加汤的营养，还可以减少汤内维生素的流失。

180. 怎样判断鸡肉生熟？

一看、二摸、三刺法：一看，就是在水保持在一定温度的情况下，经预定烹煮时间后，若鸡体浮起，则鸡肉已熟。二摸，就是将鸡体捞出，用手指捏捏鸡腿，若肉已变硬，并有轻微离骨感，则说明熟了。三刺，就是拿牙签刺刺鸡腿，无血水流出即熟。

181. 烹调鲜鸡时怎样才能不破坏其鲜味？

鸡肉内含谷氨酸钠，可说是"自带味精"。所以烹调鲜鸡只需放适量盐、油、酱油、葱、姜等，味道就十分鲜美了。若再放进花椒或大料等味重的调料，反会驱走或掩盖鸡的鲜味。不过，从市场上买回的冻光鸡，因为没有开膛，所以常有股恶味儿，烹制时可先拿开水烫一遍，再适当放进些花椒、大料，有助于驱除恶味儿。

182. 怎样使老鸡易烂？

老鸡不容易煮烂，煮时可抓一两把黄豆放入。

183. 怎样可使炖鸡味道更鲜美？

炖鸡时，可用香醋爆炒鸡块后再进行炖制。这种做法不仅使鸡块味道鲜美且色泽红润，并能够让鸡肉快速地软烂。

184. 炖鸡如何不破坏其营养？

在炖鸡的过程中，如果加盐，不仅会影响营养素在汤内的溶解，也会影响到汤汁的质量和浓度。而且，这样煮熟后的鸡肉会变得老、硬，吃起来感觉肉质粗糙，无鲜香味。所以，应该等鸡汤炖好后，温度降至50℃~90℃后，加适量的盐并且搅匀，或者是在食用的时候再加入盐来调味。

185. 清炖鸡时如何提鲜？

清炖鸡时，可以在纱布袋中装入一些大米粒，放到锅内一起炖，这样可以使肉的味道更为鲜美。

186. 炸鸡时怎样使其色、香、味俱全？

在炸鸡的时候，用奶粉来代替面粉，或者将两者混合在一块儿挂糊，炸出来的鸡即会色、香、味俱全。

187. 如何给北京烤鸭加温？

刚出炉的北京烤鸭味道鲜美，但放凉之后吃的话口感欠佳，所以如果买回家的北京烤鸭不能够及时食用，或是那些吃剩的烤鸭需加温，可将锅烧热，先不放油和调料，然后把削成片状的烤鸭倒到热锅当中，再用铲子来回地翻动，待煸炒 1～2 分钟之后将其控出油，再装盘即可食用。

188. 煮老鸭时如何增加其鲜香的味道？

在煮老鸭的时候，加入几片腊肉和火腿，能有效地增加其鲜味。

189. 怎样可使老鸭变嫩且易烂？

● 利用猪胰。煮鸭时，可以先取一块猪胰，仔细切碎后放入锅中与老鸭同煮，这样不仅鸭肉容易烂，并且汤汁也十分鲜美。

● 利用螺蛳。在煮老鸭的时候，若放几粒螺蛳肉一起煮，那任何陈年老鸭都会被煮得酥烂。

● 利用醋。在凉水中加入少量醋后，再将老鸭一起放入，浸泡 2 小时左右，再用温火煮，这样老鸭就会很容易煮烂。

190. 怎样快速分离蛋清和蛋黄？

将蛋打在漏斗中，蛋黄流不下去，仍留于漏斗中，而蛋清则顺着漏斗流出。

191. 烹制鸡蛋时如何不破坏其鲜味？

鸡蛋在加温后，会产生谷氨酸钠。味精的主要成分就是这种物质，它有十分纯正的鲜味。若在炒鸡蛋时添加进味精，味精产生出来的鲜味会影响到鸡蛋自然的鲜味。因此吃起来口感不好，口味也不爽。而且，鲜味的重复实际上也是一种浪费。

192. 怎样蒸鸡蛋羹效果好？

用自来水打鸡蛋会使蒸出的鸡蛋羹水是水、汤是汤。若用凉开水打鸡蛋，蒸出的鸡蛋羹就非常好。

193. 怎样防蒸鸡蛋羹粘碗？

鸡蛋羹容易粘碗，所以洗碗的时候会比较麻烦。但如果在蒸鸡蛋羹之前就先把一些熟油抹在碗内，再将鸡蛋打碎后倒进碗里搅匀，然后加水和盐，这样蒸出的鸡蛋羹就不会粘碗了。

194. 在剥煮好的鸡蛋时，经常会碰到蛋清与蛋皮相粘连而不容易剥离的情况，有什么方法可令鸡蛋皮好剥？

这种情况在民间被俗称为"护皮"，解决这个问题的方法十分简单，只要将煮鸡蛋改为蒸鸡蛋便可。一般说来，待锅上气以后再蒸 5 分钟，鸡蛋就能熟了，而且即使在放凉后剥皮也不粘连。

195. 如何掌握煮鸡蛋时间？

若是鸡蛋煮得过了火，在蛋黄表面会呈现一层灰绿色，像这样的鸡蛋则难以被人体吸收。科学的煮蛋时间，是把鸡蛋在冷水下锅，至水沸后再煮 3 分钟适宜。

196. 煮嫩鸡蛋如何省火？

先将鸡蛋放入锅内，水要没过鸡蛋。煮开后立即把锅端下，但不可以打开锅盖，再焖 5 分钟便熟（也可以根据自己喜食的老嫩程度来掌握焖的时间，待捞出之后用凉水浸到不烫手的程度即可剥食。这样做既能省火又可以掌握鸡蛋的老嫩。

197. 怎样煮鸡蛋可令蛋壳易剥？

煮蛋时如果加入少量食盐，煮熟后就能够很容易剥掉蛋壳。

198. 怎样煮茶叶蛋味更好？

应该根据沏茶的温度在 80℃～90℃的泡茶要领，在做茶叶蛋时不要把茶叶、鸡蛋和调料放在一起煮，可以在蛋煮熟后把它敲碎，待水温略降后放进茶叶和调料进行浸泡。这样制作出的茶叶蛋的茶香更加浓郁。不过要注意：在第二天吃以前要加温，但不要煮沸。

199. 怎样炒蛋可令其细嫩柔滑？

打蛋时无需太用力，要慢慢用筷子搅拌，否则蛋汁易起泡从而失去原有的弹性。当蛋汁倒入锅内时，切忌急着搅动，如蛋汁煮开冒泡，拿筷子戳破气泡除去里面的空气，这样蛋不会变硬。此法炒蛋细嫩柔滑。

200. 如何防止鸡蛋炒老？

炒鸡蛋时，应1个蛋放1汤匙的温水搅匀，鸡蛋就不会炒老，且炒出来的蛋量多，十分松软可口。

201. 怎样可使炒鸡蛋膨松柔软？

在炒鸡蛋时放入少量砂糖，蛋制品容易变得膨松柔软。由于蛋白质里放入砂糖，蛋白质热变性的凝固温度就会上升，从而延缓了加热时间。另外，砂糖具有一定保水性，也可增加蛋的柔软性，从而更加鲜美可口。

202. 怎样煎蛋效果好？

煎蛋时，可先将油烧热，然后在油中放入少许面粉，这样可使蛋煎得既黄又亮，油也不会往外溅。

203. 如何摊蛋皮味更好？

热锅后，小火，放少量油。加入少许盐及味精在蛋汁中，下锅后迅速把锅端起来旋转，让蛋汁均匀贴在锅边。待蛋皮表面基本凝固后，拿一根筷子从蛋皮的一侧卷入并提起，先翻一半，然后再慢慢翻边。冷却后将其切成蛋片或蛋丝，此法制作的蛋皮鲜亮美味。

204. 怎样做鸡蛋汤美味又可口？

调匀鸡蛋两个，用猪油炒，等蛋液快凝结时，适量加入白开水并以旺火烧煮，使其呈乳白色，然后放入盛有调料的汤碗内，即成可口美味的蛋汤。炒鸡蛋时，若炒成圆饼状，然后加水烧煮，味美形状也美。

205. 怎样做出又薄又好吃的蛋花汤？

把蛋汁倒在漏勺中，让蛋汁经洞均匀入汤，形成一薄层凝固悬浮，此法做出的蛋花汤鲜嫩可口。不大新鲜的蛋，下锅后易散乱，若在汤里滴上几滴醋，蛋汁下锅后也可形成漂亮的蛋花。

206. 怎样使分离出的蛋清变稠？

往分离好的蛋清中滴入几滴柠檬汁，能使其复稠。

207. 如何腌制咸蛋可使其既不太咸，又非常香？

腌咸鸡蛋的时候可有意将其腌咸点，待吃的时候用凉开水将它泡上一天左右，将盐水冲淡。这种鸡蛋既不会太咸，蛋黄也可以腌出油来。

208. 用什么存放腌鸡蛋更节省空间？

若没有腌鸡蛋的瓦罐和缸，可将大可乐瓶的上半部剪去，用它来做腌鸡蛋的器皿，将洗净后的鲜鸡蛋放入瓶中。拿两三个可乐瓶倒换着用，每半个月就上下倒腾一下，约两个月就可吃到咸鸡蛋了，而且咸淡合适。

209. 怎样蒸牛奶不溢不粘？

蒸牛奶时，可将牛奶倒至碗里或其他容器内，然后放在笼屉内蒸，等蒸汽冒出后再蒸10分钟就可以了。此法蒸出牛奶不溢不粘，蒸牛奶的同时还可以放心做别的工作。

210. 烧煮牛奶时怎样可保证既消了毒，又不破坏其营养价值?

在烧煮牛奶的时候，一定要用旺火，但是一旦煮沸后，要马上把火熄灭，稍过片刻再煮，再沸腾再熄火，如此反复3～4遍，即可两全其美。

211. 煮奶如何防煳锅?

煮牛奶时，往锅里倒牛奶的时候要注意慢慢地倒入，不要沾到锅的边沿；另外，煮的时候先用小火，待锅热后再改用旺火，牛奶沸腾（即起气泡）的时候再搅动，然后改用小火；此时锅的边沿虽然已经沾满奶汁，但也不会煳锅，且刷锅时较容易。

212. 煮奶时如何防止其溢出?

在煮牛奶的时候，滴几滴清水在锅盖上，当这些清水快要蒸干的时候，将锅盖揭开，奶就不会再溢出来了。

213. 冲调奶粉时如何防止其结块?

白糖的可溶性会促使奶粉溶解，与奶粉一起拌匀，直接用开水冲，不会结块。

❀ 四、烹调主食 ❀

1. 如何使蒸米饭易于存放？

通常熟米饭不宜久放，但若在蒸米饭时，以每 1.5 千克米加入 2～3 毫升醋的比例加入食醋，米饭就易于存放，而且这样蒸出的米饭不但无醋味，香味还更浓郁。

2. 米饭夹生怎么办？

若蒸出的米饭夹生，可用锅铲将米饭铲散，放入 2 汤匙黄酒或米酒，然后以文火再稍蒸一会儿即可消除夹生。

3. 如何避免煮饭时粘锅？

煮米饭前在水中先滴几滴食油，这样煮出的饭不仅香味浓重，饭粒松散，还不会粘住锅底。

4. 有什么办法能使陈米煮出新米的味道？

将陈米淘净后浸泡约 2～3 小时后滴入几滴香油一起煮，这样煮出来米饭的味道与新米几乎一样。

5. 怎样才令粳米煮出来更好吃？

在用米煮饭的时候，加入用肥猪肉炼成的猪油 1 汤匙，然后再用热水煮熟，这样不仅米粒膨大，而且富有弹性，清爽可口。

6. 如何提升米饭的含钙量？

把鸡蛋壳用清水洗净后放入锅中，用微火烤酥并研成粉末，然后再掺入已淘好的米中

煮饭。这样就能把米饭中的含钙量大大增加，缺钙患者和儿童可以食用。

7. 怎样做八宝饭既简便又好吃？

将小枣 50 克洗净、去核、拍扁后切成小丁 2 份。把桃脯 25 克、瓜条 25 克、桂圆肉 15 克和青梅 25 克切成小丁。将每个用开水泡过的莲子分为两半。糯米 150 克蒸熟后加入糖 150 克拌匀。在大碗内抹上一层冷猪油后放入葡萄干、樱桃及蜜饯，每种围成一圈后加糯米饭。碗中间放入豆沙馅后再用糯米饭盖平。蒸 15 分钟后扣入盘中，然后再用白糖 100 克、凉水 150 克和淀粉 35 克熬成粉汁后加上桂花、金糕浇在上面，即成八宝饭。

8. 怎样可使做出的米饭清香爽口？

将大米洗净，加好水后，往焖饭锅内放入适量的花茶或是绿茶（茶叶的多少根据个人的口味而定）。焖好后即可食用，味道清香爽口。

9. 熬黄豆粥时如何使黄豆易熟？

豆子在煮前一定不能先用水泡，否则就很难煮烂；放米之前，要待豆子开锅后放几次凉水，之后再将米放入锅中。

10. 每次用红豆煮粥时，总要煮很长时间，米都煮烂了，红豆还不熟，怎么办？

取一带盖的搪瓷罐或带盖的微波炉专用

食物罐，放入半罐多的红豆（挑完洗净后拿水泡发1天），放少许水后置于高压锅里蒸12～15分钟，取出后晾凉，放入冰箱里备用。要煮粥时，放入米和红豆，豆与米可一起烂熟。

11. 如何可使煮出的绿豆粥又烂又香？

将绿豆洗净，放入铁锅里用文火炒，直到绿豆呈黄色为止，然后趁热拿自来水冲一下，就可倒进高压锅里跟米一起煮，煮饭时间按正常的即可。做出的绿豆粥（饭）又烂又香。

12. 月饼放硬了，扔了怪可惜，怎么办？

将月饼切碎后放在锅里煮，可将其熬成高级的"八宝粥"，也很好喝。

13. 怎样熬菜粥可保持青菜的营养？

熬菜粥应该在米粥彻底熟后，放盐、鸡精、味精等调味品，最后再将生青菜放入，这样可使青菜的颜色嫩绿清香，而且营养也不会流失。

14. 蒸馒头时如何提味？

蒸馒头之前，可在发面内放进少量啤酒，这样蒸出的馒头味道好。另外，若在发面内再掺进一些用开水烫过的玉米面，那么吃起来就会有糕点风味。

15. 如何使蒸出的窝头松软又美味？

● 若蒸窝头时加进些豆面会更好吃。但如果手头没有现成的豆面，可在蒸窝头时在每斤玉米面里放半块豆腐，捏碎后和匀，也可以达到放入豆面的效果，且蒸出的窝头更加松软好吃。

● 用鲜豆浆蒸窝头。鲜豆浆除了可以用来当早点外，还可用来蒸窝头，这样蒸出的窝头既松软又香。

16. 怎样做出好吃又松软的桂花窝头？

将350克粗玉米面及150克豆面（也可不放豆面）放到盆内，一边用开水烫面，一边

用筷子搅为疙瘩状，再盖好锅盖焖半小时。然后放50克红糖、50克麻酱（据个人口味增减）以及25克咸桂花，待搅匀后再做成小窝头，然后上锅蒸半个小时即可。

17. 用什么简便的方法可使榆钱窝头做出来独具风味？

榆钱有安神的疗效。做榆钱窝头时的配比如下：放入70%的玉米面，20%的黄豆面及10%的小米面，调合成三合面。榆钱去梗后洗净，加进少许花椒粉、精盐和小苏打，拿冷水来和面，做成的窝头吃起来别具风味。

18. 怎样做菊花馅饼既营养又美味？

菊花清凉下火，味道芬芳。用菊花做馅饼，有独特的味道。采初开、适量的菊花瓣，清水洗净，切碎，和适量的猪肉末、荠菜、冬笋、食盐、葱、姜、酒、味精等作料一起搅拌均匀和成馅，将馅用和好的软面包做成饼状，烘熟，不仅美味而且具有保健功效。

19. 如何使烙出的馅饼柔软？

一般方法烙出的馅饼皮硬很难咬，但是在馅饼将熟前刷上些油水混合液在饼的两边，稍过一会儿再出锅的话，烙出的馅饼变得既柔软又油汪汪的。

20. 怎样热剩烙饼可使其如同刚出锅一样？

首先火不要太旺，在炒勺里先放半调羹油，油并不需烧热，将饼放入勺内，在饼的周围浇上约25毫升开水，然后马上盖上锅盖，一听到锅内没有油煎水声时即可将烙饼取出。用这种方法烙出的烙饼如同刚烙完的一样，里面松软，外面焦脆。

21. 用什么方法贴饼子可令其松软香甜？

用玉米面兑入两三成黄豆粉，再用温水和匀，然后加上少许发酵粉再搅匀。一小时后，把高压锅烧热，在锅底涂油，然后将饼子平放

在锅底并用手将其按平，再将锅盖盖上，并加上阀，两三分钟后将锅盖打开，从饼子空隙处慢慢地倒些开水，加水到饼子的一半即可盖上盖，加上阀。几分钟后，当听不到响声后即可取下阀；再改用小火；水汽放完后即可铲出。这样贴的饼子松软香甜，脆而不硬。

22. 如何做春饼不但效率高而且质地软？

先用500克富强粉，加入一个鸡蛋清，再用温水将面和好，尽量要和得软些。将蒸锅放到火上（要多放些水），把水烧滚。在蒸屉上抹一些油，将已码好的薄饼放在上面，放上一张后，颜色一变再放一张，反复如此可放六七张，然后再将锅盖盖好，10分钟后，薄饼即可全熟。

23. 怎样摊芹菜叶饼最简便？

用清水将鲜嫩的芹菜叶洗净后剁碎，加入少许五香粉、盐，打入两个鸡蛋，再放入约25克面粉，搅拌均匀后按普通炒菜的方法将油烧热，将拌好的芹菜叶糊放入锅中，调成小火，用炒菜铲将其摊成1厘米左右厚的圆饼，两三分钟将饼翻过来，将锅盖盖上，大约两分钟后即可出锅。

24. 用什么方法可做出外焦里嫩的白薯饼？

将白薯洗净、煮熟后去皮放入盆中，用手抓碎。一边抓碎一边加入面粉并揉匀，揉好后拼成饼状。将饼放入已加热的锅中并放油，烙熟后就是薯饼，并且外焦里嫩，香甜松软。

25. 怎样做出好吃的土豆烙饼？

将500克土豆去皮洗净并切片后用旺火蒸20分钟后取出，晾凉再压成泥。锅烧热后加入香油和植物油，将肉末300克炒香并加入葱末、姜末、精盐、味精少许，晾凉后掺入土豆泥中，再加入面粉250克，揉成土豆面团，拼成小饼。平锅烧热后淋上适当豆油，将小饼放入锅中，外焦里松软的咸香小饼就能烙成。

26. 怎样才能做出好吃的西葫芦饼？

把西葫芦洗净擦成丝后再用刀切碎，然后加入五香粉、盐、姜末、葱花、面粉、水适量，拿筷子搅拌成糊状待用。将饼锅烧热后放入油，用勺将面糊放入饼铛并做成小饼状，煎至两面发黄，外焦里嫩的西葫芦饼就制成了。

27. 想烙馅饼又嫌费事，怎么办？

从超市买些速冻包子，在饼锅中放少量油，再放入速冻包子，点火后一边解冻一边将包子压扁，并两面翻烙。色焦黄、薄皮大馅的美味馅饼即能制成，省时省事又相当好吃。

❧ 五、菜肴烹饪 ❧

1. 怎样才能做出松软柔嫩的土豆丸子？

挑选淀粉含量高的土豆，把土豆煮熟，在尚未冷却时把土豆剥皮碾烂，趁热加些奶油或牛奶在土豆泥里。再加入面粉、生鸡蛋、胡椒粉等调味品于土豆泥中一同搅拌，做成丸子入油锅炸。为防止外焦内生，油温不宜太高，土豆炸至焦黄，松软柔嫩的土豆丸子即成。

2. 怎样使凉拌土豆泥清爽易消化？

土豆煮烂或者蒸熟后再去皮，放在盘子里捣烂成泥后加入香油、盐、胡椒粉、味精少许，再加入切碎的香菜、小葱拌均匀，这样做成的土豆泥清爽、易消化。

3. 怎样炒藕片可使其白嫩清脆又爽口？

嫩藕切薄片入锅爆炒，翻炒几下，加适量食盐、味精后立即出锅，可使炒出的藕片洁白如雪，清脆爽口。炒藕片时边炒边加少许清水，这样不仅不会越炒越黏，而且炒出来的藕片白嫩清脆。

4. 怎样炸鲜蘑菇可达到外焦里嫩的效果？

取 250 克鲜蘑菇，顺着纤维撕成 1.5 厘米长的长条并洗净。用双手将水挤干后洒上盐。再将 100 克面粉、1 个鸡蛋，五香粉、味精、盐少许一起加清水调成糊状。然后将撕好的鲜蘑菇每根都粘上面糊后再下锅炸成金黄色，这样外焦里嫩，别有风味。

5. 怎样做白菜蒸肉省时又省力？

将白菜帮和叶顺着切成条，将其码放在比较深的容器中。取肥瘦肉 250 克切成 1 厘米左右的小块，与姜丝、葱丝、盐、料酒少许搅拌均匀摊放在白菜上，放入锅内蒸 20 分钟左右即可食用。

6. 怎样做凉拌芹菜香甜又清脆？

芹菜洗净去筋，切成 3 厘米长的段，配适量的胡萝卜丝入水煮至八分熟后，放入熟粉丝并加适量的精盐、味精、香油和醋，调拌均匀。色泽清爽，食之香甜清脆。

7. 怎样利用芹菜做出好吃的油炸素虾？

洗净芹菜根须，根粗的可切成两三份，把生粉、虾粉、蛋清、食盐、味精、料酒、胡椒调成糊，把芹菜根"拖糊"放入烧至五分热的油中炸，待呈黄色时捞出装盘，此"虾"外焦里嫩，味道鲜美。

8. 如何腌制出好吃的芹菜？

芹菜去叶洗净，沥水后切成 1.5 厘米长，胡萝卜洗净切成 1 厘米长，和熟黄豆（或花生米）以 2：1：1 的比例在盆内搅拌均匀，放入罐中腌制半个月即可。

9. 怎样利用芹菜叶做出美味的菜肴？

● 将新鲜芹菜嫩叶洗净后先放锅内用

开水煮 3～4 分钟，捞出放入冷水中浸泡 1 小时，再捞出稍加挤水、切碎。把鸡蛋摊成薄皮切成条状后放入芹菜叶中并加入葱、盐、姜、香油、味精等调料，拌匀后即可食用。

● 将较嫩的芹菜叶晾干后再用凉水泡开，洗净剁碎后和猪肉一起搅拌均匀做成包子馅。但芹菜叶不要太多，否则会全是芹菜的香味。

● 炒芹菜时，将芹菜叶洗净切碎。在鸡蛋中加少许面粉后用水调成稀糊并拌入菜叶，同时放入少许食盐和味精。搅匀后用汤匙将其倒入油锅中，等炸成黄色后即可捞出，这样吃起来脆、松、清香爽口。

10. 怎样吃苦瓜不破坏其营养？

鲜嫩的苦瓜洗净后剖开、去籽再切成长条，蘸着肉末甜面酱吃，既清脆爽口，又避免了流失维生素，在炎热夏季还有去火消炎作用。

11. 如何用冬瓜皮做出美味的菜肴？

将冬瓜上的白霜和绒毛洗掉后削下冬瓜皮将其切成细丝，加入姜丝、葱花和小辣椒一起烧炒，起锅前再加点醋、盐、香油和味精。这样吃起来酸辣脆香，味道很好。

12. 怎样做佛手瓜省事又好吃？

将佛手瓜洗净、切成薄片后放入腌糖蒜的容器中，两天后就能食用。这样制成的佛手瓜清脆爽口、甜度适中，味道极好。

13. 炒嫩豆芽时怎样去掉其涩味？

脆嫩的豆芽往往带点涩味，因为炒豆芽时速度快，常常只有半熟就出锅了。若在炒豆芽时放一点醋，可使豆芽既无涩味又爽脆鲜嫩。

14. 怎样炒菜花可令其白嫩可口？

菜花在炒之前，先用清水洗净，焯一下

后与肉片等一起下锅。炒制过程中加少许牛奶，可使菜肴更加白嫩可口。

15. 怎样利用雪里蕻做扣肉？

先腌一些鲜嫩的雪里蕻（500 克菜 100 克盐），做成咸菜，再放到背阴处晾干，待用时放进水里浸泡 1 天（除去咸味），即可切段用来做扣肉菜底儿。

16. 如何巧做香椿泥？

将香椿芽加盐、捣烂后加入香油和辣椒，这样做成的香椿泥味道鲜美，香辣可口。

17. 怎样做出风味独特的香椿蒜汁？

将大蒜和香椿一起捣碎直至稀糊状，加入凉开水、油、盐、酱和醋做成香椿蒜汁，拌面条吃，风味独特。

18. 怎样做香椿可令其四季都不坏，且吃起来味道也好？

将新鲜香椿洗净、控干水后撒细盐少许，将其搓揉至茎叶柔软、呈暗绿色。然后放在密封的容器内，1 周后即可制成，一年四季都能食用。

19. 如何利用茄子柄做出美味的菜肴？

将茄子柄及其连带部分晒干后用作各种荤菜的配料，也可单独用红烧、炖等方法烹制成菜肴，这样做出的茄子柄味如干笋，十分鲜美可口。

20. 剩下的拌凉粉如何处理可恢复其原有的口感？

拌凉粉一般都有大蒜，所以第二顿吃时不仅凉粉变硬、没有原来筋道柔软，而且还有怪味。这时，只要加入葱、姜丝再入锅炒一下，口感、味道又会重新变得很好。

21. 怎样处理豆（腐）渣可消除其豆腥味？

用双层屉蒸米饭时，上面放米饭下面放豆渣一起蒸。米饭熟后端去上屉，把下屉的豆渣再蒸 10 分钟左右，然后端下来放在室温下。加葱、油、姜、盐用小火炒到有香味。这样做出的豆渣完全没有豆腥味。豆渣冷却后也可放入冰箱，随吃随炒。

22. 怎样使豆腐具有茶叶的清香味？

将泡过茶水的茶叶（绿茶最好）控干水、剁碎，放上味精、精盐、香油、葱末或蒜末一起搅拌，再放入豆腐一起拌。这样不仅清热降压，而且鲜美适口，别具风味。

23. 如何巧制素火腿肠？

将洗好的胡萝卜和芋头上锅蒸熟后剥去芋头外皮并捣成泥，将胡萝卜的表皮剥掉并切成丝，放在一起。加味精、盐、姜末、香菜叶、香油、少许胡椒面、蛋清，搅拌均匀后摊在准备好的豆皮上，摊成条形并卷紧。在豆皮的外层抹上糊，能防止开裂。上锅蒸 10 分钟，等凉后装入塑料袋再放入冰箱。吃的时候放油里用温火炸透，外焦里嫩且呈浅黄色，切成片来吃清淡爽口。

24. 怎样烹制清蒸鱼可保持其鲜嫩？

烹制前将鱼放入沸水中烫一下再蒸，这样不仅可以去除腥味，更重要的是鱼身经沸水烫过后，表面的蛋白质迅速凝固，使蒸制过程中，水分不易从鱼体内渗出，从而保持鱼的鲜嫩度。

25. 想自己做酸菜鱼，可没买到现成的调料包，怎么办？

500 克鲜活鲤鱼两条，除鳞、净膛，用清水洗净后将水控干，切上花刀（或者切段），拍上面粉待用。

锅热时倒入 50 克色拉油，待热到六成熟时再放鱼煎成两面微黄后放到盘内。将两瓣大料、八粒花椒放入锅内用剩油略炸后再放姜片、葱段、蒜片直至炒出香味后放鱼。

鱼热后放少量料酒盖锅焖一下，再放切成段的红辣椒和半包四川泡菜，最后将溶有糖的半碗水倒入锅内并没过鱼。先用大火烧开后再用温火炖，中间将鱼身翻 1 次。鱼汤出现牛奶状时可以盛出，撒上香菜就可食用了。

26. 怎样烹鲫鱼更好吃？

把葱放进锅里，放上鲫鱼后再盖层葱，然后放入水、酱油、醋、酒、糖等，水加至淹没鲫鱼为宜，以旺火烧煮。约 2 分钟后打开盖，浇上生油后再把盖盖上，约 15 分钟，待汤汁浓稠时盛起，这样做不但鱼肉鲜嫩，而且鱼骨酥透。

27. 怎样做出好吃的带鱼？

将新鲜的带鱼洗净，去头去鳍，在两面划上平行的条纹，截成 7 厘米左右的段。放入少量酱油及姜汁腌制后，入锅，以八成热的油炸至表面变脆后捞出。留油少许，加葱白段、干辣椒和生姜片煸炒，继续放入油与豆瓣酱煸炒。放入带鱼，加绍兴酒、酱油、味精和白糖一起烧煮后捞出，把汤汁勾芡淋上即可。

28. 怎样腌大马哈鱼可保持其风味？

将大马哈鱼去鳞、洗净，开膛取出内脏后撒适量的盐，再用塑料薄膜裹好，1 天后取出晾干即可。食用时，先将鱼切成大约两指宽的鱼段，放在盘中，放上葱花、姜末，在锅内蒸 20 分钟即可出锅食用。

29. 如何巧做炒鱼片？

将质地新鲜的青鱼、黄鱼或鲤鱼等，切成鱼片，再加入适量的蛋清、盐和生粉一起拌匀上浆。当油烧至四成热时一起下锅，待鱼片色泽泛白时马上捞起，同时留少许油，将调料煸炒，用淀粉水勾芡后，倒入鱼片轻轻地翻炒几下便可装盘。

30. 鱼鳞能吃吗？怎样将其做成美味佳肴？

能吃。将鱼鳞刮下并洗净放锅里再倒入一碗水，一起煮开约15分钟，鱼鳞成卷形。将煮鱼鳞的水倒进碗里，水凉后就成凉粉状的鱼鳞粉。同拌凉粉一样，用香油、蒜泥、盐、醋调拌即可食用，爽口好吃。

31. 怎样利用鱼干做丸子？

将鱼干裹上含咖喱粉的炸衣（务必包裹均匀），再用慢火反复煎炸，炸至金黄色时捞出，凉一会儿，即做成味美香脆的鱼干丸子。

32. 怎样吃生鱼片味道更好？

食用生鱼片时，可和一些菜一起食用（除了一些作料外），如萝卜丝和紫菜。用紫菜包生鱼片食用，味道会更美。不过应该先把紫菜过一下冷水，然后摊在盘子上，待紫菜稍微变软再用来包生鱼片，这样不仅可包得严，口感也更好。

33. 怎样烹制"醉蟹"？

用绍兴酒、花椒、生姜、食盐、橘子等为作料与蟹一起烹制，密封1周后，即可食用。若温度高，可缩短至3天。食用前先将蟹切开，去除蟹脐（俗称蟹裹衣）及其他秽物，略洗原卤，切小块食用，味道鲜美。

34. 如何巧做"面拖蟹"？

将洗净的蟹一分为二，抹上溶糊的面粉，入油锅中微炸。此法为传统民间家常小菜，既好吃又方便。

35. 炒牛肉时怎样保持其营养价值和鲜嫩度？

● 宜用啤酒：在炒制牛肉之前，应先用啤酒来调稀面粉，然后将其浇在牛肉片上面，拌匀之后腌30分钟，采用此法可以使牛肉鲜嫩快熟。因为啤酒中的酶能够分解牛肉中的一些蛋白质，从而增加牛肉本身的鲜嫩程度。

● 不宜用碱：很多人喜欢在炒牛肉时加碱，这样虽然使牛肉易熟，但牛肉当中的氨基酸会和碱发生反应，蛋白质会沉淀变性，使得牛肉中所含的营养素遭受到很大的破坏。除此之外，脂肪也会发生水解，从而降低了利用率。而且维生素B1、B2以及尼克酸，还有磷、钙等矿物质，也都会因为碱性作用而影响人体对它们的吸收和利用。

36. 炖牛肉时有哪些技巧？

● 切洗：在炖牛肉的时候，应先用凉水将切好的牛肉浸泡1个小时，这样可以让肉变得松软。浸泡后，把牛肉放进烧开的水里，然后撇掉浮在汤面的血沫子，再加入一点水，就可以彻底将锅底的血沫子带上来。用这种方法煮出的肉汤格外鲜美。

● 用水：在烹制牛肉的时候，要用热水，而不能加冷水。因为热水可使牛肉表面的蛋白质迅速地凝固，从而防止肉内所含的氨基酸外溢，保持住牛肉的鲜美。注意：要一次加足水，若发现水少，应该加开水。

● 放盐：放盐和酱油的时间要掌握好，应该等肉炖至九成熟时再放入。因为盐会促进蛋白质的凝固，若盐放早了，那么牛肉自然不容易烂，而且这样会使汤中的蛋白质沉淀，影响到汤汁的味道。

● 放茶叶：准备好一个布袋，在袋里装进少量的茶叶（用一些价格比较便宜的花茶就可以），然后扎紧布袋口，再放入锅里与牛肉一起炖。利用这种方法不仅可以使牛肉熟得快，而且可使它带有一种特殊的清香。

● 放酒或醋：炖牛肉的时候加进些酒或醋（比例：1公斤牛肉加入2~3汤匙的酒或是1~2汤匙的醋），这样也可使肉变软变烂。

● 放山楂或萝卜：在肉锅中放几片萝卜或几个山楂，既可以使牛肉熟得快，也可以去除异味。

37. 怎样爆羊肉片可无腥膻味？

羊肉入热油炒至半熟，加适量米醋炒干，然后加葱、姜、料酒、酱油、白糖、茴香等调料，起锅时再加青蒜或是蒜泥，腥味大减，味美香醇。锅内打上底油，以姜、蒜末炝锅，加羊肉煸至半熟，再放入大葱，接着加酱油、醋、料酒煸炒，起锅后淋上香油，味美，无腥膻。

38. 如何炒出鲜嫩又好吃的猪肉片？

肉片要切得很薄，而且要横纹切，切好后放在漏勺里，在开水中晃动几下，待肉刚变色时起水，然后沥去水分下炒锅，3～4分钟即可熟，这样炒出的肉片鲜嫩可口。

39. 肥猪肉很多人都不爱吃，如何才能令其香而不腻呢？

经以下方法烹制，其味道会大不相同。将肥肉切成薄片，放入调料后，在锅里炖，等肥猪肉八九成熟时倒入事先调好的糊状腐乳（按每500克猪肉加1块腐乳的比例），再炖3～5分钟起锅，此法除油腻，增美味。烹制较肥的肉时，炝锅时可放入少许啤酒，这样不仅利于脂肪溶解，还能产生脂化反应，此法使菜肴香而不腻。

40. 怎样做出风味独特的红烧肉？

在做红烧肉时放姜、葱、大料、酱油，再加1/3大桶的可乐后用微火炖熟。如果口重的在出锅前可加盐少量。用这样的方法来炖鸡、牛羊肉、鸡翅，味道同样鲜美。

41. 怎样做成美味的糖醋排骨？

烹制前把排骨腌渍透，需约3～4个小时，用清油过油（排骨炸后不会色泽灰暗）。锅里留底油，加蒜末爆香，加入适量清水、精盐、白糖、醋和少量水淀粉熬成糖汁，然后把排骨入锅翻炒。待锅中汤将尽时，改成小火，不断翻锅，此时糖汁已经变成浆状，稍不小心排骨就会烧煳。随着不断翻动糖汁会越来越稠，至锅底没有糖汁时即可。

42. 怎样做猪排不油腻又好吃？

将猪排骨洗净、切好后用压力锅煮15分钟。在煮的时候，可同时做蒜汁，即将2～3瓣大蒜捣成蒜泥后放在碗里，再加上一些白糖、两匙酱油和适量味精及香油，再用匙子搅拌一下。将排骨蘸上蒜汁吃，不油腻，口感好，别有风味。

43. 如何做出好吃的炸猪排？

将沾有面包粉的猪排放入油锅中炸一两分钟，在翻边后继续炸半分钟，即可盛盘。然后将猪排立在网架上1分钟，可用这一期间的余热，让猪排全熟。

将炒锅烧热后放油，在烧至九成热时，加入姜末、葱花、酱油、白糖、清水、黄酒及味精少许，待搅拌后再烧至七成热，然后分批把排骨块下锅，每批约7分钟，待排骨断生后捞出沥油，等油锅的油温回升至七成热时，将排骨下锅再余一次，待排骨由淡红变成深红色时，再捞出沥油，然后浇上适当的卤汁即成。

44. 怎样做出营养丰富又美味的猪肝汤？

用猪肝来制作汤菜，可以不用上浆，但是烹制时，要先将汤烧开，然后放进猪肝片。等到汤滚后撇去浮沫，即可将猪肝捞出。烹制出来的肝片黄且嫩，汤汁鲜而清。

45. 烹制猪肚时有哪些技巧可令其更好吃？

● 烹调猪肚时，先将猪肚烧熟，切成长块或长条。然后把切好的猪肚放到碗里面，加进一点汤水，再放在锅内，蒸煮1小时之后，猪肚会胀1倍，而且又脆又好吃。但要注意：千万不能放盐，因为一旦放入盐，猪肚就会收缩变硬。

● 先去掉生猪肚的肚皮，再取出里层的肚仁，然后剐上花刀，放入油中一爆即起。最后加进调料即可成菜。

● 在烫洗猪肚的时候，如果采用盐水来擦洗，则可以使炸出的猪肚格外脆嫩。

46. 怎样做出具有啤酒风味的丸子？

在搅肉馅时用水量是平时的一半，其余的用啤酒补足；搅匀后挤出丸子到已熟的白菜汤锅内，等丸子熟后再放入味精、香菜、胡椒粉即可食用。

47. 剩米饭热了吃就没什么味道了，还有更好的办法处理剩米饭吗？

将葱、肉剁碎和面粉、剩米饭、调料一起拌匀后炸成丸子，500 克肉馅里加入 1 小碗剩米饭，吃起来不但香酥可口而且不腻，比用纯肉炸出的丸子还好吃。

48. 家里存的柿子都变软了，一时吃不完，怎样巧妙地处理它们？

将软柿子去掉蒂和皮后放进盆里再加适量面粉，用筷子将其搅成软面团状。再用小勺边做丸子边将其放进热油锅里，直至金黄色后再捞出就能食用。

49. 怎样炖出鲜美的骨头汤？

把脊骨剁成段，放入清水浸泡半小时，洗掉血水，沥去水分，把骨头放进开水锅中烧开。将血沫除去，捞出骨头用清水洗干净，放入锅内，一次性加足冷水，加入适量葱、姜、蒜、料酒等调料，用旺火烧开，10 ~ 15 分钟后再除去污沫，然后改用小火煮 30 分钟 ~1 小时。炖烂后，除去葱姜和浮油，加入适量盐和少许味精，盛入器皿内，撒上葱花、蒜花或蒜泥食用。其肉质软嫩，汤色醇白，味道鲜美。

50. 怎样炸肉酱好吃又省事？

先在黄酱中加点甜面酱调匀备用，用葱姜末炝锅后放入肉末煸炒，至肉末变色放入事

先调好的黄酱，待酱起泡时改用小火，此时放入盐、糖、料酒，加入适量开水稍烹炒一下，起锅前淋上香油，拌匀即可食用。

51. 怎样烹调兔肉滑嫩可口？

烹调前将兔肉用凉水洗净，浸泡约 10 小时，去除淤血，直至水清。将兔子尾部的生殖器官、各种腺体、及排泄器官用刀割净，避免有骚臭气味，还要将整条脊骨用刀起出，然后制作。可以剁成块状炖煮。因为兔肉瘦肉多，而肥肉少，烹制时应多加些油，宜用猪油或和猪肉炖制。还可以切成丝炒。炒兔肉丝时，先用鸡蛋清拌后再炒，炒出的肉丝滑嫩可口。

52. 怎样烹狗肉好吃又无膻味？

把狗肉切成方块，加凉水煮成半熟，以筷子能戳进去为宜。把肉切成薄片，另加清水浸泡 1 个小时，即可去除膻味。烹制时，放适量的水在锅中，加入葱、姜、蒜等作料，用微火煮透即可。在煮时放入萝卜，除膻效果更好。

53. 怎样做出风味独特、口感嫩滑的蒸鸡？

将每 500 克鸡肉倒入 100 ~ 150 克啤酒中，腌渍 10 分钟后捞出，以平常方法调味，然后上锅蒸熟。此法蒸鸡，肉味鲜美，口感嫩滑。

54. 怎样做出好吃又酥脆的炸鸡块？

先调好炸粉，炸粉的调法：2 杯太白粉、1 杯面粉、2 小匙盐、2 小匙白胡椒粉、1/2 小匙泡打粉放在一起调匀。将鸡肉先裹一层炸粉后再裹一层蛋液，然后再裹一层炸粉入锅炸。还可以将鸡肉裹一层炸粉后置入冰箱冷藏，3 小时后取出，入锅炸之前再裹上蛋液，随后再裹上一层炸粉，这样炸出来的炸鸡酥脆无比。

55. 如何利用榆钱做出美味又营养的菜肴？

将 200 克鲜嫩榆钱洗净、控干后待用。将 3 ~ 4 个鸡蛋打入碗内后加适量胡椒粉、精

盐和水调匀。将 50 克葱头切成碎丁后用大油炒出味来，再倒入榆钱，将其煸炒均匀。随后倒入蛋液并用微火煎之，等两面煎成黄色后就能出锅。出锅后再将其切成小方块，趁热食用。这样不仅软嫩可口，味美香浓，而且营养丰富，并有保健作用。

56. 如何摊出具有茄香味的鸡蛋?

将较嫩的茄子去皮、切成筷子头大小的茄丁后炒熟并盛于碗中，等凉后再打入鸡蛋并加盐拌匀，这样摊出茄丁鸡蛋的味道十分特殊。

57. 怎样做出好吃的土豆摊鸡蛋?

将中等大小的土豆去皮、切成细丝后用水清洗。把土豆丝放在大碗里后打进两三个鸡蛋并用筷子将鸡蛋和土豆丝打匀。将搅好的蛋糊摊在烧热的平锅中，等两面煎黄、土豆丝熟透就可出锅装盘，再撒上少许精盐、味精、胡椒粉。喜欢葱味的，还可以放葱花少许在蛋糊中一起摊。

58. 煎蛋时放入盐后往往难以均匀溶化，怎么办?

可用酱油代替盐。当鸡蛋成形时再倒入酱油，蛋熟后立即出锅，注意不要等凉后再吃。

59. 怎样做出鲜嫩可口的豆浆鸡蛋羹?

蒸豆浆鸡蛋羹时，将熟豆浆当水用，量比放水时要多 1 倍，甜咸可根据自己的口味放。做两次后能知道放豆浆的量。这种方法做出的豆浆鸡蛋羹十分鲜嫩可口。

❀ 六、食品自制 ❀

1. 怎样自制咖喱油？

取花生油 50 克烧热，放入姜末和洋葱末各 25 克，炒至深黄色，取蒜泥 12 克和咖喱粉 75 克，炒透后加入香叶 250 克，再加入少许干辣椒和胡椒粉便可。若要稠一些，可再加适量面粉。

2. 怎样做成美味的辣油？

先将油用旺火烧热，放入姜葱炸至焦黄后捞出。熄火，等油温降至 40℃ 左右后放入红尖辣椒末，用文火慢爆，等油呈红色时便可。

3. 如何做甜面酱色、香、味俱全且易于保存？

将 1000 克白面发面后像蒸馒头一样，上屉蒸熟。下锅后放入缸或锅里并用塑料布盖严，以保持温度。再放到阴暗、不透风的地方发酵，约 3 天左右便长出白毛。刷去部分白毛后掰碎放在两个干净的容器里。按每 1000 克白面配 300 克水、120 克盐的比例倒入容器里并用木棍搅拌溶解。放在日光下曝晒，每天搅拌三四次，约晒 20 多天就能制成甜面酱。酱晒成后，放入味精和白糖少量，上锅蒸 10 分钟。这样处理后的面酱，色、香、味俱佳，风味独特，可长期保存。

4. 如何自制蒜蓉辣酱？

将新鲜的红辣椒去蒂后洗净切碎，加入姜末、蒜末、味精、盐拌匀，放入绞磨机里磨成糊状，装入瓶里就可以随吃随取了。

5. 怎样做红辣椒酱好吃又省事？

把红辣椒和盛菜的容器洗净、晾干，再加适量细盐于切碎的红辣椒中，搅拌均匀后装入瓶中压紧。放白酒（500 克辣椒约 3 毫升白酒）和盐少许，覆盖上保鲜膜，封口后放在阴凉处。10 ~ 15 天后红辣椒酱即可食用。

6. 如何自制美味的黄酱？

用温火烧花生油并倒入适量酱油和葱末，再放上淀粉一起搅拌，等炒到一定稠度且与炸酱颜色相似时，便能够出锅了。

7. 怎样自制芥末酱？

将芥末放入瓶中并加少量冷开水和适量盐调成稀糊状，拧紧盖后放在蒸锅顶层。等蒸食好后放入香油，香油要能完全覆盖住芥末酱，冷却后放入冰箱下层。这样就能随吃随取，一两月都不会变质。

8. 如何做出风味独特的韭菜花酱？

将 1500 克鲜韭菜花、500 克鲜姜、1000 克梨全都洗净后用打碎机打碎，并放入 200 克盐一起搅拌均匀，装入玻璃瓶中再封严口即可。

9. 色拉酱拌水果拼盘特别好吃，自己能做出这么好吃的色拉酱吗？应该怎么做？

取 1 只蛋黄、2 茶匙醋、1 茶匙辣椒粉、半汤匙盐、少许辣酱油放入碗内一起拌匀，再取约 200 克色拉油慢慢加入，边拌边加，反复搅拌。直至均匀后，即成色拉酱。

10. 醋卤怎样做更好吃？

备 500 克猪肉末，1 小块鲜姜，150 克香菜，4 根大葱，3 头蒜，2.5 克红辣椒。

将花生油烧热后放入已切碎的红辣椒并炸好，再放入姜末和猪肉末一起炒后倒入 1/3 瓶陈醋或熏醋及酱油，再放入 5 勺白糖、1 勺精盐、100 克料酒、适量味精及切成小段的大葱。开锅后，将菜及捣成泥的蒜和切成小段的香菜一起倒入罐子，随吃随取。

11. 如何速制腊八醋？

将 500 克醋倒入洁净的罐或坛子中，再将 100 克青蒜洗净切段后泡入坛中。封好罐口或坛口，3 天后就能食用。这样腊八醋味鲜色美，与泡蒜口味相似。

12. 如何制作出具有蔬菜风味的醋？

准备一些青椒、干萎的洋葱、芹菜等具有香味的蔬菜并将其切成小片，放入玻璃罐中，将适量的醋倒入其中，罐口严加密封，一周后开封即可食用。此种醋含有浓郁的蔬菜香味，风味绝佳，可用于蘸食油炸物，也可用来拌凉菜食用。

13. 腌制酸白菜有哪些技巧？

准备食盐 150 克、白菜 3000 克。挑选白菜时宜选高脚白菜（也叫箭杆白菜）。将白菜的老帮及黄叶去掉，用清水洗净，晾晒 2 天后收回。

把食盐逐层撒在晾晒好的白菜上，装入缸内，边装、边用木棒揉压，使菜汁渗出、白菜变软，等全部装完后，用石块压上腌渍。

在制作过程中不能让油污和生水进入，以免变质。

隔天继续揉压，使缸内的菜体更加紧实，几天后，当缸内水分超出菜体时，可停止揉压。压上石块，把盖盖好，放在空气流通的地方使其自然发酵。发酵初期，若盐水表面泛起一层白水泡，不要紧张，这是正常发酵状态，几天后便会消失。1 月左右即可食用。若白菜在缸内不动，则可保存 4 个月左右。一旦开缸，应在 1 周内食用完。

14. 怎样腌辣白菜更好吃？

准备白菜、姜、蒜、苹果、梨、辣椒面、盐、味精。将白菜外层去掉，用清水洗净，里外均匀的抹上盐，腌半天（注：辣白菜的制作从头到尾都不能沾一点油）；腌半天后，挤掉水分；把姜、蒜、苹果、梨剁成末，梨、苹果用 1/3 或者一半即可。

加入适量凉开水，把辣椒面、味精、盐调匀（辣椒面的量看自己喜欢辣味的多少，也要看辣椒面的新鲜程度），把姜、蒜、苹果、梨末倒入辣椒中搅拌；从最内层开始，把调好的辣椒糊从里到外均匀抹在白菜上，抹完后，放入一个带盖的容器中，（注意容器须洗净，一定不要有油，如果无盖的，可用保鲜膜封住），盖好盖，放进冰箱，3 ~ 5 天后便可食用。

15. 怎样腌制甜酱菜美味又省事？

把大白菜心装进布袋，浸三四个小时后放入腌缸，以每 10 千克白菜心加甜面酱 5 千克计算，每天翻动 1 次，坚持 20 天即可。

16. 蒜泥白菜怎么腌制更好吃？

将大白菜晾晒、脱水，把菜帮和绿叶去除，切去菜疙瘩，用刀一切两片，划细条后切小斜刀块，然后晒干。按每 20 千克鲜菜出菜坯 8 千克、每 3 千克菜坯配加蒜泥 0.6 千克及精盐 0.5 千克的比例拌匀装坛，密封坛口腌制。

17. 白菜墩如何腌制好吃又省事？

白菜若干、白糖、芥末、食醋。去掉白菜的根部和叶，取其中段切成约 2 厘米厚，各段挨着平放在盆中，再用开水泡 5 分钟。把水倒出后将菜墩于另一个盆中先放一层，再放上糖、醋、芥末，盆满后盖好，大约一周后即可食。

18. 酸菜是怎么做成的？怎么做更简单？

把白菜的老帮掰去，放入沸水中烫至七成熟，捞出来后用冷水冲洗，然后放入容器内，加入清水、少许明矾及一块面肥，然后用石头压住，把菜全部淹没在水中，1 周后便可食用。

19. 如何腌制红辣大头菜？

取咸大头菜 5000 克、酱油 500 克、盐 50 克、辣椒粉 100 克。用清水将咸大头菜洗好，然后切成不分散的薄片放入缸中，用酱油泡 2 ~ 3 天，取出。把大头菜片均匀撒上辣椒粉、细盐，放入容器内焖 5 天即成。

20. 梅干菜怎么做更易于保存？

将雪里蕻连卤一起放进锅里煮 10 多分钟后，捞起、晒至八九分干时再切碎。再继续晒，晒得越干越好。这样放贮罐内就能久藏不坏。

21. 怎样腌制出别有风味的雪里蕻？

将雪里蕻用清水洗干净，控干放在容器里。按单棵排列成层，每一层菜茎与叶要交错放。撒上盐和几十粒花椒，一次放足盐量，一般是每 5 千克菜用盐 500 克左右；上层多放下层少放，均匀揉搓，放在阴凉通风处并防止苍蝇等小虫飞入。隔 2 天后，翻一翻；待到第 5 天时，在菜上铺一个干净的塑料袋，压上石头。半个月后翻一翻，再把石头压在上面，待脆透后即可食用。凉拌或加入黄豆、肉末一起热炒都别有风味。

22. 怎么腌制韭菜新鲜又美味？

将韭菜洗净，控水，切成碎段后用盐拌匀。再放入切成碎末的鲜姜和切成小丁的鸭梨（500 克韭菜加 1 个梨）就行。腌好的韭菜鲜绿、汁不黏且易存放。用来拌豆腐、拌面条，味道都很好。

23. 韭菜花怎么腌制既简单又好吃？

先将 2.5 克明矾、10 克鲜姜、125 克盐捣成细末。再将 500 克韭菜花洗净并沥干，切碎后加入姜、盐等辅料及味精，搅拌均匀后加盖密封，每天最少搅动 2 次，7 天后腌韭菜花就制成了。

24. 芥菜头怎么腌味儿更美？

将 500 克芥菜头削去老根并洗净晾干后放入缸中，加 150 克水、125 克盐，每天最少搅动 1 次，1 个月后就能食用。

25. 怎么自制酸辣芥菜条？

把大红萝卜切成细丝待用。把三四个芥菜疙瘩用清水洗净后切成半寸左右的长条，用水煮熟后放在大搪瓷碗内，立即将萝卜条均匀地盖在热芥菜条上。等三四天后就可夹出数条来蘸肉末酱吃。

26. 榨菜是如何制成的？

将鲜榨菜头剥去根皮后洗净、切成半寸左右厚的大块，再拌上辣椒面、姜末、盐、五香粉等调料后放在盆中用重物压一两天。再除去部分绿水，然后放入坛中密封 12 天后再取出，榨菜就能食用了。

27. 如何利用芥菜、红萝卜做成美味带辣的咸菜？

将红萝卜、芥菜疙瘩按 1 : 2 的比例洗净后，把芥菜疙瘩切成 0.4 厘米左右的厚片，萝卜擦成丝。取 1 片维生素 C（约 100 毫克）放入水中化开，拌入萝卜丝中以减少亚硝酸盐的产生；把切好的芥菜疙瘩片分数次放入热面汤中焯一下，再捞到盆中。在上面撒一层萝卜丝，分几层铺完并盖好。3～5天后味美清香的辣菜就制好了。

28. 酱萝卜怎么腌味道好？

取新鲜白萝卜5000克、甜面酱800克、粗盐50克。

用清水将萝卜洗净、沥干，切成长条。放入缸内（缸必须干净、干燥），加粗盐均匀搅拌，用石头压实，腌制2～3天，将萝卜捞出，沥干盐水；

把缸内卤汁倒掉，将缸洗净、擦干，倒入沥净水的萝卜条，加甜面酱拌匀。盖好盖，酱制10天左右即可。

29. 如何腌制出酸甜可口的"心里美"？

将"心里美"萝卜洗净后切成小方块放于盆中，撒上精盐并反复揉搓直至均匀。等盐渗入萝卜后装入泡菜坛或大口瓶中，用凉白开水浸泡并要没过萝卜。放于阴凉通风处，3日后就可食用，清淡可口、酸甜酥脆。

30. 腌五香萝卜丝有什么技巧？

取胡萝卜、青萝卜、紫菜头、心里美萝卜、香菜梗各500克；小茴香、精盐、桂皮、陈皮、花椒、大料各50克；醋500克；白糖200克。

将香菜梗切成3厘米长的小段、各种萝卜切成细丝；把切好的萝卜丝用盐拌匀，装入缸（或坛）内腌渍2～3天。控干其水分，晒至六成干；在锅中加入醋、水1000克，将各种调料装入纱布袋内封好口，放入锅中，当熬出香味时，改用微火再熬10分钟左右。凉透后再加上白糖100克搅拌，直到白糖溶化为止；将萝卜丝装进坛内压紧，把配好的汁液浇在压紧的萝卜丝上，用厚纸糊上坛口，然后再用黏土封闭，放置温度在5℃左右的地方，10天后就可食用。

31. 腌酸辣萝卜干如何配料更好吃？

取白萝卜5000克、白醋500克、精盐200克、白糖150克、白酒25克、辣椒面50克、花椒面15克、八角2枚。将萝卜须削去，洗净，切成长5厘米、宽1厘米的方条，晾晒至八成干；将精盐、白醋、白糖、辣椒面、味精、八角和花椒面撒在萝卜条上揉匀，然后淋上白酒并放入坛内，用水密封坛口，两周后即可食用。

32. 制"牛筋"萝卜片有什么窍门？

选象牙白的萝卜，将顶根去掉直至见到白肉，再切成0.5厘米厚的半圆片放在干净平板上晾晒，隔天翻1次，晾晒3～5天或7～8天就能干。取500克酱油加适当水，与桂皮、八角、花椒一同煮沸，等凉后与萝卜片一起放入容器内腌制。上压一块石板，防止萝卜片浮起。腌时，颜色重可加点凉白开水，味淡可加点凉盐开水。为使容器盖通气，用木条将盖板架起。腌好后放在阴凉通风处，大约5天就能食用。

33. 酱八宝菜怎么腌？有何窍门？

取大头菜1000克、萝卜100克、黄瓜200克、青椒80克、藕1000克、花生米100克、豆角100克、核桃仁50克、面酱、酱油、精盐各适量。

将大头菜、黄瓜、萝卜切成片，青椒、核桃仁切成丁，藕切成三角片，豆角切成段；花生去皮。

将黄酱、酱油、少许盐与加工好的原料均匀搅拌在一起，然后投入坛中腌渍，约10天左右即可取出食用。

34. 如何腌制出美味的酱油花生？

取优质酱油250克、新鲜花生米500克。把花生米挑选干净，然后放入锅中炒熟，把皮去掉放入大口玻璃瓶内；把酱油放进锅中熬开，晾凉以后倒入花生米中，酱油需要浸没花生米，然后盖好盖。腌泡约7天左右即可食用。

35. 酱黄瓜怎么腌更美味？

取小黄瓜 500 克、甜面酱 350 克、精盐 100 克。用清水将小黄瓜洗净，一层小黄瓜撒上一层盐放入瓷缸内，盐腌 15 天（每天至少翻搅 1 次）；把用盐腌后的小黄瓜用清水洗净后浸泡 1 天，然后捞出，把水分沥净、晾干；把晾干的小黄瓜放进甜面酱中，酱腌 8 ~ 10 天即可（须经常翻搅）。

36. 如何腌制出清脆可口的酱辣黄瓜？

取黄瓜 8000 克、白糖 30 克、干辣椒 80 克、面酱 4000 克。用清水将黄瓜洗一下，切成厚 3 厘米的方块，用水浸泡 1 小时，中间需换两次水，捞出后控干，装入内外洁净的布袋中（布袋内不可沾上污物），投入面酱里浸泡，每天翻动 2 ~ 3 次；腌制 6 ~ 7 天后，开袋把黄瓜片倒出，控干咸汁，均匀拌入白糖和干辣椒丝，3 天后黄瓜片表皮干亮即成。

37. 酱莴笋怎么腌味儿更好？

取肥大嫩莴笋 3000 克、豆瓣酱 150 克、食盐 50 克。把莴笋洗净，削去外皮；放入消毒干净的小缸内用盐均匀腌渍，置于阳光下晒干；把豆瓣酱均匀涂抹在莴笋上，重新放入小缸内腌渍。3 ~ 4 天后，即可食用。

38. 腌蒜茄子有什么妙招？

将一些中小茄子洗净后不去把。上锅蒸熟，等凉了用刀切三五下不切透。在每片之间抹些蒜泥和盐后放入大瓶或大碗内，盖好盖子。放在阴凉处或者放在冰箱内保鲜，大约 10 天后就可以吃了。吃时用干净筷子拿出一两个，将茄子把去掉，放入盘中加点香油就行了。

39. 五香辣椒怎么腌制更简便？

取辣椒 1000 克、五香粉 100 克、盐 100 克。用清水将辣椒洗净，晒成半干，把五香粉、盐均匀撒在半干辣椒上，入缸密封。15 天后即可食用。

40. 如何制成又香、又辣、又易保存的干脆辣椒？

取无虫眼、无破损而且比较老的数千克辣椒洗净、去蒂，放进开水中烫 1 分钟左右捞出，并在太阳下曝晒 1 天，直至两面成白色后剪成两瓣，用味精、盐腌 1 ~ 2 天后晒至全干，再装入塑料袋。吃时可用油炸成金黄色，这样就能香、脆、咸、鲜、微辣，是下饭、下酒的好菜。如果保持干燥，3 年都不会变质。

41. 制盐姜有什么技巧？

将 500 克生姜刮去外皮泡入 1% 的明矾水中，12 小时后滤去水分。再加 50 克盐腌渍，每天翻拌 1 次，3 ~ 5 天后取出晒干，盐姜就做好了。

42. 甜姜怎么做更可口？

将 1000 克嫩姜刮去外皮后切成薄片，用清水浸泡 12 小时后将水滤干。与 50 克明矾一起倒入铝锅，用沸水煮时要不断翻动，熟后再放入冷水中浸泡 12 小时，中间需换清水 2 次，然后把水分滴干。加 3 克盐、300 克白糖拌匀，装入大碗中压实 12 小时左右。再煮沸 10 分钟，并不断搅拌；然后取出来晒干，有光泽、半透明、香甜爽口的甜姜就制成了。

43. 糖醋姜怎么做更省事？

将 500 克嫩姜用水泡后刮净姜上的薄皮，洗净控干后再切成薄片装入瓶中，用糖醋泡几天即可食用。

44. 糖蒜怎么腌味道更好？

准备鲜蒜 5000 克、红糖 1000 克、精盐 500 克、醋 500 克。将鲜蒜头切去，放入清水中泡 5 ~ 7 天（每天须换 1 次水）；用精盐将泡过后的蒜腌着，每天要翻 1 次，当腌至第 4

天时捞出晒干；将红糖、醋倒入水煮开（需加水 3500 克），端离火口凉透；将处理好的蒜装入坛，把凉透的水倒入，腌 7 天即可食用。

45. 糖醋蒜怎么腌制更简单？

将 1000 克紫皮蒜去根与皮后泡入水中并且每天换水，3 天后沥干，再与 500 克白糖、800 克醋拌匀，装入坛中并扎紧坛口，要经常摇晃坛子，约 1 个月后，糖醋蒜就腌成了。

46. 制酸豇豆有什么简便的方法？

将嫩豇豆洗净并切成 1 厘米长的小段，装入广口瓶内直至装满压实。用塑料薄膜将瓶口盖好，捆紧，倒扣在稍深的盘子或碗内，再加入清水并要稍没过瓶口。25℃条件下放置一周就会自然发酵变酸。等炒锅内油烧热后放入葱、肉末、姜等调料，再倒入豇豆炒至熟，撒上盐就能出锅了。其特点是酸、脆、鲜。

47. 制北京辣菜有什么妙招？

将 500 克萝卜切成丝后用清水浸泡 1 天，在浸泡的过程中，至少要换 2 次水，捞出并沥去水分后备用。再将 10 克白糖、250 克酱油、少量味精和糖精、适量水一起煮沸后，倒入干净的容器内。再将 1 克辣椒面放入 2.5 克加热的麻油中，稍炸一下，便可倒入酱油内。再加 5 克芝麻、1.5 克姜丝、1 克黄酒、2 克桂花，搅拌均匀，倒入萝卜丝。每天最少搅动 2 次，一星期后即成北京辣菜。

48. 北京八宝菜如何做更好吃？

取 1000 克腌黄瓜，腌豇豆、腌藕片、腌茄包各 250 克，腌甘露、腌姜丝各 500 克，750 克花生米，2000 克腌苤蓝。

先将腌黄瓜切成柳叶形瓜条，再将茄包、豇豆等切成条状，将腌苤蓝切成梅花形。将其全部放入清水中浸 2～3 天，每天至少要换 1 次水。捞出后装入布袋子脱水，加入 5000 克甜面酱酱渍，每天翻动 2 次，10 天后就能做成北京八宝菜。

49. 制北京甜辣萝卜干有何窍门？

将 1000 克萝卜用清水洗净后切成 6 厘米左右的长条萝卜块，最好刀刀都能见皮，将条块萝卜放入 70 克盐中，一层萝卜一层盐腌渍，每天翻搅 2 次。2 天后倒出来晾晒，等半干后用清水洗净，拌入 50 克辣椒面、250 克白糖，北京甜辣萝卜干就做成了。

50. 如何做出美味的上海什锦菜？

根据不同的口味，随意取些咸青萝卜丝、大头菜丝、咸红干丝、咸白萝卜丝、咸地姜片、咸生瓜丁、咸萝卜丁、咸青尖椒、咸宝塔菜等。数量种类由自己确定。将菜加水浸泡，翻动数次，2 小时后再捞出沥水。压榨 1 小时后，再在甜面酱中浸泡 1 天，捞出装袋，将袋口扎好，再放入缸酱中腌 3 天，每天需要翻搅 2 次。3 天后便可出袋，加入生姜丝后，再用原汁甜面酱复浸，同时加入适量糖精、砂糖、味精，每天翻搅 2 次，2 天后便可捞出，美味的上海什锦菜就做好了。

51. 制天津盐水蘑菇有什么技巧？

取 1 克焦亚硫酸放入 5000 克的清水中，倒入 5000 克新鲜蘑菇一起浸泡 10 分钟捞出，用清水反复冲洗后，再倒入浓度为 10% 的盐水溶液，沸煮 8 分钟左右，捞出后用冷水冲凉。再加入 1500 克精盐，一层层地将蘑菇装入缸中，腌制 2 天后再换个容器。再将 110 克盐放入 500 克水中，将其煮沸后溶解，冷却，再加 10 克柠檬酸调匀，倒入容器内，10 天后盖上盖。几天后，天津盐水蘑菇就制成了。

52. 如何自制风味独特的山西芥菜丝？

将芥菜上的毛须及疤痕去掉后洗净、擦干，切成细丝。等锅内的植物油七成热后放入适量花椒炸成花椒油，再倒入芥菜丝翻炒。加入精盐适量，翻搅均匀后出锅、晾凉，装入罐中，盖严，放在北边的窗台上。约1个月后就能食用，风味独特。

53. 制湖南茄干有什么秘方?

将茄子切掉蒂柄后洗净，再放入沸水中加盖烧煮，在还没有熟透时就要捞出晾凉。

把茄子纵向剖成两瓣，再用刀将茄肉划成相连的4条。按20∶1的比例在茄肉上撒些盐，揉搓均匀，然后剖面向上地铺在陶盆里腌大约12～18小时。

最后捞出曝晒2～3天，每隔4小时翻1次。然后，放清水浸泡20分钟，再捞出晾晒至表皮没有水汁。把茄子切成2厘米宽、4厘米长的小块，拌些豆豉、腌红辣椒，再加入食盐，装入泡菜坛，扣上碗盖。15天后湖南茄干就制成了。

54. 四川泡菜是怎么做的?

将150克红尖椒、350克盐、150克姜片、5克花椒、150克黄酒，一起放入装有5000克冷开水的泡菜坛中，将其调匀。

再将菜洗净后切成块，晾至表面稍干后装入坛中，在坛口水槽内放上些凉开水，扣上坛盖，放于阴凉处，7天后便可食用。

泡菜吃完后，可再加些蔬菜重新泡制，3天后即可食用。

55. 南京酱瓜怎么做更好吃?

取菜瓜5000克，先去子除瓤，再拌入150克细盐，若是上午入缸，下午就要倒出缸。

第二天加500克盐后再腌10天。然后再加250克盐，腌第三次，过15天左右取出，将水分挤干。放在清水中浸泡7小时左右，挤去水分。放进稀甜面酱中酱渍12小时。

再用50克白糖、1000克甜面酱、60克酱油，拌匀后酱渍。夏天酱2天，冬天酱4天，这样南京酱瓜就做成了。

56. 扬州乳瓜怎么做简单又好吃?

取扬州乳瓜5000克，用450克盐一层层加盐腌制，隔12小时要翻搅1次。2天后，再加1次盐，12小时后再翻搅1次，再过8小时后压紧乳瓜，并封缸15天。然后捞出乳瓜，用清水浸泡8小时脱盐，装入布袋，放入甜面酱中腌渍4天后，另换一个新酱再酱渍8～10天，每天翻动，使酱渍均匀即可。

57. 如何自制绍兴乳瓜?

摘取1000克10～12厘米长的新鲜小黄瓜，加入120克盐腌上5天左右。然后再加120克盐，继续腌3天后捞出，放入清水中脱盐，等咸淡合适后将其捞出，沥干水，酱渍8天左右，绍兴乳瓜就制成了。

58. 镇江香菜心如何配制味更美?

将莴笋5000克去皮，先用盐500克腌3天，每天最少翻搅2次。4天后取出，并沥去卤汁；第二天，再用350克盐腌2天，每天最少翻搅2次，捞出沥去卤汁。

最后用盐250克腌2天，每天最少翻搅1次，2天后取出时将笋切成条或片，放入清水脱盐。夏季半小时、冬季2小时后捞出沥干，浸入回笼甜面酱中，2天后将其捞出。12小时后再浸入放有安息香酸钾、甜面酱的混和酱中酱渍7天。最后放入由10克味精、2500克甜面酱、250克食盐、500克白糖、10克安息香酸钾、2000克清水调制成的卤水，可久存的镇江香菜心就制成了。

59. 如何利用各种蔬菜做泡菜?

能做泡菜的蔬菜有黄瓜、卷心菜、豇豆、扁豆、胡萝卜、萝卜等。在选择蔬菜的时候要尽量挑选比较鲜嫩的，将它洗净后晒干，直至发蔫即可。

在清水中加入8%的盐，煮沸冷却后倒入泡菜坛中，加辣椒、花椒、茴香、姜片、黄酒等制成菜卤。将原料放入菜卤中 10 天左右，即可食用。从坛中取菜时，要避免油和生水不小心入坛。卤水也可连续使用，但泡入新菜的时候，应适当地加入些细盐、白酒等作料。

60. 如何自制西式泡菜?

把鲜嫩的圆白菜切成小块后配上少许黄瓜片、胡萝卜片，用水淋一下后放入干净且无油污的瓷瓦盆内，再放入少许花椒粒、几个干红辣椒。大约 1000 克圆白菜中加 30 克白糖、10 克精盐、20 克白醋拌匀即可食用，次日食用味道更佳。

61. 腌制韩国泡菜有什么秘方?

选无病虫危害、色泽鲜艳、嫩绿的新鲜白菜，去根后把白菜平均切成 3 份，用手轻轻将白菜分开（2～5 千克的分成两半，5 千克以上分成 4 份）。然后放入容器中均匀地撒上海盐（上面用平板压住，使其盐渍均匀）。6 小时后上下翻动 1 次，再过 6 小时，用清水冲洗，冲净的白菜倒放在凉菜网上自然控水 4 小时备用。

去掉生姜皮，把大蒜捣碎成泥，将小葱斜切成丝状，洋葱切成丝状，韭菜切成 1～2 厘米的小段，白萝卜擦成细丝。将切好的调料混匀放入容器中，把稀糊状的熟面粉加入，然后放入适量的虾油、辣椒粉、虾酱，搅匀压实 3～5 分钟。把控好水的白菜放在菜板上，用配好的调料从里到外均匀地抹入每层菜叶中，用白菜的外叶将整个白菜包紧放入坛中，封好，发酵 3～5 天后即成。

62. 朝鲜辣白菜怎么做更加爽口?

将白菜洗净后切成较宽的长条，撒上姜末、细盐、蒜末和辣椒面；蒜末要多些，姜末要少，辣椒面用量根据喜辣程度而定。最后浇上适量的白醋再加以搅拌就做成了。若加入梨丝、黄瓜条，不仅颜色好看，吃起来更是爽口

清香。

63. 如何自制蜜汁苦瓜?

将苦瓜洗净、切片后用凉水泡一会儿，再用盐开水腌一下。待苦瓜凉后加入一些蜂蜜拌匀放入冰箱。第二天蜜汁苦瓜就能食用了，味道清香且能清热败火。

64. 又甜又酸的莲藕是怎么做成的?

取莲藕 500 克（注意：要选择鲜嫩的莲藕做原料）、香油、料酒各 5 克、花生油 30 克、花椒 10 粒、白糖 35 克、精盐 1 克、米醋 10 克、葱花少许。

将莲藕去节，削皮，粗节一剖两半，切成薄片，用清水漂洗干净。炒锅置火上，放入花生油，烧至七成热，投入花椒，炸香后捞出，再下葱花略煸，倒入藕片翻炒，加入白糖、米醋、料酒、精盐继续翻炒，待藕片成熟，淋入香油即成。

65. 如何用扁豆做出美味的小菜?

将扁豆切成细丝后倒入开水锅里，搅一下立即捞出并控出水，等晾凉后拌上些盐。再同韭菜花一起搅拌，装入瓶里，即可随吃随取，另有风味。

66. 虾皮小菜怎么做更好吃?

（1）在小盆或小铝锅中放入适量水，将虾皮煮开 2～3 分钟。

（2）用凉水冲洗两遍，控干水后将虾皮摊开，盖上干净的纸放于一旁。

（3）等虾皮八成干时，用素油温火炒一下，加入适量葱丝、食盐、姜丝即可。

67. 如何将西瓜皮做成美味的菜肴?

将去瓤、削皮的西瓜皮切成条、块或丝状，再放些盐和榨菜，不放任何配料。一盘清香爽口的凉菜就做成了。

68. 自制粉皮有何妙招？

首先用白铁皮制成直径24厘米的圆盘若干只。取淀粉1000克，陆续加水拌成粉浆（需稀糊状），再均匀搅拌溶解于水后的4克明矾溶液。准备沸水1锅，然后在圆盘中抹油，需浮在沸水上，等烫热后，倒粉浆1汤匙于圆盘内，摊平摇摆粉浆，盖上盖子。待表面粉皮干燥后，将圆盘放进冷水盆中，浮于水面后冷却揭下就是一张粉皮。粉皮均匀而薄为佳。

69. 做广式杏仁豆腐有什么窍门？

先取500克牛奶与250克栗粉，将其搅拌调稀、过滤；再取500克鲜奶加350克水煮开，过滤后再煮开，和先前调好的栗粉浆一起煮至起大泡，将蛋清150克抽打起泡后，倒入其中，然后晾透，再放入冰箱中冻成豆腐。然后将杏仁125克浸泡去皮，炖软；鲜奶1250克和糖500克烧开，同放入冰箱冷冻。食用时，取豆腐切成片状，分别放入豆腐糖水和炖过的杏仁，即可制成广式杏仁豆腐。

70. 豆腐花是怎么做成的？

将黄豆用水浸泡3小时左右，把豆皮洗去，加入清水磨碎，再用纱布滤去豆渣。将豆浆水煮沸。取适量石膏粉、栗粉与清水250克调匀，一手拿煮沸的豆浆，一手拿石膏粉水，同时倒入大盆中，使两者水柱冲撞，不要搅动，用盆盖盖好。待过20分钟后即成豆腐花，食用时可适量加入各种调料。

71. 豆腐脑如何做更简单？

先在锅里打卤，再放入豆腐脑，只要开锅就做好了。还有更快捷的，水烧开后放入豆腐脑煮一下就可以。加入合意的调料后很清爽可口。

72. 冻豆腐是怎么做的？

在寒冬腊月，把豆腐放在室外摊开，任它受寒冰冻，直到出现蜂窝状，即成冻豆腐，即可随意烹调食用。

73. 如何自做奶豆腐？

将变酸的奶放在火上煮开后，奶与水自然就会分离，再把酸水滗出来不用（也可加糖喝），把余下的奶渣继续熬煮，并不时地用勺翻炒，直至成奶糖块状，即为奶豆腐。

74. 如何自制美味可口的臭豆腐？

将切成扁方形豆腐放入开水锅里煮沸5分钟左右晾干，然后分层码放到小盆里，并在每层上撒些葱末、姜末、盐、五香粉、味精等调味品，最后盖好盆盖发酵4～8小时，冷天时间需略长，即可制成美味可口的臭豆腐了。

75. 如何做速食海带？

用凉水将干海带泡发，用清水将其清洗干净，然后将其逐条卷成海带卷，放入蒸锅屉上，蒸40分钟左右。将海带卷晾凉后切成细丝状，再摊开晾干或者放在暖气片上烘干均可，再放入塑料食品袋中。吃时再用适量开水泡发，炒菜或凉拌都非常方便。

76. 如何自制美味的鱼鳞冻？

将新鲜或冰冻过的鱼用清水洗干净，刮下的鱼鳞再洗一次。放入铝锅中加水适量煮至鱼鳞变软，将过滤后的汤汁放入冰箱冷却。过夜后洁白、高营养的鱼鳞冻就能制成。加放调料，味道美极。

77. 糟鱼怎么做更好吃？

将鲜鱼掏出内脏、去鳞后放阴凉处吹干。先在鱼背上切几个刀口，将盐均匀涂抹于各处后再悬挂阴凉处。等鱼水分蒸发后再切成棋子般大小的块放于容器中。放两层鱼时撒一层调料，最后一层用调料封顶，放阴凉通风处30天即可食用。取出鱼段后放半勺糖、半勺醋、两勺植物油，姜、葱、蒜少许，放入锅中蒸

15 分钟后就能食用。甜咸适度，柔韧有嚼头。

78. 如何自制五香鱼？

将鱼洗净、切段后控干。将蒜、姜各 3 克拍碎并倒入白糖、酱油、味精、五香粉、适量酒，一起拌匀。当鱼炸至发黄后立即捞出放入料汁中，浸泡 1 分钟左右即可食用。

79. 怎样自制美味的鱼干？

将 2 汤匙食盐加入 1 杯水中，把小鱼放进盐水里浸 1 分钟左右后用线把小鱼一个个穿在一起，放在日光下晒 3 ~ 4 个小时，即可成美味的鱼干。

80. 如何自制人造海参？

肉皮洗净后沥干，将其切成条状，放入油锅中炸透，然后挂起来风干，经涨发后即成。

81. 海蜇皮能自己做出来吗？怎么做？

将肉皮表面的脂肪刮去，浸泡在 60℃ 左右的温水中，10 分钟后，再放入 pH 值为 3.5 的稀盐酸溶液中，泡 30 分钟后将其切成细丝，再放入 0.5% 的稀氢氧化钠溶液中，浸泡 5 分钟后，将其反复洗净即可。

82. 肉松是怎么做成的？

将精选的瘦肉切成寸方块放入锅中，加入开水，用猛火将其煮沸，撇去浮沫，加入姜、葱、花椒、料酒、大料等，用文火焖煮 4 小时左右，滤出汤汁，然后再加入酱油、盐煮 1 小时左右，直至汤汁被全部吸干。然后将肉搅碎后放入锅中用文火翻炒，直至炒到没有水蒸气为止，再加些白糖，炒成绒状即可。

83. 怎样做成美味的肉丸？

选取适量的肥瘦各半的猪肉，去皮、筋，把肥肉与瘦肉分开，尽可能将其切细些；剁馅时粗剁几下即可。剁时可加入些用姜片、葱段等浸泡出的汁水，味道会更鲜嫩。然后加少许盐、葱花、味精等调料；用汤匙蘸水后刮些肉糜，反复捏刮成丸形，再将捏刮出的肉丸放入沸水中氽，或放入热油中炸，即可做成风味不同的两种肉丸。

84. 黄豆肉冻怎么做才好吃？

用清水将肉洗净后，切成肉丁，放入炒锅内炒，待炒熟后加入适量的盐、糖、水、酱油，稍微煮一下，将胡萝卜丁、黄豆也放入，待煮烂后，放入适量琼脂，等琼脂完全被溶化后起锅，待完全凉后，即可成黄豆冻。

85. 做酱肉有什么妙招？

将新鲜的夹心肉（5000 克）剔骨后，用清水清洗干净，然后把它分割成几条，加入 200 ~ 250 克盐腌 1 ~ 2 天，将盐卤沥去，放入由酱油、姜、酒、糖、味精等调配而成的配料中浸泡 3 天，捞起来后晒干即可。若在配料中加些花椒、茴香、桂皮等，效果更佳。

86. 如何自做五香酱牛肉？

先将膘肥牛肉的骨头剔掉，然后用清水将其洗干净，漂去血水，再把它切成 1 厘米左右的方块状。将黄豆酱和适量水拌匀后，放入旺火上煮 1 小时，待煮沸后将汤面浮酱去净，再将小方块牛肉放入汤中煮沸，加入茴香、橘皮、黄酒、盐、生姜、糖等调料，用旺火再煮 4 小时左右（随时注意除去汤面浮物），在煮的过程中要翻动几次，以防烧不透。最后再用文火煮 4 小时左右（要不时地翻动），即成五香酱牛肉。

87. 做苏州酱肉有何秘方？

取皮薄肉嫩、带皮肋条的肉 1000 克，用清水洗净后切成长方块。在肉上撒些盐和硝酸钾水溶液，再在肉表面上擦上精盐，待放置 5 ~ 6 小时后，放进盐卤缸中腌制，冬季腌 2 天左右，春秋季腌 12 小时左右，夏季 4 ~ 5 小时即可。将水煮沸，放入 2 克大茴香、1.5 克橘皮、10 克葱及 2 克生姜，再将肉料沥干后投入，用旺火烧开，加入 30 克黄酒、30 克酱酒，用小火煮 2 小时左右，待皮微黄时加 10 克食糖，半小时后即可出锅。

88. 腊肉是怎么做成的?

肥瘦适宜，去皮、去骨的鲜猪肉 10 千克，大小茴香、桂皮、细盐 700 克，花椒、胡椒共 100 克，60 度白酒 300 克，酱油 350 克，葡萄、糖各 50 克、白糖 400 克，冷开水 500 克。

把大小茴香、花椒、桂皮、胡椒焙干碾细和其他调料拌合，把肉切成 4 厘米 ×6 厘米 ×35 厘米的条状，放入调料中搓拌，拌好后放入盆中腌制。腌 3 天后翻一次，再腌 4 天后捞出，放入洁净的冷水中漂洗，洗好后放在干燥、阴凉、通风处晾干。

以杉、柏锯末或玉米心、花生壳、瓜子壳、棉花、芝麻夹等作熏料。熏火要小，温度控制在 50℃ ~ 60℃，烟要浓，每隔 4 小时翻动 1 次。

熏到表面全黄（约 24 小时）后放置 10 天左右，吊于干燥、通风、阴凉处即成。

让它自然风干可保存 5 个月；放在厚 3 厘米生石灰的坛内密封坛口可保存 3 个月；装入塑料食品袋中扎紧口，埋于草木灰或粮食中可保存 1 年以上。

89. 如何自做卤肉?

用乳腐卤、甜面酱、豆瓣酱、白砂糖、白酒等配成的卤汁，将五花肉洗净后沥干，切成 3 厘米左右的肉条，用绳子将肉条串好，在卤汁中浸泡 12 小时，取出来后，放到太阳下晒，晚上继续浸入卤汁，早上再放到太阳下晒，大约 2 ~ 3 天后，卤汁便会全部吸透，用蜡纸包好，晾在通风处，2 星期后即可。

90. 香肠怎么做更好吃?

准备主料：750 克瘦猪肉，250 克肥猪肉；辅料 100 克糖、100 克白酒、40 克盐、姜粉、味精、五香粉。将主料分别切成蚕豆粒大的肉

丁并拌和在一起，加入辅料拌匀（若有红葡萄酒加入一点可使香肠颜色更红）。用温水将肠泡软后再用清水将其洗干净，一端用线把封口扎住，另一端套在漏斗嘴上，把肉丁灌入肠内。将针消毒用针在肠上扎些小孔，以排除其内的空气和水分，再将肉挤紧，用消过毒的细线按适当长度一节节扎好，挂在通风处，直至晾干即可。

91. 怎样做咸肉省时又简便?

将需腌制的鸡、鸭、鱼、肉等洗净后用盐擦遍放在大碗或盆内，再放几粒大料花椒，用面积差不多大小的铁片或石块压上。再另用一个塑料袋将碗或盆包上，放在冰箱内的抽盒上，四五天后咸度适宜、又香又可口的咸肉就能食用了。

92. 腌蛋有什么妙招?

● 加酒。将 25 克花椒、750 克盐加水煮开，待水凉后倒入装有蛋的坛内，水要淹没鸭蛋。再倒入 50 ~ 100 克白酒（可促使蛋黄出油）。将坛口封好，20 天左右便可食用。

● 用盐水腌蛋。将鸭蛋浸泡在碱水中，然后将开水和盐煮成饱和盐水溶液。将浸泡过的鸭蛋放入晾凉的饱和盐水溶液中，加盖。若放在气温在 15℃ 以上的地方，腌 20 天即可。

● 用菜卤腌蛋。将腌菜的菜卤煮沸后，把沫去掉，倒入罐内，待冷却后，将鸭蛋放入浸泡 30 天左右，即可成黑心的咸蛋。

● 用黄泥腌蛋。将 25 克红茶、250 克水用旺火煮成 200 毫升的溶液，加入 75 克黄酒及 750 克盐一起倒入黄泥内均匀搅拌，然后把黄泥均匀地涂在蛋壳上，封入坛中，30 天后便可食用。

● 用辣酱腌蛋。准备 50 个鸭蛋、150 克辣酱、200 克细盐。将辣酱涂于蛋外表，再滚上一层细盐，放入坛子中喷上少许白酒，密

封 20 天左右便可食用。

● 用稻草灰腌蛋。把蛋放在浓米汤中浸泡一下，在蛋的大头周围沾上些稻草灰、小头则蘸上些盐，大头朝下，一层层把它们放入坛内，用黄泥把口封好，过 15 天便可食用。

● 用塑料袋腌蛋。将蛋放入适量的白酒中浸泡片刻，捞出来后在蛋的外壳上均匀地滚上一层盐，装入干净的塑料袋中密封好，放置在常温干燥处，10 日后便可食用。

93. 怎样自制皮蛋？

（1）制料液：在大缸中放入 75 克红茶末，用开水将其泡开，再分几次加入总量为 2200克石灰及用开水溶化后的 300 克纯碱，最后再加入 350 克桑柴灰、300 克食盐、35 克金生粉，均匀搅拌即可。

（2）浸泡：在小长缸内把蛋平稳地放入，将冷却后的料液徐徐地倒入，浸泡 30 天即可。

（3）涂泥糠糊：将蛋捞出来后，用冷水将其洗净，晾干，涂上黄泥糊或谷糠即可。

94. 制绿茶皮蛋有什么技巧？

将 75 克食盐、750 克生石灰、25 克绿荷叶、75 克驼参一起放入陶制容器，倒入 3 千克开水搅匀并盖上盖。等罐内的沸腾声停止后再打开盖，用木棍搅拌均匀、冷却。放入鲜鸭蛋或鸡蛋 50 个，并加黄泥和盐水少许拌匀，封严罐。一个月后即可食用。

❀ 七、甜品自制 ❀

1. 怎样自制冰糖西瓜？

把西瓜去籽，切成小方丁置入盛器，放入冰箱内冷冻约 70 分钟。取一只锅置于火上，加入清水、冰糖和白糖，熬化后撇去浮沫，装入大碗冷却后放入冰箱冷藏。食用时把西瓜方丁、冰糖水混合即可。

2. 美味的西瓜冻是怎样做成的？

一个西瓜、200 克藕粉用水调至稀糊状，20 克桂花糖，200 克蜂蜜，8 粒乌梅用清水洗净后，去核、切碎。将西瓜洗净、切成两半、去籽、取汁后入锅点火，加入桂花糖和乌梅煮沸，再将藕粉糊倒入锅中搅匀煮；加入蜂蜜调匀后装入深盘中，放入冰箱内后便能很快凝结成味香色美的西瓜冻。吃时用刀切成小块即可。

3. 如何自做西瓜蜜？

将西瓜的外皮、中皮削去，然后再把西瓜切成 4 厘米左右的方形小块，浸泡在浓度为40% 的糖浆或者蜂蜜中，即成西瓜蜜。欲增加风味，可加些柠檬酸。

4. 西瓜羹怎么做才好吃？

将 1000 克清水烧沸后加入 200 克白糖及少量桂花，再用少量的淀粉将其勾成薄芡，倒入搅匀煮开，待凉后放入冰箱备用。将 2000克西瓜去籽后切丁，加 25 克金糕丁。食用时再将两者调匀，即成西瓜羹。

5. 如何自制西瓜酱？

把厚皮西瓜削皮，去籽切碎后，放入锅内以文火炖软，再加入葡萄糖和白糖各 50 克，琼脂或果冻粉适量，继续熬至其浓缩成甜西瓜酱。或者把西瓜去硬皮和籽倒入坛中，放入适量发酵后的黄豆、食盐拌匀，再用纱布封口。此后，每天搅拌 14 次，当有泡沫出现时，可用勺子盛出倒掉，待到 15 ~ 40 天后，西瓜豆瓣酱即成。

6. 制蜜饯西瓜皮有什么窍门？

把西瓜皮的硬皮和瓜瓤去除，切成小条放入 2% 的煮沸盐水中浸泡，约 2 ~ 3 分钟后取出漂洗，再把其放入清水锅中煮沸，然后再取出放在冷水中浸泡，之后往锅中加水少许，以淹没瓜皮为宜，再敞盖继续烧煮。每 500 克西瓜皮放入砂糖 300 克，烧煮 3 小时，则一种碧绿透明的果料即成。蜜饯西瓜皮食用方便，可随时取用，亦可作八宝饭和糕饼的配料。

7. 糖橘皮怎么做更简单？

用清水将橘皮洗净后放入糖中浸泡，待 1个星期后再将糖和橘皮一起放入锅中烧煮，冷却后晾干，即成了糖橘皮，同样也可当作点心糕饼的配料。

8. 柑橘皮酱是怎么做成的?

将晒干的柑橘皮放于瓷锅内用清冷水浸泡,每天换水,连换 3 次后取出。放在瓷盆中加盐蒸 15 ~ 20 分钟后取出晒凉,隔天再蒸第二次。取出后将柑橘皮切细再蒸 3 次后取出再加入白糖和甘草末,调和后晒干即可食用。将晒干的柑橘皮与酸梅汁放于坛中密封浸泡半月以上,如果柑橘皮被泡软了,就能捣碎成酱状并食用。

9. 如何自做美味可口的金橘饼?

取 50 克明矾粉、100 克食盐用开水把它们配制成溶液,再取鲜金橘 2500 克,用小刀在其周围切出罗纹后放入溶液中浸泡 12 小时左右,然后将金橘取出来晾干,用开水冲泡,去核压扁,再用清水将咸辣味漂去,过 3 小时左右换一次水,将其晾干,再用 1300 克砂糖与金橘逐层拌和,糖渍 5 天后连同糖浆一起倒入铝锅内用小火烧煮,再把 700 克砂糖陆续加入,使糖汁逐渐渗透到金橘内部,当表面显出光泽时即可成清香可口的金橘饼。做好的金橘饼可放在原来的糖浆中,也可贮存在瓷器容器中。

10. 怎样快速制作果汁冻?

首先将洋菜与 200 克果汁同煮,待洋菜化后加入一匙白糖,将其拌匀,然后放在小火上加热,使糖逐渐溶化,直到煮沸,待凉后倒入杯中,放入冰箱即可。

11. 葡萄冻怎样做最简便?

取 1000 克优质葡萄浸泡在 140 克食醋中片刻,用清水将其清洗干净,放入干净的罐内,填紧。将 25 克盐、500 克糖、少许胡椒、一小块桂皮加清水煮开,冷却 10 分钟左右,将渣滤除,倒进装有葡萄的罐内,隔水连罐蒸 6 分钟左右,晾凉即可。

12. 怎样自做豆沙?

把红豆放入冷水中浸泡 1 小时左右,用文火将其焖煮 2 小时左右,待红豆煮烂后用细筛将豆皮筛去,把水分滤去,放入锅中,加油、糖、水,用旺火熬并同时翻动,当熬至呈稠厚状时再起锅,冷却后即可成豆沙。

13. 赏月羹是怎么做出来的?

取 2 只生梨,用清水洗净后,将皮、核去掉,把果肉切成片,放入铝锅中,加入适量清水,用旺火煮透,放冰糖 50 克。待冰糖完全溶化后,加 10 个去核的桂圆肉、5 克葡萄干、5 只蜜枣切成的丝,再煮上 10 分钟左右,然后用清水将 50 克藕粉调稀,慢慢地倾入锅内,同时不停用勺搅拌,2 分钟左右后,即可盛起,撒上糖青梅、糖樱桃即可。

14. 如何自做营养又美味的山药桂花羹?

将 500 克山药刮去外皮并洗净,用刀切成 2 厘米宽、5 厘米长的段并放入大碗中。等水开后上锅蒸 50 分钟后取出,放在盘中,再撒上 50 克桂花酱、200 克白糖拌在一起即成。具有止咳、健脾、补虚、消渴的食疗作用。

15. 怎样利用苹果做饭后甜点?

把鲜苹果去掉皮、核后,切成约 1 厘米厚的方条或块、丝,放入适量的味精、精盐、香油,拌匀后就能食用,微甜爽口。

16. 草莓冻怎么做更可口?

500 克草莓、琼脂 4 克、冰糖 200 克。将琼脂放入清水中浸泡后捞出再放入 100 克清水中加热使其溶化,放入冰糖。水沸后再放入洗净的草莓,等水再次煮沸后 1 ~ 2 分钟就可以倒入干净的容器中,等凉后放入冰箱冷藏。这样做出的草莓冻不仅清凉剔透,而且还保留草莓味。

17. 制草莓酱有何妙招?

准备草莓、蜂蜜、牛奶、白糖、柠檬。将草莓用清水洗净后切成小块，放进小锅里。加水（要刚好没过草莓）。用小火煮 20 分钟左右，然后再加入少许鲜奶。将火调小，加入蜂蜜，开始慢慢地熬，约 20 分钟左右，草莓酱会慢慢地变成黏稠状，这时，加入半个柠檬，这样，不但可以使味道非常清新，而且还能起到凝固作用。待把果酱放凉后，就可以装瓶，并要加盖密封，把瓶子放入开水中消毒 20 分钟，取出保存即可。

18. 香蕉草莓酱怎么做口感更佳?

将 500 克草莓洗净后放入搅拌机内，再倒入 150 ~ 200 克鲜奶和适量白糖、半根或一根香蕉一起搅拌成糊状后，放入微波炉玻璃器皿内，再用高火加热 3 分钟。这样做出的香蕉草莓酱口感很好，可以保质 1 个月左右。

19. 花生糖是怎么做成的?

在 500 克熟猪油、1000 克绵白糖、750 克蔗糖中加入 500 克水，将其熬成糖浆后停火。倒入熟花生米 1000 克并搅拌均匀，等结成糖浆后放于台板上，用木棍压平至厚度约为 1 厘米，用刀切成小块，花生糖就制成了。

20. 如何自制芝麻糖?

将蔗糖 250 克、绵白糖 500 克加入 500 克清水中，将其一起熬成稠糖浆后倒在炒熟的 300 ~ 500 克芝麻上。等稍凉后用啤酒瓶或圆棍将其碾压成薄片状，切成小块即可食用。

21. 做蜜橄榄有什么好方法?

取 500 克已微黄的橄榄，用少许食盐擦破表皮，待橄榄稍有些发软时，用木榔头将其敲扁，并用清水冲干净。再取 250 克白砂糖溶入到 250 克水中，当完全煮沸后加入橄榄，用小火煮 30 分钟，然后再加入 150 克白砂糖，

边煮边搅，待糖溶液浓缩到 70% 左右的时候，将糖浆沥去，便可成蜜橄榄。

22. 怎样自做蜜山里红?

将小坛洗净、擦干后待用。将个大、色红、无虫的山里红洗净后将其横着切开，去掉把、籽后用开水稍淋一下，捞出晾凉。在坛里撒一层蜂蜜后放一层约 3 厘米厚的山里红，然后再撒一层蜂蜜。这样一层蜜一层山里红地放，直至装完后在最上层再撒一层蜂蜜，将坛口封好后放阴凉处。冬季时打开食用别有风味。

23. 如何自做带有浓郁酒香的醉葡萄?

取优质葡萄晾干后倒入干净的瓶子内，加入适量的白糖，倒入相当于瓶子容量 1/2 或 1/3 的白酒，摇晃均匀后密封保存，以后每隔 3 天开盖放一次空气，10 天左右便可食用。其味道又酸又甜，并有浓郁的酒香。

24. 醉枣是怎么做成的?

把无损伤、无虫眼优质新鲜的红枣用清水洗干净，按 1：3 的比例把红枣和 60 度的白酒加入到没有装过油、盐、酱、醋的干净缸、坛内，拌匀后贮存，然后盖严实，用干净的塑料纸或者黄泥将口封住，不要随便将盖开启，1 个月左右即可成醉枣。

25. 蜜枣怎么做?

将 500 克小枣用清水洗净后放入沙锅中，加 750 克清水烧开再转用小火熬煮。八成熟时加入 75 克蜂蜜再煮至熟后晾凉，加上保鲜纸放入冰箱内，就能够随食随取，并有润肠、止咳的食疗作用。

26. 如何自制蜜枣罐头?

将上好的小枣洗净，用热水泡两小时后装入罐头瓶中至八成满。将蜂蜜 60 克均匀地浇在上面，不要盖瓶盖。上锅蒸 1 小时出锅，马上盖严、放于阴凉处，可以随吃随取，是体

弱者和老年人的保健补品。

27. 如何自制红果罐头?

将1斤新鲜红果用清水洗净后去核、切片,装进带有盖的容器里,然后再放入适量的白糖(可根据自己的口味来放),倒入开水后把盖封好,待凉后放进冰箱,约3天后即可食用。

28. 水果罐头怎么做味才好?

将山橙横断切开后去籽,将水煮开后放入已经去掉皮、籽的桃、梨、苹果等水果,接着再放入蜂蜜、糖、桂花、盐少许,这时罐头已经香味扑鼻、酸甜可口了。装缸放入冰箱,能保持一周时间。

29. 如何自制好吃的蛋糕?

将鸡蛋9个搅拌至乳状后加入100～500克白糖再拌搅。

再加入400克面粉和1克食用苏打粉搅成稀面糊,倒入有少量花生油的烤盘。

当烤箱温度达300℃时,把烤盘放入烤箱上层;用旺火烤10分钟再取出,并在上面抹食用油,加点金糕条和瓜子仁。再放入烤箱下层,用微火烤5分钟,蛋糕就制成了。

30. 如何自制不同口味的"派"?

将面包切成4小块,并在每小片上切开个口,夹入果酱(苹果酱、草莓酱)。将脆皮香蕉炸粉调成糊状,再将已夹好果酱的面包放入糊中蘸一下,放入锅内用温火炸至黄色即可。不同口味、味道极好的"派"就做成了。

31. "水晶盏"是怎么做成的?

鸭梨、苹果各2个洗净去核并切成1厘米方块,橘子或广柑7个去皮、去籽切成小方块;1小瓶荔枝罐头。在沙锅中倒入100毫升凉水,将其一块儿煮开,5分钟后再加入50克冰糖。等凉后倒入瓷盆中,盖上保鲜纸放入冰箱冷藏,可随吃随取。

32. 如何自制素什锦热点心?

将蒸熟的胡萝卜捣成泥状后加入白糖、果料、玫瑰等,涂在已和好的面团上再放锅里蒸20分钟即成素什锦热点心。清淡又有营养。

33. 如何自制橘皮酥?

橘皮酥甜微苦、香味浓郁,能润肺止咳、化痰,老幼皆宜。

将橘皮用刀片去掉内侧的白筋后切成细丝,铺散开后自然干燥片刻。

将油放入锅内并烧至六七成热,将橘皮丝放入油里炸,颜色变成金黄色后捞出。凉后将橘皮丝放在干净盘子里,撒些白糖,橘皮酥就制成了。

34. 山楂糕是怎么做的?

将1000克山楂劈为两半放入锅中煮,待煮熟后再用细铜筛将其滤成酱状,然后倒入铝锅中,加水将其煮开,然后再放入1000克白砂糖,待白砂糖溶化后,再用文火煮至60度的糖度,便可装入盒里冷却,再把它切成长方形,便成山楂糕。

35. 绿豆糕怎么做?

将2500克绿豆粉过筛后,加入2000克糖、50克桂花均匀搅拌。在蒸笼屉内铺上一层纸,铺入糕粉,压平,撒上些细粉,再用油纸压平,切成正方形小块,待蒸熟冷却,即可绿豆糕。注:若用绿豆制作,需煮烂,将皮去掉并挤去水分。

36. 做重阳糕有什么秘方?

在小块胡桃肉、芝麻内加入250克白糖、糯米粉及500克粳米粉拌成馅心。按4∶6的比例将粳米粉、糯米粉倒入盆内,加750克清水、500克糖油,拌至松散均匀,静置1小时以上,让糖油水渗透到粉里。将糕面分成3块,一块染成玫瑰红、一块染成苹果绿,一块用本色。再用细绷筛把糕面筛成粉粒形状。垫上纱布，铺上白糕面，上铺馅心，再铺绿色糕面，又铺馅心，最上面铺上玫瑰红糕面，表面再撒红绿丝、核桃肉、瓜子仁、芝麻。然后上蒸笼，用旺火蒸30分钟，用手指轻按压糕面，有弹性即可取下，切成斜块后即成重阳糕。

37. 如何自做素重阳糕？

（1）将500克新鲜栗子下锅煮熟后捞出，剥去壳和衣，捣碎，放入糯米粉内，加500克砂糖、250克清水拌和，再用竹筛擦成糕粉。

（2）将糕粉放入蒸笼内，用铲把糕面刮平，略洒一点水，用刀划成边长为5厘米的菱形块，再撒上25克瓜子仁、25克松子仁，上笼锅用大火蒸，熟后把切块取出，即可成素重阳糕。

38. 如何自做荤重阳糕？

（1）将10粒新鲜栗子下锅煮熟后捞出，将壳剥去，切成小粒；用清水洗5只黑枣并将核去掉，各切成4片；放15克芝麻下锅炒熟，将10克糖菱白丝与10克糖青梅丝拌成红绿丝，待用。

（2）取150克白糖、250克熟猪油、500克糯米粉，拌和成油酥。

（3）取350克白糖、250克清水、1000克糯米粉拌和，制成糕粉。

（4）把湿布铺在蒸笼内，先放入1/2的糕粉，铺成1.3厘米左右厚；再均匀地放入油酥。再把剩余的糕粉铺上，用铲将糕面刮平，略洒一些水，用刀将其划成边长为5厘米左右的菱形块，放上白芝麻、栗子粒，撒上红绿丝，按上黑枣片，上笼锅用大火蒸熟，取出后切块，即成荤重阳糕。

39. 豆沙粽子怎么做？

将500克豆沙放入250克猪油里炒匀、炒透，同时加入250克糖，出锅后再加少许糖

桂花。将粽叶折成斗状后填进豆沙馅和糯米，包成五角方底的粽子状，扎紧后煮熟。

40. 制百果粽如何配料更好吃？

将萝卜、青梅、冬瓜条各25克用白糖水煮后并沥干水分，再放入白糖腌渍一天。加入杏仁、葡萄干、红绿丝、瓜子仁各15克，制成百果馅。取粽叶折成斗状并填入百果馅、糯米，将其扎成五角方底锥形，上锅煮熟后即可食用。

41. 什锦水果粽子怎么做？

取1500克糯米，用清水洗净后浸泡3小时左右，取适量草莓、哈密瓜、猕猴桃、香蕉、葡萄干，洗净后切成丁，使其均匀混合，包时要把馅放在中间，再包严捆牢，放入锅内蒸熟即可。

42. 洋槐花串怎么做？

在小半碗白面中加入1个鸡蛋、盐、水、五香粉调至糊状。把新鲜的洋槐花串洗净后在调好的面糊中转几圈，面糊能够挂匀后再放入热油锅内炸至金黄色后捞出，香酥可口的洋槐花串就制成了。

43. 怎样可令枣变得清脆可口？

将优质大枣洗净后用干净的纱布包好，放上大约一周时间，就变成清脆可口的脆枣了。

44. 奶油花生片怎么做？

取500克花生米与细沙一起翻炒直至微黄酥脆，将其筛净，待冷却后将皮去掉。再取500克不加水的白砂糖用竹片搅拌均匀后使之溶化，当白糖烧至起泡沫的时候，加入2克小苏打、20克熟猪油、2克香兰素，拌匀后将熟花生米倒入继续搅拌，过一小会儿停火，将其倒在台板上，用面杖把它们压成薄片，切成小块，晾透后即可。注意：切勿使其受潮。

45. 如何自制玫瑰奶油花生?

将花生米 500 克加入玫瑰色素少许后烧开，盛在竹篮里直至沥干水分。将溶解的糖精水均匀拌在花生里，然后再晾干，倒入烧烫的黄沙在锅中一起炒熟。仔细筛出熟花生米后立即滴入 10 ~ 15 滴香精，拌均即可制成玫瑰奶油花生。

❀ 八、饮品自制 ❀

1. 如何自制毛豆浆?

将毛豆的豆粒剥出后用清水洗干净，然后，用绞碎机将其绞碎，再将豆浆用包布滤出，最后再用锅把豆浆煮熟。这样，所煮出的绿色豆浆别具特色、香味浓郁。另外，在锅中放些油，多放些葱花，将滤出的豆渣炒熟，将会是一盘非常美味可口的菜肴。

2. 制咸豆浆有何妙招?

将虾皮、油条丁、榨菜丁、紫菜、葱花放入空碗后加适量的盐、味精和酱油，再倒入煮开的豆浆，美味可口的咸豆浆就制成了。

3. 如何自做酸奶?

将新鲜牛奶加糖一起煮沸后自然冷却到35℃时再加入少许酸奶（1杯奶中加2汤匙酸奶为准）。盖上消毒纱布后放于25℃的常温处，10小时后就能食用。食用前可以先取出2汤匙掺入新鲜牛奶内，下次制作时可以用。

4. 如何自做"百林双歧"酸奶?

将鲜奶加热灭菌（不需要烧开），放凉至40℃以下不烫手为止，将一小包约5克的"百林双歧"杆菌放入奶中搅拌均匀，再在每袋奶中加入10克白糖（也可不加糖），搅拌均匀后分别装入经过开水消毒的两小杯里（每个杯中大约25毫升左右），把盖盖好。夏季，只需在室温（24℃~28℃）下自然放置约9小时即可，表面的结膜会呈半凝固状态，这样，鲜美可口的酸奶就做成了。

如果再延长放置约12个小时，即会变成豆腐脑状。然后再放入冰箱的冷藏室（4℃~10℃)里放置约2小时即可取出食用，其味道就跟冰激凌一样。

5. 奶昔怎么做?

奶昔是一种味道香浓的奶制泡沫饮料，生活中可用如下方法自制：将鲜牛奶倒入锅内，放在火炉上使奶微温后取下，再往锅内放20克奶粉、1克淀粉或面粉、5克巧克力粉，搅拌至使三者完全溶于温奶之中，再用微火边煮边搅拌，待烧开后，加入5克黄油、20克白糖，待溶化后，加入5~6滴红葡萄酒，搅拌均匀后将火关掉，再将糊状溶液倒入杯中，待自然冷却后，再将杯子放进冰箱冷藏室，2~3小时后即可食用。

6. 如何自制好吃的冰激凌?

将鸡蛋550克打成泡沫状后放入淀粉75克、300克奶粉、白糖850克、1.5克香草粉香精、15克海藻酸，再用3500克清水溶解、过滤后调匀；加热至80℃并保持半小时以便杀灭细菌，冷却后放进冰箱中冷冻。每15分钟搅拌一次，搅拌能减少冰渣且细腻润滑。10小时左右就会凝结成型，这样冰激凌就制成了。

7. 西瓜冰激凌怎么做？

将西瓜瓤 1500 克打碎后将瓜籽取出，再加入白砂糖 400 克、鸡蛋 2 只、清水 1000 克后搅匀，然后在 80℃高温下加热灭菌 30 分钟，冷却后放入冰箱凝结，西瓜冰激凌就制成了。

8. 香蕉冰激凌怎么做？

将香蕉 3 只去皮、捣碎后与 400 克白砂糖、500 克牛奶、2 只鸡蛋一起放入 500 克的清水中一起搅拌溶化、过滤后加热至 80℃以便灭菌。经 10 小时左右会冷凝硬化，这样香蕉冰激凌就制成了。

9. 草莓冰激凌怎么做？

将袋装的冰激凌溶化后加入少许白糖搅拌均匀。将草莓洗干净放在盆里后把冰激凌浇在草莓上。草莓冰激凌不仅酸甜、爽口，还有清淡的奶味。

10. 啤酒冰激凌是怎么做出来的？

在大半杯啤酒中放一个冰激凌，味道苦中有甜，泡沫丰富，清凉退热，口感舒爽。或用啤酒 1 瓶，2 个巧克力冰激凌球及小冰块适量，另外备 1 只略大的玻璃杯。制作方法：将啤酒置于冰箱冷却取出，放置片刻，再将小冰块放入啤酒杯中，倒入啤酒，加入巧克力冰激凌球，然后搅拌均匀即可饮用。其特点：香味浓郁，清凉爽口，消暑解渴。

11. 如何自做蛋糕奶油冰激凌？

将奶油蛋糕上厚厚的一层奶油放入容器后加入少量的水，将其搅拌成糊后再放入冰箱冷冻，不久之后，可口的冰激凌就能食用了。

12. 如何自制可可雪糕？

600 克鲜牛奶，250 克砂糖，100 克奶油，25 克可可粉，注入 500 克清水再一起放锅中煮沸。然后再用细目筛过滤并且不断搅拌，晾凉后注入模具中再放入冰箱冻结，雪糕就制成了。

13. 如何自制葡萄冰棍？

将葡萄洗净、剥去皮后紧密挤压在冰棍盒里，不要加水就冷冻起来。这样纯天然的葡萄冰棍就制成了。吃起来原汁原味、清凉可口，也可以根据口味加入白糖或者牛奶等。

14. 如何自制西红柿刨冰？

将西红柿洗干净放入冰箱冷冻后再取出。用手摇刨冰机将其刨成碎块后再拌入适量白糖，这样西红柿刨冰就做好了，并且清凉爽口。在吃时要是加入少量的奶油或冰激凌，另有一番滋味。

15. 菊花冷饮怎么做？

将 12 克白菊花用 2 公斤开水冲泡后再加入适量的白糖，凉后就能代茶饮。

16. 如何利用玉米水做饮料？

玉米水不仅保留玉米的香味还有很好的保健作用，具有去肝火、利尿消炎、预防尿路感染等功效。煮玉米时最好留些玉米须及两层青皮，这样味道和效果都更好，也可在玉米水中加入糖。

17. 如何自制酸梅汤？

将乌梅放入锅内，加入少量水煮沸半小时后将乌梅渣滤去，再加入白糖搅匀、晾凉后放入冰水或冰块即可饮用。

18. 酸梅冰块怎么做？

取适量的酸梅粉放入水中后加糖一起溶解再入锅，煮沸后晾凉倒入冰块盒中放进冰箱冷冻室内即可。

19. 如何自制绿豆汁？

取绿豆 3 两洗净放入食物料理机打成细浆后通过漏斗（上放纱布过滤）灌入洗净、无油的 5 千克装桶中，再加水直至桶 3/4 处。豆汁当日味甜；3 日后味甜酸；1 周后酸而不甜。绿豆汁能解药毒；也可随口味清熬或加米；过滤出的豆渣能做成麻豆腐。

20. 怎样做绿豆汤更省事？

每天早晨上班前（或晚上）将洗净的绿豆放入没有水碱的保温瓶中，等水煮沸至 100℃后倒入瓶内，将盖盖上。这样第二天早上（或者下班回来）再把保温瓶内的绿豆汤倒入干净器皿中，凉后再放入冰箱就可随喝随取。

21. 如何制西瓜翡翠汤？

将西瓜的内皮切成小块后加水煮烂，再加入白糖适量，等凉后就能饮用。

22. 如何制清凉又有营养的消暑汤？

取党参、莲子、薏米、百合、玉竹、银耳、淮山药、南沙参、枸杞、蜜枣各 50 克加入适量冰糖后放沙锅内，放水直至超过药面两手指即可。用大火烧开后用小火煨两小时，补脾益肾、清热解暑、凉润心肺、增强体质的消暑汤就制好了。

23. 酸枣饮料怎么做？

每次将 20 克酸枣仁捣碎后加入 300 毫升水放置温火上煮约 1 小时。等酸枣汁煮至剩一半时离火，稍冷即可饮用。酸枣汁有助于保持头脑清醒。

24. 汽水怎么制？

在凉开水 1000 克中加入白糖 50 克，溶解后再放入柠檬酸 3 克和果汁适量，再加入小苏打 10 克并搅拌均匀，然后将其倒入小口的瓶内，再塞紧瓶盖，两小时后即可饮用。要是放入冰箱，味道更好。

25. 可可饮料怎样做更好喝？

将白糖和可可粉按 2：1 的比例搅拌均匀后倒入少量热牛奶或开水，并调成糊状，然后放在炉火上边加热边搅拌，煮沸后就能食用。

26. 巧克力饮料怎么做更好喝？

将巧克力粉适量拌入砂糖后加入少量热牛奶，搅拌均匀后再加热，并边搅边加入热牛奶，煮沸后即可饮用。

27. 如何自制草莓饮料？

将 1 杯草莓洗净、捣碎后加入大半杯牛奶、少许精盐和 1 汤匙白糖，搅拌均匀后就能饮用。冰冻后味道更好。

28. 如何自制柠檬饮料？

将柠檬、白糖和陈皮细丝一起捣碎、碾细，再加入适量开水、白葡萄酒一杯和用半个柠檬挤出的汁液一起搅匀，滤渣后就能饮用。

29. 如何自制橙子饮料？

在大半杯的热牛奶中倒入 1/4 杯橙汁，再加入 1 汤匙的白糖并搅拌均匀，冷却后即可饮用。

30. 樱桃饮料怎么做才好喝？

在半杯樱桃汁中加入 2 汤匙糖、1 汤匙柠檬汁、少许精盐后一起煮沸再用微火煮 5 分钟，再加入 1 杯半牛奶后搅匀，冷却后即可饮用。

31. 如何自制矿泉水？

将 20 克麦饭石放入杯中后，再用开水冲入，就能制成一杯人工矿泉饮料，在旅途中饮用效果尤佳。

32. 配制果子露有何秘方？

将温水 100 克放入容器中后放入 0.15 克糖精、50 克白糖、0.8 克粉质柠檬酸或 1.2 克乳酸、2 滴食用色素、2 滴食用香精，搅拌均匀溶解后再冲入 900 克冷开水，等呈微黄色后果子露就制成了。

33. 如何自制葡萄汁？

将优质鲜葡萄放于钢精锅内，然后用平

底茶缸将其碾碎并加热 5 分钟至 70℃左右，再倒入 4 层纱布中过滤。或者借助器具挤压，这样能提高出汁率。这时再将白糖倒进果汁中搅拌均匀并煮沸后趁热装瓶，并拧紧瓶盖，等自然冷却后就能食用。

34. 如何自制西瓜汁？

将西瓜切成两半、取瓤、捣碎后初步取汁。再用消过毒的纱布包住液汁没有取尽的瓜瓤，并使劲压挤使汁液全部榨出。直接饮用西瓜汁或加适量白糖再存入冰箱待用均可。

35. 如何自制柠檬汁？

将柠檬放入热水中浸泡数分钟后，再将果球开个小口，这样能挤出较多的汁液。将一根硬塑胶吸管的口部剪成斜状，以便插进柠檬里。要取汁的时候，稍微挤压吸管后柠檬汁就会从吸管口溢出。平时用保鲜膜包好后放在冰箱里就能长期使用。如果是间断地取用少量柠檬汁，就没必要将柠檬切片。

36. 杨梅汁怎么做？

在杨梅中加入适量糖腌 1 ~ 2 天，将腌出的汁水放于温火上煮开，等晾凉后放入冰箱。加入适量冰水、冰块，即能做出一杯可口的冷饮。

37. 西红柿汁如何调配更好喝？

将西红柿切成小块后用纱布包住再挤汁，然后将取出的汁放于旺火烧沸后即离火，冷却后再往里加入冰块、蜂蜜、汽水等即可饮用。

38. 如何自制鲜橘汁？

剥出橘子的橘瓣后将上面的白衣除去，放入容器中，再用金属勺压挤使其流出橘汁。或者用干净纱布包裹住橘瓣再挤汁。用挤果汁器直接挤汁会比较方便省力。在挤好的汁液中放入白糖就可饮用了。

39. 如何做柠檬啤酒汁？

准备 1 瓶啤酒，适量柠檬汁和碎冰块，另备置 1 只稍大的玻璃啤酒杯。把冰块放入杯内，慢慢注入啤酒及柠檬汁，然后搅拌均匀即可。

40. 如何做西红柿啤酒汁？

准备啤酒 1 瓶，适量西红柿汁及小冰块。另备置 1 只稍大的玻璃酒杯。把小冰块放入杯内，注入冷却过的啤酒，再将西红柿汁倒入，搅拌均匀后即可饮用。其特点：色泽亮丽，口感微酸，解暑提神，维生素 C 含量高。

41. 啤酒咖啡怎么做？

把煮好的黑咖啡加入糖，倒入啤酒饮用，苦中伴有香甜，提神开胃。

42. 如何自制营养丰富的维生素茶？

将三四片维生素 B2 磨碎后与绿茶一起冲泡一大杯，搅匀、晾凉后再放入冰箱冷藏。饮用时也可加入适量果汁。此茶不仅能去暑解渴、提神、消炎、助消化，还含有丰富的维生素。

43. 绿豆茶怎么做？

将 30 克绿豆、9 克茶叶（装入布包中）放入水中煮烂后去掉茶叶包，再加适量红糖即可。

44. 苦瓜茶怎么做？

将苦瓜上端切开、去瓤后放入绿茶，盖上端盖后放于通风处，当其阴干后取下洗净，同茶叶一起切碎、调匀，每次取 5 ~ 10 克用沸水冲泡半小时后即可饮用。

45. 如何制鲜藕凉茶？

将鲜藕 250 克切成片，放在铝锅中后再加入 4000 毫升水，用温火煮。等水煮剩 2/3 时就能食用。放入适量的白糖等凉后饮用更佳。注意不能用铁锅，否则藕可能会发黑。

46. 如何制胡萝卜果茶?

将 500 克胡萝卜洗净、去皮、切片，500 克红果洗净、去核、去柄，加 3~4 倍的冷水后放铝锅或不锈钢锅上煮熟并加入 250 克白糖，晾凉后用加工器打成糊状即成。胡萝卜一定要去皮，否则会有异味。不能用铁锅煮，否则会变色。若是太稠可以倒入适量开水再煮一会儿。

47. 杏仁茶怎么做才好喝?

将杏仁 200 克放入热水中浸泡 10 分钟后去皮，连水一起磨成浆汁。或用石头捣烂后滤渣取汁后再放入铝锅中，加入 1800 毫升清水、600 克白糖煮沸，杏仁茶就做好了，也可冲淡饮用。加些牛奶就是杏仁奶茶了。夏令时热饮冷饮均可，解渴效果极佳。

48. 茉莉花茶怎么做茶香更浓?

用新铝锅、铁锅将茶叶烘干后再用开水煮沸。不能用炒菜锅，这样茶叶会变味。傍晚时采摘含苞欲放的茉莉花用湿布包裹，等花略开后按茶、花 10：4 的比例放入茶叶内拌匀并一同装入罐内，2 ~ 3 小时后再倒出，拌匀后再装入罐内盖严；第二天上午将花拣出来，并将茶叶烘干，再按茶、花 10：1 比例重拌一次，就能冲泡饮用。要是想让香味更加浓烈，可再多制几次。

49. 怎样自制胡椒乌梅茶?

将 5 个乌梅、10 粒胡椒、5 克茶叶碾成末状后用开水冲服，每天 1 ~ 2 次，连续一周。胡椒味辛、性大热，入胃、肺、大肠后能助火、健胃、散寒。

50. 怎样做车前草、蒲公英茶?

将新鲜的蒲公英、车前草洗净后放入开水锅中熬约 5 分钟再捞出，茶就做好了。灌入暖瓶内就能随时喝到。此茶有消炎、解热、利尿的功效，是春、夏季时的好饮料。

51. 怎样做出具有特殊风味的啤酒?

● 做菊花风味啤酒。1 瓶啤酒、300 毫升菊花露、适量碎冰块。碎冰块放入杯内，倒入冰镇啤酒、菊花露，搅拌均匀即可饮用，具有色泽金黄、气味清香、入口清凉之特点。

● 做香槟风味啤酒。320 毫升黑啤酒、320 毫升香槟酒。啤酒冰镇后慢慢倒入盛有香槟酒的啤酒杯，搅拌均匀后即可饮用。

● 做绿茶风味啤酒。啤酒 80 毫升，柠檬糖浆 25 毫升，鲜柠檬汁 25 毫升，绿茶水 50 毫升。把啤酒、柠檬糖浆、鲜柠檬汁、绿茶水混合后搅拌均匀，冰镇即可。

52. 如何自制白米酒?

先将糯米用温水浸泡 4 小时后蒸熟，再用冷水淋洗 2 次，待温度降到室温后，将已溶入冷水的甜酒曲倒入糯米饭中均匀搅匀，取干净薄膜密封后放在棉被里保温，然后用 80℃ 的热水装入热水袋、盐水瓶中加温，每 6 小时需换 1 次热水，共换 3 ~ 4 次，可使它加速发酵。冬春季节一般 50 小时左右即能做成。

先蒸熟糯米，打散后放凉，撒上些酒药粉末，拌匀并浇少量凉开水，装入容器中盖好，夏天放 2 ~ 3 天，冬天放在温暖处 5 ~ 6 天便可。

53. 西瓜酒怎么做?

将西瓜的蒂部切下一块做盖子，然后放入几粒用清水洗净后捣碎的葡萄，将盖子盖上，用黄泥将西瓜盖糊严，使它不漏气，放于阴凉处自然发酵。约 8 天后开盖，即可成西瓜酒；将西瓜的原汁取出，兑入 1/2 白酒，将其搅拌均匀后，静置片刻，即可成西瓜酒。

54. 如何自制葡萄酒?

白露过后选择晴天将葡萄的青、烂粒及梗去除后，用清水洗净，晾干后，碾碎放入杀过菌的小缸中（留出 1/3 的容量），再蒙上两层纱布后放置于25℃的温度中3～4日就会自然发酵。每天上下翻搅3～4次，等皮渣下沉后用虹吸法吸出上浮的酒液并放入大瓶中再发酵，吸出的澄清部分去掉沉淀后就是天然原汁干红葡萄酒，饮时若加糖则酒质浓郁醇香。

55. 如何自制草莓酒？

用清水将2000克草莓洗净后，去蒂，然后再加入1000克白酒，将其浸泡半个月，将酒液滤出，装入坛中贮藏半年，即可。

❀ 九、储鲜技巧 ❀

1. 袋子开封以后，红糖隔夜就会变硬，如何避免？

为了避免这种情况的发生，可以在里面加点软糖、苹果片以及柠檬皮，再把袋子合上。这些东西都可以提供足够的水分，防止糖硬化。

2. 从大米袋往外倒米，或是把米往小的量杯里倒，往往会把米撒得到处都是，怎么办？

把米装在大的汽水瓶或塑料牛奶罐里。装之前一定要将容器清洗干净，然后晾干。装在里面的大米不仅可以保持新鲜，也不会长小虫子。然后，你就可以像倒汽水一样，需要多少米，就倒多少米了。

3. 如何更好地发挥冰箱的作用？

（1）用喷雾器将要保存的芹菜和菠菜上水，然后装进塑料袋中，再在塑料袋的底部剪出几个洞，便可以放进冰箱里了。

（2）用塑料袋包好姜，然后放在冰箱的架上吊挂，如此放置生姜可防腐。

（3）用塑料袋装好豆腐，然后放在冰箱的货架上吊挂，如此放置可防腐。

（4）浇点水在可口可乐瓶子和啤酒瓶上，置于冰箱中只需冷藏 40 分钟便可以冰好，如果不浇水的话，需要 2 个小时才能冰好。

（5）切成两半的瓜果在其切面上用薄纸贴敷上，再置于冰箱里冷藏，不用过多长时间便会冷却，而瓜果的香味不会受到影响。

（6）如果用冰箱贮存面包，面包很容易变干，可以用洁净的塑料纸将面包包起来再用冰箱冷藏即可保持水分不散失。

（7）剩余的食物切忌放在开启的罐头中，这是由于铅会外泄，污染食物。

（8）最好用容器将果汁盛装起来，以此来保存维生素 C 不受破坏。

（9）用纸盒盛装鸡蛋，可防止冰箱中的臭味被蛋壳上的孔吸收。

4. 储藏速冻食品有哪些技巧？

（1）不可将速冻食品直接放进冰箱恒温箱中冷藏。

（2）包装已经拆封或已破损的速冻食品，应该在外面加套一个塑料袋，并且将袋口扎紧，然后放进冰箱中冷冻保存，这样可以避免产品油脂氧化或变得干燥。

（3）已经解冻的食品最好不要再次放进冰箱中冷冻，那样保存质量不如以前，食用时也会影响味道。

（4）冷冻室里食品不要放得太满，否则会使得冷冻室内的冷气对流受到影响。

（5）速冻食品不宜保存时间太长，应该尽快食用。

5. 冷藏食品如何防串味？

食品在放入冰箱前，应该区分生、熟食品，要先放进容器内，比如带盖的瓷缸、塑料袋或饭盒等等，然后再放入冰箱中冷藏。对于带腥味的食物比如鱼、肉等要先清理干净，擦干后再装进食品用塑料袋中，把袋口扎紧，然后放进冰箱中冷藏。这样保存食物，不但可以防止食物间气味互串，还可以防止食物中的水分挥发，可以保持食物特有的风味。

6. 储存大米有何妙招？

• 一般方法。盛放大米的器具要干净、密封性好，并且盖子要盖得严实，如缸、坛、桶等。用米袋装米的话，要用塑料袋套在米布袋外面，并且把袋口扎紧。温度控制在8℃~15℃之间，保存效果最好。

• 塑料袋无氧存米。取若干个透气性比较差的无毒塑料袋，把每两个塑料袋套在一块儿备用。将大米铺在通风阴凉处，晾干，装进套在一块的塑料袋内。尽量要装得满一些，装好后，将残余的空气用力挤掉，将袋口用绳拴紧，因为塑料袋里空气较少，且大米已干透，塑料袋的透气性又很差，大米与外界空气隔离了。经过此法，可长期保存大米。

• "袋"加"缸"存米。可将好的大米摊开晒干后，放入口袋里，将口扎紧，然后放进米缸里，并把米缸放在通风、干燥处。入夏后，由于温度随着气温的升高而有所增大，"缸"、"袋"里面的大米会从中间向米袋、由内向外发热。此时，每隔约10天，就将大米从"缸"、"袋"里倒出来，散热、降温，然后再重新收藏好即可。

• 海带吸湿存米。海带晒干后，内有很强的吸湿能力，且有杀虫和抵制霉变的功能。在存放大米的时候，可在大米里放10%左右的干燥海带，让海带把大米外表的水分吸干，这样，就能有效地防止大米变质或生虫。因为大米的水分都被海带吸去了，因此，应每星期将其取出来晒干，然后再放到米中。

• 大蒜辣椒存米。将大蒜的皮去掉后与大米混合装入袋中，或者把大粒拆散、辣椒掰成两段与大米共存，即可起到驱蛾、杀虫、灭菌的效果。

• 花椒存米。将花椒放入锅内煮（水适量、20粒花椒），晾凉后，将布袋浸泡在花椒水里，晾干后，倒入大米，再用纱布将花椒包起来，分放在米的底、中、上部，将袋口扎紧，放在通风阴凉处，既能驱虫、鼠，又能防米霉变，使米能安全过夏。

7. 如何防止米生虫？

• 茴香防米生虫。按八角茴与米1∶100的比例取八角茴香，用纱布把茴香包成若干个小包，每层大米放2~3包，加盖封紧。

• 橘皮防米生虫。把吃完的柑橘皮放在粮柜上，粮食便没有飞蛾、黑甲虫和肉虫的骚扰，柑橘皮的清香可防虫。

8. 米生虫了，怎么办？有什么方法可除虫？

• 用生姜除米虫。把新鲜的生姜丢在米缸内，浓烈的生姜味可驱散米虫。

• 用杨树叶除米虫。米面一旦生虫，就应把它们移入干燥、密封的容器中，并采摘些杨树叶放入容器里一起密封。过4天左右，再打开窗口的时候，虫卵和幼虫均已被杀死。然后用筛子或簸箕将米面过滤即可。

• 用冷冻法除米虫。时间放置长的米面在夏季特别容易生虫，而在冬天的生虫率比较低，因此，可将过冬后所存放的米面，以5千克为一份，分别装进干净的口袋里，把袋口扎紧，然后将其放入冰箱的冷冻室，冷藏48小时，取出后等一段时间，经过这样的处理后，即使是在夏天，米面也不易生虫。

• 用阴凉通风法除米虫。将筷子插进生有米虫的米面里，待其表面有虫子爬出后，将米面放置在通风、阴凉处，这样，米面深处的虫子会从温度比较高的地方爬出来。

9. 贮存面粉有何窍门？

存面粉的容器，其密封性一定要强，否则一旦潮气侵入，就容易生虫。每次取完面后，应用力把面压实，在面粉上盖上一张牛皮纸，并撒上几粒花椒再密封容器贮存，即便是夏天也不容易生虫。入春后，将面缸放到别的地方，清理缸下的残面和尘土，将面缸的表面擦洗干净，可将过冬的虫蛹除去。将装面粉的口袋放在通风的地方透风，并经常抖动、清洗，也可将寄生虫卵去除。

10. 如何防止面头发干、发硬？

把用作发面引子的面头用没有毒的塑料薄膜或干净的食品袋密封起来，这样面头就不会干、不会硬，也不会发霉。把它放在通风阴凉处，还能防止它与其他的食品串味。

11. 面食放久了，就会变硬，怎样防止这一现象？

把刚买回来或刚做的面食趁热放到冰箱里迅速冷却，即可防止变硬。或者将其放在橱柜里或者其他阴凉处，或者放在蒸笼里面密封贮藏起来，或者用油纸将其包裹起来，在它上面蒙一块湿润的盖布，即可缓减食品变硬。

12. 如何保鲜切面？

把切面分成几小份，分别装入塑料袋中用冰箱的冷冻室冷藏，再次食用时，可以自己选择数量随吃随煮，即便是结冰的切面，只要用沸水一煮，筷子一搅，切面便散开了，如同刚下的一样。

13. 存挂面怎样防潮？

由于在生产挂面的过程中，是用鼓风机将挂面吹干，难免会夹有没有吹干的潮湿挂面，这样特别容易返潮，特别是包装纸上抹糨糊的地方。买回来的挂面，应该将挂面摊开，放在通风的地方吹干，再用报纸包好，用绳子系牢，就不容易变质了。

14. 怎样贮存挂面可防虫？

摊开刚买回来的挂面，将其充分晾干，装进干净的塑料袋内，再放一小袋花椒，然后扎紧塑料袋口。需要食用时，取出来后要扎紧袋口，这样，可有效防止挂面生虫、霉变。

15. 存剩面条怎样防止其粘到一起？

用凉水把剩余的面条过一下，再加入香油搅拌均匀，置于冰箱中冷藏，这样面条便会分散开来，不会粘到一起，下次食用时，只需稍加调料，便可做成爽口的凉面了。

16. 怎样贮存馒头可保持其香味？

用塑料袋把馒头装好，冷藏在冰箱里，当要食用时，只需将馒头取出，放在蒸锅里，用开水蒸8~10分钟，馒头蒸熟后香喷喷的，美味又可口。

17. 怎样贮存面包可保鲜？

• 用保鲜纸。用3层保鲜纸裹在面包外面，然后存放到冰箱中，这样做既能保鲜，又不会失去水分。

• 用芹菜保鲜。面包打开袋以后很容易变干，如果把一根芹菜用清水洗干净后，装进面包袋里，将袋口扎上后再放入冰箱，可保鲜存味。

18. 隔夜面包如何恢复其鲜味？

先在蒸筛里放上隔夜的面包，然后往锅里倒上小半锅温开水，放上些酸醋，这样把面包蒸上一会儿就可以了。

19. 剩元宵如何贮存效果好？

将剩的元宵在盆里揉成大面团，可适当放些清水，然后视口味不同加入葡萄干、核桃仁、花生仁、红糖等原料，做成扁圆状蒸熟，凉透后冷藏，可保存 1 个月不会变坏，食用时不管怎样加工味道都不错，并且随吃随取，简单方便。

20. 怎样防饼干受潮？

在已开封的饼干袋中，放入几块方糖，把口扎紧，即可防止饼干受潮。

21. 饼干受潮不好吃了，如何使其回脆？

把饼干放进盘子里，放入冰箱中冷冻，一两天后，饼干就脆了。

22. 怎样延长月饼储存期？

不可以把月饼放在盒里，否则容易坏掉。可以在竹篮里垫上纸，然后把月饼在竹篮里摆好，接着再盖上一张纸，每两天上下翻动一次。这样做，月饼最多可以存放半个月，最少也能保证 7 ~ 10 天内不会坏掉。

23. 贮存糖果有什么好方法？

（1）贮存糖果的时间不宜过长，用铁盒子来贮存硬糖不能超过 9 个月，贮存普通的糖果不能超过半年，对于含蛋白、脂肪较多的糖果，其存放则应约 3 个月。贮存的时间一长，就容易出现发沙、返潮、变白、酸败等现象。

（2）糖果怕潮、怕热，在贮存的时候一定要注意调节湿度和温度，一般室内的湿度为 65% ~ 75%，温度为 25℃ ~ 30℃为好。

（3）不能将糖果放在有阳光照射的地方，也不能跟水分比较多的食品放在一起。

24. 夏季如何防糕点受潮？

进入伏天后，空气的湿度会变大，糕点、饼干之类的食品就很容易受潮而发软。其实，在很多的食品包装袋里，都有一袋干燥剂。若将这些干燥剂贮存下来，放在饼干桶、点心盒等比较容易受潮的容器里，即能起到很好的防潮作用。

25. 怎样防止豆类生虫？

绿豆、豇豆、赤豆、小豆、豌豆、蚕豆等最易生虫，存放前可把它们倒入竹篮（其厚度不要超过 5 厘米）里，浸泡在沸水中，搅拌半分钟后，马上倒进冷水中冷却、滤干，放在阳光下曝晒，待干透后，装进铁桶或瓷坛内，再放几瓣大蒜。经过这种处理后，可保存 1 年不生虫。

26. 如何存绿豆可防虫？

把绿豆的杂物拣去，摊开晒干，装入塑料袋中（每包 3 千克左右），再放些碎干辣椒，密封，放置在干燥、通风处，即可防虫。

27. 如何存放绿豆可延长其保质期？

将空的饮料瓶子用清水刷干净，晾干，将绿豆装进去。把盖盖紧，可以长期储存，用的时候也很方便。此法还能存放其他各种粮食。

28. 贮藏干果有何妙招？

松子、瓜子、花生等干果经低温冷藏后食用，酥脆鲜香，清凉可口，回味无穷。冬季可以直接放到室外冷藏；夏季放入冰箱冷藏，要注意扎紧袋口。

29. 怎样存花生米可保鲜？

• 在入伏以前，用面盆盛装花生米，在上面喷洒白酒，同时用筷子搅匀，直至浸湿所有的花生米红皮，然后用容器保存。每 100 克花生米需喷洒 25 克白酒。用此法年年能吃到夏后的花生，而且不生虫，不影响味道。

• 把花生米放在容器中，晒 2 ~ 3 天。然后把它晾凉，用食品袋装好，把口封好扎紧，放入冰箱内，可保存 1 ~ 2 年，随取随吃随加工，味道跟新花生米一样。

30. 过夜的油炸花生米变软了，不再香脆可口，怎么办？

可用下面的方法维持花生米的脆性：在刚出锅的油炸花生米上，洒一些白酒，均匀搅拌，热气散一会儿后，再把盐撒上，这样做出的花生米，即使放置几天也会香脆可口。

31. 存红枣有什么好方法？

保存红枣的关键是要注意防风、防潮、避免高温。

（1）在无风的时候将红枣曝晒四五天，晒的时候要用席子遮住，然后把凉透的红枣放到缸中，加上木盖或者拌草木灰，这样可以防止其发黑。

（2）炒 30 ~ 40 克盐，将其研成粉末，均匀地撒到 500 克晒好的红枣上（分层撒），最后封上罐口。

32. 夏季存枣有何妙招？

把半干的枣用水洗净，用压力锅蒸（注意不能煮），开锅后压住阀门等待 10 分钟，然后把火关掉，等锅放凉后，把锅打开，将取出的大枣放在干净的容器中保存，吃的时候适量取出即可。经过处理的大枣已经糖化了，表面发亮，这样便不会生虫也不会发霉了。

33. 保存栗子有哪些妙招？

• 利用陶土罐。将饱满栗子挑选出来，将其放入陶土罐内，再渗入些潮湿的细沙，搅拌均匀。在罐口和罐底多放些黄沙，罐口用稻草堵住，口朝下倒放。容器的直径不能太大，存贮一段时间后，要全部倒出来检查 1 次，将发黑的和较嫩的栗子挑出来即可。

• 利用黄沙。把纸箱或木箱的底部铺上一层 6 ~ 10 厘米的潮黄沙，湿度以不粘手为度。然后按照栗子与黄沙 1：2 的比例拌匀放入箱子，上面再铺一层 6 ~ 10 厘米的潮黄沙，拍实。最后把箱子放在干燥通风处保存。

• 利用塑料袋。将栗子装进塑料袋里，放于气温稳定、通风好的地下室内。当气温在 10℃以上的时候，要打开塑料袋口；在气温低于 10℃时，要扎紧塑料袋口来保存。刚开始的时候，每隔 7 ~ 10 天就要翻动 1 次，待 1 个月后，翻动的次数可以适当减少。

• 加热法。准备一个锅，把栗子放在锅里，放水直至没过栗子即可，然后烧开水，慢慢停火后，滤掉热水，然后把栗子用凉水清洗干净，把栗子表层的水分晾干后装进塑料袋放进冰箱冷藏便可以了。

34. 如何延长山核桃的保存期？

由于山核桃比一般的核桃含油量要高，所以难保存。但是如果将其放入铝皮的箱内贮藏，就大大减少了它与空气的接触，从而避免了返潮，能长期保存。若没有铝皮箱，可将其尽量密封好。

35. 食用油怎样保存效果好？

应避免油直接接触金属和塑料容器，应尽量放在玻璃、瓦缸中保存。因为铁、铜和铝制金属以及塑料中的增塑剂，能加速油的酸败。可按 40∶1 的比例向油中添加热盐，可起到吸收水分的作用，并将油放在背阴通风处保存。温度以 10℃ ~ 25℃为宜。

36. 怎样延长植物油的保质期?

贮藏植物油最主要的就是要避光、防潮和密封。如果放一颗维生素 E 在每 500 克的植物油中，搅拌均匀，可以大大延长植物油的寿命，1 ~ 2 年都不会变质。

37. 存储花生油有何妙招?

将花生油入锅加热，放入少许茴香、花椒，油冷却后，倒进搪瓷或陶瓷容器中存放，不会变味，味道特别香。

38. 如何长时间保鲜猪油?

猪油炼好后，趁油还热时加些白糖，500克油里约加 50 克白糖，或者再加入少许食盐，搅拌均匀后装进瓶中密封起来，即可长时间保持猪油鲜味和醇香。

39. 如何防止酱油发霉?

• 在酱油里滴上几滴白酒，可防酱油发霉。

• 在酱油瓶中倒点麻油或花生油，把酱油和空气隔开。

40. 怎样可防食盐受潮变苦?

食盐易受潮变苦，可将食盐放在锅里炒一下，也可将一小茶匙淀粉倒进盐罐里与盐混合在一起，这样，食盐就不会受潮，味道也不会变苦。

41. 如何储存鲜果?

• 利用苏打水。柑橘等鲜果因为表皮很容易感染细菌而烂掉，所以不易保存。如果把它们在小苏打水中浸泡 1 分钟，这样的鲜果可以保鲜 3 个月。

• 利用混合液。用淀粉、蛋清、动物油混合而成的液体，在新鲜水果表面均匀地涂抹上一层，待液体干燥后，会形成一层保护膜，阻隔水果的呼吸作用，从而达到延长水果寿命的作用。

42. 存苹果有哪些好方法?

• 选用无病无损伤的中等大小的成熟苹果，用 3% ~ 5% 的食盐水浸泡 5 分钟，捞出晾干，用柔软的白纸包好备用。把一个盛满干净水的罐头瓶开着盖放到一个缸的缸底，空余的位置，把包好的苹果层层放进去。装好后，缸口用一张塑料薄膜密封。此法保存苹果可以保持 4 ~ 5 个月还鲜美甜香。

• 找一个木箱或者纸箱，把四周和箱底都铺上 2 层纸。把苹果 5 ~ 10 个装入一个塑料袋中，然后趁低温时，每两袋装好苹果的塑料袋对口放到箱子里，码好。最后，上面盖 2 ~ 3 层纸，再铺一层塑料布，封盖完毕。

• 先准备一个贮存苹果的缸，在缸中放入自来水，然后在水中放进一个支架，略微超过水面，最后把苹果放在支架上保存即可。需要注意的是放水的多少要根据缸存苹果的量来确定，大概是能装 10 千克苹果的缸倒入 500毫升的水便好了，如果天气很冷，还需在上面盖上几张报纸保温。用这种方法贮存的苹果，四季都不干皮、脱水，而且甜脆可口。

43. 贮存梨有何妙招?

选用无损伤的梨洗净，放入陶制容器内。用凉水配制 1% 左右的淡盐水溶液，将溶液倒入容器中，注意盐水溶液和梨都不要太满，以便留出空间和余地让梨自我呼吸。然后，将容器口用塑料薄膜密封，放于阴凉处，可保存一个多月。

44. 保鲜橘子有什么方法？

• 利用河沙。准备细河沙，湿度为可用手捏成团、齐胸口高丢下即散的程度。把河沙铺在缸等器皿中，铺一层河沙一层橘子，直到铺满。最上层铺较厚的一层沙子。每隔 15 天检查 1 次。

• 利用土坑。挖 1 米深、0.5 米宽的一个土坑，坑底用高粱杆添铺。上面满放鲜橘，最上面用砖当作坑顶，砖上覆盖 10 厘米的湿土。用这种方法保存的橘子存到来年，还新鲜水润。

• 利用锯末。晒干锯木屑到 5% ~ 10% 左右的含水量，将木箱或纸箱洗净晒干，将 2 厘米厚的锯末垫在箱底，然后摆好橘子。向上摆放橘子的果蒂，按照一层锯末一层橘子的顺序放满全箱，最后将 3 厘米厚的锯末覆盖其上，松松地盖上箱盖，放置箱子的架子应该是阴凉通风、并且离地面 20 ~ 30 厘米。用这种方法保鲜，可以保证 100 天以后还有 90% 以上的好橘子。

• 利用小口坛。选一只可装 15 ~ 20 千克的小口坛子，将柑橘放入其中，放置在阴凉通风处，注意 1 周以后封口，之后每隔 4 ~ 5 天开盖通风 1 次。如发现坛子内壁有水珠用干布擦掉就是了。这样储存的柑橘 5 ~ 6 个月也不会烂。

• 利用食品袋。把能够装 2.5 ~ 5 公斤物品的塑料食品袋开一个小洞，以排除湿气。之后把柑橘装入袋中，封好。把袋子挂在室内或放在纸箱里每隔一段时间检查一遍，发现坏的要及时挑出。用这种方法柑橘可以保存几个月不坏。

45. 橘子皮变干了，如何令其复鲜？

把橘子放在水中，水高以没过橘子为宜，如果橘子皮不是很干，在水中泡过一夜便可，如果橘子皮很干，在不坏的情况下，可以延长泡的时间，只是需要注意每天要换水 1 次。橘子皮待到变软便可取出食用了，其味道如同新鲜橘子一样可口。

46. 怎样保鲜香蕉效果好？

• 利用冰箱。将待熟的香蕉放进冰箱里贮存，可使香蕉在比较长的时间内保持新鲜，即使是表皮变了色也不会影响食用。

• 利用食品袋。香蕉买回来如果不一次吃完，若使用冰箱或存放于一般条件下，香蕉容易冻坏或变黑。如果用食品包装袋保存或是无毒塑料膜袋，将袋口扎紧，使之密封，即可将保鲜时间延长至 1 周以上。

47. 储存西瓜有何高招？

• 选择硬皮硬瓤的西瓜，在八成熟时连柄一同摘下，用塑料袋密封。放到无光的阴凉处，如放到地下室或者地窖更好。这样西瓜就处于低温缺氧的状态。如需分层码放需在西瓜之间垫上草垫。

• 选用无损伤且成熟度适中的西瓜，放在阴凉通风处。瓜蒂弯曲并用绳子扎起来，为使瓜皮气孔堵塞每天用湿毛巾擦皮 1 次。

• 用 18% 的盐水浸泡选好的中等个儿的熟西瓜，取出后装入食品袋中密封，然后再选择密封性好的地方贮存，用此法保存西瓜可保鲜一年，再次食用时，西瓜依旧光洁鲜嫩，吃起来香甜可口。

48. 怎样贮存葡萄效果好？

• 冻葡萄的酸度会减少些许，不但味道好，保存也容易。可用塑料袋将洗净的葡萄放在冰箱冷冻室里冷藏，食用时只要取出立刻用自来水冲洗干净便可，此时葡萄特容易剥皮，吃起来比较省事，还可以在去皮的葡萄上加白糖搅拌均匀做成凉菜，味道也不错的。

• 用一个纸箱，里面垫上 2 ~ 3 层纸，选取成熟的葡萄密密地摆放在箱中。把箱子放在阴凉潮湿处，如果温度控制在 0℃ 左右，可以保存 1 ~ 2 个月。

49. 荔枝保鲜有何妙招？

• 用一个盛有清凉自来水的陶质或塑料容器来保存新鲜荔枝，只要把荔枝用剪刀剪成完整的一粒一粒的，放入预先准备好的容器中，早晚换清水两次便可。随吃随取，用此法荔枝可至少保鲜 4 天。

• 由于荔枝本身有呼吸作用，能放出大量二氧化碳，因此如果把它放在一个密封的环境，能够形成一个氧气含量低，二氧化碳含量极高的储藏环境。采用这种方法贮藏荔枝，在常温下可以保存 6 天；1℃ ~ 9℃ 的低温下，能保存一个月。家里也可以直接用塑料袋密封。

50. 龙眼怎样保鲜效果好？

热烫保鲜法：首先将果穗浸入开水中烫 30 秒，取出后放到四处通风的地方，使果壳逐渐变硬，以保护果肉。20 ~ 30 天后果肉依然能保持新鲜。

51. 如何防止蔬菜枯萎、变黄？

将买回来的蔬菜稍稍晾干后，去掉枯黄腐烂的叶子，将新鲜的蔬菜整齐地放在干净的塑料袋里，把袋口扎紧，放在通风阴凉处，这样保存的蔬菜，两天左右不会枯萎、变黄。也可以用报纸来保存蔬菜。用报纸将蔬菜包好后，根朝下，放在塑料袋内即可。

52. 怎样减少瓜果类蔬菜的农药残留量？

新采摘的未削皮的瓜果不要立即食用，

因为农药在空气中，可以缓慢地分解成对人体无害的物质。所以对一些蔬菜，可通过一定时间的存放，来减少农药的残留量。此法适用于番瓜、冬瓜等不易腐烂的瓜果。一般存放期为 10 ~ 15 天以上。

53. 如何存放蔬菜可保持其营养成分？

经测定发现，蔬菜在采收后，垂直放置相对于水平放来讲，更便于蔬菜营养成分的保存。这种现象原因在于垂直放的蔬菜，其内还有的叶绿素要多于水平放的蔬菜，并且时间越久，两者差异会愈大，叶绿素中含有造血成分，可以为人体提供很好的营养元素，并且垂直放的蔬菜保存期也要比水平放的要长，蔬菜的生命力延续了，我们食用起来也会有很大益处。

54. 做汤时常常放一些小白菜，可每次都去买又太麻烦，怎么办？

将优质小白菜择好洗净，再用开水焯一下，然后捞出来过凉水，待凉透后切段，装进小袋里，放到冰箱冷冻室。在做汤或吃汤面的时候放一些，方便卫生。

55. 储存大白菜有什么好办法？

（1）要晾晒。要等白菜帮、叶白了以后发蔫了才能储存。白菜帮是保护白菜过冬的外衣，千万不能去掉。

（2）晒干以后，单排摆在楼道、过厅或阳台均可。

（3）存储大白菜就是后期怕冷，前期怕热。所以热时，可放在屋外，晚上要盖好。冷时，必须盖严实，防止冻坏，但是白天的时候最好打开通通风。如果发现菜冻了，要立即转移到温度较低的室内（3℃ ~ 8℃），慢慢化冻，切记不要放到高温处化冻。

（4）每隔五六天就要翻动一次白菜，根

据菜的具体情况而定。但要轻拿轻放。

56. 贮存韭菜有哪些妙招？

• 利用大白菜。冬天的时候，如果青韭或黄韭有剩余没吃完，我们可以选择一棵大白菜（需要大而有心的），用刀在其脑袋上切一刀至1/2处便可以。在用刀在刚才所切部中间沿着菜梢的方向再切一下，切的深度以2厘米比较合适。这样便可将白菜的菜心掏出，将要保存的韭菜放到里面，然后把切口合好，这样处理过的韭菜不但不干不烂，而且可保存数天，下次食用时依然鲜嫩，保持原来的香味。

• 利用塑料袋。用塑料袋包装新鲜韭菜，置于通风阴凉处，韭菜保鲜期可为三四天，如果是冬天，保鲜期可维持7天左右。

• 利用清水。盛适量的清水在陶瓷盆里，备用。用草绳把刚购买回来的韭菜捆好，将韭菜的根部朝上放入盆里。盆里面的清水要没过韭菜，即使清水完全浸泡韭菜根部及其附近的茎部即可。此法可使韭菜2～3天不变质。

57. 储存冬瓜怎样防止其受寒变坏？

冬瓜防寒保存，首先要选择那些表皮没有磕碰并有层完整白霜的完好冬瓜，然后在干燥阴凉的地方铺上草垫或放上一块木板，把冬瓜放在上面即可保存4～5个月不会变坏。

58. 已切冬瓜如何保存可防腐烂？

切开的冬瓜如果剩余，可用大于冬瓜切口的干净白纸贴在切口处，并且白纸全部贴住切口、按实，这样处理的冬瓜可保存三四天依然可以食用。

59. 存放香菜有哪些好方法？

• 在盘中放约半盘水，注意不要放多，将一把香菜放入这个盘子中泡存，翠绿可持续一个星期，食用时随取随吃，又方便又新鲜。

• 把新鲜的香菜用绳子捆成若干小份，用报纸将其上身包起来，再用塑料袋将香菜根部稍微扎起，切勿扎紧，以防根部腐烂。待一切包好后将根部朝下，置于阴凉通风处保存。此法保存，香菜保质期可达一个星期，再次食用，翠绿如初。

• 将香菜清洗干净，用刀切成小碎段（可根据个人喜好选择切段大小），可以将剩香菜跟剩白萝卜都放在同一个塑料袋内，然后放入冰箱中冷存，这样香菜可保存两个星期，取出后依然鲜绿。

• 将香菜包入新鲜大白菜叶或其他多青菜里面，如果直接压放在大白菜堆里面，保鲜效果更佳，可存20天到1个月。

60. 存胡萝卜有什么好方法？

胡萝卜可以把两头切掉保存，因为这样就可以不使头部吸收胡萝卜的水分。

61. 冬天如何保鲜胡萝卜？

胡萝卜去尖头，掰尽叶子，用水浸一下，控干水备用。用一张无毒的聚乙烯塑料薄膜包好，再用玻璃胶纸密封至不透气。把包好的胡萝卜放入地窖或潮湿的地方，温度保持在0℃～5℃。这样胡萝卜可以一冬新鲜。

62. 保存萝卜干有何妙招？

（1）晾晒萝卜干。把萝卜洗净切条，用食盐腌制控水。然后在木板或者干净的布上摊开晒干。

（2）晒好的萝卜干可以放到布袋或者塑料袋里，挂在阴暗通风处。吃的时候洗净用温水浸泡就可以了。

（3）如果是用青萝卜晒的，吃的时候可以不用蒸，直接洗净烫软就可以了。

此方法同样适用于西葫芦、香菜、豆角

和茄子等。

63. 贮存西红柿有何妙招?

可在夏天大量购买一些青红色的西红柿,放进食品袋,30 厘米 ×40 厘米的塑料食品袋大概可以盛 3500 克的西红柿。扎紧袋口后放在通风阴凉处,每隔 1 天打开 1 次口袋,清理掉袋中的水和泥,通气 5 分钟后再扎紧食品袋。以后陆续红熟了的西红柿可以取出食用。等全部变红以后就不要再扎口袋了。

此法可以储存西红柿 1 个月之久。秋天用此法可以使整个冬天都有鲜西红柿吃,非常不错。但换气时间要间隔 3 ~ 7 天 1 次。

64. 保鲜黄瓜有哪些好方法?

• 用木桶把黄瓜浸泡在食盐水中。这时从木桶底部涌出很多小气泡,这样可以增加水中的含氧量,从而维持黄瓜的呼吸,不至于蔫掉。如果水充足,可以用流动水如溪水、河水等。此法在夏天 18℃ ~ 25℃ 的高温下,仍能保存黄瓜 20 天。

• 秋季,将没有损伤的黄瓜放入大白菜心内,一般每棵白菜可以放入 2 ~ 3 根黄瓜,根据情况而定。然后绑好大白菜,放入菜窖中。用此法保存黄瓜到春节仍能鲜味如初,瓜味不改。

65. 怎样贮存青椒可保鲜?

• 装袋冷冻法。将青椒装入干净的塑料袋里,将袋口扎紧,放在冰箱冷藏室内的中、下层,每隔6天左右检查1次,可贮存一个月左右。

• 装袋贮存法。将青椒装入干净的塑料袋里,并留些空气在袋中,然后将袋口扎紧,放在通风阴凉处,每隔 3 天左右检查 1 次,可使青椒汁液饱满,保持新鲜。

• 串绳晾晒法。把辣椒用绳子串起来晾干,用一个塑料袋盖在上面,然后挂在屋檐下;每隔 1 ~ 2 个月将塑料袋取下,把辣椒晒一晒,这样,辣椒既干净卫生,也不会生虫腐败。

• 入缸覆沙法。首先选择蜡质层厚、皮厚的青椒,果柄朝上摆在缸中,然后在上面洒一层沙子,以看不见青椒为度,然后一层青椒一层沙,直到摆到顶部。缸顶用双层牛皮纸密封。放在阴凉处。如果天气变冷,可以在缸口和四周用草盖起来。用这种方法保存青椒,0℃以下可以储存 2 个月之久。

66. 鲜笋如何保鲜?

剥去笋壳,用清水洗干净,从中间纵剖成两半,加入跟炒菜时数量相等的盐,放在有盖的容器中,然后再放在冰箱里,可存放一个星期。若在存放的过程中,有些地方(特别是表面)发黑,不会影响食用。

67. 冬笋保鲜有何妙招?

• 沙子保鲜冬笋。用旧木箱(纸箱)、或者旧铁桶(木桶),在底部铺一层 6 ~ 10 厘米的湿黄沙,在上面将无损伤的冬笋尖头向上铺在箱中,然后再将湿沙倒入箱中填满拍实,湿沙以不沾手为度。湿沙要盖住笋尖 6 ~ 10 厘米为宜。将箱子置于阴凉通风处保存。此法可以保存冬笋 30 ~ 50 天之久,最长可达 2 个月。

• 蒸制保鲜冬笋。把冬笋削壳洗净备用,个大的要从中间切成两半。蒸或煮五六成熟时捞出,摊放在篮子里,晾干挂在通风处。可保鲜 1 ~ 2 星期,此法适合有破损或准备短期食用的冬笋。

以上介绍的两种方法,都不会改变冬笋原来的品质和味道。

68. 如何贮存莴笋效果好？

• 纸袋冷藏法：把莴笋放进纸袋后，再放入冰箱贮存即可。

• 布包冷藏法：将布打湿后，包好莴笋，然后装进干净的塑料袋里，放到冰箱里即可。

69. 贮藏茭白有哪些方法？

• 买回茭白，去梢，留有 2 ~ 3 张茭壳，要求茭体坚实粗壮，肉质洁白。放入水缸或水池中，加满清水后压上石块，使茭白浸入水中。注意经常换水，以保持缸、池水的清洁。此法适用于茭白的短期贮藏，可使茭白质量新鲜，外观和肉质均佳。

• 铺一层 5 厘米左右厚的食盐在桶或缸里，然后把经过挑选、已削去梢，且带有壳的茭白按照顺序铺在桶或缸里，当堆到离盛口还有约 7 厘米的时候，用盐封好，这样，就可以使茭白贮存很长时间。

70. 怎样贮存鲜藕效果好？

在贮存鲜藕的时候，应挑选些茎大而粗壮、表皮没有损伤的，分节掰开，用清水将表皮的泥土洗净，然后放进装有清水的容器里，水要没过藕节。若是冬天，可 1 星期换 1 次水，秋天应 5 天左右换 1 次水，以防止清水发臭、变质。采用此法，一般可以保存鲜藕约 40 天。

71. 菠菜如何保鲜？

菠菜吃不了没多长时间便会变蔫。可以把菠菜的叶和茎分开，分别食用。可先吃菠菜叶，用塑料袋将菠菜茎部包严用冰箱冷藏，这样处理后可以保鲜 10 天。别的有茎叶的蔬菜也能用这种方法保鲜。

72. 如何延长菠菜存放期？

在背风的地方挖一个 30 ~ 40 厘米深的坑，在气温降低到 2℃时，把菠菜每 500 克捆成小捆，菜根朝下放好。最后上面覆盖 6 ~ 7 厘米厚的细土就行了。菠菜可以保存 2 个月。

73. 怎样保鲜芹菜效果好？

吃剩的芹菜过一两天便会脱水变干、变软。为了保鲜可以用报纸将剩余的芹菜裹起来，用绳子将报纸扎住，将芹菜根部立于水盆中，将水盆放在阴凉处，这样芹菜可保鲜一周左右的时间，不会出现脱水、变干的现象，食用时依然新鲜爽口。

74. 保鲜香椿有何妙招？

将洗净的香椿用开水微烫一下，再用细盐搓一下，装于塑料袋中用冰箱冷冻贮藏，食用时只要取出适量便可，此法可保存香椿一年有余；另外一种方法是把洗净的香椿（可以切碎）用细盐搓过后用塑料袋包装，食用时只要放在开水里烫一下即可，味道不变，最适合用于夏季拌凉面使用。

75. 新鲜粽叶如果不用，便会变干、打卷，有什么方法可保鲜？

可将洗净的粽叶，捆成一把，然后冷冻贮存，贮存时间可长可短，用时只需浸泡化冻，粽叶新鲜如初，舒展、柔软。粽叶可重复使用，只需将回收粽叶炮制此法便可。

76. 什么方法可防土豆发芽？

• 用麻袋、草袋或者垫纸的箱子装土豆，上面放一层干燥的沙土，把它置于阴凉干燥处存放。这样可以延缓土豆发芽。

• 把土豆放入旧的纸箱中，并在里面放入几个没熟的苹果，就可以使土豆保鲜。因为，苹果在成熟的过程中，会散发出化合物乙烯气体，乙烯可使土豆长期保鲜。

• 将土豆放入浓度约为 1% 的稀盐酸溶液里浸泡 15 分钟左右。然后再储存土豆。这样土豆贮藏一年以后，相对会减少一半的损耗，同时也不影响它的食用及繁殖。需要注意的是，要避免阳光直晒以及定期翻动检查。

• 用小土窑保存土豆，定期通风，只要温度适当，土豆可以保存好几个月。

77. 白薯如何防冻？

被冻的白薯不可食用。可将蒸熟的白薯用塑料袋包装冷冻贮存，吃的时候，加热蒸透便可，味道如同鲜白薯一样美味可口。

78. 蘑菇如何保鲜？

蘑菇放水中煮，注意水里需加盐形成10% 的盐水，30 秒至 1 分钟后捞出晾干水分。冷却后，按照盐 250 克，蘑菇 500 克的比例，先在缸底铺上一层一寸厚的食盐，然后再铺一层蘑菇，然后再铺一层食盐，如此往复直到把缸填满。最后用饱和盐水灌缸封口，压上石头，防止蘑菇漂浮。此法可以保存蘑菇一年左右。食用时，蘑菇鲜美如初。

79. 怎样储存豆角？

豆角需选用个大、肉厚、籽粒小的品种，摘去筋蒂，稍蒸一下，然后用剪子或菜刀按"之"字形剪切成长条备用。把它挂在绳子上或摊在木板上晾干。之后用精盐把干豆角拌匀，放在塑料袋里，挂在室外的阴凉通风处。吃时，洗净浸泡就可以了。

80. 受冻扁豆怎样处理效果好？

将冻过的扁豆用开水烫一下，再用凉水洗净。这样处理过的扁豆无异味，颜色鲜绿，食用时烧法跟鲜扁豆做法一样。注意的是吃剩的扁豆可用冰箱冷藏保鲜，以供下次食用。

81. 保鲜豌豆有何妙招？

• 将豌豆剥出来，装入干净的塑料袋里，将口扎紧，放在冰箱的冷冻室里，每次食用的时候再用开水煮熟，其味即可跟新鲜豌豆完全一样。

• 将剥皮的豌豆放进容器中，加入适量自来水，水高以刚没过豌豆为宜，然后将容器放进冰箱冷冻，待结成冰后便可取出，稍放一会，便成豌豆冰块了，将其取出后，用塑料袋装好后放进冰箱里冷藏。用此法保存即使在冬天也可以尝到新鲜的豌豆。

82. 如何保存豆腐？

• 锅蒸保存豆腐。将洗好的豆腐，放入锅中短时间煮或蒸一下，注意不要煮久，然后放在阴凉通风的地方。

• 清水保存豆腐。把豆腐放入清水中浸泡，水质一旦变混时要立即换水。天热时，一般 1 天要至少换 3 次水，这样豆腐才不会变质发黏。

• 盐水保存豆腐。按 500 克豆腐 50 克盐的比例，将盐溶入凉开水，放入豆腐，使其淹没，这样可保持一两天不坏。如豆腐变酸，可用 50% 的热碱水浸泡 20 ~ 30 分钟，再用清水漂洗干净，酸味即除。

83. 洋葱贮藏有哪些妙招？

• 挂藏。大量贮藏时，可搭挂在空屋里或者在干燥处搭棚、设木架挂洋葱辫；小量贮藏时，可将充分晾晒好的洋葱辫，挂在屋檐或者温室后坡，只要通风、干燥、雨淋不着就可以。

• 垛藏。在干燥通风的地方，用石块或圆木垫起高 30 厘米左右、宽 1.6 米左右的垛底，把完全晒干的洋葱辫堆成 1 ~ 1.6 米左右高的垛，盖上 3 ~ 4 层席子，四周围盖 2 层席子，用绳子将其横竖绑紧，保持干燥，防止日晒雨淋。

垛后封席初期，每次下雨之后都要检查

一下，如有漏水，晒干后再盖好席子。天冷时应加盖草帘保温。寒冷地区，当气温降到零度以下时，拆垛搬到仓库或空屋里继续贮藏，温度保持在 -2℃ ~ 3℃。

• 坯藏。此法只限于少量贮藏，将充分晒干好的洋葱头混入细沙土中和成泥，制成 2.5 ~ 5 千克重的土坯，晒干后堆在通风干燥处。注意防雨防潮、天冷时防冻，发现土坯干裂时应及时用潮土填补裂缝。

84. 大葱的存放有哪些好方法？

• 将葱的根部朝下，竖着插在水盆里，这样，不但不会烂空，而且会继续生长。

• 将大葱叶子晒蔫，不要将叶子去掉，捆好，根部朝下，放于阳台阴暗处，不要沾水，也不要受潮，以免腐烂。也不要放在太干燥的地方，不然会干瘪变空。

• 若大葱受冻，不要挪动它，以免由于受到外力的挤压而使细胞之间的冰粒把细胞压破，而外溢腐烂。一旦大葱受冻，要将其轻放轻拿，需将其放在室内一段时间，使之慢慢地解冻，即可食用。

85. 怎样保鲜生姜效果好？

• 水湿保鲜生姜。找个有盖子的大口瓶子，在瓶底上铺垫一块着水的药棉。药棉湿了即可，以免水多烂姜。把生姜放在药棉上，盖上瓶盖即可，随用随取，非常方便。

• 袋藏保鲜生姜。将生姜放入塑料袋，扎紧袋口，用细绳吊挂在冰箱内的搁架上，可长时间保鲜。

• 用食盐保鲜生姜。把生姜洗净后埋入食盐罐里，这样可以防止失去水分，不干瘪，也能比较长时间保持新鲜。

• 用报纸保鲜生姜。将皮还没有掉的姜用报纸包紧，放于室内通风处，随吃随取，打开

后将剩下的再包好。采用此法，可保存两个月以上。

86. 新鲜大蒜头如何保鲜？

• 用白菜叶保新鲜大蒜头。将大蒜用新鲜白菜叶包好，用绳子捆好后放置于通风阴凉处，保持干燥，此法可保鲜数天。

• 用袋装法保新鲜大蒜头。将皮白、圆融且无虫的大蒜头放在已撒了精盐的塑料袋里，置于 18℃ 左右的环境中，可使蒜保存一年。但是，每隔 7 天左右要开袋透透气，若发现霉烂、发芽或干瘪的蒜头，要及时把它们拿出来，以免"传染"。

87. 买来的活鱼如何延长其存活时间？

买回活鱼想留到傍晚时，可滴几滴白酒在活鱼嘴里。当活鱼"醉"后，便可把它放回水中，再将它们放在黑暗潮湿且通风的地方，这样，在傍晚想食用时，鱼还活着。

88. 鱼类保鲜有何妙招？

找一个大可乐瓶装入半瓶水，将瓶口封住后快速摇动，这样便会产生大量气体，气体会融入水中，将这些水倒进鱼盆中，盆内便会充满充足的氧气了，濒死的鱼呼吸到充足的氧气便会鲜活起来，当鱼再次翻白时，只要从盆中倒出一些水，用上述方法再次换水，鱼很快便会活跃起来。

89. 刚杀禽鱼的保存有什么好办法？

为了保持刚宰杀过的鸡、鸭、鱼等烹调后的鲜味，要先将其洗净后沥干，在冰箱外放置 2 小时后再冷藏。

90. 鱼肉的保存有哪些妙招？

• 冰箱存鱼保鲜。买回鱼后，应及时把鱼鳞、腮及内脏去掉，然后用布袋或塑料袋包严。

若近日食用，可放入冷藏室，若想长期贮存，则应放入冰箱冷冻室。用冰箱存鱼，保鲜期一般在4个月以内，时间长了，虽不会腐烂，但其鲜味会逐渐减少。

• 用热水浸后藏鲜鱼。先把鱼放入88℃的热水中，浸泡2秒种，这样细菌和其他酵母就被杀死了。待鱼表面变白以后，再储藏在冰上。这样鱼的储藏时间可以延长2倍。

• 用芥末保鲜鱼肉。芥末不但是一种调味品，还可用其来做鱼肉的防腐剂。用水将芥末调好后，装入一个小碟中，与鲜肉、鲜鱼放在一个密闭好的容器内，放在一般的室温下，鲜肉、鲜鱼即可存放4天不变味。

91. 如何令冷冻泥鳅复活以保持其鲜味？

冰箱冷藏的泥鳅是可以复活的。其方法是：把活泥鳅装入一个不漏气的塑料袋，里面装一点水，用橡皮筋扎紧。放入冷冻室里冷冻。吃时，把冻的泥鳅放入一盆干净的冷水里，待冰块融化后，泥鳅就复活，活蹦乱跳了。

92. 鲜虾怎样贮存？

在把鲜虾放进冰箱里贮存前，先用油或开水氽一下，处理完后，可使虾体内的显色物质、蛋白质、游离生态滞留在细胞里，成为不容易变味的氨基酸分子，这样，即可使红色固存，鲜味持久。

93. 虾米如何保存？

对于淡质虾米，可将其摊在阳光下晾晒，待完全干后，装入瓶中，保存起来即可。

对于咸质虾米，不能放于阳光下晾晒，可将其摊于阴凉处风干，再装入瓶内。

94. 虾仁怎样保鲜？

将虾仁的皮剥掉后，放入清水中，用几根筷子将其顺着同一方向搅打，反复换水，直至虾仁发白。然后再把虾仁捞出来，将水分控干，再用干净的棉布将虾仁中的水分吸干，并加入少许干淀粉和食盐（也可同时放少量料酒），再顺着同一方向搅打数分钟。经过这样处理的虾仁，可以更好地贮存待用。

95. 贮存虾皮有何妙招？

• 用大蒜贮存虾皮。用淡水将新鲜的虾皮洗干净后，捞出来沥干，然后将其均匀地放在木板上晾晒，待完全干后，贮藏起来，并加几瓣大蒜，密封起来贮存即可。用此法贮存虾皮其味美如初。

• 用盐水贮存虾皮。用清水将虾皮洗干净后，放入锅内，加入适量盐（每约500克虾皮里放约100克盐）与水同煮，待水开后将其捞出来，放在篮子里沥干，然后放在干净的塑料袋里密封起来贮存即可。

每次打开后，一定要将袋口封好，防止返潮。

96. 怎样存养活蟹？

• 方法一：新买回来的活蟹，若想放几天再吃，可将其放在大口坛、瓮等器皿里，铺一层泥在底部，稍稍放些水，然后把蟹放进器皿里，放于阴凉处即可。若器皿比较浅，要加一个透气的盖在上面，以防蟹逃走。

• 方法二：若买回来的蟹比较瘦，想让它肥些再吃，或者蟹由于贮存而变瘦，可喂些打碎的鸡蛋或芝麻（并加上些黄酒），但是不能放得太多，以防蟹吃多了而胀死。

97. 怎样贮藏鲜蟹肉？

在螃蟹大量上市的时候，可将买来的活蟹用清水洗净后，将其蒸熟，剔出蟹肉，剥出蟹黄，然后放入炒锅内，加上适量的精盐、姜末、清水及料酒，待水差不多烧干后，盛进干净的瓦罐里，倒入些熬热的猪油（需没过蟹肉），冷却后，将罐口密封好，放在阴凉处。食用的时候，将猪油拨开，挖出蟹肉，再迅速盖好，贮存即可。

98. 怎样收藏海味干货？

• "暴露"贮存法。很多购来的海味干货（如：海米、虾皮、海带等）都含有潮气，容易变质，因此，应将其先放在阴凉、通风且比较阴干的地方。然后再用干净的纸把它们分别包好，扎几个通风小孔在白纸上。悬挂在通风避光的地方保存即可。

• 用蒜葱贮存海味干货。取一只干净陶罐，将大蒜和大葱剥好后一起铺在罐底。然后，把海味干货放入罐内，再码一层葱叶在它上面，将盖盖严。可长期保存。

99. 如何贮存海蜇？

• 盐水浸泡法。海蜇泡发好后，若一次吃不完，可以将其完全浸泡在盐水里，以防止被风干后，难以咀嚼。

• 盐腌法。买回海蜇后，千万不要用淡水来洗，可将其用盐一层层地腌在坛子里。撒一层盐在坛口处，封好坛口即可。在腌制的过程中，一定要将坛子洗干净。

100. 贮存海参有什么好方法？

若海参贮存不当，就会变质，其正确的贮存方法是：把海参完全晒干、晒透，然后装入无毒的双层塑料袋里，将袋口扎紧，挂于干燥通风处，在夏天时再曝晒几次，即可长时间贮存海参不变质。

101. 如何贮存鲜肉？

• 醋贮存鲜肉。把醋酸钠放入水中，溶解成0.5％的溶液，将鲜肉放进溶液中浸泡1小时左右，取出后放入干净容器中，放置在常温下，可保鲜2天。或者将生肉用沾过醋或浸过醋的干净布或餐巾包起来，过一晚上仍然能保持新鲜。

• 盐贮存鲜肉。将肉切成大小均为1厘米左右厚的片状，用沸水烫一遍，等凉后，涂上盐面在其两面，然后放进容器里，再用一块干净的纱网将口封住，使之受风，放于阴凉处，约一天后鲜肉里就会渗出水分，采用此法，在盛夏也可保存20天左右不变质。

• 油贮存鲜肉。将鲜肉切成块，用油炸，可短时间保存。或者是将肉煮熟后放入刚炸过的猪油里，可保存较长的时间。

• 胡椒和盐贮存鲜肉。按照每次的食用量将肉切成块，用保鲜袋分别装好，放进冰箱里。如果是切成薄片的肉，要将它们稍稍地错开放入保鲜袋中。若是跟牛排一样的厚肉，则要涂上少许胡椒和盐将它们一块块地用保鲜袋装好以后再放入冰箱里。

• 锅蒸贮存鲜肉。将鲜肉放入高压锅里蒸，直至排气孔冒气，然后把减压阀扣上离火，可保存两天左右。

102. 怎样保存鲜肝效果好？

猪肝、牛肝、羊肝等由于块头比较大，家庭烹调时一次吃不完，若保存不好食用不完的鲜肝，就会变干、变色。此时，可以在鲜肝的外面涂上层油，放进冰箱里贮存，下次再食用的时候，仍然保持着原来的鲜嫩。

103. 如何贮存肉馅以防变质？

肉馅若一时用不完，可把它们盛在碗中，抹平表面，再浇上一层炸熟的食油，可使其与空气隔绝，存放起来不容易变质。

104. 火腿若保存不当，就会变哈喇、变质、走油，有什么好方法可解决这一问题？

• 用酒存火腿。切剩的火腿只要在切面处用葡萄酒涂抹一下，然后放入冰箱中冷藏，便不太容易变质了。

• 用食油存火腿。在火腿表面擦抹一层食用油，然后装进不漏气的干净食品袋里，将袋口扎紧，放入冰箱内，这样，即可长时间保存不变质。也可将其切成大的条块，分别放进盛器里，用食油将火腿完全浸没，如此可保存更长时间。

105. 如何延长香肠的贮存期？

香肠是含油脂比较多的食品，容易变质或变味。若洒一杯白酒在坛子里，然后将香肠平放在坛子的四周，等全部码满后，再洒些白酒在上面，然后将坛子口密封起来，放于阴凉处，即可使香肠保存一个夏天都不坏。

106. 冷藏鲜鸡蛋如何保证其卫生？

直接将买回来的新鲜鸡蛋放在冰箱架上，是一种很不卫生的做法。因为蛋壳由于外界污染在其表面会形成假芽孢菌、枯草杆菌、大肠杆菌等细菌。如果鸡蛋上有禽粪、污斑、血迹，微生物会更容易污染鸡蛋，而且这些微生物大都可以在低温下繁殖生长。所以，一定要先把买回的鸡蛋进行处理：先挑选出有血斑、禽粪的鸡蛋，将这些脏物用湿布洗掉，然后再用洁净干燥的食品袋把鸡蛋装起来，放在冰箱的蛋架上便好了。

107. 为什么有些鸡蛋是散黄蛋或贴壳蛋？如何避免这一现象？

这是因为蛋清中有黏液素，可以固定蛋黄，但黏液素在蛋白酶的作用下会发生脱水，失去原先作用。鸡蛋若横着放，由于蛋清比蛋黄的比重大，蛋黄便会上浮而变成散黄蛋和贴壳蛋。蛋若竖着放，由于蛋大一头里面气室气体的作用，使得蛋黄上浮也不会贴近蛋壳，从而避免了贴壳蛋的形成。

108. 鲜蛋如何保存？

• 速烫贮藏鲜蛋。将鸡蛋放进沸水中浸烫半分钟，晾干后密封起来，可保存数月不坏。

• 抹油贮藏鲜蛋。蛋类特别不容易保存，尤其在夏天，极易腐败、变质。若将食用油均匀地涂抹在蛋壳上，即可防止蛋内的水分和碳酸蒸发，阻止外部的细菌侵入蛋内。若涂上一层石蜡或凡士林在蛋壳上，也可阻止细菌的进入。

• 盐贮藏鲜蛋。将新鲜的鸡蛋埋在盐里，或者将其埋在草灰里，也能久藏不坏。

• 豆类贮藏鲜蛋。在盛器的底层，放上2寸左右的清洁豆类，放上一层蛋（大头需向上放着），再铺上一层豆子，可贮存几个月。

• 谷糠贮藏鲜蛋。铺一层谷糠在容器内，然后再放一层蛋，等装满后，每过10天就要翻倒一次，每个月至少检查一次，把变质了的蛋挑选出来，谷糠必须保持干燥、清洁，放蛋的场所也要通风、干燥、凉爽。这样，可使鸡蛋保持几个月不坏。

109. 蛋腌的时间一长，就会变得发硬、过咸，味道也不好，怎样避免这种情况发生？

把蛋腌好后，捞出来煮熟，晾干后，再放回盐水中，这样，蛋就不会再咸了，而且也不再会变质。用此法可以贮存一年。

110. 松花蛋能放在冰箱中保存吗？如果不能应怎么保存？

不能，这是因为松花蛋是用碱性物质浸制而成，蛋内饱含水分，若放在冰箱内贮存，水分会逐渐结冰，而导致松花蛋原有的风味改变。低温还会影响松花蛋的色泽，使松花蛋变成黄色。所以，松花蛋不宜存放于冰箱内。如家中有吃不完或需要保存一段时间的松花蛋，可放在塑料袋内密封保存，可保存 3 个月左右，风味不变。

111. 如何防止开封奶粉变质？

奶粉开封以后不易保存。简单的办法就是取一点脱脂棉，沾上一些白酒，塞在奶粉袋子的开口处，并用绳子连同棉花一起扎紧。

112. 可乐、橙汁等开启后喝不完，即使把瓶盖拧紧了，气体还会从瓶中逃掉，使得饮料口感变差，怎么办？

在拧紧瓶盖后让瓶盖头朝下保存，这样密封效果好，保鲜时间会变长。

113. 啤酒存放有哪些方法？

• 方法一：把啤酒存放在阴凉、低温的地方，啤酒中泡沫会稳定下来，如果把啤酒用杯子盛着，泡沫会快速消失。

• 方法二：为了减少二氧化碳在啤酒中的溶解度，不宜振荡啤酒。

• 方法三：用清洁的杯子盛啤酒，这样就可以不影响啤酒表面的张力，从而使啤酒的泡沫量降低，加快泡沫消失。

• 方法四：为防止二氧化碳逸散，不可以过早把啤酒倒在杯子里，鲜啤酒应该随喝、随开瓶，同时不能来回倾倒啤酒，否则，啤酒中的气体会很快散泄出去，影响啤酒口味。啤酒开盖后的几分钟内要用清洁的橡胶翻口瓶塞盖好啤酒瓶口。

114. 啤酒保鲜有何妙招？

把啤酒瓶倒放着，瓶子中的气体往上跑，用倒放的方法可以有效防止气体的溢出，从而达到保鲜的效果。

115. 怎样延长冰块冰镇时间？

在冰块上洒少许食盐，可以延长冰块冰镇时间，这样饮料、啤酒降温快，冰镇时间也比平时长。

116. 怎样延长葡萄酒的保存期？

要想贮存好葡萄酒，适当的贮藏场所是关键，一般温度为 10℃ ~ 14℃，湿度保持于 70%，专业酒窖便是如此。不过一般家庭，只要选择隔光、隔热效果好的保丽龙纸箱或瓦楞纸纸箱用来装酒，并将其放在通风阴凉并且温度比较稳定的地方便可，这样酒的保存期也比较长。

一般情况，白葡萄酒的保质期在 6 个月，红葡萄酒保质期为 2 年。开了瓶但没有喝完的酒，将其换至小瓶中最经济实用了，并且这样瓶中不易存住空气，这样剩余的酒便又可保存一段时间了。

地点对于保存酒来说比较重要，摆酒的方式也很关键。葡萄酒一定得横着摆放，这样的好处是酒渣的沉淀比较便利，而且酒液也能润湿软木塞，软木塞便可以保持湿润，能紧紧地塞住瓶口，密封比较好。

117. 怎样贮存香槟酒？

正确放置香槟酒的方法是横置在温度相对稳定并且干爽的地方，注意不能直立摆放。香槟需在 6℃ ~ 8℃ 的最佳温度下冷藏，这样饮用时才会体会到香槟的真正味道。如果冷藏不及，可用盛有半满冰块的香槟筒冰冻香槟半个小时左右即可饮用。

118. 药酒贮存须掌握哪些方法？

（1）用清水将容器洗净，然后用开水将容器煮沸消毒，方可用来配制药酒。

（2）家庭配好的药酒应及时装进颈口较

细的玻璃瓶中（也可装进其他有盖的容器中），并将口密封。

（3）家庭自制好的药酒应贴上标签，并注明药酒的名称、配制时间、作用及用量等内容。

（4）药酒应存放在10℃~25℃的常温下，不能与煤油、汽油及有刺激性气味的物品存放在一块。

（5）夏季不能把药酒贮存在阳光直射的地方。

119. 人参如何贮存效果好？

人参主要的成份是：人参酸、皂苷、维生素、挥发油、糖分及酶等。由于冰箱的湿度较大，如果把干燥的人参放入冰箱中贮存，取出后，吸附空气中的水分，人参将会变软，极易发霉、生虫。若把人参用无毒的塑料袋或者纸包好，放进盛有石灰的箱子或米罐内，即可保持参体干燥，质地坚实，这样保存的人参其煎汤的汁水充满清香，也比较容易研磨成粉末。

120. 如何贮存鹿茸？

待鹿茸干燥之后用细布包好，用木盒存放，在鹿茸周围塞入用纸包好的花椒粉。这样可以防虫蛀、霉烂或过于风干破碎，还有保持鹿茸皮毛的光泽的功效。对于鹿茸粉，用瓷瓶装好密封即可。

121. 如何贮存茶叶？

如果买回的茶叶需要长期保存，我们最好选择锡罐进行盛装，而尽可能地不用木制或铁制的茶罐。如果选择不锈钢的容器，必须用火将容器的外面烤一下。如果选用纸制的茶罐进行保存，要先放进少许的茶叶以便把罐中的异味吸收掉。保存茶叶要放在阴凉通风处，避

免阳光直射。此外，应选择5℃左右的低温来保存，效果最好。

大量的茶叶需要储存时，可用铁罐或瓦坛罐。瓦坛罐首选宜兴出产的陶瓷坛，这种坛有很多优点，比如保温性好，还可以减少茶叶香气的挥发。

茶叶在容器中装满后，需用布条或草将坛子的盖缠严密封，然后放在比较适宜的地方。注意必须隔1~2个月将坛内的石灰换1次。

如果家里没有瓦坛罐，可以选择双层盖的大铁罐来代替，用这种罐盛装茶叶，如果在其内放置一些干燥剂，保存效果会更好。

122. 茶叶可以用瓶子贮存吗？如何贮存效果更好？

可以，但在贮存茶叶时，应装在深色玻璃瓶、锡瓶或陶瓷容器里，最好使用有双层盖的铁制茶听或者长颈锡瓶。保存茶叶的容器要洁净、干燥（竹盒不宜放在干燥的地方），不能有异味。装茶叶时应装满，以免空气进入。

也可以把茶叶放在性能较好的保温热水瓶里，用木塞把瓶口塞紧，再封上白蜡，用胶布把它裹上，可长期贮存茶叶。

123. 大量贮存茶叶可以用桶吗？如何贮存？

可以，方法是把茶叶放置在薄牛皮纸里捆紧，分层放在干燥无味、无破损的坛子或无异味、无锈的铁桶里。在放置茶叶的时候，层与层之间应放些经过风化的石灰（每隔1~2个月生石灰要更换1次），并盖好桶盖。若用坛子贮存，则应用牛皮纸把坛子塞好，上面盖些棉花或草，放于干燥处。

124. 茶叶生霉了怎么处理？

夏天，若茶叶生了霉，千万不要放在阳

光下晒，应将其放入锅内干焙约10分钟，味道即可恢复，但一定要保证锅的清洁，且火也不宜太大。

125. 怎样选择保存蜂蜜的器皿？

可用木制、玻璃、陶瓷等容器贮存蜂蜜，但不可以用金属容器来贮存，也不可以用塑料制品。一般人都以为用铁罐盛装蜂蜜密封性会好很多，但是事实不是如此，如果这样保存，人在食用这种蜂蜜后不仅吸收不到有效的营养成分而且会有恶心、呕吐等身体不适的中毒症状出现。

出现这种情况是因为：碳水化合物跟浓度为0.2%～0.4%的有机酸混合后，在酶的化学催化作用下，会部分生成乙酸进而腐蚀铁皮使之脱落，由此蜂蜜中的铁、铅以及锌的含量便会大大增加，蜂蜜便变质而不能食用了。

126. 储藏白糖如何防螨虫？

白糖保存需要密封，并且保存期不宜太长。如果白糖密封不好的话，不到一年螨虫便会出现。在食用储存时间比较长的白糖前，必须对白糖进行加热处理，当水的温度达到70℃，不过3分钟螨虫便会死掉，便可放心食用了。

127. 储藏白糖如何防蚂蚁？

食糖的罐子非常容易爬入蚂蚁，但是如果将几根橡皮筋套在罐子上，蚂蚁因为讨厌橡胶的气味就不会碰糖罐子了。

居家休闲篇

❀ 一、居室装潢和美化 ❀

1. 春季装修后，气味不易散出，人们若在此时入住，会影响身体健康，如何解决这一情况？

装修后可以在室内多摆放一些绿色植物，因为植物的光合作用能够去除异味。也可以在室内放 2 ~ 3 个香蕉、橙子或者柠檬，这些水果都能快速去味。

2. 春季装修出现开裂后何时修补效果好？

春、夏季装修完毕的居室在秋季可能会因为气候改变而出现问题，比如木地板收缩导致板缝加大或者不同材质的接口处出现开缝等。一般说来，这些情况都属正常，完全可以修补，但专家认为并不应该在出现问题时马上修补。由于季节变更，墙体内或其他部分的水分正在逐渐挥发，导致这些部位的开裂。此时虽然修补好了，但水分会继续挥发，仍可能导致墙体再一次开裂。因此，应该等到墙面水分适宜于外界气候时，再请装修公司对问题进行修补，这样能达到更好的效果。

3. 秋季装修如何有效保湿？

秋季干燥的气候，使得涂料易干，木质板材不容易返潮。不过正因如此，保湿应是秋季装修的重要注意事项。

（1）过干的秋季气候很可能导致木材表面干裂并出现裂纹。因此，木材买回后应该尽快做好表面的封油处理，从而避免风干。特别是实木板材和高档饰面板更应多加小心，因为风干、开裂会使装饰效果受到影响。

（2）壁纸在贴墙前，一般应该先在水中浸透，再刷胶贴纸。秋季气候干燥，使壁纸迅速风干，容易导致收缩变形。所以壁纸贴好后宜自然阴干，要避免"穿堂风"的反作用。

4. 冬季装修如何有效防毒？

冬天寒冷的气候，使得工人们在施工时往往紧闭门窗，殊不知此举虽保暖，却极容易出现中毒现象。现在装修虽然都提倡使用绿色环保材料，但是，在装修时特别是用胶类产品铺地板、贴瓷砖、涂刷防水层、给壁柜刷漆时，仍然会挥发出大量甲醛、苯类等危害人体健康的物质。因此，在装修时切记开窗、开门，让这些有毒气体散发出去。

5. 旧房装修如何有效防水？

装修旧房时，其防水工程的施工应遵照以下程序：

（1）拆除居室踢脚线以后，无论防水层是否遭到破坏，一律返刷防水涂料，要求沿墙上 10 厘米，下接地面 10 ~ 15 厘米。

（2）厨房、卫生间的全部上、下水管均应做到以顺坡水泥护根，返刷防水涂料，要求从地面起沿墙上 10 ~ 20 厘米。再重做地面防水，这样与原防水层共同形成复合性防水层，使防水性能得到巩固和增强。

（3）用户在洗浴时，水可能会溅到卫生间四周的墙壁上，所以防水涂料应从地面起向上返刷约 18 厘米，从而有效防止洗浴时的溅水湿墙问题，以免卫生间对顶角及隔壁墙因潮湿发生霉变。

（4）在墙体内铺设管道时，必须合理布局。不要横向走管，纵向走管的凹槽必须大于管径，槽内要抹灰使之圆滑，然后刷一层防水涂料，防水涂料要返出凹槽外，要求两边各刷 5～10 厘米。铺设管道时，地面与凹槽的连接处必须留下导流孔，这样墙体内所埋管道漏水时，就不会顺墙流下。

6. 家居装修如何有效防火？

地砖不能全部使用大理石材质。与木地板及其他地板砖相比，大理石板的重量是它们的几十倍，甚至高达上百倍。因此，地面装修时若全部铺设大理石，极易超过楼板承重极限。

不能直接在墙壁上挖槽、埋电线。因为墙体受潮之后容易引起漏电，进而导致火灾的发生。

不要将煤气灶放置在厨房的木制地柜上，更不可把煤气总阀置于木制地柜中。否则，地柜若不慎着火，就难以关闭煤气总阀，后果将非常严重。

7. 家居装修如何有效保温？

冷空气一般由居室的门窗边缘进入。因此门窗若不必开启，其边缘的缝隙最好是用纸或布密封。热损耗最大的是门窗玻璃，因此，门窗若长期不能受到阳光直射，应用布帘遮住玻璃。日光的直接照射能提高房间内的温度，因此，应力求阳光可以畅通无阻进入室内。有条件的话，尽量选用双层门窗，其较强的御寒能力能使室内减少约 50% 的热损失率，并能

减少约 25% 的冷空气侵入量。

8. 家居装修如何有效防噪？

降噪声处理在室内装修中是必不可少的。以下是几种预防室内噪声的有效方法：

● 玻璃窗选用双层隔声型。

● 选用钢门。因为镀锌钢门的中间层为空气，能够有效隔声，使得室内外的声音很难透过门传送。另外，钢门四周贴有胶边，这样钢门与门身相碰撞时就不会产生噪声。

● 多用布艺等软性装饰。因为布艺这类产品吸收噪声的效果不错。

● 居室内各个房间具有不同的功能，装修时要注意相互之间的封闭，并且墙壁不应该太光滑。

● 多选用木制家具。由于木质纤维的多孔性，能起到良好的吸音作用。

9. 如何令小卫生间看上去不小？

卫生间面积小时，对于抽水马桶、洗脸盆、浴盆这三大基本设施的装修设计，宜使用开放式。这样不仅能大大节省空间，又可以节省给水和排水管道，设计简单、实用。

选用红色墙砖与白色洁具，以及黑色大理石材质的洗脸池和台面，红白黑三色相互映衬，对比十分强烈。

大面积玻璃镜的使用能够"改造"卫生间。可将两面大玻璃镜安置在卫生间内，一面镜子斜顶而置，另一面贴墙。此举不仅能盖住楼上住户延伸下来的下水管道，还能使空间富有变化感。通过两面玻璃镜的反射作用，小卫生间在视觉效果上足以"扩大"为大卫生间。

10. 装修时如何使墙面不掉粉屑？

在灰浆的配制过程中，若掺入少量食盐，石灰浆的粘附力会增强，刷过的墙面会不易掉粉屑。一般来说，生石灰和食盐的比例为 100 ：7。

11. 怎样使墙面更洁白？

浆液中若掺入少许蓝墨水或蓝淀粉（含量为0.5%），能使墙面更加洁白。

12. 冬季粉刷时，如何防止灰浆被冻？

在石灰浆调制过程中，若加入适量食盐，可以使石灰浆、液的防冻性能增加；改冷水为温热水调拌粉浆，能使粉刷自身的温度提高。

13. 冬季装修时，如何令墙面易干？

● 用催干剂。若装修在冬季进行，调配厚漆时，可以在 –5℃时加用催干剂（一般为40克），这样一来，涂刷完成24小时之后，就可以进行下一道工序。

● 利用火炉。冬季为了防冻，粉刷、油漆时，最好在室内烧一个火炉，以便提高室温，加速墙面干燥。

14. 装修时如何避免混油缺点？

混油工艺有一些缺点。

一是漆膜易在光照下泛黄。解决办法就是：在施工过程的最后，在油漆中掺入适量的蓝漆或黑漆用来压色，油漆漆膜便不易泛黄。

二是木材的接口处易开裂。因此处理接口时必须认真仔细，而且要选用干燥的木材，这样效果才会理想。

15. 如何保护高层楼板的安全？

铺设高层楼的地面时，一定要注意保护好楼板，避免以下几种情况的发生：

（1）有些用户在装修时，为了使瓷砖在楼面粘贴牢固，使用水泥砂浆过多，反而加重了楼面承重负担。

（2）有些用户没有按照规定的操作程序铺设木地板，为在地面上固定木龙骨，随便射钉、打孔等，对楼面造成破坏。

（3）有的用户为了加设天花板、吊装风扇或灯饰，在楼板或现浇板上随意凿钻甚至将楼板里的受力钢筋切断，破坏楼板原有的结构性能。若楼上住户在装修地面时已经破坏了楼板，那么该楼板的危险性就可想而知。

（4）有的住户为分隔房间，在原有楼板的基础上直接加设墙体，或者不仅用较重的石材铺设地板，而且还以砂浆水泥层层叠加。这就使楼板的承重大大增加，时间一长楼板就容易开裂，甚至折断。

16. 怎样保护阳台地板的安全？

目前，阳台的结构分为3种，即凹进式、转角式、挑出式。特别是挑出式阳台，它完全依靠挑出于墙体的悬臂梁承受自身重量及承载，因此不能经受太沉的重量，也不能猛烈撞击。所以，在装修阳台地面以及布置阳台时，以下几种都是不安全的做法，须加以避免：

有些家庭在装修时，为了扩大使用空间，打通了阳台与房间，然后用水泥砂浆抬高阳台地面，使之与房间地面相平。此举表面上有利美观，实则使阳台的承重大大增加，从而降低了阳台的安全性，有可能导致阳台倾斜。

阳台的地面装修不宜选用花岗岩、大理石等沉重石材。

不要把过于笨重的物品堆放到阳台上，不宜在阳台进行震动较大的活动。

17. 如何强化木地板铺装？

（1）家里的强化木地板板面有时会出现起拱现象，导致这一现象的原因可能是在铺装地板时，地板条与四边墙壁的伸缩缝留得不够，或者是门边与暖气片下面的伸缩缝留得不够。因此，地板起拱后，适当地将伸缩缝扩大不失为一种行之有效的解决措施。

（2）某些强化木地板在使用时接缝上翘，除了地板本身存在的质量因素，铺装时施胶太多也有可能是原因之一。此时就应该适当将伸缩缝扩大，或者在中间隔断处做过桥，并且加强空气的流通。

（3）常见问题还包括地板缝隙过大。地板的缝隙应小于 0.2 毫米。若缝隙过大，应该更换为优质胶剂；同时，安装时宜尽量将缝隙榫紧；施工完毕后，要用拉力带拉紧超过 2 小时；最后，养护时间应超过 12 小时，期间不准在室内走动。

18. 如何给地板上蜡更简便？

水泥地板和木质地板都应该先擦洗干净地面，地面干透后才能上蜡。

要将蜡放于铁罐内，在火炉上将其烤化，把煤油缓慢掺入铁罐内，注意蜡和煤油的比例为 122.5 : 1。掺入同时要搅拌至鞋油状。

用一块干净的干布，蘸上蜡油涂在地面上。涂蜡油时要均匀，不能太厚。

涂完 2 ~ 3 平方米后，停 2 ~ 3 分钟，然后用手去摸，若不粘手，立即用另一块清洁的干布在上面擦拭，只需几下，就能出现光泽。

19. 如何有效清除陶瓷锦砖污迹？

陶瓷锦砖上的污迹忌用金属器具等铲刮，也不能用砂子或砂轮擦拭，因为那样会使得陶瓷锦砖表面因为受损而变粗糙，甚至有可能出现划痕。更不能用硫酸或者盐酸溶液刷洗，否则水泥填缝腐蚀后，会使瓷砖松脱。污迹不同，采用的祛污方法也不同：

如果是石灰水留下的斑迹，可以洒水湿润后，用棕刷擦洗，然后用干布擦拭干净。

如果是食物残汁或油污，可以用温热的肥皂水刷洗后，用清水洗净。

如果是水泥浆等硬迹，则宜采用滑石打磨。

20. 灶面瓷砖如何防裂？

在灶面上粘贴瓷砖时，最好是掺入一点石灰。这样既可以使砂浆的粘结性增强，同时瓷砖还不会因为灶面温度的高低变化而开裂。

21. 如何识别橱柜质量？

检查橱柜质量可看以下 3 个方面：

（1）看抽屉。橱柜质量如何，先看抽屉。有些橱柜，装上了金属滚轴路轨，把其抽屉拉开到约 2 厘米后，它能够自动关起来。有些橱柜，装的是纤维滚轴路轨。相比而言，前者能承受更大的重量，常超过 34 千克。

（2）看接合部。质量好的橱柜，会把模型接紧再加螺丝固定木板，作为接合位置。

（3）看底板。抽屉和框门里底板的厚度是鉴定橱柜时要讲究的，这个部位的用料要比抽屉其他地方的用料厚实，只有这样，抽屉才能承住最大重量而底部又不变形。

22. 在摆放家具时如何一次性布置出合理满意的房间？

可利用"简易缩排法"摆放家具：

（1）在正式摆放家具前，首先测量出居室的总面积，按一定比例缩小后，在纸上绘出尺度精确的房间缩略图，缩小比例一般为 1 : 20。在缩略图上标出门、窗、暖气片、壁橱等位置，并且要标明尺度。

（2）将准备摆放的家具、大件饰物等的长和宽依照同一比例缩小，在白板纸上画出，注明物品名称，并一一剪下。

（3）把剪下的家具及饰物小样在房间缩略图上根据自己的要求反复摆放，直到自己满意为止，但一定要注意实物摆放后留出合理的空间以便走动。

这种"简易缩排法"，能够一次性地布置出合理满意的房间，避免因考虑不周而需要反复移动、搬弄实物，既省时又省力。

23. 如何扩大居室的空间感？

● 选用组合家具。和其他类型的家具相比，组合家具在储放大量实物的同时还能节省空间。家具的颜色若与墙壁表面的色彩一致，能增加居室空间的开阔感。家具宜选用折叠式、多功能式，或者低矮的，或将房间家具的整体比例适当缩小，在视觉上都有扩大空间之功效。

● 利用配色。装饰色以白色为主，天花板、墙壁、家具甚至窗帘等都可选用白色，白色窗帘上可稍加一些淡色花纹点缀，因为浅色调能产生良好的宽阔感。其他生活用品也宜选用浅色调，这样能最大限度发挥出浅色调所具有的特点。在此主色调基础上，选用适量的鲜绿色、鲜黄色，能使这种宽阔感效果更理想。

● 利用镜子。房间内的间隔可选用镜屏风，这样屏风的两面都能反射光线，可增强宽阔感。将一面大小合适的镜子安挂在室内面向窗户的那面墙上，不仅因为反射光线增强室内明亮感，而且显出两扇窗，使宽阔感大增。

● 利用照明。虽然间接照明不够明亮，但也可以增强宽阔感。阴暗部分甚至给人另有空间的想象。

● 室内的统一可产生宽阔感。用橱柜将杂乱的物件收藏起来，装饰色彩有主有次，统一感明显，看起来房间就要宽阔得多。

24. 如何充分利用居室空间？

居室空间较高时，可以将高于1.8米的剩余空间建搭成小阁楼，以贮存一些平时并不常用的衣箱、杂物等。如果阁楼上需要安排床铺，却又不便站立，可以增建一个能在阁楼入口处上方站立的台子，同时可将这个台子制成书架或衣柜。若房屋为老式结构，也可将房屋通道上方利用起来变成贮物间。可以在室内门、窗及床头上挂设一些小吊框；至于房角、门后及衣柜、床铺上端的多余空间，也应加以充分利用。鞋箱可以利用一些边角板材制成横式组叠式安装在门后；各种木板头也可利用起来，制作成形状各异的角挂架，置于房间角落。

25. 如何充分利用小屋角空间？

居室面积不够大时，应该充分利用室内那些靠窗的屋角，用以摆放以下物品：

（1）茶几。以稍大并且呈方形的茶几为最佳。茶几摆放于屋角后，将两张沙发成直角摆放。一是充分利用了空间，二是增进人们坐在沙发上聊天时的亲切感。

（2）电视机。满足电视机背光、防晒的两大要求，同时腾出更多空间用于观看电视节目。

（3）音箱。一个大音箱，或者左右两个立体声音箱均可。立体声音箱分别摆放在两个屋角时，相对而言间距更远，从而使声场分布更均匀。音箱上面可以放一盆吊兰等花卉，不仅节约空间，还能增添幽雅的气氛。不过浇水时须特别小心。

（4）写字台。应放在窗户右侧的屋角，因为光线最好来自左前方。写字台上方的墙面，可以用挂画、年历及其他饰品点缀，再以台灯和小摆设相配，使屋角变得温馨、舒适。写字台旁可摆放一个书架，会更加方便。

（5）落地灯。由于落地灯有尺寸很大的灯罩，为了不会显得过于突出，最好放在屋角。至于落地灯周围的安排，则以躺椅或沙发为最佳。

（6）圆弧架。条件允许的话，可以做一个圆弧形架子摆放在屋角，日用品、装饰品都能摆放在架子上，方便人们的日常生活。

（7）搁板。屋角上部也可以利用来做几块搁板，高度以人手够得着为准。搁板上下的间距可以任意等分或不等分，书籍、花卉、其他物品都能摆放在搁板上。搁板下地面可以直接放一盆大型花卉，如米兰、龟背草等，充分利用空间的同时更添雅致风情。

26. 如何令居室在炎热的夏日给人一种清凉的感觉？

窗帘选用浅色调，若能在玻璃窗外粘贴一层白纸则更佳。

当西晒时，窗户可加挂一扇百叶窗，避免阳光直射进来。

对屋面隔热层做加强处理。

加强绿化，以调节居室周围的小气候。如在居室外墙上引种一些爬山虎，再在居室周围种几棵白杨或藤蔓植物等，在开放式阳台上多养些盆栽花草。

在上午 9 ~ 10 点至下午 5 ~ 6 点这个时间段内尽可能将门窗关闭，并挂上窗帘，以使屋内原有低温得以保存。

天气干热时，可洒凉水在地面，水蒸发的过程也能吸收热量。

27. 如何美化室内垃圾筒？

室内垃圾筒的美化可参照下列技巧：

材料：针线、软尺、零碎花布、松紧带。制作步骤：把垃圾筒清洗干净，用软尺把垃圾筒的高度、上下周长量好，把布依尺寸裁好。把松紧带缝在布的上下两边，后按垂直标准，缝成圆柱形，做个桶形布套。缝个蝴蝶结作为布套的装饰。最后用布套把垃圾筒套起来。

28. 如何巧用小挂饰美化墙面？

墙面挂饰一般包括字画、挂历、镜框等装饰品。它们能在美化环境的同时陶冶人们的艺术情操。挂饰的选配因地因人而异。地理因素包括：房间格局、墙壁富余面积；个人因素包括：经济条件、文化素养、职业习惯、个人爱好等。

一般来说，面积较小的房间，宜以低明度、冷色调的画面相配，从而产生深远感；房间面积较大的，宜选配高明度、暖色调的画面，从而产生近在咫尺的感觉。

房间若朝南，光线充足的话，宜选配冷色调的饰画；反之，朝北的房间其装饰画应以暖色调为主，而且画幅应该挂于右侧墙面，使画面与窗外光线相互呼应，以达到和谐统一，增添真实感。

29. 如何利用不同种类的花草装点不同的房间？

客厅：宜选择那些花繁色艳、姿态万千的花卉；观叶植物宜放于墙角；一些观花、观果类植物宜放于朝阳或者光线明亮的地方。

书房：为幽雅清静之地，书架、茶几、书桌案头上，宜以 1 ~ 2 盆清新的兰草或飘逸的文竹作为点缀。

卧室：恬静舒适，宜摆放茉莉、含笑、米兰以及四季桂花等花卉。这样，芬芳的花香，能使人们心情舒畅，改善睡眠。比较理想的室内植物还有仙人掌。夜间它能够吸收二氧化碳，而放出氧气，既为室内增添清新幽雅之感，又能增加空气中的氧气含量和负离子浓度。

阳台：宜摆放榕树、月季、石榴、菊花等具有喜光、耐干、耐热等特征的花草。

30. 居室用花瓶在选择、布置和色彩上要讲究什么技巧？

（1）选择：花瓶的选择，应据房间风格和家具风格来定，面积窄的厅就不合适大的花瓶，否则会让人感觉更拥挤。

（2）布置：找个恰当的位置放置小巧花瓶，能起到美化、点缀居室的效果。而宽大的居室则可配高大的落地花瓶，或者配彩绘玻璃花瓶，这些都能为居室锦上添花，让人感觉宁静、祥和。

（3）色彩：花瓶的色彩选择要根据居室的地板、墙壁、吊顶和家具以及其他摆设的色彩来定。冷色调的房间就要配暖色调的花瓶，以增强温暖、活泼的氛围。暖色调的房间就要配冷色调的花瓶，让人有安祥、宁静之感。

31. 如何有效清除新房异味？

可选择一些能除异味的植物摆在家中，还能美化居室：

（1）吊兰。吊兰能有效地吸附有毒气体，1盆吊兰等于1个空气净化器，就算没装修的房间，放盆吊兰也有利于人体健康。

（2）芦荟。芦荟有吸收异味的作用，且能美化居室，作用时间长久。

（3）仙人掌。一般植物在白天，都是吸收二氧化碳，释放氧气，到了晚上则相反。但是芦荟、虎皮兰、景天、仙人掌、吊兰等植物则不同，它们整天都吸收二氧化碳，释放氧气，且成活率高。

（4）平安树。平安树，又称"肉桂"，它能放出清新气体，使人精神愉悦。在购买时，要注意盆土，如果土和根是紧凑结合的，那就是盆栽的，相反，就是地栽的。要选盆栽的购买，因其已被本地化，成活率高。

新居有刺鼻味道，想要快速除去它，可让灯光照射植物。植物在光的照射下，生命力旺盛，光合作用加强，放出的氧气更多，比起无光照射时放出的氧气要多几倍。

32. 如何分辨会产生异味的花卉？

人们把花草作为居家装饰是比较常见的，因为植物能使房间美化，可是，不是所有的花草都适合居家装饰的，比如玉丁香、松柏类、接骨木等，不宜放置屋内，它们会影响情绪。松柏类分泌的脂类物质松香味浓，人闻久了会导致恶心、食欲不振等症状。而玉丁香发出的气味能使人气喘，郁闷。

❀ 二、清洁 ❀

1. 如何巧用漂白水消毒?

用漂白水来进行消毒时,其与清水的比例是1:490。漂白水杀毒,虽然功效显著,但它味道太浓,且在稀释时,如果分量掌握不好的话,其所含的毒性能伤害抵抗力弱的小孩,对家具表面也有可能损害,使家具褪色。

2. 如何利用煮沸法给餐具消毒?

煮沸消毒是一种效果最可靠的方法且简便易行。一般是先将食具完全浸没于水里,煮沸10分钟便可。如是肝炎病人用过的食具,应先煮沸消毒10分钟左右,然后再取出,用清水将其洗净,再煮沸15分钟左右。若是肝炎病人食用后剩下的食物,应将其煮沸半小时后,再倒掉。

3. 如何利用蒸汽法给餐具消毒?

在锅内用蒸汽消毒,也就是我们所说的隔水蒸,主要是依靠水烧开后产生的蒸汽来杀灭细菌。此法要等水完全烧开后,再继续烧10分钟左右才会有效。

4. 如何利用洗碗机消毒?

洗碗机一般都是消毒、清洗一体机,实用方便。在使用的时候,其水温应保持在85℃左右,冲洗消毒的时间大约40秒,才能保证其消毒的效果。

5. 如何利用微波炉消毒?

(1)纸质类。钱币、书籍等用微波炉来消毒时,一般要先包扎好,外面再裹上湿毛巾,然后才可以放入微波炉内(功率要大于500瓦),一般4分钟就可以了,若给肝炎患者用过的物品消毒则需8分钟。

(2)布质类。一定要在湿润的条件下才能进行消毒,外面要用塑料或纸薄膜包裹,消毒时间和纸质类基本相同。

(3)食具、茶具、奶具。在茶具、食具、奶具里装上适量水,外面裹上塑料或湿布薄膜,奶嘴消毒一般2分钟就可以了,其余的基本和纸质类相似。

6. 如何给菜板消毒?

● 方法一:在阳光下把菜板曝晒半小时以上,能起到一定的消毒作用。加入50毫升苯扎溴铵在1000克水中,将菜板浸泡15分钟左右,然后再用干净的清水将其冲洗干净,消毒效果不错。

● 方法二:洗刷一遍菜板,可减少1/3的病菌,若用开水淋烫,残存在菜板上的病菌就会更少。每次用完菜板后,将上面的残渣刮干净,撒些盐在菜板上,不但可以杀菌,还能防止菜板干裂。

7. 怎样给抹布消毒？

● 方法一：将抹布浸泡于水中，加热煮沸半小时，可以将微生物彻底杀灭。若使用碱水，其效果会更好。

● 方法二：将抹布浸泡在消毒剂溶液（0.5%的漂白粉上清液、0.05%的清洗消毒剂溶液、0.5%的苯扎溴铵溶液等），半小时后再用清水洗干净即可。

● 方法三：将抹布折叠好，放在650瓦功率下照射，5分钟左右后，即可达到消毒效果。

● 方法四：将抹布放在臭氧消毒柜中，半小时后，即可消毒。

8. 如何有效清洗儿童玩具？

● 利用洗涤剂。在热水中加入洗涤剂用来清洗玩具，用刷子刷洗缝隙处，最后用清水多冲几遍，这样大多数微生物可以洗去。但对于患过传染病的孩子，其玩具需要进行更好的消毒处理。

● 利用消毒剂。可用0.1%苯扎溴铵溶液、75%的酒精、0.1%氯所配制的溶液来清洗儿童玩具。

可用0.1%的碘酒、高锰酸钾溶液，3%的过氧氢等消毒剂来洗涤儿童玩具。

对于那些不怕染上颜色和腐蚀的塑料玩具进行消毒。其消毒剂的作用时间一般为半小时以上，消毒剂一经处理后，一定要用清水将消毒液彻底除去。

● 利用臭氧熏蒸法。臭氧消毒箱和消毒柜也可来消毒儿童玩具。此法的操作非常简便，只要将玩具放进消毒柜中，将电源打开即可。一般的熏蒸时间为20分钟以上。

9. 如何给钥匙消毒？

大部分钥匙都带有结核杆菌、大肠杆菌、真菌等致病菌，而生活中大多数人都没有消毒、清洗钥匙的习惯。在晴天的中午，将钥匙放在阳光下曝晒，大多的细菌均可被阳光里面的紫外线杀死；或者用自来水冲洗，用硬毛刷刷洗一遍，便可减少1/3病菌；如果用热水烫钥匙，基本上可以杀死所有的细菌。

10. 如何给牙具消毒？

在刷牙的同时，各种微生物和食物的残渣会黏附有牙刷上面；牙缸、牙刷一般都处于潮湿、阴暗的环境中，而食物残渣又是微生物生长的良好培养基，这就会让很多微生物迅速地繁殖和生长，引起人体胃溃疡、肠道疾病等。

用蒸煮或者开水冲洗10～20分钟可以消毒。或用0.1%高锰酸钾溶液中浸泡30分钟以上。也可用0.02%的氯已定溶液常常浸泡牙缸和牙刷，可使牙缸和牙刷常常保持洁净的状态。将牙具放入臭氧消毒柜中消毒约15分钟左右，也可达到同样的效果。

11. 如何给牙签消毒？

有很多牙签的卫生指标都不合格，很容易将销售、生产过程的微生物带进口腔中，引起疾病。因此在使用牙签前，最好将购买回来的牙签包装打开，分成若干小的包装，并用纸包好，放入蒸锅中蒸煮（最少20分钟），取出后将其晾干，保存在干净的地方，在使用的时候，用一包打开一包，尽快用完。

12. 如何给毛巾消毒？

由于毛巾的使用率高，毛巾上常常有痰液、鼻涕以及其他的分泌物沾染，其中有许多是致病性的微生物，所以要经常进行消毒。

（1）个人专用的毛巾，可以先用开水煮沸12分钟左右，然后再用肥皂清洗干净，晾干后即可使用。

（2）把毛巾的污渍去除，用清水清洗干净后，折叠放在微波炉中，在650瓦功率下，运行5分钟即可达到消毒的效果。

（3）把毛巾放进高压锅中，加热保持半小时左右即可。

（4）把毛巾浸泡在放有0.1%的苯扎溴铵的溶液中（需浸泡一刻钟以上），然后将毛巾取出，用清水将残余的消毒剂清洗干净，晾干后即可。

13. 对于那些不能洗涤的服装如裘皮、皮装等，如何消毒？

可用日光曝晒法消毒：把衣服摊开，将其放在太阳直射下曝晒6小时以上。在曝晒的过程中一定要经常翻动，使衣服各面都能均匀地受到阳光的照射。对于医院及其他职业特殊的人员，或者家中有患病成员的，其衣服就应用更加严格的消毒法。

14. 怎样给尿布消毒？

● 利用消毒剂。将换下来的尿布放在消毒剂溶液中浸泡10分钟以上，待浸泡消毒后，再用洗衣粉或肥皂将消毒剂和污物洗净，放在阳光下曝晒即可。

● 用蒸煮法。用洗涤剂将尿布上的污迹清洗干净，拧干后放入锅中蒸煮，煮沸10分钟以上，用清水冲洗干净后于日光下曝晒即可。

15. 如何有效地给宠物消毒，并减少人与宠物接触后所携带的毒素？

（1）管制。在户外散步时，要尽量管好自己的宠物，尽量减少它与其他宠物的接触，不要让它在没有管束的条件下到处乱跑。

（2）隔离。将人与宠物隔离开，包括人与宠物的吃、住、睡等都要全部分开。

（3）食物。不要给它们吃生食，要给它们提供清洁、干净的食物和水。

（4）防病。要及时给宠物打各种相关疫苗，特别是狂犬病疫苗，预防发生疾病；对得病的宠物，要及把它送到宠物医院就诊；要经常清洗和消毒动物的日常用品。

（5）洗手。每次人与宠物接触之后要严格洗手。

16. 如何对二手房进行消毒？

如果你购买了二手房那么对它进行一次彻底的消毒是很有必要的。假如你想保留居室的墙面而墙面已做装修，可以用3%的来苏水溶液或者用1%～3%的漂白粉澄清液，也可以用3%的过氧乙酸溶液喷洒。喷洒在地面时一定要均匀，同时应该注意墙壁的喷雾高度应控制在2米以上，喷洒以后必须关闭门窗1小时左右。除此，按每立方米空间，用4～8毫升食醋加上水稀释并加热，然后用蒸汽熏蒸1小时即可，应该注意的要隔天再熏一次。

17. 居室如何有效防菌？

● 利用精油。精油是一种可以常用洁净家中的用品，因为它不但可减缓压力、调整情绪，还可以抗菌抑菌，让家中每时每刻都拥有芬芳和健康。为了营造一个健康芳香的环境，一般可以点一支熏炉在房间里，用无烟的蜡烛作热源，使植物的分子都散发出来，以达到非常好的防菌效果。类似的植物还有松木、茶树、薄荷、天竺葵、柠檬、桉树、佛手柑、杜松子等。

● 利用香烛。很多香烛都含有抗菌抑菌的植物成分，不但能保持芳香的环境，同时还具有抗菌效果，例如佛手柑、杜松子或桉树。

● 利用干花香包。干花香包是天然植物的骨髓，如琥珀、薰衣草、佛手柑、薄荷、香橙、丝树花、白琥珀等所做的干花香包，将其放在室内或衣柜中，可以散发出芬芳的气味，起到净化空气的作用。

● 利用花草茶。花草茶的功能比较多，不仅可以美丽容颜，有些还具有排毒净化、消炎杀菌的功效。如，桉树对防止病毒侵入身体，有一定的抵抗作用，可使人精神爽利，精力充沛；玫瑰不但能美容，还能很好地排除体内多余的毒素和水分等。

18. 凹凸不平的玻璃很难清洁，如何能将其清理干净？

可以先用牙刷将窗沿及玻璃凹处的污垢清除掉，然后再用抹布或海绵将污垢去除，再蘸些清洁剂来擦，当玻璃与抹布之间发出了清脆的响声时，表示琉璃已经干净了。用清洁剂在整块玻璃上画一个"×"字，然后再用抹布去擦，即可很容易擦干净。

19. 擦玻璃有什么妙招？

● 用醋擦玻璃。擦玻璃前，在干净的抹布上蘸适量食醋，然后用它反复擦拭玻璃，可使玻璃明亮光洁。

● 用白酒擦玻璃。擦玻璃前，先用湿布将玻璃擦一遍，然后再在湿布上蘸些白酒，稍稍用力擦拭玻璃，可使玻璃光洁如新。

● 用啤酒擦玻璃。在抹布上蘸上些啤酒，然后把玻璃里外擦一遍，再用干净的抹布擦一遍，即可把玻璃擦得十分明亮。

● 用大葱擦玻璃。取适量洋葱或大葱，将其切成两半，然后用切面来擦拭玻璃表面，趁汁还没干的时候，迅速用干布擦拭，可使玻璃晶光发亮。

● 用牙膏擦玻璃。时间久了，玻璃容易发黑，此时可在玻璃上涂适量牙膏，然后用湿抹布反复擦拭，可使玻璃光亮如新。

● 用煤油擦玻璃。在擦玻璃前，先在玻璃上涂些煤油，然后再用棉布或布来擦，不但能使玻璃光洁无比，而且还能防雨天渍水。

● 用烟丝擦玻璃。用香烟里的烟丝来擦挡风玻璃或玻璃窗，不但除污的效果非常好，而且能使玻璃明亮如新。

20. 如何彻底清除玻璃上的油漆迹？

● 茶水法：若是较浅的油漆，可用刷子蘸茶水来刷除。

● 松节油法：可用指甲油或松节油来去除油漆迹。

● 食醋法：先涂抹些热醋在玻璃上，然后再用干的抹布擦拭。

21. 如何有效去除玻璃上的涂料迹？

● 松节油法：先把表面的涂料刮去，然后再用软布蘸上些松节油来擦拭，即可去除。

● 石油精法：先用小刀或竹片刮去玻璃上的涂料，然后再用石油精擦拭。

22. 挡风玻璃或玻璃窗上有时上霜比较厚，怎么去除？

可加少许明矾在盐水中，用它来擦玻璃，除霜效果极佳。

23. 用什么办法可有效清洁纱窗？

● 用吸尘器清洁纱窗。把报纸贴在纱窗的一面，再用吸尘器去吸，即可把纱窗上的灰尘清除。吸尘器应该用刷子吸头。

● 用碱水除纱窗上的油污。将纱窗取下来后，放在热碱水中，用不起毛的布反复擦洗，然后再用干净的热水将纱窗漂洗干净即可。

● 用面糊除纱窗上的油污。取100克面粉，将其打成稀面糊，然后趁热刷在纱窗上，待10分钟左右后，用刷子反复地刷洗几遍，再用清水冲洗干净，即可去除油污。

24. 窗帘上有一大片被晒黄了，怎么办？

可将它取下来，放入茶水里泡一晚，则可将晒黄的地方洗净。

25. 用什么办法洗纱窗帘可令其洁白如新？

● 用牛奶洗。在洗纱窗帘的时候，在洗衣粉溶液中加入适量的牛奶，这样能把纱窗帘洗得跟新的一样。

● 用小苏打洗。首先将浮灰去掉，然

后放进加有洗涤剂的温水里轻轻地揉动，待洗完后，再用清水漂洗几遍，然后在清水中加入500克小苏打，把纱窗帘浸入水中漂洗，这样能把纱窗帘洗得非常洁白。

26. 金属门把手有许多污点，很难看，怎么办？

在干布上挤些牙膏，然后用其来擦拭金属把手上面的污点，即可很轻松地去除。

27. 如何有效清洁墙壁？

若墙壁已脏污得非常严重，可以使用深沉性的钙粉或石膏沾在布上摩擦，或者用细砂纸来轻擦，即可去除。

挤些牙膏在湿布上，可将墙上的彩色蜡笔和铅笔的笔迹擦掉。不能用水来洗布质、纸质壁纸上的污点，可以用橡皮来擦。若彩色的墙面有新油迹，可以用滑石粉去掉，垫张吸水纸在滑石粉上，再用漏斗熨一下即可。若是塑料壁纸上面沾了污迹，可喷洒些清洁剂，然后将布擦干后反复擦拭，即可焕然一新。

28. 比较高的墙壁如何清洁？

高处的墙面，可以用T型拖把来清洁，夹些抹布在拖把上，再蘸些清洁剂，用力推动拖把，当抹布脏后，拆下来洗干净，再用，反复几次，当把墙壁彻底擦洗干净即可。下面的墙面，可以喷些去渍剂，然后再贴上白纸，约30分钟后，再擦拭干净即可。

29. 怎样除掉壁纸上的油渍？

撒些滑石粉在油渍上，然后垫一张吸水纸在滑石粉上，再用熨斗熨一下便可去除。

30. 怎样除掉墙壁上的蜡笔迹？

● 砂纸法：用细砂纸能将蜡笔迹轻轻地磨去。

● 钢丝球法：可用厨房里专用的钢丝球来轻轻地擦除。

● 熨斗熨烫法：在蜡笔迹处盖上一块布（以法兰绒为佳），然后用熨斗熨烫一下，待蜡笔熔化后，用布将其擦除即可。

31. 墙壁某处因长时间挂镜框留下痕迹，怎么将其清除干净？

● 橡皮擦法：可先用橡皮擦擦，若擦不掉，再用砂纸将其轻轻地磨去。

● 清洁剂法：可在布上蘸点清洁剂来擦拭。

32. 怎样清洁地板效果好？

比较难清洁的瓷砖缝，可先喷些清洁剂，然后再用小刷子来刷洗，长期受油污的侵蚀，地板缝会变成一个个的小黑框，先用清洁剂沿着砖缝涂一遍，几分钟后，再用小刷子将其刷洗干净，最后再用拖把擦擦即可。若不喜欢用完清洁剂后滑溜溜的感觉，可以滴少许醋在拖把上。

33. 如何有效去除地板上的污痕？

● 撒盐后清扫残剩蛋液：如果将蛋液或者整个鸡蛋掉在地板，可撒少量食盐在其上，10分钟左右后轻轻一擦，即干净如初。

● 倒点醋：当用拖布拖厨房地板的时候，可适当地倒些食醋，其效果极佳。

34. 地板上不小心粘上口香糖，怎样去除可不留痕迹？

● 洗涤液法：若塑料地板上不小心粘上了口香糖，可用一根小木棍包上些布蘸些洗涤液来擦拭，在擦的时候切勿用力过猛，只需轻轻擦即可。

● 竹片刮除法：喷漆或油漆地板可先用竹片将口香糖轻轻地刮除（千万不要用刀片刮），然后再用一块蘸有煤油的布擦拭（若怕油漆脱落，可用洗涤剂擦拭）。

35. 怎样去除地板上的乳胶？

在抹布上蘸点醋来轻轻地擦拭地板，可

将胶轻松地去除。

36. 怎样擦木地板可令其光亮如新？

● 浓茶法：将喝剩的浓茶水用抹布来蘸着擦地板，不但可以去污，还能使地板非常光亮。

● 松节油法：将漂白粉与松节油以1∶1的比例兑成溶液，然后再用它来擦地板，可将地板擦得光亮而洁净。

● 蜡纸法：放一张蜡纸在拖布下，然后轻轻地来回拖，可擦得又快又亮。

● 色拉油法：在拖布上滴上几滴色拉油，然后用其来擦地板，可将地板擦得非常光亮。

37. 怎样去除木质地板污迹？

木质地板要经常擦、抹、扫才能保持其光亮、清洁。若不小心沾上了脏水或饮料，必须用软布蘸些家具油来来擦拭干净。若染上了顽固性的污渍，可以用钢丝球来轻轻地擦除。

38. 瓷砖地板上的污迹怎么清除？

若瓷砖地板上不小心沾上了污迹，应马上用一块软布蘸些普通的清洁剂反复擦拭，即可除去。

39. 大理石地板污迹如何清除？

大理石地板的防侵蚀防污性特别差，一旦其表面沾上了污迹，马上把清洁剂稀释后来反复擦拭地板，即可去除污迹。千万不能用苏打粉或肥皂等来清洗。

40. 怎样清洁炉灶效果好？

● 方法一：在做菜的时候，常常会有些汁液溅在炉灶上，在做完菜后，借助炉灶的余热用湿布来擦拭，其效果非常好。

● 方法二：若要清除灶上陈旧的污垢，可喷些清洁剂在灶台上，然后再垫上些旧报纸，再喷些清洁剂，几分钟后，将报纸撤去，

用沾着清洁剂的报纸将油点擦去即可。

● 方法三：喷上厨房清洗剂先用铁丝球擦洗，擦下油垢后再用微湿的抹布擦拭干净。擦拭煤气炉时，炉嘴处可用细铁丝去除碳化物，再利用细铁丝将出火孔逐一刺通，并用毛刷将污垢清除。

41. 如何清除煤气灶各个部位的污渍？

（1）盛盘、锅架：将其放入煮沸了的滚水里，煮约20分钟，等油污浮起来后，再用锅刷刷洗干净即可。

（2）开关：用洗洁剂将其刷洗干净即可。

（3）导火器：先用钢刷将油污刷掉，然后，再用竹签将孔内的污垢清除即可。

（4）橡皮管：在管子上直接涂抹些清洁剂，待油污溶解后，再用不要的牙刷或布刷洗，然后，用清水将其冲洗干净即可。

42. 灶台怎样清洁可光亮如新？

在瓷砖表面喷些清洁液，然后再铺上些纸巾，待一晚后（纸巾会将油渍充分吸收），用湿的抹布即可很容易抹得焕然一新。抽油烟机也可以采用此法。

43. 如何清洁煲底、锅底、炉灶？

清洁煲底、锅底或炉灶时，可先将煲底、锅底烧焦的食物及炉灶的污渍用温水弄湿，并且撒上大量的食用苏打粉，然后，将它们放置上一整夜。这样，即会使烧焦的食物及污渍被充分软化，只要用软刷即可轻易去掉。

44. 排气扇怎么清洗？

当排气扇被油烟熏脏以后，可以用布蘸些醋来擦拭。还有一种方法是用锯末来清洗排气扇，其效果比较好。洗法是：取些锯末回来后，将排气扇拆下来，将锯末用棉纱裹起来，或者直接用手抓着锯末来擦拭，油垢越厚，就越容易擦掉。擦拭完后，再用清水冲洗干净即可。

45. 如何彻底清洁抽油烟机?

（1）将抽油烟机打开，让其运转，然后喷洒些浓缩的去渍剂在扇上，约5分钟后，再喷些温水，已被溶解的油污即会流进储油的盒里，将储油盒直接取下来清洗干净即可。

（2）清洗抽油烟机的面板相对而言要简单些，可以先喷些清洁剂，然后再贴上纸巾，使污垢能被清洁剂分解；约30分钟后揭下，再用海绵轻轻地擦拭，用纸巾将清洁剂吸收，即可将大部分油污吸走，比用喷清洁剂的效果要好些。

（3）在使用抽油烟机的储油盒以前，可先垫一层保鲜膜在盒内，要留一部分保鲜膜在盒外，当污油每次积满后，只要换一下保鲜膜即可。也可以先倒些洗涤剂在盒内垫底，这样，污油即会总浮在上面，清洗起来也就比较容易。

（4）每次做完菜以后，不要将抽油烟机马上关掉，让它继续运转，即可把残留在空气里的水和油烟及没有完全燃烧完的一氧化碳一块抽走，即可减少油污沾染室内的厨具的机会。

46. 怎样去除抽油烟机、煤气炉上的污渍更简便省事?

对于台面常会累积油渍的煤气炉和抽油烟机来说，可先用"浴厨万能清洁剂"喷湿纸巾覆盖在上面，过一段时间进行清理就行了。

47. 水池及厨房中的橱柜如何清洁?

先在这些地方撒上食用苏打粉、硼砂粉或洗涤苏打粉。然后用一块湿抹布来回擦拭。不费多少工夫，便可将污渍全部擦拭掉。刷洗有油垢的餐具，可用布或丝瓜瓤清洗。

48. 怎样去除水龙头的水渍?

用带有颜色那一面的橙皮来擦拭水龙头上的水渍，即可很轻松地将它擦除，且水龙头会非常干净。

49. 厨房瓷砖上的污渍如何有效去除?

（1）对沾有油污的瓷砖，可在瓷砖上覆盖些卫生纸或纸巾，然后在它上面喷些清洁剂，放置一段时间，这样清洁剂就不会滴得到处都是，而且油垢还会自己浮上来。将卫生纸撕掉后，再用布蘸些水多擦拭几次，即可去除。

（2）若厨房的灶面的瓷砖上有了油污物，可取一把鸡毛蘸上些温水来擦拭，其效果极佳。

50. 清洗马桶有什么窍门?

● 方法一：掀起坐垫，用洁厕剂喷淋内部，过几分钟后，彻底用厕所刷刷洗一遍，然后刷洗马桶座及其他缝隙即可。马桶内缘是出水口处，较容易藏污纳垢，一般用的喷枪式马桶洁厕剂，无法顺利地将清洁剂喷淋在此处，因此，最好用独特设计的鸭嘴头洁厕剂，才可深入马桶内缘将污垢清除。

● 方法二：在木棍的一端绑些废旧的尼龙袜，然后蘸些发泡性强的清洁剂来刷洗马桶，即可将马桶周边所形成的黄色污垢全部去除。每个月只要清洗1次便可。

51. 洗浴室浴具有什么妙招?

对于任何浴缸或洗盆，都不要使用硬质刷子或去污粉或菜瓜布等刷洗，以免伤害表面材质。可在上面喷上一些浴厨清洁剂，用抹布再擦洗一遍，就能恢复原来的光洁度。在清洗莲蓬头的时候，应拆下长淋头，用旧牙刷轻轻地擦拭喷水头，并用铁丝从里头清除阻塞物。

52. 擦拭浴缸有哪些窍门?

（1）用旧报纸来擦拭浴缸，可将上面的污垢去除。

（2）用毛刷或干净的软布蘸些洗衣粉来反复擦拭浴缸，再用清水冲洗干净即可。注意：千万不能用炉灰或沙土之类的来打磨。

（3）在海绵上蘸些肥皂来擦拭浴缸，可立即去除上面的污垢。

53. 疏通下水道有什么技巧？

下水道堵塞的正确疏通方法是：先放满清水在水斗里，轻轻旋动一下帮，当它贴紧排水口后，用力拉上将其吸出，不要做往下推的动作，就能疏通下水道了。

54. 怎样速排塑钢阳台滑槽积水？

穿几根线绳在排水孔中，使它的外头垂着搭出阳台，里面留出部分横卧在滑槽里，阳台一旦积水，线绳就会起到疏导的作用，积水也就不会流进阳台了。

55. 清洁家具有什么妙招？

● 用凉茶水擦拭家具：用抹布蘸些喝剩下的浓茶水来反复擦拭家具，可以使暗淡的漆面恢复原来的光泽，这是因为茶水中有保护漆膜的单宁酸。

● 用牙膏去除家具污迹：若木制家具上有了污垢，可在软抹布上沾少许牙膏来擦拭，再用干布将其擦拭干净即可。

● 用玉米粉去除家具污垢：若家具上有了污垢，可先用残茶叶来擦拭，再洒上些玉米粉擦拭，即可去除污迹。

● 用缝纫机油去除家具污迹：在软布上沾些缝纫机油，用它来反复擦拭家具上的污迹，再用干净抹布将其擦干，即可光亮如新。

56. 除软座家具污迹有什么技巧？

在 1 公斤水中加 1 汤匙醋或适量酒，将布浸泡在溶液中，5 分钟后，将布拧干，然后罩在要擦洗的家具上，用小木棍在布上均匀地拍打，再用刷子轻轻刷。过一段时间后，再用一块软布蘸些蛋清反复擦拭，能恢复其表面的光泽。若是长毛绒椅子、沙发，可用刷子、小扫帚或吸尘器去尘。也可以顺着毛用软布擦。若有油迹，可以用汽油擦洗。

57. 除桐木衣橱污迹有什么技巧？

若桐木衣橱上有了污垢，可沿着木纹用40 号以上的细砂纸擦拭，然后再在它的上面涂上层石粉，待石粉干后，将其擦亮即可。

58. 清洁电器有什么好办法？

电视、音响和电脑都是精密的电器，在清洁的时候，不能用水来擦拭，在清洁家电的时候，可以用比较轻的静电除尘刷擦拭灰尘，且能防止产生静电。家电用品上面用来插耳机的小洞或者按钮沟槽，可以用棉花棒来清理。如果污垢较硬，可使用牙签包着布来清理。

59. 清洁真皮沙发如何防变形？

擦拭真皮沙发不能用热水，不然会因为温度太高而使皮质变形。正确的方法是用温布来轻轻地抹擦，若沾了些油渍，可用稀释好的肥皂水来擦拭。

60. 如何恢复银器原有的光泽？

● 用土豆擦拭：在苏打水中放入生土豆片，放到火上煎煮片刻，待水稍凉后用来擦拭银器，即可恢复原有的光泽。

● 用盐水清洁：当银器光泽暗淡时，可加些水在铝锅中，将其煮沸后加5汤匙食盐，再把银器放入锅内煮 5 分钟左右，取出后清水冲洗干净，用干净的软布擦干即可。

61. 清洁银器还有何妙招？

变质牛奶可以清洁银器。将银器在牛奶中浸30分钟，等污渍软化以后，用肥皂水清洗。到时候眼前就是焕然一新的银器了。

62. 去除藤竹器具积垢有什么窍门？

若竹器、藤器上有了积垢，可用盐水来擦洗，既能把污垢去污，又能使其柔软，恢复弹性。

63. 去除锡器污垢有什么窍门？

用荷梗或荷叶烧水来清洗锡器，即可将

锡器中的污垢去除。

64. 去除瓷器积垢有什么窍门?

若瓷器上有水渍或茶垢,可取部分柠檬皮和一小碗温水,然后将其倒入器皿内浸泡4~5小时,即可除去。

65. 怎样去除漆器油污?

若漆器沾上了油污,可反复用青菜叶擦拭,既可将污去除,又不会将漆面损伤。

66. 怎样去除眼镜架积垢?

若金属眼镜架的鼻梁架弄脏了,可滴些洗洁精在正反面上,然后用清水洗净即可。

67. 怎样揭除镜面标签?

将指甲除光液涂在粘在镜子上的标签上,即可将其去除。

68. 除桌面粘纸有什么窍门?

若桌面上粘了些纸屑,可在它上面倒些家具油,让它浸一晚上,然后用软布将其擦拭干净,便能将纸屑彻底去除,而且还不会将桌子漆面损伤。

69. 怎样去除铝制品积垢?

将铝制品和捣碎的西红柿加水一起放在锅内煮,煮出来的果酸即可去除铝制品上的污垢,恢复原有的光泽。

70. 怎样去除铝制品油污?

若铝制品表面蒙上了油污,可用湿布蘸着乌贼骨研成的细末擦拭,即可光亮如初。

71. 去除铝壶积垢有何妙招?

● 用干烤去除铝壶水垢:将空铝壶放在火上烤3分钟左右,或烤至壶底有响声的时候,立即把壶取下,注入些凉水,等水冷却后,再将水倒掉,即可将壶内水垢去除。

● 用棉花预防铝壶水垢:取一团新棉花或把几层纱布缝在一起放在水壶里,大量的水垢就会被纱布、棉花吸收。棉花、纱布用过一段时间就要更换。

● 用丝瓜络去除铝壶水垢:将一个15厘米左右长的丝瓜络洗净后放在铝壶中,水中的碳酸钙等杂垢会慢慢地附在丝瓜络上,铝壶内则再无积垢了。2~3个月要换一次丝瓜络。

● 用土豆去除铝壶水垢:在壶中放3~5个小土豆,然后放到火上煮上几个小时,壶中的水垢会慢慢地脱落。

● 用盐酸去除铝壶水垢:将5克面粉放入半杯水中,搅拌均匀后倒进水壶内,再倒入30%的盐酸溶液,将水垢全部浸没,15分钟后,即可将水垢除净。

72. 怎样去除铝锅污垢?

若铝锅的锅底被烧焦了,可将正在燃烧的木炭用水浇灭,然后用它来擦洗烧焦的锅底,即可擦洗干净。

73. 怎样去除热水瓶积垢?

● 用苏打去除热水瓶积垢:在热水瓶中放50克小苏打,然后倒入适量热水,将热水瓶上下左右晃动,即可将热水瓶中的水垢去除。

● 用盐酸去除热水瓶积垢:在积了水垢的热水瓶中倒入些稀盐酸,将木塞盖紧,轻轻地摇晃,再放置半小时左右,用清水冲净即可清除水垢。

● 用鸡蛋壳去除热水瓶积垢:将5个左右鸡蛋壳捣碎后放进热水瓶内,再倒入1碗水浸泡一会儿,然后上下摇晃,即可去除水垢。

● 用卫生纸去除热水瓶积垢:热水瓶内积了些水垢,可用卫生纸揉成2个小圆球放入热水瓶内,然后注入热水,盖好木塞,边转动边左右摇晃热水瓶,几分钟后,即可将水垢去除。

74. 茶杯用久了其内壁有些棕色的茶垢，如何去除？

● 利用柠檬皮的汁：在茶杯中放入些已榨过的柠檬皮的汁，然后再加些温水，每隔几小时就换一次热水，即可将污垢去除。若茶杯上有些黄色的茶渍，可以用软布蘸些碱粉或少许盐进行摩擦，然后再用肥皂水洗干净即可。

● 用盐水清除茶垢：可泡一杯盐水在茶杯内，2分钟后，用手轻轻搓洗，即可去除杯内污垢。

● 用鸡蛋壳去除茶垢：茶杯内壁有茶垢，可先用鸡蛋壳擦拭，然后再用清水将其冲净。

● 用铝箔去除茶具积垢：茶具或茶具桌上留下的污迹，可用香烟盒里面的铝箔纸反复来回地擦拭，然后再用清水冲洗干净，即可将污迹除尽。

● 用牙膏去除茶具积垢：蘸少许牙膏在细纱布上，用其来擦拭茶具，可除净茶具上的茶垢。

75. 去除咖啡壶污垢有什么办法？

● 用盐去除咖啡壶污垢：咖啡壶内壁有棕色污垢，可放少许盐在壶内，反复摇晃，即可除净。

● 用苏打去除咖啡壶污垢：咖啡壶中有黑色污垢，可在壶中装满水，加入1汤匙苏打粉，放在火上煮10分钟左右，即可去除黑色污垢。

76. 忘了清洗咖啡杯，弄得杯子壁上全是咖啡渍，怎么办？

倒些热水进去，再投入一片假牙清洁片。当水泡消失时，瓶内的咖啡气味以及瓶壁上的污渍就也都不见了。假牙清洁片还可以用来清除花瓶、咖啡壶以及其他内部难以清洗的玻璃器具。

77. 怎样去除不锈钢器皿积垢？

不锈钢器皿上沾上了污垢，可用新鲜橘皮的内层擦拭污垢，既可将其擦净，又能避免擦出痕迹。

78. 去除搪瓷器皿污垢有什么窍门？

● 用苏打去除搪瓷器皿污垢：若搪瓷器皿上染了些黄色斑痕，可用一块湿布蘸些小苏打来反复擦拭，即可消除斑痕。

● 用牙膏去除搪瓷器皿污垢：搪瓷器上的陈年积垢，可用刷子蘸少许牙膏来擦拭。

79. 怎样去瓶污？

加适量水在芥末中，将其倒入脏了的瓶中浸泡几小时，然后用一个长柄的毛刷来刷洗，即可去污。

80. 象牙筷子泛黄了，怎么办？

● 用豆腐渣去除象牙筷黄迹：可用些豆腐渣细心地擦拭，即可消除黄迹。

● 用砂纸去除象牙筷黄迹：在一小盆温水中加入少量洗洁精，将已泛黄的象牙筷放入水中浸泡，然后用水磨砂纸蘸水逐根擦拭筷子表面，即可去除筷子上的黄斑。

● 用苏打、漂白粉去除象牙筷黄迹：在一小盆温水中加入少量洗涤用的苏打粉，将已泛黄的象牙筷放入水中浸泡，将漂白粉调成糊状涂在筷子上，2小时左右后，用软布将漂白粉擦掉，即可使象牙筷子恢复洁白。

81. 怎样清洁抹布？

把抹布放进煮过面的水中浸泡一小会儿，然后用水揉搓、漂洗，抹布就被洗得非常干净柔软。

82. 菜刀生锈了，怎么办？

● 用淘米水除刀锈：把生了锈的菜刀放入淘米水中浸泡30～60分钟，取出后用干抹布擦干净即可除锈。

● 用洋葱除刀锈：用切开的洋葱在生锈的刀上反复擦，即可把刀上的锈去除。

83. 发面盆中留下了一些干面渣，如何去除更省事？

可将其扣在蒸锅上稍蒸一小会儿，然后再用清水将其刷掉即可。

84. 怎样去除沙锅污垢？

可在沙锅中加入适量淘米水，然后将其烧热，用刷子刷即可除掉污垢。

85. 炒菜的锅用久了，容易积累一层烧焦的油垢，难以洗净，怎么办？

在菜锅中放些新鲜的梨皮，加些水来煮，即可使烧焦的油脱落，极易刷干净。

86. 用洗碗机清洗油腻的碗碟时，怎样有效去除油渍？

清洗油腻的碗碟时，不要使用过多的洗涤剂。肥皂泡沫太多就会堵塞住洗碗机，洗起碗碟来也更麻烦了。我们的方法是：在转动洗碗机之前，先撒入半杯发酵粉。等机器转动以后，发酵粉会先分散油渍，从而使洗涤剂更好地发挥作用。

对洗碗机来说，发酵粉还是很好的除臭剂。需要除臭时，在空洗碗机内加入一杯发酵粉。把机器设置为漂洗模式运行。一旦干燥以后，异味就消失了。

87. 如何彻底清洁洗碗机？

在柜橱里备一瓶醋，无需费力就可以把洗碗机洗净。先在碗里倒 2 杯醋，碗正面朝上放到洗碗机最下面一层。不要放入任何碗碟，把机器设置为洗涤和漂洗模式，在干燥程序启动之前关闭机器。洗碗机运转时会把醋撒到洗碗机内部各处，从容彻底洁净机器内侧。

88. 怎样清洁不锈钢水槽可不留痕迹？

不锈钢水槽内的污渍变干后，最好用钢丝绒刷子来刷，只可惜那样会留下难看的刮痕。试试这个方法：在污渍上先加点热水，然后加点发酵粉，等个一两分钟。再轻轻地用海绵擦去剩下的污渍，最后再用热水冲洗。

89. 有时候不锈钢水槽会泛黄，还会有咖啡渍和茶渍等，怎么办？

倒几汤匙氨水到海绵上，再去擦洗水槽，最后用热水清洗就行了。

90. 怎样去除淋浴喷头中的沉积物？

如果你的淋浴喷头已经开始噼啪噼啪作响，很可能是有沉积物堵塞住了出水孔。只要厨房里有醋，你就不用花钱去买新的喷头。把喷头放到容器内，加入足够量的醋，盖住淋浴头。一直加热到快要沸腾为止。过 8 小时后，你再去看它，就会发现醋酸会逐渐腐蚀里面的沉积物。清洗淋浴头，下次就可以正常使用了。

91. 怎样彻底清洁假牙？

发酵粉是经济实惠的清洁假牙的用品。你只要薄薄地刷一层在假牙上，唯一的用具就是一把干净的牙刷。把假牙放到一杯拌了一茶匙发酵粉的水里。放一个晚上，第二天起来，你就可以看到焕然一新的假牙了。

92. 怎样解决木制餐桌上的刮痕问题？

● 用坚果在刮痕上涂一涂，问题就解决了。

● 上蜡：给器具上一层蜡，颜色要相配。上完以后，用指尖把颜色涂匀。

93. 怎么去除桌子上的蜡烛？

如果蜡烛熔了之后滴到桌上，你可以拿块铁处理。慢慢地给铁加热，然后一层层把蜡刮下来。再把纸巾折成三四层，盖到上面。将半寸热铁放到纸的上方，但不要碰到纸（不然会烧坏桌子的）。等蜡熔化了，纸就会吸收蜡。拿掉纸，再重复这个步骤若干次。

94. 如何去除地毯上不小心留下的墨水迹？

在上面撒些奶油或酒石，再加点柠檬汁。一两分钟后，拿刷子轻轻擦，再用湿海绵抹一抹就行了。如果需要的话，重复几次。

95. 小宠物在地毯上"方便"了，怎么办？

首先拿纸巾把污物除掉。然后将一汤匙白醋和两汤匙洗涤剂混合。在边上试验确保其不会使地毯褪色之后，用湿海绵蘸着涂到上面去。15～20分钟之后再用海绵蘸温水擦除。注意不要用力擦，以免损坏地毯。

96. 衣柜上的灰尘如何扫除？

将旧手套和旧袜子翻一个面，伸手进去，手套和袜子就成了非常实用的清洁手套了。

97. 钢琴键盘发黄了，怎么办？

去冰箱里拿罐酸奶，用一块干净的布蘸一些，去轻轻地擦琴键。然后，再拿一块干净的布擦除琴键上的酸奶。

98. 小孩子在家里的墙纸上乱涂了几笔，怎么办？

只要用吹风机吹一吹加加热，等到蜡笔迹软化时，你只要把它擦干净就行了。

99. 怎样去除墙纸上的油污？

先在上面撒点滑石粉，期间你可以借用你的手指或者干净的布。如有需要，重复几次。这招不但适用于塑料墙纸，就连对付纸质墙纸也是万无一失。

100. 怎样清洁黄金首饰？

黄金首饰放一段时间后就需要好好清理。将它们放到一杯洗涤液和一茶匙氨水的混合液中，几分钟之后，取出用牙刷擦，最后擦干。

101. 如何彻底清洁首饰？

旧牙刷可以对付首饰上的小凹槽。你只要把牙刷在珠宝清洁剂里浸一浸，就可以去刷各种饰品了，包括耳坠、手镯、耳环等等。注意要轻轻地刷，之后再用水冲洗，并且要擦干。

102. 怎样使金属搭扣看起来闪闪发光？

在上面涂几层指甲油，但是要在每层指甲油干了之后再涂第二层。

103. 如何解决螺钉螺帽的生锈问题？

如果没有润滑油，可以拿块布，倒上些可乐，在螺钉或螺帽上盖上一小时，螺钉和螺帽就容易松动了。需要的话，可多重复几次。

104. 怎样擦掉汽车上的柏油？

拿一块干净的布，在蛋黄酱里浸一浸，把蛋黄酱涂到柏油上。过几分钟，再用干净的布擦掉。

105. 给车子换油时不小心溅到地板上，怎么办？

赶快用猫粪土把它吸干。在污渍上倒足够多的猫粪土，然后擦干，油渍就消失不见了。

❀ 三、去味和防虫 ❀

1. 去除电冰箱异味有何妙招？

● 用木炭去除电冰箱异味。将含有两块碎木炭的容器，置于电冰箱的冷藏柜中，可除电冰箱异味。

● 用柠檬汁去除电冰箱异味。将切开的柠檬或柠檬汁存入电冰箱中，即可去除冰箱里的腥臭怪味。

● 用花茶去除电冰箱异味。在纱布袋中装入 50 克花茶，然后将其放入电冰箱里，即可除去电冰箱里面的异味。

● 用麦饭石去除电冰箱异味。将装有适量麦饭石的纱布袋装放入电冰箱里，即可把电冰箱里面的异味消除掉，每半月将其取出来清洗一次，晾晒几天，便可反复使用。

● 用砂糖去除电冰箱异味。在电冰箱里面放入些砂糖，也可去除电冰箱里面的异味。

2. 清除冰箱异味还有什么好主意？

把冰箱里的东西全都拿出来，在碎布上喷些香草精，轻轻地擦冰箱内壁，再用干布擦一遍。也许你得花点力气，但是这样却可以消除里面的异味。

3. 一旦冰箱里的食物变质甚至腐烂，里面的气味会很难闻，怎么去除？

撒一些发酵粉在冰箱内。如果可能，先取出所有的东西，然后把冰箱开到低温模式。

再往一片饼干上撒满发酵粉，在冰箱里放上一晚。

另外一种方法是：取五六只咖啡过滤壶，往每只里面加半杯发酵粉。用线将过滤壶扎住，或者敞开上面部分，再逐个放在冰箱的每一层。注意，一定要放在冰箱的角落里。滤壶使发酵粉更快地吸收异味。放置一个月，异味就消失了。

4. 行李袋放久了有了异味，怎么办？

在里面放些衣物软化片，那样的话，一天时间就基本足够（或者收起来之前也放一下）。这下，旅行袋闻起来没有问题了，还可以给你的旅途增加乐趣。如果你不用衣物软化片，也可以放一条香皂进去。

5. 厨房异味如何去除？

● 食醋蒸发法：放些食醋在锅里加热蒸发，异味就没有了。

● 烘烤橘皮法：将少许橘子皮放在炉子上烤，厨房异味将被橘皮发出的气味冲淡。

● 柠檬皮法：将切开的橙子或柠檬皮放入盘中，置于厨房内，可冲淡厨房里的异味。

6. 怎样去除厨房大葱刺激味？

将一杯白醋放在炒锅里煮沸，过一段时间后，炒洋葱或大葱的刺激气味就会自然消失。

7. 厨房油腥味怎样去除？

● 烧干茶末法：厨房中有鱼腥味时，可在烟灰缸放些茶末，并将其燃烧，即可去除。

● 煎食醋法：在煎鱼的时候，放点醋在锅里，则会减少厨房的鱼腥味。

8. 炊具上有一股油漆味，如何处理？

可用花椒放入水中煮沸，熬 10 ~ 15 分钟，将炊具放入水中浸泡一会儿，再用清水冲洗，就没有油漆味了。

9. 除碗橱异味有何妙招？

● 食醋去味法：碗橱用布蘸醋擦拭，待晾干即可去除碗橱的异味。

● 木炭去味法：在碗里盛些木炭放在碗橱里，即可除去碗橱的异味。

● 牛奶去味法：将 1 杯牛奶放在新油漆过的碗橱里 5 个小时左右，油漆味即可消除。

10. 如何有效去除微波炉异味？

用碗盛半碗清水，并加少许食醋，然后把碗放进微波炉里，用高火煮。待沸腾后，不要急于取出，可利用开水散发的雾气来熏蒸微波炉，等碗中的水冷却后，将它取出，把插头拔掉，最后用一块干静的湿毛巾将炉腔四壁擦干净。这样，微波炉内的异味就被清除了。

11. 塑料容器用久了会有一股异味，如何处理比较好？

● 用肥皂水去除塑料容器味。先将肥皂水盛满在有异味的塑料容器中，然后加入少量的洗涤剂，浸泡 2 ~ 3 小时后洗净，异味即可去除。

● 用漂白剂去除塑料容器味。将塑料容器用漂白剂浸泡一会儿，容器上的异味即可去除。

● 用小苏打去除塑料容器味。在 1 升的清水中放入 1 茶勺小苏打，然后把塑料容器浸入，再用干净的软布擦拭 1 遍，即可去除

异味。

● 用报纸去除塑料容器味。用清水将浸泡过的塑料容器冲洗干净，然后将报纸揉成团，塞入容器中，待放置一夜后，报纸上的油墨即会把容器上的异味吸收掉。

12. 炒菜锅异味如何去除？

● 方法一：在锅中放入 1 勺盐，放在火上炒十几分钟，异味就会去除。

● 方法二：抓些茶叶放在锅里煮沸 5 ~ 10 分钟，然后刷洗一下炒菜锅，异味即可消除。

13. 怎样去除炒锅内的油渍味？

将一双没有油漆的筷子放在炒锅内，加入适量水，烧开水后，即可消除油渍味。

14. 怎样去除菜刀的葱蒜味？

用盐末擦拭一下切过葱蒜的刀，气味即可去除。

15. 剪刀上的腥味如何处理？

将剪刀放入开水中烫一会儿，或将剪刀放火上烧一会儿，然后再用肥皂洗，可去除剪刀上的腥味。

16. 水壶异味如何去除？

用漂白粉溶液把水壶放在里面浸泡一夜，然后用清水将其冲洗干净，晾干，异味即可去除。

17. 怎样防水壶产生霉味？

将 1 块方糖放在水壶里，可防止水壶有霉味。

18. 除瓶中异味有何妙招？

在瓶中倒入芥末面稀释水，浸泡数小时后，刷洗干净即可。

19. 用什么方法可去除瓶中臭味？

木炭有吸臭味的功能，将少许木炭放入

瓶中，放置一夜，瓶子就不臭了。

20. 除凉开水的水锈味有何窍门？

清除凉开水中的水锈味，可先在水壶内加 2~3 小匙红葡萄酒，即可使水不变味。

21. 除居室异味有什么窍门？

● 方法一：空气污浊，居室内便会有异味，滴几滴香水或风油精在灯泡上，遇热后会散发出阵阵清香。

● 方法二：在转动的风扇上面滴上几滴花露水或香水，可使室内清香。

22. 除居室烟味有何妙招？

● 方法一：用浸过醋的毛巾在室内挥动，或用喷雾器来喷洒稀醋溶液，效果很好。也可将一小盘氨水或醋放在居室的较高处，也可清除居室内的烟味。

● 方法二：用清水将柠檬洗净后，切成块，放入锅中，加入少许水，将其煮成柠檬汁，然后将汁放进喷雾器里面喷散在屋子里面，即可将烟味去除。

● 方法三：室内最低处点燃 1~2 支蜡烛，约 15 分钟左右后开窗通风，可使室内烟味消失。

23. 除居室宠物异味有什么简单的方法？

在饲养猫、狗的地方洒上烘热后的小苏打水，因饲养宠物而带来的特有异味就可以除去了。

24. 怎样去除甲醛异味？

● 利用活性炭。购买 1000 颗粒状活性炭除甲醛。将其分成 10 份，放入碟中，每屋放 2~3 碟，3 天内可基本除尽室内异味。

● 利用红茶。将 500 克红茶放入两盆热水中，放在居室中，并开窗透气，两天内室内甲醛含量将下降 90% 以上，刺激性气味可基本消除。

25. 去除房间内的油漆味有何妙招？

● 用盐水去除油漆味。在刷过漆的房中放两盆盐水，油漆味即会马上消除。

● 用干草去除油漆味。放一桶热水在居室内，里面放进 2 汤匙香草精或 1 把干草，在居室里放一夜，即可除净油漆味。

● 用氨水去除油漆味。放一碗氨水在室内，3 天左右即可消除居室内的油漆味。

● 用茶水去除油漆味。若是木器家具有油漆味，可以用茶水将其擦洗几遍，油漆味即会很快消除。

● 用牛奶去除油漆味。把煮开的牛奶倒入盘中，把盘子放到新油漆过的橱柜里，将橱柜的门关紧，约 5 小时后，油漆味即可除去。

● 用蜡烛去除油漆味。点根蜡烛在屋里，可以将油漆味有效地去除。

● 用醋除油漆味。新购买回来的木漆容器，会有一种难闻的气味。这时，可以将其浸泡在醋水中，用干净的布将其擦洗干净，便可消除此味。

26. 某些药物有较特殊的气味，服用时令人难以下咽，如何清除这种气味才好？

可将药物贮藏在冰箱中一段时间，异味就会消除，并且口腔里也不会遗留异味。

27. 夏天，用竹子制作的凉席、竹椅等竹制品容易有味，时间一长还容易生细菌，怎么办？

若用毛巾蘸些茶水擦拭竹制品，则它会变得既干净又亮，还会有一种清香味（若用隔夜剩下的茶叶水擦拭效果也很好）。

28. 怎样去除烟灰缸异味？

在烟灰缸的底部均匀地铺上一层咖啡渣，即可消除烟灰缸异味。

29. 怎样去除煤油烟味？

在蜂窝煤及煤油上加上几滴醋，可使其

烟味减少或消除。

30. 给花卉上肥后，房间内会产生一种臭味，怎么去除这种味？

可将剪碎的橘皮撒在上面，既能增加土壤的养料，又可除臭。

31. 清除厕所异味有何高招？

● 方法一：在厕所里燃烧火柴或者点燃蜡烛，或在马桶里倒入可乐，室内空气就会改变。

● 方法二：将丝袜套在排水孔上，减少杂物阻塞排水孔的机会，水管保持清洁，排水孔的臭味便去除了。

● 方法三：放一杯香醋在厕所内，臭味便会马上消失。由于香醋的有效期一般是一星期左右，因此，每隔一周就要更换一次香醋。

● 方法四：打开清凉油盖，放于卫生间角落低处，即可消除臭味。一般情况下，一盒清凉油可用 2 ~ 3 个月。

32. 天热，垃圾容易有味，时间一长，就容易发臭，怎么办？

● 方法一：将茶叶渣撒在垃圾上，可防止动物内脏、鱼虾等发出臭味。

● 方法二：在垃圾上撒些洗衣粉，可有效地防止生出小虫子。

● 方法三：在垃圾桶的底部垫上报纸，当垃圾袋破漏后，报纸即可吸干水分，防止发臭。

● 方法四：动物内脏、鱼虾等垃圾，是厨房里散发臭味的主要原因，此时，洒点酒精是去除腥臭味、杀菌的良方。将水和酒精以 3 ：7 的比例调成稀溶液，倒进喷雾器里，当遇到鱼骨的残骸时就喷些，还可以用于橱柜下或冰箱内部等容易产生异味的卫生死角里。

● 方法五：将废报纸点燃后放入垃圾桶中（注意：垃圾桶需是金属制品），臭味即可消除。

33. 怎样去除尿布的臊味？

● 食醋去臊法：将少许食醋放入洗尿布的水里，即可达到除味的效果。

● 新洁尔灭去臊法：将两三滴新洁尔灭溶液滴入水中，搅拌均匀后，浸泡洗净的尿布，取出晒干，即可去除臊味。

34. 怎样除居室内的霉味？

● 方法一：在壁橱、抽屉、衣箱里放上一块肥皂，霉味即除。

● 方法二：将晒干了的茶叶渣装入干净的纱布袋中，散发到各处，不仅能除霉味，还能散发出香味。

35. 怎样除皮箱异味？

取食醋用布涂擦皮箱表面，然后晒干，异味即可消失。

36. 怎样除鞋柜臭味？

● 方法一：将鞋子从鞋柜中搬出来，并彻底清理干净，用布擦拭，在鞋柜内铺上旧报纸数张。

● 方法二：在布袋或旧丝袜里塞茶叶渣或咖啡渣，扎成小包，将做好的小包塞入鞋内，摆在鞋柜角落，有很好的消除霉菌和异味的效果。

37. 家具如何有效防虫？

● 硼酸硼砂防蛀法：对做家具的木材，可用硼砂、硼酸各 5 克，加 30 克水，待其充分溶解后，涂刷在木材上（需涂数遍），使药完全渗入到木质里，待晾干后用其来做家具，既可杀虫，又可防虫。

● 盐水防蛀法：在家具表面常用浓盐水擦拭，能有效地防虫蛀。

38. 家具生蛀虫了，怎么办？

● 涂油去蛀虫法：当发现家具有蛀虫时，涂上少许柴油，即可将蛀虫杀死。

● 敌敌畏去蛀虫法：用 1 份敌敌畏、94 份煤油混合药液、5 份滴滴涕，或者用煤油配制成浓度为 2% ~ 5% 的敌敌畏药液，涂刷 3 ~ 4 遍家具。若虫洞比较大，可用脱脂棉蘸药液将其堵住。如虫洞深且小，可用注射器将药液推入。

39. 怎样去除毛毯蛀虫？

在毛毯上用厚毛巾蘸水略拧干后铺好，用高热的熨斗熨烫，使热气熏蒸毛毯，可除去蛀虫。

40. 书籍如何防蛀？

将烟草加水煮沸 2 ~ 3 小时，制成烟草液，再放入些吸水性能较强的纸片浸泡，待晾干后，即可成烟草液纸，将其夹在书页中，能有效地防治书籍害虫。

41. 书虫防治有哪些窍门？

（1）防潮。温度和湿度较高而且比较脏的地方是书虫容易生存的地方，在下雨的时候，书房要保持经常通风，以降低温度，同时还要经常搞好室内卫生，抑制害虫的滋生。

（2）整理。经常挪动图书，藏书较多的地方，可以防止害虫定居繁殖，每年春秋季节要全面清除和整理一次。

（3）灭虫。蛾子或寄生虫这类害虫能蛀食衣物、家具，对图书的危害性很大，发现后应该及时消灭掉。

（4）防治。在存放图书的柜中，每层要放 1 ~ 2 块樟脑精或香草等驱虫剂，可以达到防治虫害的作用。

42. 怎样驱除室内昆虫？

● 头油去虫法：取一些头发油在室内喷洒，即可将昆虫驱逐出去。

● 蛋壳去虫法：鼻涕虫在居室中比较常见，将蛋壳晾干研碎、撒在墙根、厨房、菜窖或下水道周围，鼻涕虫就不会再来了。

● 漂白粉去虫法：在跳蚤、蟑螂常出没的地方，撒些漂白粉，可消灭跳蚤、蟑螂等害虫。

● 柠檬去虫法：将柠檬榨成汁，洒在室内，不仅可驱逐苍蝇、蟑螂，室内还有一股清香。

43. 如何有效去除宠物身上的跳蚤？

● 利用卫生球。在猫的身上搓进 1 ~ 2 粒卫生球粉末，跳蚤即会被杀死。

● 利用去虫菊粉。将猫、狗用热肥碱水或皂水浸洗干净，再用毒鱼藤粉或除虫菊粉撒擦，同时全面洗晒被褥和衣物，跳蚤即可除去。

44. 猫咪身上的跳蚤如何去除？

● 利用橙皮。切碎、研磨新鲜橙皮，取其汁兑入温水中，均匀地喷洒在猫咪的身上，然后再用柔软、干燥的毛巾将猫咪裹严，大约半小时后，用清水将猫清洗干净即可。

● 利用桃树叶。在摘桃的季节，可去果园摘取一把桃叶，将其放在塑料袋里，并加入少量的清水，把猫放在袋内，露出猫头，将袋口扎紧。用手轻轻揉捏桃树叶，即可去除猫身上的跳蚤。

45. 甜食如何防蚁？

套上几根橡皮筋在装有甜食的罐的外面，一闻到橡胶的气味，蚂蚁就会远远地避开。

46. 居家防蚁有何妙招？

● 花椒防蚁。撒放数十粒花椒在菜橱的周围，可以有效地防止蚂蚁窃食。此法简便实用，效果良好。

● 用盐驱蚂蚁。撒些盐在蚂蚁经常出入的地方，蚂蚁就不会再出现了。

● 用锯末驱蚂蚁。在蚂蚁经常出入的地方放些用水泡过的锯末，蚂蚁会远远地避开。

● 用炉灰驱蚂蚁。在庭院、房舍等蚂

蚁经常出没的地方撒上些炉灰，蚂蚁就不会来了。

● 用石灰驱蚂蚁。撒些石灰在木器地的地面上，或撒在木器里面，均可以防止爬入蚂蚁。

● 桌腿上包锡纸防蚁。家中如果有蚂蚁，经常爬到桌子上，爬进剩饭里，用锡箔纸把桌腿包上，锡箔纸尽量包得平滑，蚂蚁就很难爬上餐桌。

● 蛋壳煨火防蚂蚁。夏天，老房子中爱生蚂蚁，平时收集一些鸡蛋壳，用火把蛋壳煨成微焦后，碾成粉末，撒在蚂蚁常出没的地方，有不错的驱除效果。

47. 如何将蚂蚁赶出厨房？

在窗框和走廊上挤些柠檬汁，就可以把蚂蚁赶出厨房。

一旦蚂蚁找到了通向厨房的路，你就有一个办法可以赶走它们：取等量硼砂和精制细砂糖，混合，加水调成糖浆状。然后倒一点在瓶盖里，放到有蚂蚁出没的橱柜里。或者，你也可以把它放到房子的角落或者器具的后面，但这必须有个前提——你家没有小宠物或小宝宝会误食这个毒液。

48. 利用蚊香驱蚊应注意哪些技巧？

（1）不能长期都用同一牌号蚊香。因为时间久了，蚊子会产生抗药性，也就降低了驱蚊效果。

（2）在蚊子活动的高峰期点燃蚊香，灭蚊效果最好，一般是傍晚六七点钟的时候。

（3）忌点燃过量的蚊香。因为蚊香的烟雾都对人的呼吸系统有刺激作用，蚊香不可点燃过多，一般15平方米的房间内只需点一盘。

49. 用过之后的电蚊香片，大部分都被扔掉了，极为可惜，怎么对其有效利用？

可以仿照点盘式蚊香，点燃用过的蚊香片，吹灭明火，使其自然燃烧，也能驱赶蚊子；如关闭门窗驱蚊效果更佳。

50. 夏日驱蚊有何妙招？

● 浴液中加维生素B1驱蚊子。维生素B1具有很多生物功效，如帮助消化、增加食欲和维持身体机能等。同时维生素B1可以散发出特殊气味，而这种气味具有驱除蚊虫的作用。一般是在水中溶解3～5片维生素B1，在暴露的肢体上用卫生棉球蘸其液擦拭，两天内就可以起到驱除蚊虫叮咬的作用。

● 用夜来香驱蚊子。在夏日，阳光下吸收足够热量的夜来香花，在夜晚来临时，会释放出大量的香气，无论室外或室内，只要有棵夜来香在身旁，就不会被蚊虫叮咬。因此，在炎热的夏夜，放一棵夜来香在家里，同时具有使空气清新、驱蚊虫的作用。

● 用风油精驱蚊子。在点蚊香前，滴洒适量的风油精在整盘蚊香上，可使蚊香不呛人，且满室清香，其驱蚊效果非常好。在进蚊帐之前，洒几滴风油精在蚊帐上，可使蚊帐内的空气状况改善，且增加驱蚊效果。

● 用电冰箱驱蚊子。当家用电冰箱背后的压缩机工作时，其外壳的温度常为45℃～60℃，且热度均匀，将市场上买来电子灭蚊器灭蚊药片，在傍晚的时候，分放在冰箱压缩机的外壳上，利用它的余热来蒸发药片，也可达到较好的灭蚊效果。这种方法既经济又简单易用。

51. 杀灭臭虫有哪些好办法？

● 敌敌畏杀虫法：将80%的敌敌畏乳剂加水400～500倍兑成的稀溶液，喷洒在有臭虫的地方，然后将门窗关严。8小时后，臭虫即可死去。如过10天再洒1次药，即可杀灭虫卵。

● 苦树皮杀虫法：每间房买苦树皮（即

玉泉架）0.5 千克，煮沸 1 小时左右后，将渣去除，然后在有臭虫的地方用刷子涂抹些药水。隔 10 天左右抹 1 次，连续 3 次即可将臭虫全部消灭。

● 煤油杀虫法：将煤油洒遍壁橱或床的周围，不但能杀死臭虫，其他虫类也会被消除。用此法灭臭虫时，要注意防火。

● 桉树油杀虫法：在适量的肥皂水、松油混合液中，放入桉树油、桉树叶适量，调匀，涂于臭虫常出没的地方，即可将臭虫消除。

● 螃蟹壳杀虫法：在辣椒面内加入同等分量的螃蟹壳干粉，搅拌均匀，然后拌入适量的木屑，可消灭臭虫。

● 白酒逐虫法：在床沿浇上白酒，即可驱逐臭虫及其他虫类。

52. 驱除苍蝇有何妙招?

● 食醋驱蝇：取一些纯净的食醋在室内喷洒，苍蝇就会避而远之。

● 橘皮驱蝇：在室内燃烧干橘皮，既可驱逐苍蝇，又能消除室内异味。

● 洋葱驱蝇：用一些切碎的洋葱、葱、大蒜等放在厨房或室内，这些食物有强烈的刺激和辛辣性的气味，可驱逐苍蝇。

● 西红柿驱蝇：放一盆西红柿在室内，能驱逐苍蝇。

● 残茶驱蝇：将干茶叶放于臭水沟或厕所旁燃烧，不仅能驱逐蚊蝇，还可除去臭气。

53. 不同季节如何灭除蟑螂?

早春：蟑螂隐匿的场所采取喷药防治，药剂要均匀地喷于蟑螂栖息的洞穴、缝隙。这样可以达到去除蟑螂的目的。

初夏：啤酒瓶盖内装些灭蟑螂颗粒剂，放置在蟑螂栖息的活动场所。

寒冬：这个时间厨房的调味品橱、煤气灶橱及自来水等是蟑螂隐匿的地方，这个时间

蟑螂的活动能力不强，爬行也比较缓慢，很容易被捕获。在消灭蟑螂时，应把物体上的蟑螂卵鞘摘下来踏碎杀灭。另外，投毒饵时要做到堆数多，放置时间长，防潮，这样使蟑螂有更多的机会吞食毒饵。同时，要及时将家中无用的物品清除掉，以减少蟑螂的滋生繁殖条件。

54. 驱除蟑螂有哪些妙招?

● 利用鲜黄瓜：在食品橱里放些新鲜的黄瓜，蟑螂就不会靠近食品橱了，两三天后再将鲜黄瓜切开，使它继续散发黄瓜味，即可继续有效驱除蟑螂。

● 利用鲜桃叶：在蟑螂经常出没的地方，放上新摘下的桃叶，桃叶散发的气味，可使蟑螂避而远之。

● 利用洋葱：将切好的洋葱片放在室内，这样，既可延缓其他食物变坏，又可以达到驱除蟑螂的效果。

55. 灭杀蟑螂有何高招?

● 利用肥皂：将肥皂切成一块块的小片，然后将其冲泡成浓度约为 0.3% 的肥皂水，用喷雾器把肥皂水喷在蟑螂身上，蟑螂马上会挣扎，随即死亡。

● 利用硼砂面粉：用水将面粉、硼砂各半，并加上少许糖，调匀后做成大小跟米粒一样的饵丸，将其撒放在蟑螂经常出没的地方，蟑螂吃后即被药死。

56. 如何捕蟑螂?

● 利用酒瓶：放少许糕点屑在一个空酒瓶内，瓶口再抹上些香油，将其斜放在柜边或墙角，即可诱捕蟑螂。

● 利用丝瓜络：在切成一半的老丝瓜络空隙内塞些面包屑、油条，放在蟑螂经常出没的地方，蟑螂钻入瓜络里觅食就会永远出不来了。

● 利用桐油：加温 100 克桐油，将其

熬成黏性胶，涂在纸板或木板周围，在其旁边放上些香味和带油腻的食物，在蟑螂觅食时，就会将其粘住。

57. 杀灭老鼠有什么好办法？

将面粉炒熟后加上点食油，然后拌上些干水泥，将其放在老鼠常出入的地方。因水泥无味，老鼠嗅到食物和油香后便会吞吃起来，吃完后再喝上些水，便会造成梗阻而死亡。

四、花卉养护和养鱼钓鱼

1. 春季花卉换土有什么窍门？

春季里，室外的温度不断升高，而各种花卉也相继到了生长的旺季，盆花换土时要依花择土，下面四种土壤养花比较合适：

（1）素质泥土（也称红土母质）。先把胶泥摊露在室外，让其经过风吹雨淋和日晒后，再配粪肥就可使用。主要用于养白兰、茉莉、橘子、杜鹃、兰花、山茶等南方的花卉，也可用来扦插育苗。

（2）旧盆土。即换盆时剥离花卉根部的土，使用时要过一下筛。这种土最大的特点是肥力不很暴，不容易使根部烂掉，主要用在播种和移植种苗。

（3）风沙土。主要是养盆花时配比土的主要成分，优点是不但腐殖质的含量较低，碱质也极少，土质松散而且排水力强，所以多数盆栽花卉（除山茶、白兰、杜鹃、茉莉等南方花卉外）大多使用这种土。

（4）粪肥掺土。花卉大都按粪土的比例"一九"来配制，也可按"三八"。如果是树形高大且长势茂盛的花卉，可以加大1成的粪肥配土。在换盆时，若是放3～5片马蹄片配合土做底肥效果会更好。

（5）常用盆土。一般以6成土壤和2成细沙，再加上2成粪土末结合的混合土为宜。向阳的秋海棠、绣球花可适量加些大沙土；君子兰花可适量把腐熟的马粪、沙土成分增大。这种土排水力极强，根部发育也会很好。微酸性土壤适合于从南方移植到北方的一些花卉。在配土时少放些硫酸亚铁（黑矾）也可，用松柏树木根部的落叶及土壤，或发酵淘米水、洗菜水制成微酸性水土。

2. 夏季养花如何防治伤病？

由于夏天的气温高，其水分蒸发也快，如果护理不周，就会把花卉灼伤或令其生病，所以要更加认真保护。阴性或半阴花卉，夏季应避免高温和光线直射。应该采取一些遮阳的办法，也可以通过喷水降低温度。杜鹃每日都应该浇水，还要向叶面及地面喷一些水，以起到保湿降温的作用。

夏季里病虫害发生率较高，清除病叶枝要及时，必要时可用药物防治。

3. 夏季管理休眠花卉应掌握哪些技巧？

休眠花卉在夏季的管理要注意通风避阳，控制水量和施肥量。将休眠花卉放置在阴凉通风的地方，还要注意避免强光照射，还应向地面洒一些水达到降温的效果，这样就能让其更好地休眠。为防止烂球或烂根，要及时停止施肥。对夏季休眠中的花卉要控制浇水量，来保持盆土湿润。夏季休眠花卉正值雨季时可将花盆放于能够避雨的地方，这样可以防止植株被水淋以避免盆内积水对花卉造成不利影响。

原产于地中海气候环境中的多年生花卉草木（如鹤望兰、倒挂金钟、仙客来、洋水仙、郁金香、马蹄莲、天竺葵、花毛真、小苍兰等），进入休眠期或半休眠期状态的时间一般在夏季。

4. 秋季修剪盆花有什么技巧？

当盆花发出的嫩芽过多时，要保留一部分生长，把其余的摘去，这样就不会徒耗养分。修剪时把保留的枝条留叶抠芽。而对于长势很强的植株进行重剪，生长弱的要轻剪。一般可做的工作有以下几点：

（1）除侧芽。花木生长中的第二次高峰是秋季，此时要把花木的侧芽除掉，保证植株生长状况良好。

（2）修枝。把细弱枝、交叉枝、重叠枝、病虫枝剪去，增强植株通风、透光的强度，预防发生和蔓延病虫害。

（3）去蕾。花蕾过多时要进行疏蕾，让顶端的花蕾能够得到足够的养分，使其生长增大。

（4）摘心。部分花会在冬季开花，要把它的花木去顶摘心，对植株的高度进行控制，以增加花朵。

（5）曲枝。要让花木株形平衡，而且优美，可把过旺的枝条，适当地拉向一侧，使其弯曲成一定的造型。

5. 冬季养护观叶花卉有什么窍门？

（1）温度与湿度。冬季的时候，要尽早把观叶植物移入室内，若是移到有暖气的房间，则要时常喷洒雾状水于叶面，提高室内空气湿度。房间内白天和晚上的温差要尽可能缩小，在黎明时，室内的最低温度不要低于5℃～8℃，而白天则要高到18℃～20℃。若观叶植物放在窗台上，最容易受到冷风侵袭，

要使用厚窗帘遮挡。

（2）浇水要适量。在冬季，气温逐渐下降，植物生长缓慢，等到严寒时，几乎就不再生长。这个时候就要减少盆土浇水的次数。冬季浇水要以盆土的表面在干燥2～3天后再浇为原则。对于有暖气和可以保持一定温度的房间，要继续及时浇水。像蔓绿绒、发财树等绿色观叶植物，大部分生长在热带和亚热带地区，不很适应寒冷的气候，要使它们很好地过冬天，一定要注意浇水和保温。植物本身在冬天的活动能力会变弱，若此时浇水过量，就会成为植物的负担，不利于过冬。所以要等到土壤表面的水干了再浇水最好，一星期浇1～2次即可。

（3）光照要适宜。一些观叶植物喜欢阳光，则要放置于向阳的窗户附近。如果在室内和遮阴地方放置的观赏植物过久，切忌突然放在室外让光直射，如此操作会引起叶片被光灼伤。白天要把植物放在窗户边日照比较好的地方，这对照顾植物也很关键。切不要直接放在阳光下曝晒，最好能拉上窗帘或者放在磨砂窗的旁边。到了晚上，窗旁的温度较低，则要把花卉移至较温暖的地方。也不要让暖气对着植物吹热风，否则会因暖气太过干燥，造成植物枯萎。

6. 怎样分辨花卉得病的先兆及其原因，以便及时防治？

若花卉出现了下列几种情况，就很可能是花卉生病的前兆。

如果顶心新叶正常，可是下部老叶片却逐渐向下干黄并脱落，还有可能呈现焦黄和破败状态，这就显示花卉缺水很严重。

新叶肥厚，可是表面凹凸且不舒展，老叶渐变黄脱落，此时停止施肥加水，实为上策。

瓣梢顶心出现萎缩，嫩叶也转为淡黄，老叶又黯淡无光，这是因为土壤积水缺氧，从而导致须根腐烂，要立即进行松土，而且停止

施肥。

枝嫩节长，又叶薄枯黄，这主要是由于花枝大，而花盆太小，造成肥水不足所致，要换大一点的花盆即可解决。

7. 如何分辨花卉缺乏营养？

若是花卉缺乏营养素，则有许多先兆，要及时采取救护措施。

缺钾。老叶会出现棕、黄、紫等色斑，而叶子也由边沿向中心变黄，叶枯之后极容易脱落。

缺镁。老叶逐渐变黄，而叶脉还是绿色，花开得也很小。

缺铁。新叶的叶肉会变黄。把铁丝的一端弯成勺形，以保持其绿色。

缺钙。容易使顶芽死亡，叶沿、叶尖也枯死，叶尖会弯曲成钩状，甚至根系也会坏死，更严重时全株会枯死。

缺氮。植株发育不良，而下部老叶会呈淡黄色，并逐渐变干枯以至呈褐色，可是并不脱落。

缺磷。其植株会呈深暗绿色，老叶的叶脉间会变成黄色，使叶易脱落。

如出现上述花卉营养缺乏的几种情况，可及时采取这样几个方法加以改善：

首先，要按时换盆并施基肥。在换盆时用机质丰富的土施。其次，可以在花卉生长盛期施液肥，一般每隔 10 天可施肥 1 次。

8. 如何防止盆栽植物的根部被虫子咬坏？

在土壤上面放一片生土豆。虫子到了土壤上就会专心地享受这顿美食，这时就可以将其一网打尽。

9. 给花卉灭虫有什么好方法？

发生虫害后的花卉，除了用杀虫剂，也可用一些日用品进行杀虫，效果极好，灭虫的窍门有以下几点：

（1）喷洒烟草水。取 40 克的烟末放进 1000 毫升的清水中浸入 2 天，把烟末过滤出，再次使用时再加入 1：10 的清水，就可以喷洒盆土和其周围，预防线虫。也能用香烟灰在花土表面均匀地洒，这样烟灰里的有毒物就可以把盆土中的虫子杀灭，又可以作为激素和肥料。

（2）喷洗衣粉液。先用 34 克洗衣粉，再兑 1000 毫升水，搅拌成溶液，在螨虫等害虫周围处喷洒，连续喷 2 ~ 3 次，就能防治，防治效果达 100%。

（3）喷草木灰水。先取草木灰 300 ~ 400 毫克，浸泡在 1000 毫升的清水中 2 天，过滤液就可喷洒受害的花木，其防治虫害的效果显著。

（4）啤酒。是对付蜗牛有效而价廉的一种药物。先将啤酒倒进小盘内，再放在花卉的土壤上，这样蜗牛就会被吸引到盘中而被淹死。

（5）喷葱液。首先取鲜葱 20 克切碎，然后在 1000 毫升清水中浸泡一天，待滤清后就能用来喷洒，1 日可多次，连续用 3 ~ 4 天，这种害虫就会被杀死。

（6）喷蒜汁液。先把 20 ~ 30 克大蒜捣碎，再滤出汁液，然后对清水 2000 毫升，进行稀释后，就能喷洒于受虫害花木上，这种灭虫驱虫效果能达 9 成以上。

（7）敌敌畏药液。先把"敌敌畏"药液沾到有棉球的小木棒上，再插到花盆中，然后把花盆用塑料袋套上，经过一夜工夫，就会把全部虫子杀死。

10. 怎样防花卉的蛀心虫？

花卉有很多科类的蛀心虫，比如粉蛾幼虫、天牛幼虫及其他类型昆虫的幼虫等。蛀心虫开始是蛀入嫩枝，再往干部蛀入，蛀虫已经进入枝内，如果不尽快将其驱除掉，将会使枝花叶枯萎。防治蛀心虫可参考以下几点：

（1）先观察虫害。家中养的花卉，包括樱花、蔷薇、无花果、葡萄等极容易被虫侵害。只要是有粉状虫类附于枝干上的，肯定有蛀虫，蛀虫在花茎上生卵，孵化后会变成青虫，就沿着茎爬动。植物在早春发芽而成嫩枝时，要及早在其表面撒驱虫的药剂。若幼虫已蛀入枝干，严重时也可以剪去蛀孔以下6厘米左右的枝条，要带上虫体。

（2）凡士林杀虫法。可用凡士林油把蛀孔涂塞，使空气不流通，就会把蛀虫闷死。如果无效，可将铁丝伸入蛀孔，把虫体钩出。若蛀虫被刺死，在铁丝头上会出现附着的水浆。

（3）敌敌畏灭虫法。先拿一小团的棉花球浸透敌敌畏，然后塞在蛀孔中，孔口再用黏土或者凡士林油等封闭，这样就会把蛀虫杀死。

（4）酒精灭虫法。注射纯酒精在蛀孔中，使之渗入到枝干，把虫杀死。

11. 花卉长了蚜虫，怎么办？

可以先点燃一支香烟，使其微倒置，让烟气熏有蚜虫附着的芽叶，这样蚜虫就会纷纷滚落。若是花棵较大，用烟不容易熏，可用一支香烟，在1杯自来水中浸泡，再用烟水喷洒表面2～3次，也能除去蚜虫。

12. 治壁虱虫有什么窍门？

家庭花卉的一大害虫是壁虱，这种小小的害虫会使枝叶皮色变得枯萎，可先把1/6的全脂牛奶和面粉，在适量的清水中混合，待搅拌均匀后再用纱布过滤，然后再把过滤出的液体喷洒于花卉的枝叶上，即可起到把大部分壁虱和虫卵杀死的效果。

13. 夏季怎样除介壳虫？

夏季是防治介壳虫的一个关键时期。这时要经常性地观察，看枝叶上是否出现乳黄极小的青黄色虫子（长仅约0.3毫米左右）在蠕动，发现后，要立即喷洒40%氧化乐果或者80%的敌敌畏2000倍液，每隔一周喷洒1次，连续3次，就能把介壳虫基本消灭。也可用在花木店购买的"除介宁"花药喷杀介壳虫。除此之外，也可把生有介壳虫的叶面展平，再选与叶片大小相当的一段透明胶带粘贴在介壳虫的虫体上，轻轻压实，然后把透明胶带慢慢揭开，而介壳虫也就会随着胶带被粘出来，从而把介壳虫根除，而且还对叶面起到保护作用。

14. 怎样杀灭螨虫和红蜘蛛？

7～8月时，山茶、茉莉、杜鹃等花木上的红蜘蛛、柑蟥、短须螨等会急剧增加，受害的叶子很快呈现出灰白和红褐色。需要及时用709毫克螨特的1500倍液，或者是40%的三氧杀螨醇的2000倍液进行喷杀，也可以用"杀螨灵"等喷杀。

另外，一般6～7月是害虫食叶的高峰期。洋辣子，也称刺蝶，在这段时间孵化的小幼虫，群集或者是分散在叶背，叶片被啃食后呈网纹状的橘斑，必须抓紧喷洒909敌百虫，还可以用80%敌敌畏的1000倍液，或者用菊醋类农药2000倍液。

15. 怎样防治花卉叶面发黄？

栀子花和杜鹃花喜欢酸性的土壤，常用硬水浇灌就会使泥土中石灰含量不断增加，从而引起花卉叶面出现逐渐发黄枯萎的现象。若是用2匙陈醋和1升水兑制的溶液在花卉的周围每隔15天浇1次，就会防治叶面发黄，预防枯萎现象的发生。

16. 培育花卉时如何防花病？

在培育花卉时，使用硫黄粉对花木防腐、防病有独特的功效。

（1）防腐烂。扦插花木时，先将其插于素沙中，待生根后再将其移入培养土里培育。

若是直接插在培养土中极易腐烂，成活率也很低。可是如果在剪取插条后，随即蘸硫黄粉，然后再插入培养土中，就能防止其腐烂，不但成活率高，且苗木生长也很健壮。除此之外，铁树的黄叶、老叶被剪除后，会不断流胶汁；榕树、无花果等修剪以后，就会流出白色液汁，容易感染；君子兰在开花结籽后，要剪取花箭就易流汁液，可能会引起腐烂等，此时都可撒硫黄粉在剪处。伤口遇到硫黄粉就不再流汁，而且能快速愈合。新栽树桩根部被剪截后，撒硫黄粉于切口处，也可有效防止感染导致腐烂，以增强其抗逆性、促进生根。

（2）防病害。在高湿、高温和通风不良的环境下，紫薇、月季等花木极易发生白粉病，用多菌灵、退菌物、托布津、波尔多液等杀菌剂喷洒防治效果均差，不能控制病害，如果用硫黄粉防治就有特效。其方法是：先用喷雾器把患病植株喷湿，再用喷粉器把硫黄粉重点喷洒在有病的枝叶表面，没有患病的枝叶可以少喷一些，以起到预防作用，几天以后白粉病就消除了。对于盆栽花卉的白粉病来说，可以把桂林西瓜霜（治口腔溃疡的药）的原装小喷壶洗净，经晾干后，装进硫黄粉就可喷用。也可以把较厚的纸卷成纸筒，要一头大一头小的，再将少量硫黄粉从纸筒大头放入，然后对准病部，从小头一吹，就会使硫黄粉均匀地散落。

（3）防烂根的感染。在花卉嫁接中，嫁接口是最容易受到感染以至于影响其成活的，这时可用硫黄粉对其进行消毒。比如用仙人掌或三棱嫁接仙人指、蟹爪兰后，要立即在嫁接口上喷洒硫黄粉，3天以内要荫蔽防雨水，以后就是不用塑料袋罩住，也不会使其感染腐烂，这样成活率就高达95%以上。如花卉已经发生烂根，也能用硫黄粉治疗。像君子兰会常因浇水过多，或者培养土不干净而烂根，可把其从盆中磕出，再除去培养土，并剪掉烂根，

然后将根部用水冲洗干净，待稍晾一下，就趁根部微润时，喷上硫黄粉最好，再使用经消毒的培养土种植，生长1个月左右就能长出新根。

17. 怎样给花卉配制富有营养的土质？

配制营养土可选用几种材料加以调配，就会疏松肥沃且排水透气性好，其配制技巧有以下几点：

（1）菜园、果园土。采用菜园或果园里种熟后的泥土，再加些粪尿，使其堆积起来，经过几个月之后再将其研细，把石块、杂物除去即可。

（2）腐叶草皮土。拾集路边带草的土，和落叶、蚕豆壳、菜边皮、豌豆壳等拌匀，并封堆，然后浇些尿液，经发酵腐熟后掺用即可。

（3）炉灰土或粗沙土。把从河滩上取来的粗沙土或炉渣研细经过筛后的灰末，再拌成培养土，这样可使土壤的质地疏松，而且排水性能好。

（4）用菜园里的园土50%，加30%腐叶粒与20%粗沙土，掺合起来，培养土就制成了。若是再加上10%～30%含量的河塘泥末更佳。

18. 花肥能自己制作吗？怎么制作？

培育花卉所需要的花肥是完全可以自制的，方法如下：

（1）氮肥：可以促进花卉的根茎、枝叶等的生长。把花生、豆子和芝麻等已经过期的食品放入花盆中，发酵以后，就成为很好的氮肥。

（2）磷肥：作用是增强花卉的色彩，有利于果实变得饱满。将杂骨、蛋壳、鱼骨、鳞片、毛发等埋入花盆中，就是极佳的磷肥。

（3）钾肥：它的作用是防止病虫害虫。将茶叶水、洗米水，还有洗奶瓶水以及烟灰等倒入花盆，就是很好的钾肥。施肥前，将花卉所需肥料按比例配成肥液，用医用空针筒按不

同花卉的施用量，注入盆。可在盆边分几个点进行以便均匀。这种方法很卫生，也很适合阳台上使用。

19. 自己利用鱼骨、豆子等发酵制了一些花肥，但经常会发出臭味，如何消除？

为了清除臭味，可以将几块橘皮放入花肥水内，就可除掉花肥的臭味，如时间过长可再放入一些橘子皮。由于橘子皮里含有大量香精油，发酵后也会变为很好的植料。因此，橘皮泡制出的植料，非但不会降低肥效，并且花肥中还带有一种芳香气味，增加人们的舒适感。

20. 据说红糖也可以用来养花，具体怎样利用比较好？

红糖是烹调的调味品，在养花时也能发挥作用。开水配制红糖液凉后就可以使用了，方法如下：

（1）浸种：可用来浸泡仙人掌、草本类花卉种子，用红糖液0.5%～1%浸泡64小时，这样培育出的幼苗，出土后生长健壮，抗病能力强，出苗率高，苗秧整齐。

（2）幼苗喷施：晴天可以对木本、草本花卉的幼苗用浓度为0.2%的红糖液水喷施，秧苗便会变得粗壮，心叶长得快，如茶花、君子兰、三角梅等。雾状喷施时效果较好，液体颗粒越细越好，注意对君子兰喷雾时用量要少些，手法也要轻，达到叶面潮湿就行了，尽量避免形成水珠，也不能将液水流入花心，防止花心腐烂，影响观赏。

（3）叶面喷施。观叶植物可以喷施0.2%～0.5%的红糖液，喷后叶片会增大增厚，增加其叶绿素的含量，叶面有光泽，抗菌能力也会增强。

（4）病害试喷：3～5天1次，试喷1%的红糖液，连续3次对霜霉病、黑斑病、叶枯病、白粉病，效果较好。

21. 防止幼苗凋谢有什么好办法？

购买植物的花苗回家时，有时会因为长途或天气的原因，回到家门时，花苗枝叶开始凋谢，原因是未能做到对土和水的保养。应尽量保持原有的土壤质量，再用疏松和吸水性较强的瓦坑纸包妥根与泥，并弄湿，然后用胶袋栽盛，使其保持温润，这样就不用愁幼苗凋谢。

22. 怎样给花卉降温？

找些海绵碎块，用红布把它们包成若干小球，放入桶中，待小球把水吸干后，再放置些小球在植物枝干上，叶子比较多的植株可多放些，气温太高的时候，可以多吸几次水，这样花卉就可降温了。

23. 改变鲜花颜色有什么窍门？

要想把鲜花原有的颜色改换一下，可参考以下几种窍门：

（1）变黄。把煮熟的胡萝卜放在水中浸泡20～30天，再浇到花盆中。以后每月施1次，过半年后，原来的花色就会变为橘黄色或者橘红色。

（2）变紫。把白色菊花放置在阳光下，需每天照上大约8～10小时，这样白菊花就幻化为白中串紫色、紫色或出现红紫色。

（3）变蓝。常对白色杜鹃花浇以茶水，花瓣迟早会出现蓝色。

（4）变红。把400～500倍的磷酸二氢钾喷洒于花面上，能使粉色系的花变为红色，白花变成红花。

24. 盆花清洗有什么好办法？

空气中有灰尘污染，盆花需常清洗，清洗时应掌握一些方法：

用清水淋湿植株，再用左手托住植株要清洗部位、右手用一块蘸水的软布擦去上面的尘土。此时应注意对于枝叶尘端的嫩叶、嫩枝只能用清水喷淋。老叶、老枝上面灰尘较多，擦洗要仔细。对特脏的部位可用软布蘸 0.1%的洗衣粉溶液擦洗。

也可以把凉开水放于喷壶中对植株进行冲洗，用洗衣粉擦过的地方要多冲几次。由于煮沸的水硬度较低，不容易在植株的表面留水痕，所以会使植株光洁，充满生机。

清洗观叶植物时，一般都是采用清水擦叶，虽然叶面当时擦干净了，很快又会变脏。这时应用软布蘸啤酒擦叶，不但使叶面擦得干净，还能使叶面变得更加油绿，充满光泽，保持时间也很长久，有极佳的擦拭效果。

25. 鲜花保鲜有什么技巧？

鲜花买回来以后，若采取下列几个技巧处理可以使其新鲜度保持较长时间。

（1）百合花——可在糖水之中浸入。

（2）山茶花、莲花——可将其在淡盐水之中浸入。

（3）菊花——可涂上少许的薄荷晶在花枝的剪口处。

（4）郁金香——可将数枝扎束，报纸包住再插入花瓶中。

（5）梅花——可把花枝切成"十字形"剪口再浸入水中。

（6）蔷薇花——可用打火机在花枝的剪口处烧一下，然后插入花瓶中。

（7）杜鹃花——用小锤把花枝的切口击扁，再浸泡在水中 2～3 个小时，然后取出插入花瓶内即可。

此外若是鲜花已经出现了垂头时，可把花枝的末段剪去约 1 厘米左右，在装满冷水的容器中插入花枝，只把花头露于水面，约 2 小时后，就会使鲜花苏醒过来。

26. 怎样分辨花盆是否缺水？

观叶法：如果花卉的枝叶明显地出现萎缩、下垂，就表示缺水。

观土法：如果盆土的表面有发白状态呈现，就表示缺水。

叩盆法：先用手指叩击盆壁，若有清脆声响发出，就表示缺水。

压土法：用手指压盆土表面，若盆土显得十分坚硬，就表示缺水。

27. 用自来水浇花须掌握什么技巧？

一般情况下，家庭住的都是楼房，浇花使用自来水是最为方便的选择方式，但用自来水浇花同样也有一些方法。

因自来水含有氯化物，用来浇花时，须将其放于桶或者缸中，要经过两三天的日晒，水中的氯气会挥发掉，也可以在自来水中加入 0.1% 的硫酸亚铁溶液，再用来浇花，这样既可防盆土被碱化，又可以使植株健壮。同时我们也可用煮沸冷却后的自来水（自来水中的氯化物在沸后或挥发或沉淀，会使碱性降低）浇花。但同时，还要注意补浇一些肥水，这样才能使植株生长旺盛。

28. 怎样浇花既省水又可增加土质的营养？

● 残茶浇花：用残茶来浇花，既可以为植物增加氮等养料，又能保持土质里的水分，但是，要根据花盆温度的情况，有分寸地定期地来浇，而不能随便倒残茶来浇。

● 变质奶浇花：当牛奶变质后，可以加些水来浇花，这样对花儿的生长有益，兑水应多些，使牛奶比较稀释才好。没有发酵的牛奶，不宜浇花。因为它发酵的时候，所产生的大量热量会"烧"根（即烂根）。

● 淘米水浇花：用淘米水经常浇米兰等花卉，即可使其花色鲜艳、枝叶茂盛。

● 养鱼水浇花：若家里面养了花草又养了鱼，可以用鱼缸里面换出来的水来浇花，这些水里，有鱼的粪便，比其他用来浇花的水更加营养。

如果采用此方法，不但可以节约不少水，还能让花草和鱼都长得更好。另外，在换水的时候，可以用一个吸管，将鱼缸底的沉淀物吸到盆里面，等沉淀以后，再将盆里面的水过滤一次，然后，再将过滤出来的清水用作第二天换水用，将剩下来的脏水用来浇花，这样，每天给鱼缸换水的时候，只要补充少部分自来水即可。

29. 要出远门，可担心家中的花无人浇水会枯死，怎么办？

介绍几种自动浇花的技巧，可使盆土在10～15天内保持湿润：

（1）布带吸水法。用桶盆盛满水，选吸水性好的布带，一头泡水里，一头埋花盆里。通过布带的吸水作用，可使水流入盆土。

（2）瓶水浇灌法。用装满水的空饮料瓶，在瓶盖上钻4个2毫米直径的小孔。倒埋瓶于盆土中，深浅以瓶中没有气泡上冒为佳，这样水就可缓慢渗透到盆土下层。

（3）塑料袋滴水法。用装满水的塑料袋，扎紧袋口，再用针在袋底部刺一小孔，放于花盆中，注意让小孔贴着泥土，这样水就会慢慢渗漏出湿润土壤。注意针孔不宜太大，以免漏水过快。

30. 设置水族箱有什么技巧？

设置水族箱，必须根据居室里的实际环境来决定尺寸的大小和放置的位置，通常不要放置于阳光直射处，否则大量滋生出来的藻类会影响观瞻。用来放置水族箱的柜橱和架子，一定要很牢固，不可以有丝毫晃动；最好在水族箱的顶部加一个盖板，以免因为使用电热棒而造成水分蒸发，影响了居室的环境。

根据饲养的鱼的品种来设置水族箱，其方法有以下几种：

（1）饲养金鱼。设置饲养金鱼的水族箱，需配置以下几种设备：上部过滤器1台、水泵1个、吸水管1根和清洁刷1把，这些设置可以起到净水、增氧的作用，还可以换水、清洁缸壁。由于金鱼能够耐低温，所以不需要添置电热棒。

（2）饲养热带鱼。设置饲养热带鱼的水族箱，需在饲养金鱼的水族箱的配置上添加一根电热棒，以达到在气温低的时候给水加温的作用。电热棒的选购，首先要注意其是否有自动控温功能，有自动控温功能的可使水温保持在一个设定的范围内。

（3）由于造景缸均以水草为主，所以，应配置以下几种设备：植物专用灯、过滤器（可用外置式或沉水式的）、有自动控温功能的电热棒。而且要在缸底铺上沙并掺些基肥，最好能增加一套能供应二氧化碳的系统，再配置一些清洁刷和吸水管等必备的工具。在布置水草的时候，应按照前后顺序来排列、种植，前景草种在最前面，中景草种在中间，后景草就种在最后面。

（4）饲养珊瑚或海水鱼等一些海洋生物。应配置以下几种设备：植物专用灯、滴流式的过滤器、吸水管和清洁刷，还有珊瑚蓝灯和电热棒等。缸底需铺上珊瑚沙，然后按自己的喜好叠放一些生物石，要注意时常测试和调整酸碱度和亚硝酸盐含量。

31. 怎样使水族箱保持清洁？

为了使水族箱水质保持清洁，投饵量一定要定时定量，一般按每日1～2次投饵，每次不要投太多，投入的饵最好能让鱼在半个小时以内吃完，不然，未吃完的饵料会腐烂，这样就会破坏水质。

另外，沉渣和粪便应定时地用乳胶管吸除，吸的时候应先用水灌满胶管，两只手捏住胶管的两端，然后把一端放进水族箱里面，另一端放在水族箱外面的地上，在地上放一个盛水的容器，将两只手松开，水族箱里的浑水和沉渣就可以通过乳胶管流到放置在箱外的盛水容器中，吸的时候应常移动放在水族箱里面的胶管，直到将里面的杂物吸干净，然后再慢慢地将新水补充进去。

32. 水族箱中养殖水草要掌握哪些技巧？

在水族箱中养殖水草有以下几个需要注意的地方：

（1）配置。水草的配置，首先要注意的是前、中、后景颜色的搭配，既要协调形状，又不能配置过于雷同的风格。比如，罗贝力作为前景种植，巴戈草作后景种植，虽然近看色彩不同；但如果在离鱼缸3米之外，其细微的差别就很难看出来，只能看到均为圆叶的两种水草，这样艺术性就不够。若将水男兰放在罗贝力后面，前面的为圆叶，后面的为羽状叶，这样差异就比较大，趣味也会倍增。为了将鱼缸景观保持相对稳定，一般不适宜养殖一些生长得很快的水草。长大的贝克椒草叶子会变得很密，将它作前景会显得非常美观。比较常见的水草，诸如水玲珑、大柳、对叶草等，巧妙地将它们组合起来，效果会非常好。

（2）养法。养殖水草还要掌握好水温。18℃~25℃是最适宜的温度。有良好的光照水草才能正常生长，最好是架在鱼缸上的日光灯的灯光或折射阳光，中间要用玻璃板相隔。除了水的洁净要注意之外，还要注意不让水草浮出水面，如果水草过高，必须及时将其分叉。水草最好栽植在比较大的碎石中，通常选择直径大概为0.5厘米的碎石。

33. 使水草生长旺盛有什么技巧？

水草的种类有很多，有些叶大根少，如罗汉茜、皇冠草，为了不让它们浮起就需要用一些石子将它们压住，如果因对水质不适应而造成叶子偏黄，则应将其不时地取出来，用清水洗干净之后再进行栽植，平时要更换一些新鲜水到鱼缸里面，也可以将其栽植在小花盆里，再连盆一起轻轻地放入鱼缸内，这样不仅有利于水草的生长，而且其密度也会变疏，既可以使水草生长得旺盛又能使景色变得好看。

34. 怎样让金鱼提早产卵？

合理的肥育放养、加强管理秋季的饲养，是能够让金鱼提前产卵的最主要的方法。用活鱼虫等多种饲料作主食，适当地增加饲料量以及延长光照时间，使亲鱼的生殖腺提早发育成熟。在立春前后利用人工升温来提高水温，适时合理地更换新水，增加金鱼的食欲和日照的时间等是非常有效的方法。更有效的方法是使用空气泵将水中的含氧量提高等方法刺激金鱼的性腺，使其成熟，这样就可以让金鱼提早产卵。

35. 什么时候给金鱼补氧最好？

喂养金鱼的时候，如果饲养水体的水溶氧在2毫克以下，金鱼就会出现到水面吸氧和"浮头"的现象，而且会使其呼吸频率明显加快，并发出一些轻微的响声，这种响声被称为"叫水"。这是鱼缸内缺氧的现象，最好马上补充鱼缸内的氧气，或者减少金鱼数量。金鱼消耗的氧气量，和鱼的多少、大小、运动量以及水温的高低有着密切的关系，鱼粪、鱼饵的腐化，也会消耗鱼缸内的氧气，这时如果没有及时地采取措施，金鱼很容易因缺氧而窒息，造成逐渐死亡。增加水中的溶解氧物质的含量、将新水加注鱼缸内，将水体环境改善，这些都是为金鱼补氧的最简单又十分有效的方法。如果有条件的话，可以采用用循环水或小型增气机来养鱼。

36. 如何自制垂钓时所用的鱼饵？

配制垂钓的鱼饵要因鱼而异，而且要把握以下几种方法：

（1）鲤鱼饵。玉米粉和大豆粉是鲤鱼最

爱吃的食物。在玉米粉里掺入少量面粉，拌些蛋清然后蒸熟，就可用作鱼饵。红薯也可以用作鱼饵，把红薯切条，然后蒸到七八成熟即可。

（2）草鱼饵。钓草鱼的时候，首先要观察一下河塘里是否有杂草，如果有，可以用蟋蟀和蛙蜘做钓饵；如果没有，则可用葱白头、嫩绿的菜叶或葱叶做钓饵。

（3）鲫鱼饵。将少量面粉加入大豆粉里，然后用开水拌匀，钓鱼的时候，只需将拌匀的粉捏一小条即可。由于这种钓饵有很重的腥味，鱼即便在很远的地方也能闻到。另外，蚯蚓也是一种较好的鱼饵，但是，最好不要使用当天所捉到的蚯蚓做饵，因为，如果将刚捉回来的蚯蚓用细泥或茶水喂养几天，蚯蚓会变得有韧性，其色泽也会变鲜亮，这样，既能吸引鱼又比较不容易被咬断。

（4）鲢鱼饵。将土豆泥、豆腐渣、新鲜的稻糠、面粉和炒熟的大麦面等原料按一定的量混合在一起，然后将其搅拌成比较容易溶在水里的团状物。体积要适当大，水分也要适量。

（5）白条鱼饵。小虾是白条鱼最爱吃的食物。用小虾作饵，可先去掉小虾的头，然后再用手从小虾的尾部到头部进行挤压，这样虾肉就会完全露出来。

37. 钓鱼时如何防脱钩？

为了提高上钩率，防止已上钩的鱼脱钩，首先要对不同种类的鱼的咬钩方法进行准确区别和判断。

（1）鲤鱼咬钩法。当鲤鱼咬钩的时候，一般是先下沉，出现了部分浮漂，此时不要轻举妄动，要等到浮漂再次出现在水面，而且呈平衡状态的时候再提竿，这样可以防止鲤鱼脱钩。

（2）草鱼咬钩法。草鱼会用很多种方法咬钩，它有时抢着就跑，有时停下就吃。因此，在垂钓的时候，其浮漂的动向也是需要注意的。

（3）钟鱼咬钩法。当钟鱼咬钩的时候，它会慢慢地下沉，浮漂也是呈慢慢下沉的状态，最好是等到所有的浮漂下沉之后再将竿提起，这样就可以防止钟鱼脱钩。

物尽其用篇

❀ 一、起居室物品 ❀

1. 用剩的壁纸扔掉很可惜，它还能用来做什么？

● 用作橱柜或抽屉垫纸：壁纸没有用完，不要丢掉，也不要束之高阁，根据不同形状和大小，裁剪出各式垫纸，垫在橱柜或抽屉里面。

● 自制书套：用剩余的壁纸做书套，不仅省钱，做出的书套也更耐脏，而且防水性很强。

● 制作拼图玩具：有些壁纸上有各种不同的图案，找一块硬纸板，在上面贴一张漂亮的壁纸，待胶水干后，把纸板切成小块拼图片，便可作为孩子们的拼图玩具。

2. 家里有不少玻璃瓶，卖掉不值钱，扔掉太浪费，怎么办？

● 盛放杂物：找几个空玻璃瓶，把家里的小物件，如小文具、螺丝钉、螺丝帽、铁钉等，分门别类地收集起来，不仅能节省不少空间，且桌子上不再堆满杂物，房间里也干净、整洁了许多。

● 随身带点心：出门时，洗净一个玻璃瓶，装上自己喜欢的点心，随身携带很方便。尤其给孩子带点心时，可使用玻璃瓶装食品，携带食品的分量刚好适当。

此外，用玻璃瓶带食品，还能避免食品被压碎、污染等。

● 用作擀面杖：擀面条时，若一时找不到擀面杖，不妨找个空玻璃瓶代替。要是再往里面装些温水，还能使面变软。

● 消除领带"皱纹"：领带变皱了，找来一个圆筒状的玻璃瓶，如啤酒瓶，将领带卷在上面，隔天后取下，上面的"皱纹"自会消失。

● 熏香衣物：香水或化妆水用完后，把瓶子放入衣橱，并打开瓶盖，衣物将变得香气袭人。

● 用作鞋楦：存放鞋子或靴子时，先在里面塞个相应大小的瓶子，可避免鞋面或靴面起褶皱。如果瓶子不够大，就在外面裹上旧袜子或破毛巾。

● 用作宠物玩具：空了的塑料瓶子，除去上面的商标、瓶盖及盖子下的套环，便可用作宠物玩具。一段时间后，瓶子被咬得伤痕累累时，更换新的塑料瓶，以免伤到宠物。

3. 旧地毯能用来做什么？

制作运动垫子：按照自己的身高和身形，将大块旧地毯裁剪出合适的大小，便可在上面做运动。不做运动时，只需把它卷起来，收好放在床下面或某个地方，也不会占太大空间。

4. 海绵有何妙用？

● 保持蔬菜新鲜：在冰箱内蔬果箱底

部，放置一块干海绵，能吸去凝聚在冰箱底部的湿气，从而延长蔬菜的保存时间。当海绵变得湿淋淋时，将其取出来拧干，待完全干燥后，再放回冰箱。但应注意，每隔一段时间，须取出海绵，用加了少量漂白剂的温水浸泡，以免发霉。

● 延长肥皂的使用时间：在盛放肥皂之前，先在肥皂盒里放块海绵，便可避免肥皂浸泡在水中，从而使之保持干燥、延长使用寿命。

● 延长花盆的蓄水期：在花盆底部放块湿海绵，再填上泥土和肥料等，土壤将较长时间地保持湿润。其主要原因在于，海绵如同一个蓄水池，能为土壤持续提供水分，而且它还能吸收大量水分，若不小心多浇了水，也会被海绵吸收掉。

● 减弱闹钟滴答声：晚上睡觉前，找来一块海绵，放在闹钟下面，滴答声会减弱许多，便可避免被闹钟的滴答声打扰。

● 保护易碎物品：邮寄东西，或者收装易碎物品时，找来大块海绵，将它们包裹起来，能起到有效的保护作用。

● 去除布料上的绒毛：衣物或家具上一旦粘有绒毛，便很难弄掉。找块海绵，把海绵打湿后拧干，然后用来擦拭衣物和家具，上面黏附的绒毛将很快消失。

5. 多余的花盆还能用来做什么？

● 防止毛线打结：织毛线衣物时，身边放一个干净的花盆，并将毛线置于倒扣的花盆下面，然后使线头从花盆出水孔中穿出，便可避免毛线缠在一起，使得毛线出来得又快又顺畅。

● 防止泥土流失：种植植物时，填上泥土之前，先在盆底放几片花盆碎片，然后再种上植物。浇水的时候，即使水流走，泥土也不会流失。

6. 铝箔有何妙用？

● 延长食物的保温时间：食物做好后，如馒头、包子、油条等，趁热先用餐巾包好，然后再用铝箔包裹一层，可较长时间地保温。

● 使银器恢复光亮：若要使变暗的银器恢复光亮，可先在锅里铺上铝箔，并注满水，然后加入少许食盐，再把银器入锅浸泡，2～3分钟后取出，用清水冲洗干净，最后晾干，可使银器恢复光亮。

● 包裹储存的银器：银器储存前，务必先清洗干净，再用玻璃纸紧紧包裹起来，且尽量挤出空气，然后用铝箔包好，密封两端，这样能有效防止银器变得灰暗。

● 防止孩子尿湿床垫：找几张铝箔，铺在床垫上，然后在上面盖条大浴巾，再铺上床单等，如此一来，即使孩子尿在床上，也不会尿湿床垫。

● 磨利钝剪刀：剪刀用久了不免会变钝。这时，取一张铝箔，把它理平整后，对折几次，然后用剪刀剪铝箔数次，钝剪刀将恢复锋利状态。

● 固定松动的电池：有些需用电池的电器，如手电筒、电动玩具等，用久后，里面固定电池的弹簧会失去弹性，从而导致电器不能正常使用。若把铝箔折成一个小垫子，使其厚度刚好能弥补弹簧失去的弹性，然后垫在电池与弹簧之间，电器即可恢复正常。

● 快速熨烫衣服：熨烫衣服时，在熨衣板上铺几张铝箔，会加快熨平褶皱的速度。这主要由于铝箔能反射热力，将熨衣板吸收的热量反射到衣服上。

● 保持火柴干燥：用铝箔包裹火柴，能防止火柴变潮或被打湿。

● 去除污垢：锅里或盘子上沾有污垢时，将铝箔揉成团，轻轻擦拭锅或盘子，即可去除污垢。

● 清洁珠宝首饰：找个小容器，在里面铺上铝箔，并加入热水和少许不含漂白剂的洗衣粉，然后把珠宝首饰放入容器，浸泡1分钟后取出，再用清水冲洗干净，任其自然风干。

7. 家里剩的几支蜡烛总也不用，快变黄了，它还有别的用途吗？

● 用作针垫：保留一块方形蜡烛，用作针垫，把针插在上面，不仅能避免针被遗失，缝织衣物时，针还会更加顺滑。

● 修理鞋带头：如果鞋带头散开了，点燃一根蜡烛，将鞋带头放入蜡烛中，蘸取蜡液，待晾干后，鞋带头会重新变硬，从而更容易地穿进鞋孔。

● 使抽屉滑轨更顺畅：把书桌抽屉拉进拉出，感觉很不顺畅时，不妨抽出抽屉，用蜡烛摩擦滑轨，然后再把抽屉放回去，这样拉起来将顺畅很多。

● 消除门的吱吱声：在门铰链的表面涂抹一层蜡，可消除门发出的吱吱声。

● 保护包裹上的字迹：邮寄包裹时，地址写好后，在字迹上涂层白蜡，能有效起到防水作用。

8. 密封袋还能用来做什么？

● 让汽水不走气：只喝了一半的汽水，用密封袋套起来，并密封袋口，可避免汽水变成没气的糖水。

● 软化变硬的棉花糖：棉花糖变硬后，用密封袋装起来，然后放在温水中，稍过一段时间，它就会恢复柔软的状态，且不会影响口感。

● 保护易碎物品：存放易碎物品时，将它放入密封袋，然后拉上封口拉链，当拉至3/4时，吹入空气，再完全密封。如此一来，袋内空气相当于隔离层，能起到保护作用。

● 收纳冬衣：收纳冬衣时，找来密封袋，装好冬衣后，密封袋口。待冬天到来再打开袋

口取出衣服，这样能使衣服保持洁净、不被虫蛀。密封袋在来年仍可使用。

● 收纳零散杂物：家里杂物收集起来后，分门别类地放入不同密封袋，并贴上相应的标签，这会让房间整洁很多，且使物品方便查找。

● 存放孩子衣服：外出时，随身带个密封袋，盛装孩子要替换的衣服，待孩子弄脏衣服后，可及时给他换下脏衣服，并装入密封袋。

● 用作泡澡时的浴枕：找一个大密封袋，将其充满气体，泡澡时，枕在上面，实在是个不错的选择。

9. 门窗挡风雨条有何妙用？

● 增强胶鞋底部的防滑力：将门窗挡风雨条剪成块，粘在胶鞋或胶靴底部，尤其是鞋跟处，可避免滑倒。

● 固定家用电器：在家用电器底部，如电话底部，粘一小块门窗挡风雨条，可防止电器滑动。

● 包裹工具手柄：有些家用工具，如锤子、斧头、扳手等，在其手柄处，裹几层门窗挡风雨条，能对手柄起到保护作用，并且握上去会更舒服，也更容易握紧。

● 修补作用：车门及车子后备箱边缘的橡胶垫圈凹陷后，用门窗挡风雨条填塞，以进行修补。若是车窗上的挡风雨条破损了，也可用小片门窗挡风雨条来修补，防止风雨吹灌到车里。

10. 漏斗还有什么用途？

漏斗可用来分离蛋黄和蛋清。先把鸡蛋打在漏斗里，但不要打破蛋黄，蛋清将通过漏斗嘴流至另一个容器，而蛋黄则留在了漏斗中。

11. 多余的空罐子能用来做什么?

● 盛放杂物:找几个空罐子,撕掉罐子标签并将其洗净,然后晾干,用来分类盛放书桌上的杂物,如笔、夹子、图钉、剪刀等。若找来黏胶,把不同的罐子粘在一起,整理杂物会更加方便。

● 保护植物:把空罐子的标签、底部和顶部去掉后,套在家庭盆栽上,可防止一些害虫靠近植物,从而起到保护作用。

12. 瓶盖有何妙用?

● 保存水果或饮品:水果切开后,如苹果、桃子等,若一次没吃完,可先用保鲜膜将瓶盖包裹好,然后在水果切面涂点柠檬汁,并使切面向下放在瓶盖上,最后放入冰箱冷藏。

喝了一半的杯状饮品,如牛奶、果汁等,需要保存时,不妨找一个大小相当的瓶盖,盖在饮品杯口上,再放进冰箱冷藏,能起到保鲜效果。

● 垫在盆栽底部:在室内小盆栽底部,垫一个大点的瓶盖,浇水时,接住渗出来的水,以防止弄脏地板,并且还能防止泥土流失。

● 垫在肥皂盒中:在肥皂盒里垫个瓶盖,防止肥皂触及盒底的水,以节省肥皂。

● 收纳小物品:在书桌上放个瓶盖,用来盛放图钉、曲别针等小物品。或把瓶盖摆放在梳妆台上,置放耳环、戒指等,能使桌面整洁,且使用方便。

● 保护桌椅腿部:在桌椅腿上钉一个橡胶瓶盖,用作缓冲物,以避免搬动桌椅时发出刺耳的声响及破坏地板和桌椅腿部。

● 保护房门:收集废弃的橡皮瓶盖,并用胶水将其粘在房门后面,开关房门时,可避免产生太大的碰撞,从而起到保护作用。

● 防止撅子掉碗:撅子用久后,长柄往往会与橡胶碗脱离,而导致掉柄。遇到此种情况,找个酒瓶铁盖和几个螺钉,先用螺钉将瓶盖固定在长柄端部,最后再套上橡胶碗即可。

● 止痒作用:不小心被蚊虫叮咬后,用一个热水瓶盖子放在被叮咬处,并轻轻摩擦,2~3秒钟后拿掉,如此重复2~3次,能消除剧烈的瘙痒,且避免局面出现红斑。但使用的热水瓶盖子,其温度最好在90℃左右。

13. 瓶盖里的塑胶环能充分利用起来吗?可用来做什么?

● 保护家具表面:摆放花瓶或柜灯之前,先垫上几个塑胶环,便可避免桌面或茶几面被刮伤,或留下污渍。

● 防止小地毯滑移:为防止客厅里的小地毯滑移,不妨在其背面四角缝上瓶盖里的塑胶环,以固定小地毯位置。

14. 软木塞有别的用途吗?

● 防止桌椅刮伤地板:从软木塞上切几片厚度相当的小薄片,粘在桌椅腿底,移动桌椅时,可避免刮伤地板。

● 防止花瓶刮伤桌面:在花瓶底部,用胶水贴几片从软木塞上切下的薄片,能对桌面起到保护作用。

● 防止画框刮伤墙壁:从软木塞上切几片薄片,并使之厚薄相当,然后用胶水将其粘在画框背面,不仅能防止墙壁被刮伤,且软木吸附于墙壁,还可防止画框倾斜。

● 用作临时针垫:缝补衣物时,在身边放个软木塞,可充当临时针垫。

15. 旧窗纱怎样利用不浪费?

窗纱可用来去除结块的油漆。以油漆桶内径为标准,剪下一块大小相当的圆形窗纱,并把圆形纱窗放在油漆表面,然后用搅拌棒将其逐步往下压,直至被压到漆桶底部,结块的油漆也会随之沉到底部,这时再搅拌油漆,便可开始工作。

16. 装修房子时剩了些沙子，怎么充分利用起来？

● 黏合物品：黏合打破的杯子时，先将杯子主要部分埋在沙子中，并涂好胶水，然后一手扶着杯子，一手将较小部分粘上去。待胶水干透后，再把杯子从沙子中取出。

● 清洁细颈花瓶：细颈花瓶因其瓶口处较窄，清洗时非常不便。但若往瓶里放些沙子，并注入温肥皂水，然后慢慢摇动，即可除去花瓶中的脏东西。

17. 旧砂纸能用来做什么？

● 打开瓶盖：瓶盖打不开时，取来砂纸，使其正面盖在瓶盖上，然后再拧瓶盖，便有助于打开封紧的盖子。

● 用作指甲锉：标记为120度或150度的砂纸，可当作指甲锉使用，用来磨指甲。

● 去掉毛衣上的毛球：毛衣上起了很多毛球时，任选一种砂纸，顺着同一方向轻擦毛衣，可以去掉毛球。

● 打磨缝衣针和剪刀：把用过的细粒度砂纸保留下来，剪去其边缘部位，收集在针线盒中。缝衣针或剪刀变钝时，取出一张砂纸，对折几次后，将针放入其中扭转摩擦。或用剪刀剪几下砂纸，以除去刀锋上多余的物质，缝衣针或剪刀便能恢复锋利。

● 帮助熨烫裙子：熨烫裙子时，在裙褶部分放块细粒度或中粒度砂纸，能固定布料，且有助于熨出明显的褶痕。

● 去除羊毛衣物上的焦痕：找一张中粒度砂纸，用来摩擦羊毛衣物上的焦痕，焦痕将不再明显，甚至消失。

● 去除麂皮衣物上的墨渍和磨损：麂皮衣物上出现墨渍或磨损时，用块细粒度砂纸轻轻打磨，然后再用牙刷刷绒毛，使之保持竖立，墨渍和磨损就会消除。

● 去除瓷砖间隙的顽垢：取一块细粒度砂纸，将其对折后，用折起的边缘摩擦瓷砖间隙，即可去除上面的顽垢。若用细粒度砂纸擦拭瓷砖间隙，应尽量避免擦到瓷砖，否则将留下刮痕。

18. 破旧的塑料桌布有什么用途？

可用作垫子。孩子趴在桌椅上吃饭时，在地板上垫张塑料桌布，接住掉下来的食物碎末，以免弄脏地板。

19. 塑料袋有何妙用？

● 调拌食物：在家宴请亲朋好友时，调拌食物的器具常不够用。别着急，把要调理的食物材料放入干净的塑料袋，并轻轻摇动，照样能迅速、均匀地调拌食物。

● 保存面肥：保存留作发面用的面肥时，可找个洁净无毒的塑料袋，用来盛装面肥，并密封袋口、置于阴凉干燥处，能使面肥较长时间不坏。

● 用作书套：若依照菜谱学做菜，不妨找一个透明塑料袋，将菜谱包起来，放在手边，既能边看菜谱边做菜，又能避免菜谱被弄脏。

● 保持电话干净：在家做饭或做大扫除的时候，电话响了，为避免满手的油垢或灰尘弄脏电话，可先在手上套个塑胶袋，然后再接电话。

● 保持床垫干爽：在孩子床单下面铺上大塑料袋，即使孩子尿床，也不会打湿床垫。

● 用作填充物：手提包存放之前，先在包里填满塑料袋，可使之保持原状而不发生变形。

● 用作衣物防尘套：找一个干净塑料袋，并在底部剪开一个洞，把衣架从洞中穿过，使塑料袋套在衣物上，然后再把衣物挂在衣橱中，既能防止灰尘落满衣物，又可避免衣物变皱。

● 避免鞋油沾到手上：为鞋上鞋油时，可先在手上套个塑料袋，再把手伸入鞋子。鞋油即使被涂抹到鞋面以外的地方，也不会弄脏双手。

● 防止钢丝球生锈：用钢丝球刷完锅具后，先把钢丝球风干，再将其放入塑料袋并包好，它便不再生锈。

● 改善粗糙干燥的双手：先把双手涂上厚厚的凡士林，再用塑料袋将双手包裹好，15分钟后解开，手上的皮肤会变得光滑柔软。这主要在于，塑料袋使手上温度升高，增强了凡士林的滋润度。

20. 用过的饮料吸管能用来做什么？

● 加高花茎的高度：往花瓶中插入鲜花时，若花茎太短，可先将其插进饮料吸管中，然后修剪出需要的长度。

● 修补家具贴皮：家具贴皮松开时，取一根饮料吸管，压扁一端并对折后，从扁平处滴入一些胶水，再塞进贴皮下面。最后从另一端轻轻吹气，使胶水慢慢流出，黏合松开的部位。

21. 用剩的又细又碎的绳子能做什么？

● 擦亮银器缝隙：用细绳蘸取少许拭银剂，打磨银器的缝隙处，会使银器更加光亮。

● 快速撕开胶带：邮寄包裹时，找一段细绳，放在包裹中间和两边接缝处的胶带下面，且留一小段在外面。收件人若要撕开胶带，轻轻一拉细绳即可。

● 消除水龙头滴水的声音：晚上睡觉前，先找来一段细绳，将其一端绑在水龙头漏水处，另一端放在排水口附近，水滴会顺着细绳滴下，而不再发出声响，扰了自己的美梦。

● 用作自动浇水器：用一个大容器盛满水，并放在花盆附近，然后剪一段细绳，使

其一端埋在花盆内，另一端悬下花盆，浸入水中，至少10厘米。待花盆中土壤变干，水将从容器中被吸入花盆。

22. 旧橡皮筋有何妙用？

● 固定物品：把汤匙放入大碗之前，在匙柄顶端绑一根橡皮筋，使汤匙更稳妥地靠在碗边。

切菜时，在砧板下面四个角处各放一条橡皮筋，以增加摩擦，防止砧板来回移动。

床垫下的板条若出现松脱，可用橡皮筋把松脱板条与其他板条绑在一起，加以固定。

● 拧开瓶盖：在紧合的瓶盖上绑一条橡皮筋，能增大摩擦、增强抓握力，最终将瓶盖拧开。

● 帮助翻阅纸张：看书时，在手指头上轻轻地绑条橡皮筋，便增加了摩擦力，有助于翻阅纸张。

用这种方法数钱也很方便。

● 防止杯子滑落：孩子、老人及关节炎患者通常抓不牢杯子。在杯子外面缠几条橡皮筋，可更紧地抓牢杯子，避免杯子从手中滑落。

● 使扫帚棕毛恢复整齐：扫帚用久后，上面的棕毛就会变得极不整齐。用一条长点的橡皮筋捆绑扫帚，几天后再松开，棕毛将一改横七竖八的模样，恢复整齐。

● 揩掉油漆刷上的多余油漆：找一条橡皮筋，横绑在油漆罐口中间部位，待油漆刷布满油漆后，在橡皮筋上刮一刮，多余的油漆便会被刮回罐子。

● 用作遥控器的保护垫：找两条宽橡皮筋，分别绑在遥控器的两端，以避免遥控器掉落地上，又可防止它来回移动时刮伤家具表面。

● 用作容积标记：打开的油漆、机油、稀释剂等，若一次没有用完，在瓶罐外面绑条

橡皮筋，标记里面剩余的溶液容量，以便下次使用时查看。

● 防止家具脚轮松脱：家具买回来以后，先在脚轮根部绑条橡皮筋，并旋紧，能避免脚轮松脱。

23. 牙签除了剔牙，还能用在什么地方？

● 快速煮熟土豆：找来四根牙签，插在土豆上，形成四条腿，然后放在微波炉中。这样能让微波从上下左右烹煮土豆，也使得土豆更快煮熟。

● 标记胶带的头：胶带用过后，顺手在起头处放根牙签，以方便下次使用。

● 粘贴小饰品或纽扣：粘贴小饰品或纽扣时，先找一张纸片，在上面挤些胶水后，用牙签蘸取少许并涂在需要粘贴处，既节省了胶水，又不至于弄脏双手。

● 修补家具油漆裂纹：家具表面出现油漆裂纹时，用牙签蘸取油漆，在裂纹处薄薄地抹上一层，不仅避免涂漆过量，且省去了清洗油漆刷的繁杂工序。

● 填补小孔：门板或其他木板上出现了小孔，可用牙签蘸取少量胶水，然后插进孔中，并去除多余部分，最后再用砂纸将填补好的地方磨平。

● 清除缝隙处的尘埃：家居用品上的缝隙处有尘埃时，如电话听筒孔隙处有尘埃，用牙签蘸取少许酒精，深入缝隙并将尘埃清除。

24. 牙线有何妙用？

● 切开蛋糕：用牙线切分蛋糕，可避免粘刀。将牙线拉紧，平放在蛋糕上，然后左右移动牙线，并轻轻地向下使劲，最终把蛋糕切断。此方法还可用于切分干奶酪。

● 分开黏合的照片：照片一旦粘在一起，便很难分开。尝试在照片之间拉根牙线，轻轻地来回移动，最终将照片分开。

● 用作缝纽扣的线：牙线虽细却很结实。用它代替普通棉线，作为缝纽扣的线，便可避免夹克、厚棉衣上的纽扣掉下来。

● 悬挂小物件：用牙线代替绳子或铁丝，将纸张、照片、风铃等悬挂起来，能保持很长时间。

● 修补户外用品：户外用品长时间日晒雨淋，如雨伞、背包、帐篷等，会极易受损，而出现大大小小的洞。找些结实且具有弹性的牙线，大点的洞用牙线来回缝补，小洞则直接缝合。

25. 废弃的钥匙可用来做什么？

● 使窗帘保持下垂：在窗帘底部的折缝中，缝入几枚用不着的旧钥匙，可使窗帘始终保持自然下垂。

● 固定拉绳：在电灯的拉绳末端绑一枚旧钥匙，以起到固定作用。

● 用作铅锤：在钓线上绑一枚钥匙，作为铅锤使用。

贴墙纸时，从上到下拉一根绳子，并在绳子下端绑几枚钥匙，用作铅锤，便于准确定位。

26. 大扫除时，发现几枚用剩的游戏币，又不值当去退换，能用它们做点什么吗？

● 消除地毯上的压痕：大件家具放久后，如衣橱、床、沙发等，难免会在地毯上留有凹陷压痕。找来游戏币，轻轻刮拭凹陷的部分，直至将其刮起。若无明显效果，可在压痕上方5~6厘米处放个蒸汽熨斗，熏蒸片刻后，蒸汽会使压平部分变得湿润，这时再用游戏币把它刮松。

● 延长鲜花保存时间：往花瓶水中放枚游戏币和一块方糖，能使鲜花保存更长时间。

● 装饰相框：找些形状大小和颜色均不相同的游戏币，按照自己的想法，粘贴在相框表面的四周，会让相框变得十分漂亮。相同方法还可用来粘贴各种盒子。

27. 硬纸筒有哪些妙用？

● 保护重要文件：收放某些重要文件时，先将其卷成卷，然后塞入硬纸筒，再放进橱柜中，可防止文件起皱，并使之保持清洁、干燥。

● 保护荧光灯管：找一个长长的硬纸筒，将荧光灯管放入其中，并用胶带封好纸硬筒两端，然后存放起来，可免灯管破碎。

● 防止电线缠结：不同家电的接头插在同一插座上时，电线极易缠在一起。若先将电线卷好，然后塞进一个硬纸筒中，便可防止电线缠结。相同方法也能用来存放电线。

● 防止桌布起皱：准备一些硬纸筒，每次洗完桌布后，先用保鲜膜包裹纸筒，然后把桌布挂在上面，经晾晒变干后，桌布将不再出现褶痕。

● 保持长筒靴的形状：收存长筒靴时，往靴筒中塞入一个大小相当的硬纸筒，以便长筒靴保持最初的形状。

● 存放孩子的画：先卷好画卷，再塞入硬纸筒，并在纸筒外贴上标签，注明孩子的名字和画画时间，最后妥善保存。

28. 纸巾还有哪些用途？

● 除去玉米须：取一张纸巾，将其打湿后，轻轻擦拭玉米，便可轻松除去玉米须。

● 延长蔬果保鲜期：把蔬果放入冰箱前，先在保鲜柜里垫几张纸巾，然后再放入蔬果，能使之保鲜期延长。

● 防止冷冻的面包反潮：面包一次没吃完，与纸巾一同装入塑料袋，再放进冰箱里。纸巾将吸去湿气，面包便不会反潮。

● 防止铁锅生锈：铁锅清洗干净后，在里面放几张纸巾，能有效吸收湿气，以防止其生锈。

● 用作孩子的餐垫：孩子吃饭时，在饭桌上垫张纸巾，以便接住洒出来的汤汁和掉下来的食物碎屑。

● 清除开罐器切轮上的污渍：开罐器的切轮上有污渍时，使切轮咬紧一张纸巾的边缘，并转动把手，几个来回后，上面的污垢将被全部清除。

● 清洁缝纫机多余机油：缝纫机上油后，先把纸巾放在上面，来回擦几次，以吸去多余油脂、防止机油沾到衣物。

29. 家里存了不少旧纸袋，怎样将它们充分利用起来？

● 给面包保鲜：与塑料袋相比，把面包放入纸袋，可使之更长时间保鲜，且外面酥脆、里面松软湿润。

● 存放新鲜蘑菇：刚买回的新鲜蘑菇，从包里取出后，先放入纸袋，再置于冰箱内，可储存保鲜 5 ~ 6 天。

● 盛装书报：收集暂时不用的书籍杂志，分门别类地装入不同纸袋，留作日后使用。

● 用作临时熨衣板垫：如果熨衣板表面的垫布破了，可找几个纸袋，将其撕开、打湿后，平铺在熨衣板上，临时当作熨衣板垫使用。

● 收纳床上用品：收集同花色的床单、被罩、枕头套等，并装入同一个纸袋，再贴上标签，不仅方便取用，更使衣柜保持整齐。

● 用作礼物袋：保留一些小巧而漂亮的购物袋，用来盛放书本、首饰、香水、沐浴用品等，然后再放张贺卡，即可送人。

● 用作礼品包装纸：有些纸袋材质结实、外表漂亮，将其剪开后，变成一个大长方形，用于包装精美礼品。

● 除去拖把上的灰尘：用拖把拖过地板后，把它放进纸袋中，并用绳子或橡皮筋扎紧袋口，然后用力甩几下，再把拖把平放在地上。几分钟后，待纸袋中的灰尘沉积下来，慢慢地取出拖把，并将纸袋连同里面的灰尘一起丢掉。

● 清洁人造花：无论哪种人造花，久置后都会落满灰尘。若找来一个纸袋，把人造花放入其中，并往袋中加小半杯食盐，然后绑紧袋口，轻轻摇动片刻便可恢复洁净。

30. 吃蛋糕或其他食品时剩下的纸盘有哪些用途？

● 保护叠放的盘子：叠放的盘子极易因碰撞而破碎。在盘子之间放个纸盘，能增大摩擦，起到保护作用。

● 用作油漆罐垫子：粉刷墙壁时，在漆罐下面放一个纸盘，接住从罐子上滴落下来的多余油漆，可防止油漆滴落在地板上。

31. 养猫时剩了些猫砂没用完，怎么处理？

● 防止帐篷发霉：收存帐篷时，找一只旧袜子，装入猫砂且封口后，与帐篷一起存放，可防止其发霉，或产生异味。

● 除去运动鞋臭味：找两只旧袜子，分别装上有香味的猫砂，然后束紧袜口，放在运动鞋里，臭味终将完全消失。

● 除去橱柜异味：找一个浅盒，装入些许猫砂，置于橱柜中，可除去柜内异味。

● 除去旧书异味：抓几把猫砂，与旧书一同放入容器，并将容器密封，数小时或隔夜后打开，异味可除。

● 除去垃圾桶异味：在垃圾桶底部撒些猫砂，且每周更换一次，可避免桶内发出异味。

● 去除地面油斑：地面沾有油斑时，趁它尚未变干，尽快撒上猫砂，以吸去大部分油分。若油斑已干，先在上面倒些油漆稀释剂，再撒些猫砂，12小时后清扫，油斑可除。

32. 润滑剂有何妙用？

● 分开卡住的玻璃器皿：叠放一起的玻璃器皿常会卡住，如玻璃杯等，若往两个器皿中间喷些润滑剂，待其慢慢渗下去后，可使卡住的器皿轻松分开。用过润滑剂后，务必彻底洗净玻璃器皿。

● 分开卡住的积木：供孩子玩的积木粘到一起时，往积木缝隙间喷些润滑剂，待其渗入后，轻轻扭动几下，积木可被分开。稍后要彻底清洗积木。

● 取下卡住的戒指：戒指卡在手指上无法取下时，喷些润滑剂，再轻轻旋扭即可。稍后再把双手彻底清洗。

● 松开卡在瓶口的手指：孩子手指不慎卡在了瓶口，喷洒少许润滑剂，片刻后，能轻松拔出手指。同时要记得之后把孩子手指和瓶子洗干净。

● 润滑拉链：夹克、裤子、背包等衣物上的拉链拉不上时，喷点润滑剂，并上下拉动几次，待润滑剂在链齿上润滑均匀，拉链即可轻松拉上。若先将润滑剂喷在塑料盖里，然后用水彩笔蘸取少许涂抹拉链，还能避免润滑剂沾到布料上。

● 保养皮制家具：在皮制家具表面喷洒润滑剂，将起到清洁、润滑及保护多重功效，且使皮革保持柔软。

● 增加鞋、靴防水功能：在鞋子或靴子表面喷洒润滑剂，能起到较好的防水作用。

● 消除旧皮鞋的吱吱声：皮鞋穿旧后，常会发出吱吱的声音，在鞋跟与鞋底衔接处喷点润滑剂，噪音将消失。

● 防止木制工具把手裂开：在木制工具把手上涂抹大量润滑剂，可避免把手受湿气或其他腐蚀性元素侵害，以使其常保平滑无裂缝，而延长工具的使用寿命。

● 缓解蜂蜇引起的疼痛：遭到蜜蜂、

黄蜂及其他蜂类叮蜇后，直接在叮蜇处喷洒润滑剂，能马上缓解蜇伤疼痛。

● 去除衣物上的番茄渍、血渍：衣物上有番茄渍时，直接在污渍处喷洒润滑剂，几分钟后如常洗涤，即可去除污渍。衣物上有血渍时，趁其未干尽快喷上润滑剂，把血渍处理掉。另外，润滑剂还可用来去除口红印、墨水渍等。

● 去除地板上的顽垢、地毯污渍：先打开窗户，再用润滑剂擦拭地板，以轻松除去柏油及鞋底摩擦的痕迹，且不会伤及地板表面。在地毯污痕处喷洒润滑剂，1～2分钟后，用蘸有温肥皂水的海绵擦拭，直至污渍被完全擦掉。

● 去除冰箱内顽垢、桌面茶渍：取出冰箱内所有食物，在污渍处喷洒少量润滑剂，并用软抹布或海绵轻擦，以除去顽垢。稍后再用清水洗掉润滑剂，才能把食物放回冰箱。

在湿抹布上喷些润滑剂，可将桌面茶渍抹除干净。

● 去除油污：双手沾了油污时，如食物油污或汽车油污，往手上喷些润滑剂，并用力揉搓几秒钟，然后用湿纸巾擦干双手，再用肥皂和清水洗手，油污即被清洗干净。

● 防止火星塞受潮：润滑剂具有隔水功能。下雨天或在潮湿的天气里，在火星塞导线上喷些润滑剂，能避免火星塞受潮，也使引擎更容易启动。

● 保持车牌洁净、车身无漆痕：先往车牌上喷些润滑剂，再找一块干净抹布，擦干车牌表面，既能除掉表层锈斑，又能防止汽车车牌生锈，使之常保洁净。

在车身漆痕处喷些润滑剂，几分钟后，用洁净抹布轻擦，便能将漆痕抹去。

33. 蓖麻油还能用来做什么？

● 润滑厨房剪刀：厨房里的剪刀，或者其他接触食品的器具，如果出现钝锈现象，可以用蓖麻油擦拭，使之变得润滑。

● 治疗生病的蕨类植物：取1汤匙蓖麻油、1汤匙婴儿洗发水，兑4杯温水，搅拌和匀，配成营养液。给植物浇水时，先浇上3汤匙营养液，然后再浇清水，就能让植物恢复生机。

● 缓解眼睛疲劳：晚上临睡前，在眼睛四周抹上蓖麻油，有助于缓解眼睛疲劳，但要注意别让油流进眼睛里。

● 用作按摩油：按摩油用完了，来不及买新的，可暂时用蓖麻油作替代品，或不妨节省一笔开支，直接用蓖麻油作为按摩油。而且使用时若把油稍稍加热，效果会更好。

● 软化粗糙的皮肤：指甲容易断掉，并且指甲根部的皮肤粗糙，主要是体内缺少维生素E的缘故。蓖麻油含有丰富的维生素E，每天在指甲和指甲根部皮肤上涂点蓖麻油，这种状况将很快得到改善。

● 改善发质：头发洗净后，把少量蓖麻油、甘油和一个蛋清的混合溶液，均匀地涂抹到头发上，几分钟后，用清水冲洗掉。长期坚持，头发会变得滋润亮泽。

34. 喷水瓶有何妙用？

● 喷出烹调用油：喷水瓶洗干净后，用来盛装烹调用油，不仅使用方便，且不至于滴得四处都是。

● 除去细缝中的灰尘：细缝中有灰尘时，用空喷水瓶瓶嘴对着吹，可除去灰尘。

❀ 二、浴室物品 ❀

1.毛巾有什么妙用？

● 用作灭火器：使用煤气或液化气烧水做饭时，在手边备一条浸湿的毛巾，一旦遇到紧急情况，如煤气管道或液化气喷嘴漏气失火，可迅速用湿毛巾将火扑灭，并尽快关闭阀门，以避免发生火灾。

● 熄灭油锅上的火：炒菜做饭时，手边放条湿毛巾，万一油锅起火，立即把湿毛巾罩在锅上，火即刻就会熄灭。

● 用作防毒面具：在有浓烟的场所，用块湿毛巾捂住嘴和鼻孔，能如同防毒面具一般，避免人体吸入过多的烟。

● 用作安全绳：将多条毛巾接起来，当作安全绳使用，以帮助自己脱离困境。

● 避免手被灼伤：要搬运较热的物体时，如液化气钢瓶等，在上面垫一条湿毛巾，可避免手被烫伤。结绳自救时，手掌上缠条湿毛巾，即使下滑过程中与绳索摩擦生热，也不会灼伤双手。

● 除去冰箱异味：将一条新的纯棉毛巾折叠后置于冷藏室上层的网架某处，不久后，冰箱异味将被消除。其原因在于，冰箱内空气的对流，促使毛巾微孔吸附了冰箱内异味。每隔一段时间，取出毛巾，并用温水洗净，晒干后重复使用。

● 缓解骨刺症状：找两条洁净的毛巾，将其用热开水浸透后，热敷双膝，每次半小时左右，坚持一段时间，骨刺症状能得到有效缓解。

● 预防老花眼：早晨洗脸时，双眼微闭，头稍稍上仰，并在前额和眼睛处敷块半湿的热毛巾，待毛巾凉后，更换一块，每次持续1分钟，长期坚持敷用，功效显著。

● 治疗鼻塞流涕：因鼻塞流涕引起头痛、憋气时，不妨找条毛巾，用热水浸透后，将其按在鼻部大约5分钟。连续热敷4～5次，鼻子便可通气。吸入鼻孔的热蒸汽能起到热敷作用，进而收缩鼻黏膜、止住鼻涕。

● 止鼻出血：把毛巾放入冷水，浸透后，敷于前额及后颈部，且每隔2～3分钟，用冷水重新浸一次，可有效止鼻出血。

● 清扫天花板：找一条干净的毛巾，打湿后缠在扫把上，用来清洁天花板及高处墙壁。毛巾脏后，洗净拧干，再次缠在扫把上，直至清洁完毕。

2.吹风机只能用来吹头发吗？还能用来做什么？

● 使小食品恢复酥脆：蛋卷、饼干类小食品打开包装后，稍受潮气就会变软，若用吹风机吹几分钟，待食品冷却后，仍可恢复酥脆。

● 解冻食物：食物从冰箱中取出后，

用吹风机的热风吹，不仅化霜，还可使冰冻即刻融化。

● 消除雾气：刚洗完澡，尤其在气温较低的季节，浴室里必定充满雾气，镜面也会变得模糊。在吹头发时，顺势举起吹风机朝空中或镜面吹几下，雾气将很快消除。

● 去除贴纸：家中有些物品上粘有的贴纸，常常很难除去。若把吹风机调到最强挡，对着贴纸来回吹，几分钟后，待贴纸背面的胶水软化，用指甲或硬卡片（如信用卡等）挑起一角，就能将贴纸慢慢地揭下来。

● 修正冰箱门封条：如果冰箱门封条变形，可选用700瓦的吹风机，使出风口距离封条3厘米左右，吹1分钟，待封条软化后，趁热恢复其原状，并对封条加以修正。

● 驱潮防霉：家里储藏的物品，如图书、邮册、音像、影集等，极易受潮霉变，若常用吹风机吹，将有助于驱潮防霉。

● 消除冻伤疼痛：在寒冷的冬天，若长时间在外行走，耳朵、手、脚都会被冻麻。回到家里后，先取出吹风机吹受冻的部位，能很快缓解疼痛。

● 去除脚癣：用吹风机吹脚癣处，直至不能忍受，脚上水疱自会消失，然后吹皮鞋里面，进行消毒，以免重复感染，每天两次，坚持2～3天，脚癣可去除。

● 清洁铁质灶具：钢铁质灶具用久后，在其后面挂一块湿的大抹布，然后把吹风机调到最强挡，对着隐藏的灰尘吹，便可将灰尘吹到抹布上。

● 给人造花除尘：装饰室内用的人造花，或者其他人造植物，沾满灰尘后多半不能用清水清洗。把吹风机调到最强挡，可吹掉人造花上面的灰尘。但提醒一点，不妨先把人造花搬到阳台上除尘，或除尘后再来一次大扫除，因为吹风机会把灰尘吹到四周家具和地板上。

● 清除木制家具上的残蜡：取出吹风机，并将其调到最强挡，对着残蜡吹，等它慢慢融化后，用纸巾抹掉。若仍觉不够洁净，先用等量的水和醋调配出清洗液，再用抹布蘸取清洗液，擦洗家具表面，直到自己满意。

3.窗户洁净剂有何妙用？

● 脱掉卡紧的戒指：戒指卡在手上脱不下来时，在手指上滴点窗户洁净剂，稍稍润滑后，就能把卡紧的戒指轻松摘下。

● 消除蜂蜇引起的红肿：被蜂蜇后，先轻轻拍打蜂蜇处的四周，把蜂刺震出来（切忌用镊子拔出），然后喷点窗户洁净剂（含氨水成分），稀释的氨水能有效消肿止痛。

● 清除衣物上的顽垢：窗户洁净剂去污力极强。对付衣物上的顽垢，诸如血渍、果酱等，先在污渍上喷洒窗户洁净剂，15分钟后用干净抹布吸干，再用冷水冲洗，最后如常洗涤。

清除顽垢要注意以下几点：

选用无色窗户洁净剂，防止洁净剂的颜色染在布料上。

使用窗户洁净剂之前，先找个不起眼的地方试用一下，以免衣衫褪色。

喷洒窗户洁净剂后，一定要用冷水冲洗，污垢没有洗净前，切不可把衣物放入烘干机烘干。

丝绸、毛料和丝毛混合纺织品，均不可用窗户洁净剂洗涤。

使用窗户洁净剂以后，一旦发现布料变色，立即用白醋浸湿衣物，待醋酸中和碱性氨水后，再用冷水冲洗。

● 清洁珠宝首饰：金属类或水晶宝石类珠宝变脏后，如钻石或红宝石等，均可在珠宝上喷点窗户洁净剂，再用柔软的刷子刷洗，以达到清洁的目的。但对半透明的宝石（蛋白石或绿松石等）和有机珠宝（珍珠或珊瑚等）而言，此法并不适用，因窗户清洁剂所含的氨水成分会导致珠宝褪色。

4. 肥皂除了用来洗衣物，还能做什么？

● 使新绳子变得柔软：新买的绳子大多会因为太硬而不好用。把新绳子浸于肥皂水中，5分钟后取出，它会变得柔软好用。

● 使空气清新：在抽屉、壁橱、皮箱内，直接放一小块自己喜欢的肥皂，或装入袋子挂在某个部位，便可消除空气里的异味，使空气保持清新。

● 防止汗液侵蚀手表：在手表金属外壳上涂点肥皂，片刻后用布擦拭干净，可避免手表被汗液侵蚀。

● 润滑作用：拉链卡住了，用肥皂擦一擦，可使拉链拉开。

衣橱或书桌的抽屉卡住了，用肥皂擦拭抽屉底部和滑轨，能起到润滑作用。

做木工时，在螺丝钉钉头或锯条两面涂些肥皂，这样干起活来将轻松许多。

● 阻止煤气外漏：煤气管发生破裂时，立即把湿肥皂卡在破裂处，可防止煤气外漏，且便于随后修理。

● 防止铁锅底部烧黑：当需要用炭火烧煮食物时，比如出去野营，先用肥皂把铁锅底部擦一擦，便可避免铁锅底部烧黑。

● 消肿止痛：被火或开水烫伤后，立刻在伤处涂抹一些肥皂，可暂时消肿止痛。

被蚊虫叮咬时，用浓肥皂水涂抹，或用肥皂蘸水抹拭红肿处，可迅速止痒。

● 防止流鼻血：每天清晨洗脸时，用小拇指蘸取少量肥皂沫，擦洗鼻孔，随之再蘸清水洗净鼻孔里的肥皂沫，最后擤出鼻孔内所有脏物和水，对防止流鼻血很有帮助。

● 洗掉冰箱内霉菌：用干布蘸取肥皂水，擦拭冰箱内部，可将霉菌除去。

● 去除污渍：家中不锈钢器皿上有污渍时，先用肥皂水擦拭，再用干抹布擦干，污渍便被清除干净。

● 用剩的香皂条也有妙用：用一只旧棉袜把它们装起来里，再在上面扎一根缎带或绳子。这样以来，你以后洗澡的时候，就多了个摩擦器，而且也不用担心泡沫不够丰富了。

5. 有了电动剃须刀，以前剩的刮须膏就用不上了，怎么处理才不浪费？

● 防止浴室镜子起雾：洗澡时，尤其在较冷天气里，先往浴室镜子上涂一层刮须膏，且涂抹均匀，能避免镜子起雾，淋浴后便可立即照镜子。

● 润滑门铰链：在门铰链上涂点刮须膏，并使之渗入铰链缝隙中，可防止门铰链发出奇怪的声响。

● 清洁双手：在手上挤点刮须膏，用力揉搓后，取出毛巾擦净双手，能快速清洁手上污渍，尤其在野营时，此方法还能免去寻找水源的辛苦。

● 清除污渍：刮须膏能清除污渍。不小心把果汁洒到地毯上了，先用干布将果汁吸掉，再拿湿海绵轻拍几下，然后在上面挤点刮须膏，最后仍用湿海绵擦干净。衣服弄脏时，仍可使用此法。

6. 晾衣夹有何妙用？

● 保持手套形状：冬天戴的羊毛手套洗完后，在每个手指中都塞个直的木晾衣夹，以使手套保持原状。

● 夹住零食袋口：零食开袋后，如饼干、瓜子、香蕉片等，如果当时没有吃完，可找来晾衣夹夹住袋口，使食物保鲜期延长，隔段时间再吃仍不会变味。

● 夹住要黏合的物品：用胶水黏合薄薄的物品时，先涂上胶水，再用晾衣夹把它们夹住，直至胶水干透，物品将更牢固地粘在一起。

● 使垃圾袋口张开：往垃圾袋中倒垃圾时，可先找来两个晾衣夹，把垃圾袋两边夹在某处，使袋口保持张开，可避免一些垃圾散落到地上。

● 钉钉子时夹住钉子：钉钉子的时候，在不易下锤的地方，用一个晾衣夹夹住钉子，能防止锤子锤到手指。

● 防止油漆刷下沉：刷油漆时，会不时把油漆刷暂时浸泡在油漆桶中，短短的油漆刷很容易沉到溶液底部。若用晾衣夹把油漆刷夹在油漆桶口端，油漆刷便不再会下沉。

● 防止吸尘器电线突然收回：在家使用吸尘器，可以先把电线拉出需要的长度，再用一个晾衣夹夹住电线，并将其固定在某一位置，即使不小心碰到电线回收按钮，电线也不会突然缩回到吸尘器里面。

7. 买了一瓶沐浴露，可用着不好使，能用它来做点别的吗？

● 分开卡在一起的玻璃杯：玻璃杯叠放时间太，就会很难分开。遇到这种情况，在玻璃杯边缘滴几滴沐浴露，几分钟后，待沐浴露沿着杯壁渗入杯子之间，便可轻松地把杯子分开。

● 润滑水管接头：沐浴露有足够的润滑作用。黏接水管时，它可代替专业的全能润滑剂，在上面滴几滴沐浴露，就能轻易地黏接水管。

● 剥下口香糖：孩子吃口香糖时，不小心把它粘到了头发上，或弄到了地毯上，可在口香糖上涂点沐浴露，然后用梳子梳头发，或者揉搓地毯，便可剥下口香糖。但要注意，有的沐浴露极易导致地毯变色，所以使用此法前，应先在不起眼的角落尝试一下，看地毯是否变色。

● 清除残留的胶水：不管是价格标签、商标留下的胶印痕迹，还是残留在塑胶、金属、玻璃等上面的胶水，均可使用沐浴露将其去除，尤其是婴儿沐浴露，效果最为明显。

● 清洗双手油污：若使用厨房的强效去污剂去除手上的油污，很容易伤害皮肤。在手上倒些沐浴露，用力揉搓后，再用温肥皂水冲洗，不仅能去除油污，且不伤皮肤。

● 擦净塑胶面料：家里塑胶面料的沙发脏了，找一块干净柔软的抹布，在上面滴几滴沐浴露，轻轻擦拭塑胶面料，擦完以后，再用新的干净抹布重新擦拭。若汽车座椅上有油渍也可用此法。

● 去除皮革上的擦痕：真皮皮包、手袋和其他皮革制品，若上面出现擦痕，可找来干净的软抹布，蘸取些许沐浴露，轻擦皮革表面，最后再用干抹布打亮。

8. 漂白剂有哪些妙用？

● 延长鲜花保鲜期：往花瓶里加入少许漂白剂，或者再加点糖，即可避免花瓶中的水变浑浊，并能抑制细菌生长，使鲜花保鲜期延长。

● 使玻璃器皿更闪亮：清洗家里的玻璃器皿时，可在倒了洗洁剂的水中添加少许漂白剂，然后用抹布蘸取溶液擦洗器皿，直至玻璃器皿恢复原来的光泽，再用清水冲洗干净，并用软布把器皿抹干。

● 给二手货消毒：用一个盆子盛上大半盆温水，并加入大半杯漂白剂和少许杀菌洗碗剂，然后将二手货放进盆中浸泡，10分钟后取出，再用清水冲洗干净，最后置于阳光下晒干。但要注意，此法只适用于能水洗的二手货。

● 给垃圾桶消毒：每隔一段时间，垃圾桶务必进行一次清洗。清洗时，先把垃圾桶拿到阳台上，用水管冲掉桶里残留的垃圾后，参考给二手货消毒的方法，在盆子中配出相应的溶液，并用长柄刷蘸取溶液刷洗垃圾桶底及内壁。刷洗干净后，倒掉污水，再用清水冲洗垃圾桶，最后倒放晾干。

● 清洁织物霉斑：织物上出现霉斑时，先浸湿霉斑处，然后倒上洗衣粉，再揉搓几下，放入洗衣机中，并依照织物上标明的最高水温，控制好洗衣机中的水温，随之倒入少许含氯漂白剂，浸泡30分钟，最后用洗衣机如常洗涤。

● 清洁浴帘：取下浴帘，与两块大浴巾一同放入洗衣机，并加入温水，然后倒入半杯含氯漂白剂和少许的洗衣粉，开动洗衣机洗涤，能洁除霉菌和霉斑，还可避免塑胶浴帘起皱。

● 清洁橡胶浴垫：找来一个大盆，加入较多的水和少许含氯漂白剂，然后把橡胶浴垫放进去，浸泡3～4小时，再取出且冲洗干净，可除去上面的霉斑。

● 清洁浴室瓷砖砖缝：用喷水瓶盛装等量的水和漂白剂，将二者搅拌均匀后，把混合液喷在浴室瓷砖砖缝里，静候15分钟，先用硬点的刷子刷洗，再用清水冲净，可除去砖缝间的霉菌和霉斑。

另外，若要清除其他地方的霉斑，如油漆表面、壁板、水泥墙等，都能用少量含氯漂白剂和较多的水的混合液刷洗，而且一次未清除干净，还可多洗几次，直至自己满意。

9. 水桶有何妙用？

● 盛放电线：把一段长电线卷好后，放入水桶，并在桶底附近的桶壁上钻一个小洞，使水桶底部的电线头通过小洞留在外面，然后把它与另一个线头对接。每次使用时，将两个线头解开，轻拉其中一个线头，整根电线就能轻松拉出来，而绝不会缠结。

● 方便外出野营：随身带个水桶去野营，不但能盛放很多东西，而且能临时用来洗衣服。

10. 以前用过的洗发水还剩了个底儿，怎么充分利用起来？

● 润滑拉链：遇到拉链卡住的情形，用手指头或棉花棒蘸取洗发水，并均匀涂抹在链齿上，待稍稍润滑后，拉链将变顺畅。而且，在拉链上的洗发水极易被洗掉。

● 分开螺丝钉和螺丝帽：螺丝钉和螺丝帽咬合得很紧时，往中间缝隙中滴点洗发水，等它慢慢渗入缝隙，就能将二者轻松分开。

● 擦亮皮质物品：皮鞋穿久后，或皮包用久了，难免会暗淡无光。找一块干净的软布，在上面滴少许洗发水，然后以打圈方式擦拭，即可使皮鞋或皮包恢复光亮。

● 让缩水毛衣恢复原状：打一盆温水，往盆里加点婴儿洗发水，然后用手搅拌均匀；取来毛衣，放在水面上，并让它自然下沉，直至完全入水后浸泡15分钟；15分钟后，小心取出毛衣，但不要拧干；先倒掉盆中的水再装满清水，并把毛衣置于水面，再次自然下沉浸泡15分钟；15分钟后取出毛衣，放在一条大的干毛巾上，随后卷起毛巾以便吸干水分；被吸了水分后，将湿毛衣放在另一条干毛巾上，且拉成毛衣最初的样子，最后晾干。在晾的过程中，要注意随时调整毛衣形状。

● 洗个泡泡浴：洗发水很容易起泡，洗澡时，用它代替沐浴露，极可能得到意外的放松效果。

● 柔嫩脚部：在寒冷的冬季，脚部时常会变干裂。每晚睡觉前，在脚上擦点洗发水，然后穿上薄薄的棉袜，次日起床时会发现双脚柔嫩许多。

● 当作临时刮须膏：刮须膏用完了或找不到了，洗发水比肥皂更适合做替代品，主要因其含有丰富的柔软剂。

● 洗去手上顽垢：有些洗发水去污能

力极强，甚至连油漆都能洗掉，用它代替肥皂，可洗去手上顽垢。

● 清洗浴缸：浴缸上有了污渍，或者肥皂渣，可先用洗发水清洗浴缸，然后再用清水冲洗，浴缸不仅清洁许多，还能散发出香味。此法同样适用于清洗水龙头。

● 洗掉墙上的发胶：若不小心把发胶弄到了浴室或起居室的墙上，拿出洗发水，即可将发胶轻松除去。

● 清理发梳或发刷：先除去缠绕在发梳或发刷上的头发，挤点洗发水到梳齿或刷毛上，然后找一个大杯子，在里面加满水，再往杯中挤点洗发水，搅拌均匀后，将发梳或发刷浸入其中。几分钟后，用清水冲洗发梳或发刷，直至冲净。

● 清洗室内植物叶片：往一桶水中滴加几滴洗发水，待溶液混合均匀，用抹布蘸取混合液，擦拭室内植物的叶子，既能除去叶子上的灰尘，又避免了对叶子产生过强的刺激。

● 清洁汽车：洗发水具有强效去污作用。焦油粘到了车子，可用海绵或软布蘸取洗发水，直接擦去油污。或在一桶水中加入小半杯洗发水，搅拌均匀后，调配成汽车清洁剂，并用海绵蘸取溶液，用来洗擦汽车。

● 洗掉宠物身上的油渍：在家里，如果宝贝小猫或小狗身上粘了焦油，可尽快在油渍处滴点洗发水，并轻轻揉搓，将焦油清洗掉，且要记得，最后用湿布把洗发水擦干净。

11. 牙膏有何妙用？

● 避免镜面起雾：洗澡之前，先在浴室镜子表面涂上一层薄薄牙膏，然后抹干净，等洗澡淋浴时，镜面将不再起雾。

做木工、潜水或者滑雪时，若要防止护目镜镜片起雾，此方法同样适用。

● 擦亮手电筒：手电筒用久了，反光镜的部位就会发黑。在细纱布上涂少许牙膏，擦拭反光镜，可使之变亮。

如果玻璃日久发黑，也能采用此法使之恢复光亮。

● 擦亮钻戒：先用牙膏擦拭，再用湿布抹干牙膏残垢，能使钻戒恢复其耀眼的光芒。

● 用来贴画：用牙膏往墙壁上贴画，既能让画粘得牢固，又不会损坏墙壁。若要把画取下来，用水润湿粘贴部位即可。

● 消炎醒脑：外出旅行时，若发生头晕、头痛现象，及时在太阳穴处涂点牙膏，症状将很快消除。究其原因在于，牙膏中的丁香油、薄荷油成分具有镇痛、消炎、醒脑的功效。

● 去痱：牙膏中含有薄荷、丁香等杀菌消毒成分及发泡剂。洗澡时，尤其在夏季，用牙膏代替肥皂作沐浴用品，并在痱子多的部位揉搓，连用几次，痱子自会消失，且每次洗完后，都会让人产生凉爽之感。

● 除去汗斑：面部长有汗斑时，使用牙膏擦洗面部，每天早晚各洗一次，长期坚持，可消除汗斑。

● 缓解肿痛淤血症状：若身体某处软组织受伤，而出现局部肿胀、淤血现象时，可在患处涂点牙膏，症状将会缓解。

● 止血、止痛、防感染：对于皮肤小面积损伤、烧伤及烫伤，均可抹点牙膏，达到止血、止痛的目的，同时还能预防感染。

● 治疗皮癣：身上长了皮癣，尤其是在夏天，先用清水洗净患处，然后把牙膏在患处均匀涂抹，以便有效治疗皮癣。

● 治疗脚癣：每天洗脚后，在患处涂抹牙膏，可治疗脚癣。

● 治疗蚊虫叮伤、蜇伤：夏天时极易被蚊虫纠缠，如蜂、蝎子、蜈蚣等。若一旦被叮伤或蜇伤，应立刻用牙膏涂抹伤处，以尽快消肿、止痛、止痒。

● 促使裂口早点愈合：在干燥寒冷的

季节，如果手、脚发生皲裂，可在裂口处涂点牙膏，不仅止血、止痛，且能促使裂口早日愈合。

● 用作刮须膏：男士剃胡须时，将牙膏作为刮须膏，不仅方便、节约，刮后还会有一种清凉之感。

● 去除汗渍：在炎热的夏季，出汗多，衣服上的汗渍就多，要洗去衣领、袖口处的汗渍，可在上面涂些牙膏，并使劲揉搓。

● 去除表蒙划痕：表蒙不小心被硬物划了，可找来一块软布，在布上涂些牙膏，反复擦拭表蒙划痕处，最终把划痕除去。

● 清洗茶垢：茶壶或茶杯用的时间长了，里面就会积留很多茶污。在茶具里涂些牙膏，并用抹布反复擦拭，可使茶具光亮如初。

● 擦洗眼镜：把牙膏均匀涂抹在镜片上，5分钟后用清水冲净，并置于阴凉处晾干，可将眼镜洗净。

● 使鞋子重放光彩：皮鞋鞋面出现磨损痕迹时，先在磨损处挤点牙膏，再用干净软布擦拭，最后用湿布擦干净，鞋子可洁净如初。

清洗运动鞋时，在鞋刷上涂点非凝胶牙膏，用来刷洗鞋子胶边，以洗去胶边上的污垢，然后再用湿布抹干净。

● 擦洗衣橱镜子：衣橱镜子脏了，可用一块涂有牙膏的柔软绒布，轻轻擦拭镜面，使镜子重新变得光亮。

● 擦洗衣箱：衣箱上有了污迹，找来软布蘸取牙膏擦洗，最后再用洁净的湿布揩净。

● 清洁钢琴琴键：钢琴弹奏久了，其色泽会暗淡许多。这种情况下，无论象牙琴键抑或塑胶琴键，均可用干净牙刷蘸取牙膏刷洗，洗完后再用湿布抹干净，琴键将恢复亮光。

12. 废弃的牙刷可用来做什么?

清除玉米须：烤煮玉米时，先找来一把干净的牙刷，轻轻刷去残留的玉米须，吃完玉米后，便不需再为嵌在牙缝间的玉米须烦恼。

● 清洁污渍：在日常生活中，牙刷几乎能清洁任何污渍，如衣物上的顽垢、人造花上的灰尘、电脑键盘上的脏污、火炉周边的污物、水池下水处和水池里的残留物等。

13. 浴帘有何妙用?

● 用作防护布：装修房子，或大扫除时，均可用浴帘盖住家具，以免家具被弄脏。

● 覆盖野餐桌和长椅：和亲朋出外野营时，随身带块浴帘，即使遇到脏的野餐桌和长椅，只要把干净的浴帘铺在上面，仍可安心快乐地野餐。

● 保护桌面：需要在餐桌或书桌上做手工活，比如裁剪布料等，可先在桌面上铺一块浴帘，以保证剪刀更顺滑地移动，且能避免不小心剪到桌布或桌面。

14. 浴帘环有何妙用?

● 扣住橱柜的门把手：橱柜门无法合拢时，找来一个浴帘环，紧紧地扣在门把手上，难题即可解决。同时此法也能用来对付好奇的孩子，以防止孩子到处打开柜门，碰到某些贵重或危险物品。

● 用来悬挂物品：在家里的墙壁上，钉几个浴帘环，以便悬挂小物品，诸如手套、指甲刀等。在皮带上穿几个浴帘环，出门时悬挂钥匙和其他小物件。

15. 浴缸防滑贴还能用来做什么?

● 稳定电脑机箱：找一块浴缸防滑贴，从上面剪下几个小方块，粘贴在电脑机箱底部的四角，达到稳定机箱、减少震动的目的。

● 用作其他防滑垫：根据相应的形状和大小，剪出小片防滑贴，贴在塑胶拖鞋或新鞋子的鞋跟上，以免走路时滑倒。若贴在玻璃杯底，还可尽量防止杯子滑落。

16. 废旧衣架有什么用途？

● 取出狭窄空间里的物品：若有东西不慎掉入一个狭窄的空间，不妨拿出一个衣架，把它拉直，但要保留顶端的钩子，即可轻松钩出掉落的物品。

● 疏通马桶：抽水马桶被脏物堵住了，而手边又找不到能用的工具时，将衣架拉直，且要保留钩子部分，随后钩出堵塞马桶的异物。

● 疏通吸尘器的吸尘管：保留顶端钩子，将衣架拉直，钩出脏物，即可疏通吸尘器的吸尘管。

17. 衣物柔顺剂有何妙用？

● 消除电视机屏幕上的静电：电视机屏幕上的静电常会吸附很多灰尘。清洁电视机屏幕时，找块柔软的洁净抹布，蘸取少许衣物柔顺剂后，轻轻擦拭，可消除静电。但清洁之前，一定要先把电视机关掉。

● 消除地毯上的静电：晚上睡觉前，找来喷水壶，把里面装满水，并倒入一杯衣物柔顺剂，溶液搅拌均匀后，在地毯上稍稍喷洒一些。等第二天地毯变干，走在上面，便不会被静电电到，而此功效能保持好几个星期。不过，往地毯上喷洒混合液时，量不能太大，否则会损坏地毯。

● 保持油漆刷柔软：油漆刷用过以后，先将其彻底清洗干净，再找来一个容器，往里面加满水，并滴入一滴衣物柔顺剂，待溶液混合均匀，用来冲洗油漆刷。最后把刷毛抹干，并如常收放油漆刷，下次使用时，它将不会变得又干又硬。

● 去除旧墙纸：打半盆水，往水中加入一瓶盖液体衣物柔顺剂，搅拌均匀后，用抹布蘸取溶液，并均匀涂抹在墙纸上，直至墙纸湿透。约半小时后，便能轻松撕下墙纸。若遇到防水的墙纸，可先用钢丝刷将墙纸刷烂，再按上述方法涂抹混合液，最后除去旧墙纸。

● 去除玻璃上的污渍：对付窗户玻璃上的污渍，可先用干抹布蘸取衣物柔顺剂，直接涂在污渍处。十几分钟后，把抹布打湿，轻轻擦去衣物柔顺剂，最后再用洁净的湿抹布擦一遍，污渍将完全消失。

● 去除发胶残渍：若不小心把发胶喷到了墙壁、桌子或其他地方，可按照1∶2的比例，将衣物柔顺剂与水相兑并置于喷壶中，喷洒在残渍处，最后再用干抹布擦拭干净。

18. 旧橡胶手套有何妙用？

● 用作临时冰袋：把冰块装入橡胶手套，并用橡皮筋将手套开口处绑紧，作为冰袋使用。用完后把水倒掉，再把手套翻过来，任其自然晾干，手套仍可正常使用。

● 用作橡皮筋：新的橡胶手套买回来后，别忙着把旧的丢掉。将旧手套平行剪开，剪成一段段橡皮筋，用来捆绑其他物品，一定会坚固耐用。

● 轻松打开瓶盖：有时候，瓶子的盖子总拧不开。要解决这个问题，戴上橡胶手套尝试一下吧。

● 快速查数钞票：将旧橡胶手套的手指部分剪下来，套在食指上，以帮助快速查数钞票。用这种方法也可以整理大叠纸张。

● 除去布面上的宠物毛发：宠物毛发粘到家具布面时，戴上外面湿润的橡胶手套，轻轻擦拭布面，以粘掉宠物毛发。若衣物上粘了宠物毛发，也可用此法。

❀ 三、厨房物品 ❀

1. 酒石（塔塔粉）有什么妙用？

● 恢复炊具光泽：先将炊具放入铝锅，然后用两汤匙酒石兑 1 升水，倒入铝锅里煮，沸腾后再煮 10 分钟，炊具将不再暗淡无光。

● 洁除浴缸污渍：用一个浅盘装满酒石，然后逐滴加入过氧化氢，当酒石变成浓稠的膏糊状时，将其涂在浴缸污渍处，待酒石糊变干，再把它抹掉，污渍也会随之消失。

2. 起酥油有什么妙用？

● 缓解尿布疹：起酥油有滋润之效，在婴儿屁股上擦点起酥油，能有效缓解尿布疹带来的不适。若坚持常擦起酥油，还会起到防治尿布疹的作用。

● 用于卸妆：取一小滴起酥油，涂于面部，不仅能卸妆，还不会过多伤害皮肤。

● 滋润皮肤：起酥油不含香精，且价钱不贵，用作护肤品，可使干燥皮肤变得柔软湿润。

● 清除墨水渍：身体某处或乙烯基制成的物品上有墨水渍时，在墨水渍处涂抹起酥油，片刻后找来软布或纸巾，将墨水渍擦除。

● 去掉标签或贴纸黏胶：撕下标签或贴纸后，物品上往往会有残余的胶印。在上面涂点起酥油，10 分钟后再用湿海绵擦洗，物品可变洁净。

● 擦亮橡胶鞋子：如果橡胶鞋子脏了，先抹点起酥油，再用干净抹布擦拭即可。

● 除去焦油：衣物上一旦沾到焦油，便很难清洗干净。先尽量刮净焦油，再往上面涂些起酥油，3 小时后如常洗涤，焦油将被洁除。

3. 鸡蛋壳能用来做什么？

● 使油不黑：把炸过食物的油放入油罐之前，先往里面放几小块鸡蛋壳，鸡蛋壳将吸附油中的炭粒，油便不再显黑。

● 巧做钙质饭：洗净些许鸡蛋壳，将其用微火烤酥后研磨，使之呈粉末状，然后掺进米饭中，可做成极具特色的钙质饭。

● 用作肥料：鸡蛋壳中含有丰富的钙质，所以先把鸡蛋壳压碎，使之加快分解，然后将碎了的鸡蛋壳加到肥料中，对植物生长十分有益。

● 浇灌花卉：打过鸡蛋后，随手把蛋壳放入盛有水的容器，并用此水浇花，花卉的花期将会延长，而花卉也会生长得更加强壮。

● 栽种植物幼苗：打鸡蛋的时候，不要把鸡蛋壳打碎，先把半个鸡蛋壳放在鸡蛋盒里，再往里面填入泥土，种下植物种子。这样一来，种子将汲取鸡蛋壳中额外的养分，从而苗壮成长。待植物幼苗长到一定高度，再把幼苗连同蛋壳移到花盆中，并加入肥料和泥土，而鸡蛋壳会逐渐碎掉。

● 驱赶鼻涕虫：弄碎一些蛋壳，分别撒在厨房墙根各处，鼻涕虫（蜒蚰）将会远离厨房。

● 治疗胃病：取3个鸡蛋，洗净后打开并留壳，然后把蛋壳置于炉边烘干，再研磨成粉末，即可治疗胃病。切记胃病一旦发作，要及时用温开水送服蛋壳粉，且一次服完。

● 润滑肌肤：鸡蛋壳可使肌肤爽滑，先收集蛋壳内层的蛋清，然后与少许奶粉和蜂蜜混合，并调成糊状。晚上睡觉前，先把脸洗干净，再把蛋糊均匀涂抹于面部，30分钟后洗净，长期敷用，脸部肌肤会滑润细腻。

● 除去油腻残物：清洗盛油器皿，可捣碎一些鸡蛋壳，与适量水一同放入器皿，用力摇晃几分钟，再静置片刻，如此反复洗刷后，倒出浊水，并用清水洗刷几次，可除去器皿内油腻。

4. 家里剩了不少鸡蛋盒，能否将其充分利用起来？

● 收纳小物件：每个鸡蛋盒都有许多小隔间，把家里的小物件收集起来，分别放在不同隔间：把小饰品放在蛋盒里，以防止压坏；收集曲别针、纽扣、线及其他缝纫用品，并分门别类地放在隔间中；把不同的硬币放在不同的小隔间，可防遗失；工作间的钉子、螺丝钉、螺丝帽以及拆散的零件等，全部收好，并放在隔间里。

● 盛放乒乓球等：可用鸡蛋盒盛放小球，如乒乓球、网球、高尔夫球等，再合适不过。

● 盛装自制点心：若自制了一些小点心，用糖纸包好后，一一放入不同小隔间，最后在蛋盒外面再包上漂亮的包装纸，可作为礼物送给亲朋好友。

● 用作制冰盒：有些聚苯乙烯制成的鸡蛋盒，洗净后，可作为制冰盒使用。

● 用来生火：鸡蛋盒能用来生火，如果往盒里再滴点蜡烛，或放些碎炭、木条、纸片等，效果更好。

5. 淘米水都有哪些妙用？

● 消除腥味：一些带有腥味的蔬菜，先放在淘米水中，加少许食盐搓洗，再用清水冲洗，腥味将消除。

● 消除咸味：把咸肉放入淘米水浸泡，几个小时后取出，可去除部分咸味。

● 洗净肉类：用淘米水洗肉类，会比使用清水洗得干净，尤其是腊肉。

● 清洗猪肚：用淘米水洗猪肚，要比使用食盐搓洗更省事、省力，且更干净、节约。

● 洗泡菜刀：菜刀常用淘米水洗泡，便不易生锈。当菜刀生锈以后，将其浸泡在淘米水中，几个小时后取出，会极易擦干净。

● 消除砧板腥味：切过鱼、肉类后，往淘米水中加入少许食盐，用来洗擦砧板。洗完后再用热水冲净，待砧板晾干后，腥味随之消除。

● 消除漆器的异味：刚漆过的漆器，不免散发出异味。每天用淘米水轻擦，4～5天后，异味便会消除。

● 洗净油腻碗筷：用淘米水清洗碗筷，能洗去上面的油腻。若油腻过多，再往淘米水中加入少许醋即可。

● 浇灌盆栽或蔬菜：家里种植的盆栽或蔬菜，常用淘米水浇灌，会长得更加茁壮。

● 预防口臭及口腔溃疡：把淘米水保留下来，用来漱口，能有效预防口臭及口腔溃疡。

● 治疗皮肤瘙痒：取1000毫升淘米水，与100克食盐一同入锅，并煮沸5～10分钟，然后倒入盆中，待温度适宜，找来消毒毛巾，蘸取溶液擦洗患处，每天早晚各1次，每次1～3分钟，连洗几次，可将瘙痒治愈。此法亦能治疗外阴瘙痒。切记在此期间，应戒酒、忌食鱼虾，且不用碱性较大的香皂洗澡。

● 去除面部油脂：淘米水沉淀之后，取其澄清液，用作洗脸水，然后再用清水冲洗干净，长久坚持，能去除面部油脂，还可增白面部皮肤。

● 润泽手部肌肤：淘米水对皮肤有明显的滋润效果。建议常用淘米水洗手，以有效润泽手部肌肤。

● 洗涤浅色衣物：浅色衣物极易沾染灰尘，却又难以洗涤。尝试用淘米水洗，不仅轻松洗掉衣物上的污渍，而且会使衣物颜色更加鲜亮。

● 擦洗油漆家具：找来干净软抹布，蘸取淘米水，轻轻擦洗油漆家具，可洗去家具污垢并使之光亮。

6. 煮完咖啡后剩下的咖啡渣能用来做什么？

● 给冰箱除臭：当冰箱里发出臭味时，先用碗盛装咖啡渣，再把碗放在冰箱中，过夜后取出，冰箱里的臭味将会消失。

● 给植物施肥：煮完咖啡后，千万别把咖啡渣倒掉，用作家中植物的肥料，效果尤佳。

7. 喝完咖啡后剩下的空罐子有什么用途？

● 盛放零碎垃圾：在水槽边放个咖啡罐，并在罐里套一个小塑料袋子，用来盛装零碎垃圾，很是方便。

● 盛放物品：夹子、曲别针、橡皮等小物品若是没地方放，可先放在咖啡罐里，使用起来很方便。

● 储放皮带或领带：先将咖啡罐清理干净，再把皮带或领带卷好放入罐子，然后把罐子叠放起来，这样就能避免皮带或领带挂得到处都是，而且还防止皮带出现褶皱。

● 盛放糖果：从超市买回散装的糖果，若是没有专门的糖果罐，可先把糖果装入咖啡罐，然后在咖啡罐外侧贴上漂亮的贴纸，既方便又美观。也可用咖啡罐盛放食盐、辣椒等调味品。

8. 糖果罐有何妙用？

● 当作随身携带的缝纫包：找一个小而精致的糖果罐，并放些针、线和纽扣在其中，再把糖果罐放在手提包里随身携带，以备不时之需。

● 收存成对的耳环：把小的糖果罐收集起来，用来盛放成对的耳环，只能找到一只耳环的事情将不再发生。

● 存放杂物：把螺丝钉、曲别针等一些小物品分类整理，放在不同的糖果罐里，然后把写有物品名称的标签贴于糖果罐外侧，不仅使房间保持整洁，且方便使用时查找。

● 存放保险丝：保险丝随便存放，用起来很不方便。若把保险丝放在一个专门的糖果罐里，使用时，保证更容易地找到。

● 防止项链和手链缠结：准备几个糖果罐，用来分开盛放项链和手链，便可防止它们相互缠结。

9. 牛奶纸盒能用来做什么？

● 制作冰块：纸盒里的牛奶喝完后，将纸盒洗干净，并装满凉开水，放入冰箱，待冰块制成后，可用来做冷饮。这样做出的冰块还可直接冷敷。

● 用作育芽容器：牛奶纸盒稍加改装可做成育芽容器。先剪掉牛奶纸盒上半部分，然后在盒子底部戳些小孔，并加入培养土，最后植入种子。这样，育芽容器便做好了。一段时间后，植物幼芽将破土而出。

10. 冰块有什么妙用？

● 使剩米饭变香软：用微波炉加热剩米饭时，在米饭里放块冰，一旦开始加热，冰块将逐渐融化，并为米饭提供需要的水分，即可使热好的米饭如刚煮好的一样，十分香软。

● 使沙拉酱更细滑：用玻璃瓶盛装沙拉酱，并加入一块冰块，然后盖上瓶盖，用力摇晃，待其调拌均匀，舀出冰块，再把沙拉酱拌入食物，口感会更加细滑。

● 撇掉汤汁里的脂肪：取来长柄金属勺子，在里面装满冰块后，使勺子底部轻轻掠过炖肉或肉汤的表面，脂肪将凝结于勺子上，随即取出勺子，以撇掉汤汁中过多的脂肪。

● 去除地毯凹痕：家具的腿部常会在地毯上留下凹痕，如橱柜、餐桌等。先移走家具，再放块冰块在凹陷处，待冰块融化后，用刷子刷起地毯的毛，地毯将恢复如初。

● 抹平填隙胶：浴缸出现裂缝后，应及时以填隙胶密封，再用冰块把填胶处抹平，使接缝处变得平滑。而填隙胶并不黏结冰块，用冰块抹平填胶处会十分适合。

● 熨平衣物：熨烫衣物时，先用包有冰块的软布抹过皱褶，便可将衣物熨得平整。切记软布要洁净。

● 为吊挂的盆栽浇水：挂在高处的盆栽很难浇水，若在花盆中放入适量冰块，待其慢慢融化，便能为植物持续提供水分，且避免了盆底流出过多的水。

● 消退痱子：用冰块擦洗痱子处，能迅速止痒，且使之尽快消退。

● 减轻挑刺疼痛感：用针挑刺前，先取来小块冰块，敷于扎刺部位片刻，待敷冰部位的皮肤麻木后，再挑出刺，疼痛感会明显减轻。

● 使挫伤快速恢复：不慎扭伤或被撞伤后，在伤口处敷上冰块，以减轻血管出血、防止血肿形成，最终促使挫伤更快恢复。

● 去掉衣物上的口香糖：衣物上粘有口香糖时，用冰块摩擦粘有口香糖处，直至口香糖变硬，再用金属汤匙把它刮掉。

● 给宠物消暑：炎热的夏季，在宠物的洗澡水中加块冰，这样能让宠物也消一下暑。

11. 保鲜膜除了保鲜蔬菜、水果还能用来做什么？

● 避免冰淇淋结块：冰淇淋没有吃完，要放回冰箱时，可先用保鲜膜将它包裹起来。等下次拿出来再吃的时候，冰淇淋不但口感不变，并且里面也不会结满冰霜。

● 保持冰箱顶部清洁：先把冰箱顶部清洗干净，待晾干后，在上面铺几层保鲜膜，当落有灰尘时，只须换掉保鲜膜，而不必再作大扫除。

● 保持电脑键盘清洁：键盘若长时间不用，不妨先用保鲜膜把它包好，以免沾染灰尘和污垢。

● 包装遥控器：选取漂亮的保鲜膜，用它包裹电视机或录像机的遥控器，既可起到保洁作用，还能经常更换使用。

● 延长油漆的存放时间：油漆一次没有使用完，可用厚些的保鲜膜盖住罐口，然后再盖上盖子，便能延长油漆存放时间。

● 修补风筝：孩子的风筝被刮破了，在破损处覆盖一片保鲜膜，并用胶带固定，风筝即修补完毕。

● 软化硬皮：对付手指某部位长出来的硬皮，如倒刺等，可在睡觉前，先在长了硬皮的部位涂上护手霜，然后用保鲜膜包裹手指，并用胶带粘牢。一夜之后，保鲜膜通过保持皮肤的湿润度，而使硬皮得到软化，便极易被除去。

● 增强药膏的药效：身体某处受伤或因其他原因疼痛时，先在上面涂些药膏，然后找来保鲜膜，将患处包裹严实。这样能使患处得以保暖，从而使药膏的药效更佳。

● 牛皮癣不很严重时，买些相应的药膏，均匀地抹在患处，并用相当大小的保鲜膜覆盖感染部位，最后再用胶带将其固定。这样，保鲜膜不但能增强药膏效用，还能延长其滋润效果，并防止牛皮癣扩散。

12. 隔热手套能用来做什么？

● 保持饮料温度：调一杯冷饮，若用隔热手套拿在手中，饮料便可长久保冷。同理，喝热饮时，把饮料放在隔热手套中，热饮便可长久保温。

● 防止双手被散热器等烫伤：处理车上散热器等热烫的部件时，戴双隔热手套，能防止双手被烫伤。

13. 铝盘有何妙用？

● 盛放杂物：桌子上随意摆放的杂物，如蜡烛、纽扣、纸片、珠子等，都可以放在铝盘里储存起来，且不同的东西还可分门别类地置于不同的铝盘中。

● 盛放油漆罐：粉刷油漆时，在油漆罐下面放个铝盘，以防止油漆滴落到地板上，从而也免去了打扫地板的麻烦。使用以后，再把铝盘清洗干净，留到下次使用。

● 防止手被水花或油花烫伤：找一个大小适中的圆形铝盘，在其中间开个洞，然后穿在锅铲的手柄上，并用胶带固定。在烹调菜肴时，即可防止溅起的水花或油花烫伤手部。

14. 微波炉有何妙用？

● 烤软干月饼：月饼久放变干变硬后，先将其放入瓷盘，并喷洒一些水，然后用微波炉专用的保鲜膜蒙好，再置于微波炉中，调至中档火力烘烤，两分钟后取出，干硬的月饼会变得又软又香。其他面食变得干硬时，如面包、蛋糕、馒头等，亦可选用此法。

● 为奶瓶消毒：往奶瓶中加水，至七分满时，用保鲜膜包裹好，再把奶嘴放进装有水的容器中，并用小盆子压住，以避免奶嘴浮起，最后一起放入微波炉，加热1分钟即可。

● 为毛巾消毒：将毛巾洗净后拧干，且用保鲜膜包好，然后放在微波炉中加热，1分钟后取出，能起到消毒作用，尤其在客人到来时，递上这样一块热毛巾，不仅洁净无毒，还给人宾至如归之感。

把抹布洗净后，装进塑料袋中，然后用微波炉加热片刻再取出，并趁热晾干，可为抹布清洁、消毒。

● 为餐具杀菌：日常使用的餐具应经常杀菌消毒。餐具用水洗净后，无须擦干，可直接放入微波炉，加热片刻后，黏附于餐具上的细菌将被杀死。

切记带金银线条或细致图案的餐具，以及材质较薄的杯子，都应尽量避免使用微波炉。

● 除虫作用：家里贮存的粮食、药材生了虫子时，将其放入微波炉，调至最高档加热2～5分钟，里面的虫子便可被杀死。待其冷却后，重新装好，使用时，再将死掉的虫子去除。

15. 热水瓶除了保温热水还能用来做什么？

● 清洗海参：烹制海参之前，先用冷水洗净，然后放入空热水瓶，并往瓶中浇灌开水，最后盖上瓶塞，8小时后再取出，海参将顺利破肚，而其中的脏物也会彻底清除。

● 煎熬中草药：把需要煎熬的中草药剪开，使之呈小块状，然后用锤子砸碎，装入热水瓶，同时加入开水，水量为药物体积的1.7倍，最后塞紧瓶塞，浸泡数小时，待药物煎好后，即可饮服。

16. 蔬果削皮器有什么妙用？

● 削铅笔：着急用铅笔，却又找不到铅笔刀时，用蔬果削皮器来削吧，一样很方便。不过之后要记得把它清洗干净。

● 使肥皂重新散发香味：肥皂散发出清新的味道，会使室内充满香气，但久置之后，肥皂表面一旦变干，香味也淡了不少。若用蔬果削皮器在其表面轻轻一刮，肥皂可再次发出芳香。

● 削切块状物：一些很难切开的块状食物，如干奶酪、年糕等，使用蔬果削皮器削切，能切出满足各种需要的精致薄片。

● 快速软化冻硬的奶油：制做糕点时，一般要将奶油放入温室软化，但奶油若太大便不易软化。这时，不妨取来蔬果削皮器将奶油刨成小薄片，然后放入温室，奶油便会很快软化。

17. 炉灶强效清洁剂只能清洁炉灶吗？

炉灶强效清洁剂还有如下用途：

● 清除浴缸污垢：家里白色浴缸上的污垢洗不掉时，在上面喷洒炉灶清洁剂，几小时后再用清水冲洗干净。

切记炉灶清洁剂一般只用于白色浴缸，而且使用时，尽量不把清洁剂喷到浴帘上，因为它可能导致有色浴缸褪色、塑胶和布料被腐蚀。

● 清洁玻璃器皿：对付玻璃器皿上洗不掉的污渍，可先戴上橡胶手套，再往器皿上喷些炉灶清洁剂，然后把它放进塑料袋中，并密封袋口，放置一个晚上。次日，仍先戴上橡胶手套，再把塑料袋拿到阳台上打开，等塑料袋中的化学气体释放完毕后，将器皿拿出来并用清水冲洗干净。

但要注意，把塑料袋口打开后，最好摒住呼吸，以免吸入释放出来的化学气体。

● 除去油漆：家具上若粘了油漆，无论木制家具还是金属家具，都在上面喷些炉灶清洁剂，然后用钢丝刷刷洗，家具可恢复洁净。切记炉灶清洁剂不适用于古董或昂贵的家具，并且它会导致木制家具颜色变深，或使金属家具变色。

❀ 四、化妆间物品 ❀

1. 暂时不戴的耳环有什么别的用途?

耳环可用作围巾别针。戴好围巾后，找一个较大的耳环，别在围巾交叉处，既起到了固定作用，又成为一个亮眼的装饰品。

2. 发胶有何妙用?

● 防止丝袜破洞：发胶能强化丝袜纤维。丝袜刚买回来，就在袜头处喷点发胶，以防止袜子破洞，从而延长其使用寿命。

● 避免物品粘上污渍：孩子刚创作出一幅美术作品，或者自己新买了一双皮鞋，均可往上面喷一层发胶，以使之不粘污渍、常保如新。

● 用作窗帘防尘剂：窗帘洗完后，在上面喷一层发胶，可使之长时间保持洁净，若多喷几层，效果更明显。往窗帘上喷发胶防尘时，要记得上一层发胶晾干后再喷下一层。

● 延长鲜花寿命：买回鲜花后，站在距离花束不足半米处，往花瓣和花叶下面快速喷洒一些发胶，能延长鲜花寿命。

● 消灭苍蝇：打开发胶瓶盖，对准苍蝇喷两下，苍蝇将被杀死。此法同样适用于消灭蜂类，如黄蜂。

● 清除口红印：衣服上不小心沾了口红印，往印处喷点发胶，几分钟后抹去发胶，口红印也将随之消失，然后如常洗涤。

● 清除笔墨印：衣物或家具布面上粘有笔墨印时，如圆珠笔笔迹或钢笔笔迹，在上面喷点发胶，能立即清除笔墨印，使衣物或家具布面变干净。

3. 凡士林有什么妙用?

● 轻松摘下卡住的戒指：在手指上涂些凡士林，润滑之后，无论戒指卡得多紧，都能被轻松摘下。

● 防止皮革发霉：在心爱的皮衣上涂些凡士林，然后找几块洁净的软布，轻轻擦拭皮衣，最后再用洁净软布抹去多余的凡士林，能起到皮革保养剂的功效，从而使皮衣时刻保持光鲜亮丽。

● 避免浴帘挂钩卡住：在浴帘挂钩上涂些凡士林，可润滑浴帘挂杆，因而避免了浴帘挂钩卡住。

● 润滑橱柜和窗户：找一把小油漆刷，蘸取一些凡士林，并将其涂抹在拉门和窗框的滑道上，充分润滑后，在开、关橱柜和窗户时，便不再发出扰人的吱吱声。

● 防止铬制品或金属制品生锈：家里某些铬制品或金属制品，在长时间搁置前，先在上面涂些凡士林，能有效防止其生锈。

● 使瓶盖更容易打开：在盖上指甲油或胶水瓶盖之前，先在瓶盖边缘涂点凡士林，下次打开时会容易很多。

● 防止指甲油涂到手指上：涂抹指甲

油时，先在指甲与皮肤接合处涂些凡士林，可避免指甲油涂到手指上。待指甲油晾干后，用面巾纸轻轻擦拭，皮肤上的指甲油将与凡士林一起被擦掉。

● 避免染发剂粘到皮肤上：自己在家染发时，若不小心让染发剂流出来，且粘到了皮肤上，便很不容易洗掉。染发之前，先涂些凡士林在发丝上，即可阻止染发剂渗出来，从而避免此种情况的发生。

● 防止洗发水流入眼睛：给孩子洗发时，先在孩子眉毛上涂厚厚的一层凡士林，可防止混有洗发水的水流入孩子眼睛。

● 缓解伤口疼痛：对于轻微的烫伤、刀伤等，均可在伤口处涂些凡士林，以达到缓解疼痛的目的。

● 止住鼻血：鼻子流血时，涂点凡士林，能有效止血。

针对任何小伤口流血，凡士林都具有止血作用。

● 预防尿布疹：在婴儿的屁股上涂些凡士林，会形成一层保护膜，以免出现尿布疹。如果婴儿已患有尿布疹，仍可在上面涂抹凡士林，可使尿布疹加速痊愈。

切记测量婴儿肛温之前，先在温度计上涂点凡士林，以减少不适。并且要注意，给婴儿使用的凡士林，必须是没有任何添加剂的纯凡士林，否则会损伤婴儿皮肤。

● 治疗脚裂：先用热水泡脚，再用酒精给刀片消毒，然后用其削掉脚跟的硬皮和干皮，直至露出软皮部分，最后找来纱布，在上面涂抹凡士林，且包裹脚跟，再用绷带固定好，每隔1天更换1次，1周后脚裂可彻底治愈。

或煮熟1个土豆，剥去外皮后，将其捣成糊状，并加入适量凡士林调和，最后放在洁净的玻璃瓶中，用来涂擦患处，每天3次，数日即愈。

● 用来卸妆：针对粉底、眼影、睫毛膏和彩妆等，凡士林均可有效卸妆，且在卸妆的同时，它还能滋润面部肌肤。

● 理顺眉毛：如果眉毛不顺，反而四散开来，可在上面涂点凡士林，然后理顺眉毛，它便不会再卷起来。

● 滋润双唇：凡士林富含的油脂成分能让双唇显出水亮光彩，常用它润泽唇部肌肤，其润唇效果几乎无可比拟。

● 护理双手：晚上睡觉前，在手上涂些凡士林，次日清晨起床后，双手会变得又滑又嫩，长期坚持，满是裂痕的手部将得到有效改善。

● 去除口红印：若衣物上不小心粘了口红，可在口红印上涂些凡士林，并稍稍揉搓，再如常洗涤，口红印将会消失得无影无踪。

● 去除水渍：家具上留有水渍时，在水渍处涂上凡士林，待几个小时后擦拭，水渍自行消失。

● 去除口香糖：孩子故意把嚼过的口香糖粘在家具上时，比如餐桌下方或床头柜后面，与其对孩子大发雷霆，倒不如找来凡士林，在口香糖上涂抹些许，然后揉搓，直至口香糖脱落。

● 用作橡胶保养剂：对汽车而言，大部分橡胶零件都用来密封车窗和减振缓冲等，但用久后，橡胶零件便不免出现硬化、老化甚至破裂等现象。若经常在橡胶零件上涂抹凡士林，不仅延缓此种现象的出现，而且能延长橡胶零件的使用寿命。而橡胶本身能吸收涂在其表面的凡士林，经常涂抹或多抹有益而无害。

● 驱走蚂蚁：在宠物的碗边涂点凡士林，蚂蚁便不能爬到碗里面，随之会无可奈何乖乖走掉。

● 消除疼痛：遇到干燥的天气，宠物的脚掌也会出现干裂疼痛的现象。若在它的脚掌上涂点凡士林，同样能有效消除疼痛感。

4.橄榄油有何妙用？

● 保持家具洁净如新：橄榄油可用来清洁家具。先将家里的木制或藤制家具清洁干净后，然后在上面直接涂抹橄榄油，能使其长时间保持洁净。此方法亦适用于清洁钢琴。

● 保持铜器光亮：铜器刚刚清洁完毕，即在上面涂抹橄榄油，并轻轻擦拭，便可使之长久保持光亮。

● 减轻烫伤疼痛：把橄榄油外敷于皮肤烫伤处，将明显减轻疼痛感，且能保证愈后不留疤痕。

● 降低血压：每天饮服两汤匙橄榄油，能降低血压，且可迅速缓解血压升高引起的头痛、头晕等症。

● 治疗风火牙痛和咽喉肿痛：伏服10～15滴橄榄油，每天1次，坚持2～3天，可有效治疗风火牙痛和咽喉肿痛。

● 清除面部粉刺：取4汤匙食盐和3汤匙橄榄油，将二者调和均匀后，涂抹在脸上，并轻轻按摩1～2分钟，稍后再用温肥皂水冲洗干净。每天1次，1周后改为每周2～3次，一段时间后，粉刺可除。

● 增加面部皮肤光泽和弹性：洁面后，取少许等量的橄榄油和食盐，将二者混合均匀后涂抹于面部，然后轻轻按摩片刻，能起到滋润、磨砂的效果，最后再用热毛巾敷面，可以有效去除面部毛孔里肉眼看不到的污垢。

● 使面部紧致又湿润：先用温水将面部油污洗净，再用干毛巾把水分擦掉，然后用棉花蘸取橄榄油，均匀涂抹在脸上，待10～15分钟后，用热毛巾敷面，最后用干毛巾擦脸，便可使面部紧致又湿润。

● 调理干性皮肤：倒小半杯橄榄油，将其放入微波炉加热，片刻后取出，当温度适中时，在脸上均匀涂抹，可有效地调理皮肤，

此法亦适用于敏感性皮肤。

● 改善发质：取适量的橄榄油和蜂蜜，将二者均匀混合后，洗发前半小时左右，涂在头发上，然后正常洗发，可使头发显得柔软滋润、光滑亮丽。

● 对付眼角皱纹：眼部长了细纹、鱼尾纹后，可将橄榄油与少许芦荟胶均匀混合，并涂抹在皱纹处，待混合物被充分吸收，纹路就会消失，而且皮肤也变得光滑无比。

● 轻松卸除睫毛膏：找来软的面巾纸，蘸取橄榄油后擦拭眼睫毛，以卸掉睫毛膏，最后再用面巾纸将橄榄油擦干净即可。

● 去除双手油污：手上有车油或油漆时，将等量的橄榄油和食盐或白糖一同倒在手掌上，然后用力揉搓油污处，几分钟后，再用肥皂和清水冲洗，双手会变得干干净净，且更加柔软。

● 去除头发上的油漆：自己在家动手粉刷时，难免让油漆弄到头发上。若真遇到此种情况，可找来棉球，蘸取橄榄油并轻轻涂抹头发，即除去油漆。

5.护发素还能用来做什么？

● 取下卡住的戒指：戒指卡在指节上取不下来时，在手指上涂些护发素，润滑片刻后，即可轻松取下。

● 保护皮具：在皮鞋、皮靴或其他皮具表面涂一层薄薄的护发素，能起到有效的保护作用。

● 使拉链顺畅：着急出门，可外套拉链一直拉不上去，在链齿上涂点护发素，可使拉链顺畅。

● 润滑浴帘杆：浴帘杆用久了，难免会变得不再光滑。若在杆上抹点护发素，稍稍润滑后，浴帘便很容易被拉上。

● 擦亮金属器皿：家里某些金属器皿，如水龙头、镀铬用具等，如果表面生锈了，先

在上面涂些护发素，再找来洁净的软布，轻轻擦拭几下，即可使之重放光芒。

● 防止工具生锈：在储放工具时，先涂抹一层护发素，能有效防止工具生锈。

● 使丝绸衣物柔滑：把洗衣盆里装满水，并加入少许护发素，然后将丝绸衣物浸泡其中，几分钟后取出，再用清水冲洗，最后吊挂起来晾干，衣物将变得柔顺光滑许多。

但要提醒一点，洗白色衣物用温水，而彩色衣物则须用冷水。

● 用来卸妆：使用护发素卸妆，简便快捷，而且便宜实惠。

6. 喷雾瓶有何妙用？

● 洗熨衣服：喷雾瓶里的溶液用完后，暂时把瓶子保留下来。洗涤衣物时，在喷雾瓶里装上去污剂，直接把去污剂喷在衣服上，或在熨烫衣服时，用装水的喷雾瓶将水喷到衣服上，很是方便。

● 迅速降温：在炎热的夏季，出门时，随身携带一个装满水的喷雾瓶。跑步、打球或走远路以后，往身上喷点水，能迅速降低体温、清爽身心。

7. 润唇膏只能用来保湿嘴唇吗？

润唇膏用途很多，具体如下：

● 取下卡住的戒指：戒指卡在手指上时，在指节处涂点润唇膏，然后慢慢转动，戒指即可取下来。

● 润滑拉链：很多时候，衣服拉链都会很难拉开或拉上。若在链齿上稍稍涂些润唇膏，并随意地上下拉几次，拉链便不再卡得很紧。

● 润滑铁钉或螺丝钉：要把铁钉或螺丝钉钉入或旋入木头时，可在上面涂点润唇膏，润滑之后，做活更容易些。

● 润滑滑轨或橱柜铰链：在家里窗户、抽屉的滑轨上，或衣橱、箱柜的铰链上，涂一些润唇膏，充分润滑后，再次打开它们时，会容易很多。

● 有效止血：刮胡须时如果不小心刮伤了，可立即在伤口处涂上润唇膏，能迅速止血。

● 保护面部皮肤：在寒冷的雪天，外出行走时，若在面部涂点润唇膏，就能避免面部皮肤因长时间吹风而引起皮肤炎或皮肤变色，从而能有效地保护皮肤。

● 使眉毛平整：如果眉毛翘起来或变得乱蓬蓬的，均可使用润唇膏使之平整。

8. 洗甲水有什么妙用？

● 融化强力胶：若手指上沾上了强力胶，先用棉球蘸取洗甲水（含丙酮洗甲水），然后按在手指上，强力胶便逐渐融化、去除。

● 消除手表表蒙刮痕：有些手表的表蒙是强化塑胶，如果表蒙上出现刮痕，可用洗甲水擦拭，直至刮痕变淡或完全消失。

● 擦亮漆皮皮鞋：对付漆皮皮鞋表面磨损的痕迹，可找来洁净的软布或纸巾，蘸取洗甲水后快速轻擦磨损处，最后再用湿抹布抹掉残留在鞋面的洗甲水，漆皮皮鞋将恢复光亮。

● 稀释修正液：往修正液的瓶子里滴几滴洗甲水，待摇匀后，修正液会因为被稀释而不再结块。

此方法亦适用于久置的指甲油。

● 去除墨迹：洗甲水可除去衣服或皮肤上的墨迹。用棉球蘸取洗甲水，轻轻擦拭墨迹处，待墨迹消除后，再用肥皂和水清洗。

● 去除油污：将洗甲水倒在抹布上，然后用来擦拭油烟机，便可除去厨房油烟机上的油垢。

● 擦除油漆：窗户玻璃上有油漆时，尝试在油漆渍处涂上洗甲水，几分钟过后，用软抹布轻擦，最后再用湿抹布把整块玻璃擦拭一遍，洗甲水与油漆都将除去。

如果黄铜制品的漆层剥落，可用蘸有少量洗甲水的软抹布轻擦，直至将脱落的漆面完全清洁。

● 清洁电脑键盘：找一把干净的旧牙刷，蘸取适量洗甲水后，轻轻刷洗电脑键盘，便可使之清洁无尘。

● 去除贴纸和黏合剂：金属表面和玻璃物品上粘有贴纸或黏合剂时，取出含丙酮的洗甲水，用抹布蘸取洗甲水将贴纸或黏合剂擦净。

● 清除融化的塑胶袋子：塑胶袋子不小心被融化且粘在某处时，尽快找来洁净的软布，蘸少许洗甲水，轻轻擦拭融化塑胶袋子的部位，再用湿抹布擦拭，最后用干抹布或纸巾擦干。

● 清洁纱窗：洗甲水实在用不完了，也不要轻易丢掉，把它涂抹在纱窗上，然后快速擦拭，可去除上面黏附的许多污物。当然，纱窗网眼多，一般要多擦几次，才能将污物完全擦除。

● 除去不干胶印：家具或家用电器上的商标掉了以后，往往留下难看的不干胶印。找一块洁净柔软的棉布，用水打湿后，蘸取少量洗甲水，轻擦胶印处，即可将其除去。

9. 指甲锉有什么妙用?

● 打磨木制家具表面：一件精美的木制家具，在某些不易够到的缝隙处，如家具腿的深缝处，可使用指甲锉进行打磨，以保证家具表面的粗细度更加一致、完美。

● 去除橡皮擦上的污垢：橡皮擦两端沾有污垢时，用指甲锉将黑色污垢挫掉，橡皮擦就会干净如新。

● 去除皮革衣物上的污渍：皮革衣物上沾了污渍时，先用指甲锉轻轻锉几下，再用

热蒸汽蒸一会儿，污渍将消失。

10. 指甲油有什么妙用?

● 用来区别物品：在家里，为避免不同的人使用了相同的器物，可将不同颜色的指甲油涂在上面，用作标记。

● 用作危险讯号：如果家里有专门盛放危险物品的容器，比如某些瓶子装了有毒物品，可在容器上涂些色彩鲜亮的指甲油，以示提醒。

● 修补抽丝的丝袜：丝袜一旦脱丝或被勾破，应尽快在抽丝处涂点透明指甲油，不久后，指甲油将自行挥发干透，且即使用水清洗，也不会影响其功效，这不仅避免出现破洞变大的尴尬局面，且延长了丝袜的使用寿命。

● 修补镜片裂痕：在眼镜镜片的裂痕处涂一层透明指甲油，待其变干后，便可起到固定镜片的作用，且不影响暂时使用。

● 修补地板裂痕：家里的硬木地板出现小裂痕时，在裂痕处涂些透明指甲油，并用砂纸轻轻打磨，起到修补作用。

● 修补洗衣机筒裂痕：如果洗衣机筒某处有了小裂痕，仍可使用透明指甲油修补，补好后再将修补过的地方磨平。

● 修补纱窗洞孔：若纱窗上出现小洞，最好用透明指甲油进行修补。若家里的纱门出现小洞，也可像修补纱窗洞孔那样用指甲油进行修补。

● 粘住信封开口：给别人寄信时，在信封开口处涂点指甲油，这样能更牢固地粘住信封口。

● 保持人造珠宝饰物清洁：人造珠宝饰物买回来以后，可在其表面、背面涂一层透明的指甲油，待晾干后再戴上，能使之较长时间保持洁净，且不会因褪色而沾染到皮肤上。

● 使手表色泽持久：新买了一块手表，

在佩戴之前，若先用洁净软布将表壳擦拭干净，并在上面均匀涂抹一层透明指甲油，待指甲油干透后再配戴，不仅增加手表表壳光亮度，且使之更持久地保持色泽。

● 使皮带扣常保光亮：找来透明指甲油，在新买的或刚擦亮的皮带扣上涂抹一层，能有效防止其氧化、褪色，从而使它保持光亮。

● 延缓皮鞋磨损：对皮鞋而言，鞋跟与鞋尖部分最容易受到磨损。买来新鞋后，最好先在后跟缝线处和鞋尖部分涂些透明指甲油，然后轻轻擦拭几下，待完全干后再穿，鞋子便不易磨损。

● 防止鞋带头散开：鞋带头若散开了，就涂点透明指甲油在上面，并随之把散开的线搓拧在一起，等指甲油完全干后，再将鞋带穿入鞋眼。

● 修补挡风玻璃上的小裂痕：车子挡风玻璃上出现小裂痕时，先将车子开到一个背光的地方，并在裂痕处涂抹指甲油，然后把车子开到太阳底下，待指甲油经日晒变干，裂痕将暂时得到修补，且不会扩大。

切记挡风玻璃一旦出现小裂痕，虽然暂时得到修补，但为安全起见，务必尽快将其换新。

● 防止车漆剥落处生锈：在车身上凹痕处或车漆剥落处涂些透明指甲油，能有效防止其生锈或车漆掉落面扩大。

❀ 五、书房物品 ❀

1. 报纸有什么用途?

● 保存蔬菜：刚买回的蔬菜，如葱、胡萝卜等，用报纸包裹起来，并将其直立置于通风处，能使之长期保鲜。

● 包裹易碎物品：把某些易碎物品收放之前，如杯盘碗碟等，先用打湿的报纸将物品层层包裹好，待报纸干透后，再将物品放入箱子，报纸便可充当保护层，即使进行长途搬运，也不必太过担心。

● 收存毛质衣物：为防止毛质衣物被虫咬，夏天收藏冬衣时，应先将衣物放在阳光下暴晒，晒后收存时，找来报纸，将其包起来，并用胶带粘住角落。

● 防止鞋子变形：刚把打湿的鞋子脱下来，或者要把鞋子收放起来，不防在鞋子里塞一团报纸，以防止鞋子变形、受损。

● 消除异味：如果家里的塑料容器、木箱、皮箱里，或汽车行李箱里面发出一股难闻且难以消除的异味，可找来几张报纸，把报纸揉成团状后放入容器或箱子，并将其密封。3～4天后取出报纸，异味自会消除。

● 清理玻璃碎片：家里的玻璃器皿或杯盘碗碟被打碎了，在处理过程中，先将大的碎片扫走，再用几张打湿的报纸轻擦地面。这样能使小的玻璃碎片沾到报纸上，从而确保小碎片也能清理干净。

● 摘取打碎的灯泡：如果灯泡被打破了，可先用叠起来的报纸托着灯泡，然后逆时针旋转，直至把灯泡从灯座上摘下来。切记用报纸摘取灯泡时，摘之前一定要先关掉电源，并带上防护手套，以保证人身安全。

● 修补裂缝木制家具：木制家具出现裂缝时，找来一些旧报纸，将其剪碎后，与适量明矾、米汤同煮，煮至糊状，用小刀把糊状物嵌入裂缝，待其干燥后，家具即被修补牢固。

● 擦净窗户玻璃：窗户玻璃用水洗过后，再用揉皱的报纸擦拭一遍，效果会更好。

● 擦洗浴缸：浴缸用久了，里面就会沉积下来许多污垢。在上面铺些废报纸，待充分吸收水分后，用其轻轻擦拭浴缸，如此擦洗1～2次，浴缸就能恢复洁净。

● 清洁油烟机滤网：每隔一段时间，应将油烟机滤网拆下来，打扫一番。进行清洁时，先用报纸把油烟机滤网包起来，并且外面再用旧毛巾包裹，然后将其放入洗衣机，调至甩干程序，完成后取出即可。

用报纸、旧毛巾包裹油烟机滤网，并用洗衣机清洗，其主要原因在于，在完成甩干程序时，洗衣机滚筒高速旋转而产生强大的离心力，使得黏附在滤网上的油污被甩到报纸上；而报纸恰恰极具吸附油污的作用；至于用旧毛巾包裹，则为了避免油污渗出，且不容易损坏洗衣机。

2. 粉笔头有何妙用?

● 擦亮金属器皿:先把一些粉笔研磨成末,并用湿抹布蘸取少许,轻擦金属器皿表面,然后再用干净软布擦拭,久置变暗的金属器皿将恢复光亮。

● 擦亮大理石:如果大理石物品变暗,也可用湿抹布蘸取粉笔末擦拭,且再用清水冲洗干净,并使之彻底晾干。

● 使金银饰品常保光泽:饰品盒里放些粉笔,可防止金银饰品失去光泽。

● 防止银器物失去光泽:粉笔能有效吸收湿气。在储放银器物的地方放几支粉笔,以延缓甚至防止银器物失去光泽。

● 防止壁橱发霉:在壁橱中放一些粉笔,能吸收里面的湿气,并防止发霉。

● 防止工具箱生锈:找来几支粉笔,放进工具箱中,以减少湿气,进而防止工具箱及箱内工具生锈。

● 防止螺丝起子打滑:拧螺丝时,先用粉笔擦几下螺丝起子的刀口处,以有效防止螺丝起子打滑。

● 驱走蚂蚁和害虫:粉笔中含有的碳酸钙成分,能迅速驱走蚂蚁和害虫。建议在门口和窗户入口处画一道粉笔线,或者在盆栽植物附近撒些石灰粉,可将蚂蚁和害虫赶走。

● 去除油渍:油洒在衣服或桌布上时,用粉笔在油渍处多擦几下,待油分被粉笔吸收后,找来刷子,将粉笔粉刷去,或直接放进洗衣机中洗涤。

● 去除墨渍:手上粘有油墨时,用粉笔蘸水擦拭,能将其轻松除去。

● 去除衣领上的污渍:很多时候,衣领上的污渍都很难被去掉。可先在污渍处用力搓擦粉笔,而后再放入洗衣机洗涤,污渍可除。

3. 旧杂志能用来做什么?

● 用作礼品包装纸:送小礼物给家人朋友,可挑一些色彩亮丽的杂志广告,把它们剪下来,裁出不同的形状。

● 用作垫纸:大大小小的杂志彩页,实在很适合裁剪下来,用作垫纸,垫在衣橱或书桌抽屉里面,至于四周多余部分,不妨按压在下面或直接剪掉。

● 防止鞋子变形:鞋子或靴子收放起来之前,或者受潮以后,最好找几本旧杂志,卷起来放入其中,以免在储放和晾干过程中,鞋子或靴子发生变形。

● 让孩子做剪贴:孩子不想出去玩的时候,就给他几本杂志,让他剪贴上面的各种图案,既安抚了孩子,又能让他从中体验到了乐趣。

4. 废弃的光碟有什么用途?

● 绘制圆形:需要画圆形时,随手从抽屉里拿出一张光碟,能画出大小两个圆。

● 用作烛台:点蜡烛时,不要直接粘在家具上,而将其放在旧光碟上,以免弄脏家具。

5. 铅笔有何妙用?

● 润滑作用:新配了一把钥匙,插进锁孔开锁时总是很不顺畅,若用铅笔芯摩擦匙齿,情况就会好很多。

衣物拉链拉不动时,用铅笔芯在拉链卡住的地方来回摩擦,能使拉链快速恢复顺畅。

● 驱赶虫蠹:平常削铅笔时,把自动削铅笔机里的笔屑收集起来,并装在一个布袋中,然后放在衣橱里面,能驱走虫蠹,以免衣橱中的衣物被虫咬。

● 临时用作发簪:一时找不到发簪,便可随手拿支铅笔插在头发上,要写字时,直接将铅笔拔下来使用。

6. 曲别针还有什么用途？

● 用作拉链头：衣物拉链的拉头坏掉时，找来一枚曲别针，稍稍拉开后，巧妙穿过拉链上的环，然后再把拉开的地方拧紧，拉链将能轻松拉上拉下。

● 标明透明胶带的头：每次用过透明胶带后，在胶带头下面粘一枚曲别针，等下次使用时，胶带头的位置将一目了然。

● 除去果核：很多果实都有果核，小孩子吃果实的时候，先洗净一枚曲别针，将其稍微拉直一点，然后用它把果核剔出来，以防止孩子被卡到。

● 用作书签：曲别针能将书页牢牢夹住，使之不易松脱，用它做书签，再合适不过了。

用曲别针充当书签时，可在曲别针上再系一段彩色丝线，使用会更加方便。

7. 鼠标垫有何妙用？

● 用作隔热垫：把热砂锅、热汤碗端上餐桌之前，先在餐桌上垫几个旧鼠标垫，能有效隔热，从而避免餐桌桌面受损。

● 用作桌脚垫：找出旧的鼠标垫，将其裁剪出适当形状和大小后，用强力胶把它粘在桌脚或椅脚底部，可防止地板被刮伤。

● 垫在室内植物盆底：在室内盆栽下面垫几块鼠标垫，植物花盆将不再刮伤或损坏地板。

8. 文件夹板还有哪些用途？

● 收纳零散票据：每隔一段时间，书桌上都会堆满购物单、优惠券、各种门票等，若实在舍不得丢弃，不妨整理一下，先将它们夹在文件夹板上面，然后把夹板挂在房间某个位置，既方便查找，又节省不少空间。

● 用作临时裤子悬挂器：找不到挂裤子的架子时，可用文件夹板代替。先用夹板夹子把裤脚夹牢固，然后把夹板悬挂在衣橱里的钩子上。

● 烹调时夹住菜谱：参考菜谱做菜时，用文件夹板夹住菜谱，并把夹板挂在厨房里的橱柜门上，这样可边看菜谱边做菜。

● 弹琴时夹住乐谱：为避免薄薄的乐谱从乐谱架上掉落下来，可用文件夹板将其夹住，然后放在乐谱架上，同时还能保持乐谱直立、方便参考。

● 出行时夹住旅行路线图：如今，越来越多的人热衷于自驾游。在驾车外出旅行之前，可先将经过的路线在地图上标出，然后把地图夹在文件夹板上，放在身边，便于随时查看。

9. 旧信封有什么用途？

● 整理零散的单据：把以后可能用到的单据收集起来，并进行分类，分别装入不同的信封，以方便查找。

● 迅速切碎旧单据：对于那些不再用到的、含有个人隐私（如信用卡号码）的旧单据，可把它们装在旧信封里，然后连同信封，用碎纸机将它们一起切碎掉。

● 临时用作小漏斗：往瓶子中盛装香料时，如果没有小漏斗，就会比较困难。找一个干净的信封，将其封好后，沿对角裁成两半，并剪去下面的小角，便可作为漏斗使用。

10. 橡皮擦有何妙用？

● 擦亮钱币：珍藏的钱币不再光亮时，拿出橡皮擦，随手擦几下，它将重现光彩。切记虽然橡皮擦可擦亮钱币，但对于古董级别的珍贵钱币，最好不要用橡皮擦处理，因为一旦钱币表面的绿锈被擦除，它便会失去原本高昂的价值，变得不再值钱。

● 用来插放缝衣针：很多人都喜欢把缝衣针放在盒子里，但这并非最佳选择。若把针插在橡皮擦上，不仅使用方便，且保证针不会掉落下来。

● 用作相框靠垫：在框底两个角上粘两块橡皮擦，使相框放得更牢固，从而防止相框歪倒。

● 除去蜡笔痕：孩子拿着蜡笔随处乱画时，与其一味地发火，倒不如把橡皮擦找出来，和孩子一块将他的杰作——擦干净，使墙壁恢复洁净。

● 除去琴键上的污垢：无论是哪种材质的琴键，上面布满灰尘或指印时，均可使用橡皮擦，认真地擦拭干净。

● 清洁标签的痕迹：物品刚买回来，上面总会留有标签的痕迹——一团灰色的黏胶，不仅难看，且很难用肥皂水洗干净，尝试使用橡皮擦去擦拭，极有可能将其擦除。

● 除掉磁头污垢：录音机磁头用久后，先用清洗剂清洗，再用橡皮擦轻轻擦拭一遍，除去磁粉和污垢之余，还不会伤及磁头。

11. 修正液有何妙用？

● 掩盖污渍：白色或米色的天花板上有污渍时，在污渍处涂些修正液，可将其遮盖。若觉得修正液的颜色太过亮丽，可找来面巾纸，待涂改处干透后擦拭。

● 遮盖刮痕：家里的瓷器饰品或冰箱表面被刮伤时，找来与其颜色相近的修正液，在刮痕处均匀涂抹，将起到遮掩效果。待修正液干透后，在上面涂一层透明的指甲油，能防止修正液脱落。

● 掩盖鞋子上的磨损痕迹：若皮鞋上出现了磨损的痕迹，就在磨损处涂点修正液，等干了以后，再用抹布轻轻擦亮。如果是白鞋子或漆皮鞋，只要在磨损处涂抹修正液，而无须擦拭。

12. 纸夹子能用来做什么？

● 用作书签：用一个大小适中的纸夹子做书签，很是方便。如果担心夹子在书上留有印痕，找些软布包在夹子内侧即可。

● 整理零散的纸币：把钱包里或书桌上散乱的纸币叠好，然后对折，再用纸夹子夹好，最后整齐地放入口袋或皮夹。

● 收纳票据：书桌上摆放了诸多票据，将其分类收集起来，并用几个纸夹子夹好，收放到适当的位置。

● 夹住证件：出远门时，把护照、机票或车票、身份证等放在一起，且用纸夹子夹好，然后放入手提袋或背包，以便使用时更快查找。

● 锻炼握力：找一个大点的纸夹子，用手按压使之张开，持续一段时间后再松开，每天做几十下，长期坚持，可增强握力、缓解压力。

❀ 六、卧室物品 ❀

1. 多格鞋袋有何妙用?

● 收纳衣物：多格鞋袋不只用来放鞋子，还可把手套、袜子等放入其中，然后挂在衣橱门上，房间会显得整齐很多。

● 收纳清洁工具：把清洁工具收集起来，如硬毛刷、海绵、清洁剂等，并放在多格鞋袋的不同口袋中，从而将清洁工具整理得井然有序。

● 收纳浴室用品：在浴室门后或墙上挂个多格鞋袋，然后把梳子、发胶、洗发水等装进口袋中，看上去整齐，用起来也方便。

● 收纳办公用品：在书房门后挂一个多格鞋袋，用来盛放文具用品，如剪刀、订书机、账单、信件等，会使书房更加干净、整洁，而书桌抽屉则可以盛放其他物品。

● 收纳孩子物品：在孩子的房间某处挂一个多格鞋袋，用来存放小玩具，让孩子从小养成整洁的好习惯。

● 在车上巧妙利用：在汽车前座的椅背上，放入孩子的玩具或自己喜欢的音乐碟片，外出时，孩子大人都能开心地使用。

2. 旧裤袜还能用来做什么?

● 盛放洋葱：找一个干净的旧裤袜，放入一颗洋葱，将其推到裤袜最尽头后，把裤袜打个结，并放入第二颗洋葱，再打个结，如此盛装洋葱，直至放满。最后剪去裤袜多余部

分，在家里干燥阴凉处，将整串洋葱倒挂起来。做菜用到洋葱时，从最下面的结开始，依次解开取出洋葱。

● 盛放樟脑丸或干花：找一个旧裤袜，将樟脑丸或干花放入其中，使之推到最尽头，然后打结，并剪去多余部分，再放进衣橱里或梳妆台的抽屉里。

● 缝补纱窗上的破洞：若家里的纱窗破了，可从裤袜上裁下相应大小的一块，补在破洞处，并用胶带黏合，或者用针线缝牢。

● 用作绳子：旧裤袜的裤管能用来捆扎物品，如纸箱、大叠报纸等，然后保存或送到回收的地方。

● 帮助晾干毛衣：毛衣洗好后，若直接用晾衣夹夹在衣架上，晾晒干以后，就会留下夹子的痕迹。为使毛衣保持原貌，晾晒时，找来一只裤袜，使裤腰部分穿过毛衣领口、两条裤管穿过两个袖子，然后用晾衣夹夹住裤袜，把毛衣挂在晾衣绳上。

● 用作填充物：给孩子做了一个布娃娃里面没有填充物，或家中的抱枕、坐垫里面填充物掉了出来，可把干净的裤袜卷成球状，用作填充物。

● 用来擦亮皮鞋：把旧裤袜收集起来，待皮鞋擦好后，立即用它把皮鞋擦亮，效果不错。

● 用来擦去指甲油：从裤袜上剪下一小块，使大小适当，然后蘸取洗甲水，擦掉指甲上的指甲油。当然，还可多剪下几小块，留作备用。

● 用作餐具洗涤布：找一只干净的裤袜，将其卷成球状后，用温水打湿，并在上面滴几滴清洁剂，用来擦拭餐具，可除去餐具上的污渍。

● 清除冰箱底部和背面的灰尘：冰箱底部及背面很容易堆积灰尘，却又很难清除。把一只旧裤袜卷成一团，并用橡皮筋固定在木棒或晾衣杆上，然后用来擦拭冰箱底部及背面，灰尘将黏附在裤袜上。

3. 纽扣有何妙用？

● 用作小布袋的填充物：给孩子缝制一个小布袋，除了可在里面装些干豆子、沙子等，还可将纽扣作为填充物。

● 标明透明胶带的起头处：透明胶带用过后，在起头处粘一颗纽扣，以免下次使用时，找不到透明胶带的起头处。

● 方便玩游戏：玩扑克游戏时，用不同颜色的纽扣代表不同价值的筹码。

下棋时，若缺少棋子，便可找来几个纽扣代替，一样能玩得尽兴。

4. 棉布手套有何妙用？

● 清洁易碎物品：精致的玻璃制品需要清洁时，可戴上柔软的棉布手套，轻轻擦拭其表面各个部分，从而将灰尘除去，且擦完后再把手套清洗干净。

● 清洁水晶吊灯：将棉布手套放在玻璃清洁剂中，浸泡片刻，待其湿透后，轻轻拧干，戴在手上抹拭吊灯，可去除上面的灰尘与蜘蛛网。

5. 袜子有什么别的用途？

● 保护易碎小物品：要把易碎小物品

收集起来时，如小花瓶、泥偶等，可将其装入旧袜子，能尽可能地避免物品出现裂痕甚至破碎。

● 保护地板：移动很重的家具时，如衣橱、沙发等，在家具底部的脚上套只袜子，便不会刮伤地板。

● 保护墙壁：若需要把梯子靠在墙壁上，就在两个梯脚上各套一只袜子，这样能对墙壁起到保护作用，从而避免梯子在墙壁上留下痕迹。

● 用作内衣的洗衣袋：将心爱的内衣放入洗衣机之前，先把它装在干净的袜子里，并绑紧袜口，再放入洗衣机洗涤。

● 安全清洗绒毛玩具：用袜子盛装小绒毛玩具，绑好袜口后，放进洗衣机中洗涤，以防止玩具上的扣子、眼睛等装饰品在清洗过程中遗失。

● 用作清洁手套：在家做大扫除的时候，双手各套一只旧袜子，用来清洁只容得下手指的隙缝。

● 擦掉百叶窗上的灰尘：把一只袜子套在手上，并蘸取些许清洁剂，轻轻擦拭百叶窗，即可除去窗上的灰尘。

● 给汽车打蜡：把旧袜子套在手上，用它给汽车打蜡，很是方便。

● 方便换轮胎：在车厢里放几只干净的旧袜子，当行程途中需要换轮胎时，就把袜子套在手上，可免双手沾满油污。

6. 多余的枕头套如何充分利用起来？

● 包裹礼物：寄送礼物时，用一个漂亮的枕头套做包装，不仅漂亮、别致，还能起到保护作用。

● 收藏毛衣：把毛衣放进衣橱之前，先将其放在枕头套里，便可避免被虫咬蠹蛀，且能挡住灰尘。

● 存放皮具：把不常用的皮包或皮鞋

用枕头套装起来，然后放入橱柜，可防止上面落满灰尘。

● 收存寝具：把各种寝具收集、折好，并根据不同的花色，分开放在颜色相近的枕头套里，等日后使用时，能很容易就找到。

● 用作洗衣袋：先把要洗涤的衣物放入干净的旧枕头套，然后再用绳子或橡皮筋绑紧袋口，最后放进洗衣机中洗涤，便可起到保护作用，避免毛衣、裤袜等衣物变形。

● 巧洗绒毛玩具：若要洗涤孩子的绒毛玩具，可先将玩具装入枕头套，并用绳子或橡皮筋绑好，然后再彻底洗净，既避免了玩具被洗坏，又能防止掉落的珠子或纽扣破坏洗衣机。

● 旅行时用作盛衣袋：外出旅行时，在行李箱中放一个枕头套，用来盛放换下的衣服，从而将干净衣服与脏衣服区分开。到家后，再把枕头套里的脏衣服放入洗衣机，顺便也把枕头套丢进去洗涤。

● 清除吊扇扇叶上的灰尘：清洁吊扇时，找一个旧枕头套，将其套在扇叶上，并用手按着枕头套，稳稳地拉下来，可抹去扇叶上的灰尘，且灰尘只会乖乖地留在枕头套中，而不会到处乱飞。

● 清理天花板：在扫帚上套个大点的枕头套，用来打扫天花板，既可以轻松扫掉天花板上的蜘蛛网，又不会破坏上面的油漆。

7. 樟脑丸有什么妙用?

● 避免毛料衣物被虫蛀：毛料衣物收藏之前，要先洗涤干净。洗涤过程中，在进行最后一道清洗工序时，在水里放几颗樟脑丸，并使之完全溶解，最后把衣物烘干、晾晒后收藏，可防虫咬。

● 存放棉织品：棉织品吸湿性较强，且怕酸不怕碱，洗净晾干后，与樟脑丸一同存放，可防止其发生霉变或被虫蛀。

● 消灭盆栽中的虫子：将盆栽植物装进一个透明塑胶袋中，并一起放入几颗樟脑丸，再密封袋口。1周后打开袋口、取出盆栽，盆栽中的虫子将被杀灭，而且以后也将不再有虫子。

● 驱逐蟑螂：在蟑螂经常出没之处，均匀地放些樟脑丸，以将其驱逐出家门。不过，樟脑丸并不能杀死蟑螂，且在使用时，务必避免小孩误食。

❀ 七、药箱里的物品 ❀

1. 阿司匹林有什么妙用？

● 给汽车电池充电：开车外出时，遇到电池没电，而四周有没人能帮忙的情形，可以考虑在电池里放两片阿司匹林，或许会带来一线希望。

● 延长鲜花存放时间：把一片阿司匹林捣碎成粉末，并放入装满清水的花瓶，然后再插入鲜花，就能延长鲜花的存放时间。

● 治疗蚊虫叮咬：对付一般的蚊虫叮咬，比如被蚊叮蜂蜇，先将患处打湿，再用阿司匹林片轻擦患处，便可预防发炎。切记被蜂蜇后，若出现呼吸困难、腹痛或想呕吐等过敏症状，应及早到医院看医生。

● 去除脚上老趼：把5～6片阿司匹林捣成粉末，并与少许柠檬汁、清水调成糊状，然后涂在脚上老趼处，再用热毛巾把脚包起来，在脚外面套一个塑料袋子。10分钟后取下袋子和毛巾，老趼便已被软化，轻轻一锉即可去掉。时常这样，也可保持脚部肌肤柔嫩光滑。

● 消除面部粉刺：先将阿司匹林捣碎，并加水和成糊状，再把阿司匹林糊涂抹在粉刺上，几分钟后用肥皂和水洗干净，坚持几次，面部粉刺将消除。阿司匹林可消除面部粉刺，其主要原因在于它能消除红肿、舒缓疼痛。

● 控制头皮屑：每次洗发前，先取出两片阿司匹林，捣成粉末状后，与适量洗发水掺合，并用混合液洗发，待混合液在头皮上停留1～2分钟后，用水冲洗干净，继而再用洗发水如常洗发，即可消除头皮屑。

● 恢复头发颜色：游泳后，头发常会变颜色，这主要是游泳池用氯消毒的缘故。要恢复头发原来的颜色，可把6～8片阿司匹林放入一小杯温水，待药片溶解后，将溶液均匀涂抹在头发上，静候15分钟，再用清水把头发冲洗干净。

● 去除汗渍：取来两片阿司匹林，捣碎后和入半碗温水，再将衣物上有汗渍的地方浸入其中，浸泡2～3小时后，用清水冲洗干净。

2. 我可舒适锭（泡腾片）除了治病，还能做什么？

● 疏通排水管：家里的排水管堵住了，不妨在排水管口放两片我可舒适锭，并倒入一杯醋，几分钟后打开热水龙头，用热水冲洗，直至排水管疏通，同时还能消除排水管中的异味。

● 制造鱼饵：钓鱼时，在鱼钩上挂个空心塑胶管，并放入一片捏碎的我可舒适锭，待鱼钩沉入水中，便会逐渐产生气泡，诱鱼上钩。

● 缓解蚊虫叮咬的痛痒：被蚊虫叮咬后，倒半杯水，并放入两片我可舒适锭，待其完全溶解，找来棉球，蘸取溶液涂擦被叮咬处，可减轻痛痒。

● 清洁玻璃炊具：清洁耐热性能好的玻璃炊具时，先往里面加入清水，并放入几片我可舒适锭（最多6片），浸泡1小时后，用软抹布轻轻擦拭，炊具上的顽垢将被轻松去除。

● 清洁咖啡机：往咖啡机的贮水器或过滤器中加满水，然后放入几片我可舒适锭，待其完全溶化，启动正常的煮咖啡程序，使管道清洗干净。最后用清水冲洗贮水器2~3次，再注满清水，并启动正常煮咖啡程序，直至完成所有工序，把水倒掉即可。

● 清洁珠宝首饰：珠宝首饰若失去了最初的光泽，将其放在一杯水中，并同时加入一片我可舒适锭，浸泡几分钟后，首饰便会恢复光泽。

● 清洁花瓶：往花瓶中加入半瓶水，并放入两片我可舒适锭，待其完全溶解，不再有气泡冒出，用清水将花瓶冲净即可。

此法亦适用于清洗热水瓶。

● 清洁抽水马桶：往抽水马桶中放两片我可舒适锭，然后盖上马桶盖，等候20分钟，再用马桶刷稍稍刷几下，马桶就能恢复洁净。

3. 薄纱布只能用来包扎伤口吗？

薄纱布除了医用，还有别的用途：

● 作为滤网替代品：过滤东西时，若一时找不到滤网，可用薄纱布暂时替代滤网，铺在滤器上使用。

● 快速吸尘：用吸尘器吸尘时，对于家里某些小零碎物品，总要先抽出时间收拾起来，以免它们被吸到吸尘器中。但若在吸尘器吸口处包一层薄纱布，并用线绳或橡皮筋把纱布缠牢固，吸尘时就不会那么麻烦了，因为纱布将把小物品阻挡在吸口外面。

4. 创可贴有何妙用？

● 修补眼镜：不小心把眼镜腿折断了，或把连接处的螺丝弄丢了，找来创可贴，将眼镜腿粘牢后，短时间内并不会妨碍使用。

● 修补帐篷：外出野营时，遇到帐篷破了小洞的情况，如果实在找不到胶修补，暂时用创可贴贴上，亦可防止帐篷漏水。

若是睡袋破了，为避免睡袋漏绒，不妨也用创可贴将其修补好。

● 预防晕车：乘车之前，切一小片生姜，用创可贴将其贴于肚脐处，可有效预防晕车。

● 缓解疼痛：在干燥的秋冬季节，手指与指甲的结合处不免会裂开，十分疼痛。将创可贴带有黏胶的部分剪下，并粘贴在裂口处，可立即止痛。

● 缓解卡脚状况：无论合脚与否，新买的鞋子脚后跟的部位总会卡脚，很不舒服。若在鞋后帮上贴一片创可贴，卡脚状况将得到明显缓解。

● 除去瘊子：在患处贴上创可贴，每两天更换1次，连贴2~3次，瘊子将自行消失。

5. 风油精有何妙用？

● 避免蚊香烟气过呛：燃烧蚊香时，在上面滴几滴风油精，能使蚊香烟气不会过呛，且清香扑鼻，产生更好的驱蚊效果。

● 止痒作用：被蚊虫叮咬后，在患处涂抹少许风油精，便可消炎止痒。

● 防治痱子：身上长有痱子时，如果是婴幼儿可以在他的洗澡水中滴2~3滴风油精，然后如常洗澡；而成人则直接在痱子处涂擦风油精，以达到去痱止痒的目的。

● 除去唇泡：先用温水将患处洗净，然后将风油精均匀地涂于患处，每天3次以上，可快速消除水疱。

● 治疗烫伤：遇到小范围轻度烫伤的情况，可直接往烫伤处滴几滴风油精，每隔

3～4小时滴1次，治烫伤、止疼痛效果甚佳，且不易引发感染、不会结痂、伤好后不留疤痕。

● 治疗冻伤：把风油精均匀涂抹于冻伤处，每天2～3次，坚持1～2周，有明显的消肿止痛作用。切记：冻疮溃烂者、皮肤过敏者及孕妇，应忌用风油精，以免引发感染或皮肤过敏。

● 治疗口角溃疡：刷牙漱口后，取来风油精，在患处涂抹少许，每天早晚各1次，可治口角溃疡。

● 止咳平喘：咳嗽不止时，取来风油精，涂抹于前脖颈以及颈的两边，能有效止咳，且能平息痰喘。

● 治疗腹痛：不慎受凉或过多饮用冷饮，都可能引起腹痛。若在肚脐处滴几滴风油精，然后贴片伤湿止痛膏或普通药用胶带，并将其覆盖，便能起到祛寒止痛的效果。

● 去除脚气：把脚洗净、擦干后，在患处涂擦风油精，每天1～2次，3～5天可见效。

● 治疗鸡眼：每次洗完脚，在患处涂抹风油精，连涂1周，鸡眼将被治愈。

● 清除不干胶印：用抹布蘸取少许风油精，轻擦家具上不干胶印处，可将其除去。

● 除去胶带污垢：用胶带黏接物品后，若把它揭掉，便极易留下胶带污垢。用蘸了风油精的软抹布擦拭，污垢能被轻松除去。

6. 清凉油有何妙用？

● 除去厕所臭味：在厕所角落低处放置一盒清凉油，能把臭味驱除干净。

● 治疗牙痛：因患龋齿而牙痛时，在口腔里牙龈内外两侧及肿痛部位，涂擦清凉油，每半小时擦1次，半天左右就能消肿止痛，症状严重者3天内消肿。

7. 花露水除了止痒还能做什么？

● 浸泡口罩与毛巾：先将口罩和毛巾洗净，然后打半盆清水，并往水中滴4～5滴花露水，再把口罩、毛巾浸泡其中，约15分钟后取出，上面的细菌将消灭。

给口罩杀菌消毒，抑或先用水煮沸，进行漂洗后，置于阳光下暴晒，使用时，先在上面滴1滴花露水即可。

● 擦亮家具：时间久了，家具不免变得色泽暗淡，若用抹布蘸取花露水擦拭，可使之旧貌换新颜。

● 喷洒居室：按照40∶1的比例，将适量的清水与花露水混合，且拌匀后装入喷壶，均匀喷洒于居室地面，尤其是房间死角。喷洒完毕后，关闭门窗，10分钟后，打开门窗通风。如此喷洒，早晚各1次，能保持室内空气洁净清新。

● 消除疲劳：感觉疲倦时，在纸巾上滴两滴花露水，轻擦鼻尖、额角，便会缓解疲劳、顿感清醒。

● 用来醒酒：对付喝醉酒的人，可在热毛巾上滴几滴花露水，擦拭胸、背、肘和太阳穴等处，多擦几遍，醉意将明显减轻。

● 清洁双手：出门时，随身带个装有花露水的小瓶子，等逛完商场、乘坐公共汽车或地铁后，在手掌中滴些花露水，并轻轻揉搓，可及时洗去手上的灰尘、污渍、细菌等。

● 清洗内衣：贴身穿的内衣，不能用洗衣粉洗涤，应单独洗涤，尽量不与其他衣物混洗。

洗涤时，打半盆清水，并往水中滴加4～5滴花露水，再将内衣浸泡其中，约15分钟后，用香皂反复揉搓，最后用清水漂洗干净，晾晒于阳光下，不仅去污杀菌，还能让内衣散发出舒爽的清香。

● 擦拭电话、手机：用软纸巾蘸取少

许花露水，轻擦电话机身、听筒以及手机按键，能使之保持清洁。

● 洁除圆珠笔迹：身体某处有圆珠笔迹时，在笔迹处滴几滴花露水，轻轻擦拭，便可将其除去。

8. 伤湿止痛膏有何妙用？

● 治疗脚臭：把伤湿止痛膏贴在脚掌和脚心处，可治脚臭。

● 治疗肘尖部皮炎：肘尖处患了皮炎时，贴张伤湿止痛膏，1周后皮炎将会好转。

9. 麝香止痛膏有何妙用？

取1片麝香止痛膏，剪出适当大小，贴在天突穴（胸骨上端凹陷处）和神阙穴（肚脐眼处），24小时后更换1次，连贴两次，可缓解咳嗽不止。

10. 眼药膏有何妙用？

可用来止住打喷嚏。对付感冒引起的打喷嚏，可先把鼻涕擤净，再取出眼药膏，往鼻孔内挤入少许，然后用手轻压鼻孔2～3下，使两侧都接触到药膏，若未见效，不妨重来一次。

11. 棉球有什么别的用途？

● 消除房间异味：如果房间里出现异味，可拿出几个棉球，在上面洒上香水后，置于房间某处角落，或使用吸尘器时，放在集尘袋中，香味将弥漫整个房间。

● 消除冰箱异味：冰箱里发出难闻的味道时，取一个棉球并蘸上香草精，搁在冰箱内一角，一段时间后，冰箱里将充满芬芳的香味。

● 延长橡胶手套的使用时间：戴着橡胶手套做家务时，长长的指甲很容易把手套划破，若在手套的每个手指头里放个棉球，便可延长手套的使用时间。

● 杀死角落里的霉菌：客厅、卧室或浴室的某些角落很容易长霉菌，要去除它们，只需取出几个棉球，蘸上漂白剂后，放在难以触及的角落附近。几个小时后，拿走棉球，再用温水冲洗角落，霉菌将彻底被杀死。

● 擦除荧光屏灰尘：电视机屏幕极易布满灰尘，这不仅影响电视机的亮度，还会导致电视机画面反差变大。用几块棉球蘸取酒精，然后从屏幕中心开始，由内而外，向四周以打圈的方式擦拭，可擦除屏幕上的灰尘。

12. 酒精还能用来做什么？

● 消除砧板上的腥味：刚切过鱼或其他肉类，砧板上难免散发出腥味。先将砧板用清水冲洗，再用抹布擦干水分，然后在砧板上喷洒酒精，既消毒又除异味。

● 防止窗玻璃起雾：天气变冷以后，窗户玻璃很容易起雾，往半盆水中兑入半杯酒精，先用混合液清洗窗户玻璃，再用干布或报纸擦拭，玻璃便不再起雾，且一直保持透明光亮。

● 避免汗渍弄脏衣领：出门前，先在脖子上涂抹点酒精，不但让自己感到清凉，还可避免汗渍弄脏衬衫衣领。

● 让家具恢复光亮：用软布蘸取酒精，擦拭使用多年的家具漆面，能使家具光亮如新。

● 消除球鞋里的臭味：在球鞋里喷洒酒精，直至鞋内不能吸收，等鞋子干后再穿，就不会再有臭味。

● 让旧照片变新：用棉花或棉球蘸取酒精，轻轻揩拭旧照片，可除去照片上的脏污，使之变新。

● 擦拭电视机屏幕：电视机屏幕用酒精擦拭后，便不易沾染灰尘。

● 消灭果蝇：有果蝇闯进厨房时，在喷雾瓶中装点酒精，然后对着果蝇喷洒，很快地，它们将会掉在地上，这时赶快用扫帚把它们扫进垃圾铲里。

虽然酒精的灭蝇效果不如杀虫剂，但因杀虫剂毒性太强，并不适用于厨房，因而建议用酒精杀灭蝇虫。

● 驱走耳内小虫：用棉球蘸取少许酒精，涂抹于外耳道口，待酒精气味进入耳道后，耳内小虫将自行爬出。

● 治疗狐臭：取 20 毫升浓度为 50% 的酒精，并加入 3 克冰片，然后密封溶液，待冰片溶解，用肥皂洗净腋窝且将其擦干，再用药液涂擦腋部，每天两次，10 天为一疗程。

● 防治冻疮：选取 5 ~ 8 个上好的红辣椒，用 250 克 75% 的酒精浸泡，7 天后，用泡好的酒精溶液擦洗冻疮部位，每天 3 次，能防治习惯性冻疮。

● 消除面部皱纹：取少许酒精、少量蜂蜜、适量丝瓜汁，将三者混合并搅拌均匀后，涂抹于面部皱纹处，待混合液变干后，用清水冲洗干净，每天早晚各 1 次，两周后即可见效。

● 减轻拔眉毛的疼痛：拔掉冗杂眉毛时，在眉毛上涂些纯度较高的酒精，疼痛感将明显减轻。

● 清除冰箱霉菌：用干布蘸取少量酒精，轻擦冰箱内部，可除去霉菌。

● 清洁百叶帘：用布蘸取酒精，擦拭百叶帘，能使帘子得到较彻底的清洁。

● 清洁浴室配件：找来柔软洁净的抹布，轻轻擦拭浴室配件（多为铬制品），无需用水冲洗，待酒精蒸发后，配件自会恢复光洁闪亮。

● 清除镜面上的发胶：打理头发时，如果发胶被喷到了镜子上，用酒精擦一擦，镜子就能变干净。

● 清洁电话上的污垢：用酒精擦拭电话上的污垢，不仅去脏污，而且能杀菌消毒。

● 去除墨迹：不小心让心爱的衬衫沾到了墨，应尽早把有墨迹的地方浸泡在酒精里，几分钟后取出，再用清水清洗干净，墨迹可除。

● 洗去汗迹：盛夏季节，衣服领口、袖口、腋窝处等地方，经常因为染了汗迹而发黄。把衣服有黄色汗迹的地方放入酒精，浸泡 30 ~ 60 分钟后取出，再用肥皂水搓洗，即可除去汗迹。

● 除去皮具上的霉斑：皮鞋、皮包等久置不用就会发霉。把酒精和水按照 1：1 的比例混合，然后用软布蘸取溶液擦拭，就能除去皮具上的霉斑。

❀ 八、植物花卉 ❀

1. 艾叶有何妙用？

● 开胃：取适量艾叶，先将其洗净剁碎，再加入鸡蛋，搅拌均匀，然后加入食盐、胡椒粉等调味品，待锅热加油，煎熟鸡蛋即成，食用可开胃。

● 暖胃：取些艾叶和肉，将其分别剁碎后，加入适量的生姜、食盐、味精、花生油、生粉、鸡蛋等，调拌均匀，如常法做成肉丸或肉饼，用来蒸、煮、煎均可，食用暖胃。

2. 柳树的枝、叶有何妙用？

● 去除口苦口臭：采摘一些柳树嫩枝，洗净后入口咀嚼，然后咽汁吐渣，对胃口不好、口苦口臭有奇效。

吃完大蒜后，还可用此法除掉蒜味，采摘的柳树嫩枝不妨放入冰箱备用。

3. 枸杞有何妙用？

● 烹饪菜肴：取些枸杞嫩茎嫩叶，用来炒食、凉拌，制作美味菜肴，或者用来煮汤做羹。

● 防止花眼：每天晨起、晚睡前，各取 1 汤匙优质枸杞，洗净后放入水杯，并兑加适量开水，待水温稍凉，加入 1 汤匙蜂蜜，然后搅拌均匀,饮水食杞,每次1杯,连服 ▌1 ～ ▌2 个月，可防止花眼。

上述方法若长期坚持，可有效防止视力退化。

● 滋补肝肾：取 30 克枸杞、10 克冬虫夏草及 50 克百合，洗净后加入适量水炖，炖开后改用文火慢煮，大约 20 分钟，再加入 500 克猪肝或羊肝及适量调料，继续煮半小时，然后分次食肝饮汤，可有效滋补肝肾。

● 治疗便秘：取 20 ～ 30 克鲜枸杞，捣烂后用开水冲服，每天 1 次，1 ～ 3 次后，大便可通畅。

4. 菊花能用来做什么？

● 菊花煮粥：买些粳米，与菊花放在一起煮，熬出来的粥十分清爽，且能去烦除燥、清心悦目。

● 消除眼睛疲劳：长时间用眼后，沏一杯菊花茶，然后俯身，使眼睛对准茶杯口部，每次熏蒸 2 ～ 3 分钟，即可消除眼睛疲劳。

● 清热明目：取适量鲜菊花，加水煎熬，然后滤取汁液并浓缩，再兑入炼好的蜂蜜，调制成膏状，内服，有疏风、清热、明目的效用。

● 消暑生津：饮菊花茶，不仅能嗅其香味，更能消暑生津，还可润喉、养目、祛风解酒。

● 除去青春痘：取 50 克野菊花，放在适量水中煮，使之熬成 200 毫升的汁液，然后用适合的容器盛装汁液，并把容器置于冰箱中，待其冻成若干个小冰块后，每次洗完脸时，用来擦拭面部，每天两次，每次 10 分钟，数日后转好。

● 美白除皱：取适量新鲜菊花，将其捣碎后，与 1 个蛋清调配均匀，用来敷面，菊花中富含的香精油、菊色素，能柔化表皮细胞、有效抑制皮肤表面黑色素的产生，从而美白肌肤、消除皱纹。

5. 桃花有什么用途？

● 缓解积食不消：取适量阴干的桃花，研末后，和入面粉中，做成烙饼食用，不仅可缓解积食不消，还可缓解上吐下泻。

● 驻颜减肥：取 100 克粳米，先将其淘净，再与两克桃花、30 克红糖一起文火煨，边煨边搅拌，熟后食用，能起到驻颜减肥的功效。

6. 玫瑰花能用来做什么？

● 用作食品：玫瑰花瓣可用于制作花茶、果酱等。花瓣泡醋后用于烹饪，既有药用价值，又不失风味，因此很受欢迎。此外，玫瑰种子也可泡茶，但一定要清洗干净。

● 去除粉刺：清晨起来，摘取一朵未全开的玫瑰花，整朵浸在香醋中，然后静置。1 周后，兑入适量冷开水，并取其汁液，早晚洁面，长久坚持，可彻底去除面部粉刺、面疱等，从而使皮肤变得光滑柔嫩。

7. 茉莉花有什么用途？

● 预防失眠：取充分干燥的茉莉花花瓣，然后加适量水煎熬，熬成后，往汁液里添加少许开水，饮服，连续数次，可预防失眠。

● 去除鸡眼：取些茉莉花，将其嚼成糊状，敷于患处，然后用医用胶带包扎，每天更换 1 次，3 ~ 5 次后，鸡眼会自行脱落。

● 除去瘊子：碾碎一些茉莉花籽，使之成末状，再拌上猪油，调成糊状，敷在瘊子上，数天后，瘊子可被连根除去。

❀ 九、常见蔬菜和水果 ❀

1. 大白菜有何妙用？

● 保存秋黄瓜：临近秋末，刚买回来或刚采摘的黄瓜，若要使之保持完好无损，可放在拆散的大白菜菜心中，然后绑好，放入菜窖，至春节时，取出黄瓜，仍见其新鲜水灵。

● 使韭、蒜类保鲜：诸如青韭、青蒜、蒜黄等新鲜蔬菜，若一时吃不完，可找些带帮的大白菜叶子，将其包裹、捆绑好，置于室内阴凉处，且不能沾水，一段时间后，新鲜蔬菜仍不会坏掉。

● 使大蒜保鲜：取些新鲜大白菜叶子，用其包裹大蒜并捆扎完好，置于阴凉处，同时避免沾到水，便能使大蒜保鲜数日。

● 缓解牙痛：洗净一些大白菜根部疙瘩，将其捣烂后，用纱布包裹碎了的大白菜根，并挤出汁液，再把汁液滴入耳朵，右侧牙痛滴入右耳，左侧牙痛滴入左耳，能使牙痛症状得到有效缓解。

● 治疗烫伤：不慎被烫伤时，可捣碎适量大白菜，敷在患处，疗伤效果奇佳。

● 治疗风寒感冒：取些大白菜根，与同等数量的大葱一起放进锅中，加适量水煎成汤，并用少许白糖调味，坚持食用，可有效治疗风寒感冒。

● 治疗风热感冒：取1棵大白菜，保留其根茎，使之与30克绿豆同用水煮，煮成后，饮服汤汁，能治疗风热感冒。注意水要适量。

● 治疗慢性咽炎：多食大白菜，忌食辛辣刺激性食品，能逐渐治愈慢性咽炎。

● 益于治疗气管炎：冬天里，每天熬1次大白菜吃，对治疗气管炎大有裨益。

● 消除烧心症状：切1棵大白菜头，洗净后水煮，煮至沸腾时，加入少许食盐、两滴香油，然后吃菜喝汤，便可消除烧心。

● 去除油漆污渍：大白菜汁液能洗掉油漆污渍。手上粘有油漆时，找些大白菜帮和叶子，挤出汁液，洗去油漆污渍。

2. 白萝卜有何功用？怎样利用它？

● 预防感冒：水煮白萝卜，熟后食用，能预防感冒，同时还可疏通关节。

● 治疗头晕：取等量的白萝卜、生姜、大葱，各50克，并捣成泥状，然后敷于额头，每天1次，每次半小时，连敷数次，可治疗头晕。

● 治疗鼻出血：用生的白萝卜汁液，与少许酒混合均匀后，加热饮服，或直接将白萝卜汁滴入鼻孔，能治疗鼻出血。

● 润肺止咳：取适量白萝卜，洗净、切片后，按照5∶1的比例，与冰糖同煎，煎好后食用，能有效化痰止咳，对普通伤风、咳嗽及慢性支气管炎患者尤其见效。

清水煮白萝卜片，煮熟后，用小碗将水滤出，待其稍稍变冷，饮服汤汁，也可治疗咳嗽。

● 治疗咽喉炎：将白萝卜汁混同姜汁一起饮服，能治疗咽喉炎、扁桃体炎、声音嘶哑、失音等症。

● 治疗夜间口干：用砂锅炖牛肉，且加入白萝卜片、青豆，熬成汤后，每餐食用1小碗，久食可改善口干症状。

● 治疗咯血：将白萝卜与羊肉、鲫鱼同煮，熟后食用，对治疗咯血有帮助。

● 防治口臭：洗净数个白萝卜，并绞出其汁液，用来漱口，每天数次，可防治口臭。

● 缓解口腔溃疡：取几根新鲜白萝卜，捣烂后，用其汁液漱口，对防治口腔溃疡有很大帮助。

● 治疗慢性支气管炎：在干燥的秋冬季节，按照2：1的比例，每天水煮适量的白萝卜与胡萝卜，然后连汤带菜，早晚各食用1小碗，一直坚持到来年春天，对治疗慢性支气管炎有奇效。

● 解除烧心：对付胃酸过多引起的胃烧，可嚼吃生的白萝卜，缓解烧心的不适。

● 治疗慢性痢疾：将白萝卜切碎后，与蜂蜜一起煎熬，熟后慢慢咀嚼并咽下，能治疗慢性痢疾，以及恶心呕吐、吐酸水、咳嗽、咳痰等症。

● 帮助消化：因消化不良导致腹胀时，将新鲜白萝卜捣烂，取汁饮服，有助于消化。

● 治疗便秘：水煮白萝卜，坚持食用，能有效治疗便秘。

● 祛除脚气：煎熬白萝卜汤，用来洗脚，能有效祛除脚气。

● 除去脚臭：取半个白萝卜，将其切成薄片后，入锅并加适量水开旺火煮，3分钟后改用文火再熬5分钟，然后关火，把锅中物倒入洗脚盆，待温度适中，泡脚洗脚，连续数次，可除脚臭。

● 防治冻疮：将1根白萝卜、少许生姜切片后，放在锅里煨煮，直至把萝卜片煮烂，倒出汤液，待其温度适中，用来洗敷患处，每次5～10分钟，连洗5～7次，冻疮会明显好转。

● 帮助戒烟：取适量白萝卜，洗净后切成丝，并挤掉汁液，加入少许白糖，每天清晨吃1小盘，有助于戒烟。

● 美白皮肤：往开水中兑加适量白萝卜汁，用混合液洗脸，皮肤将保持白嫩。

● 美体瘦身：白萝卜中的糖分及脂肪含量很低，每天生吃适量白萝卜，并适当节食，一段时间后，瘦身效果明显可见。

3. 胡萝卜有什么妙用？

● 治疗小儿消化不良：煮烂一些胡萝卜，并加入适量红糖，每天食用两次，每次50～100克，几天后可见效果。

● 治疗眼疾：胡萝卜能促使小肠蠕动，从而促进小肠壁吸收营养。常食胡萝卜，对改善营养失调引起的视力减退现象，有较显著的疗效。

● 排出汞毒：胡萝卜素能增加人体内的维生素A，而胡萝卜富含的果胶可与汞结合。因此，发生汞中毒时，及时食用胡萝卜，能降低血液中汞离子浓度，且加速体内汞离子的排出。

● 美白皮肤：用新鲜的胡萝卜汁涂擦面部，待其变干后，再往毛巾上涂些植物油，并用它拍打面部，早晚各1次，每天再喝1杯胡萝卜汁液，10天后，美白效果将明显可见。

● 擦洗锅盖：平常切菜时留下的胡萝卜头，不要随手丢掉，可用来擦拭锅盖。先在油污处挤点洗涤剂，再用胡萝卜头来回擦拭，最后用湿抹布轻轻一抹，不但能除去油污，还不会留下钢丝刷的刮痕，锅盖也会亮许多。

● 洗掉血迹：衣物粘了血迹时，比如

在家切剁鱼块、鸡块，身穿衣物难免弄上血迹，不仅味道难闻，并且清洗麻烦，洗衣粉和普通肥皂都不能将其洗掉。但若把胡萝卜捣碎，然后与适量食盐混在一起，搅拌均匀，涂抹在血迹处，一段时间后，再用清水洗涤，血污将消失，衣物即可恢复洁净。

4. 茄子有何功用？如何利用它效果好？

● 治疗咳嗽：对于一般性咳嗽、气喘，取90克茄子秸，用水煎熬，饮服，每日2～3次。

若是经常咳嗽，取用30～60克生白茄子，水煮后，滤去茄渣，再往汁液中加入适量蜂蜜，饮服，每日两次。

● 治疗冻疮：用茄蒂煎水，并趁热熏洗冻疮处，几次后，冻疮将会改善。

● 治疗虫咬蜂蜇：被蜂蜇虫咬后，立即切开一个生茄子，轻擦患处，有明显疗效。

● 治疗无名肿毒：往火盆里放一些茄蒂，并使之燃烧，然后找张纸，做成喇叭形筒子，大口朝向燃烧的茄蒂，小口紧挨身体上无名肿毒处，用茄蒂烟熏烧患部，每日3～4次，病症将得到有效治疗。

● 治疗口疮：捣碎烤焦的茄子皮，并与适量蜂蜜调和，最后均匀涂抹在患处，可治口疮。

● 消肿止痛：对于一般性跌打扭伤造成的肿痛，可将一个新鲜茄子焙干，并研成末状，然后用黄酒送服，每次10克，每天两次，能有效消肿止痛。

● 治疗血尿：取适量隔年的茄子叶，烘干并研成碎末后，用黄酒或淡盐水送服，每次10克，坚持数次，治疗血尿效果显著。

● 治疗痔疮：先将1个茄子洗净，再连皮一同研磨，然后取其汁液，涂抹于患处，每天3次，连敷数天，可将痔疮治愈。

● 治疗溃疡：取些花椒，用适量开水浸泡两小时后，用浸泡液调和少许面粉，使之成糊状，敷于溃疡处，待花椒糊变干，轻轻揭下，脓水将被吸去。这时取来备好的紫色茄子皮，敷在溃疡面上，并用纱布或洁净布条固定。每天早晚各1次，坚持敷用数日，溃疡可好。

● 除去雀斑：用切片的白茄子涂擦雀斑处，坚持数日，雀斑可除去。

5. 韭菜有何妙用？

● 拔除鱼刺：取15～20根新鲜韭菜，将一定长度的棉线绑在其茎部，绑牢后，用棉线提着韭菜，放进加了食用油的锅中，开火炒至韭菜变软。然后关火，待韭菜温度适中，用手提着绑韭菜的棉线，让被卡者缓缓咽下炒软的韭菜，当咽到骨鲠疼痛处，立即停止吞咽动作，随后提着棉线，慢慢地将韭菜拉出，鱼刺则会被炒软的韭菜缠绕拔出。

如果一次没有成功，还须重新来一次。

● 排出误吞的小硬物：误吞铁钉类的小硬物时，可尝试用韭菜急救。

取一捆韭菜，用水洗净后，直接放入炒锅，用食用油炒至半熟，待其温度适中时，入口且稍稍咀嚼即咽下。到达胃肠后，韭菜纤维将缠绕小硬物，并促进肠的安全蠕动，以防止小硬物损伤胃肠，次日后，小硬物便会随着粪便被排出体外。

若是不见效果，应尽快到医院急诊。

● 引飞虫出耳：有小虫子进入耳朵时，取些韭菜，将其捣碎成汁，滴入耳孔，片刻后，小虫将自行爬出。

● 治疗跌打扭伤及肌肉筋骨疼痛：取45克韭菜，切碎后，放在适量60度的米酒或50度的桂林三花酒中，浸泡半小时，用棉球蘸取溶液涂抹患处，将起到活血化淤、消肿止痛的作用，且能治疗除了骨折、皮肤破损出血以外的轻伤，如跌打扭伤、肌肉筋骨疼痛等。

● 消肿止痛：取100～150克韭菜，将其洗净捣碎后，用纱布包好，并在伤痛或淤血部位来回擦抹，每天 2～3 次，能有效消肿止痛。

● 治疗头痛：取 150 克新鲜韭菜根（地下部分），洗净后放入砂锅，并添加 3 碗水，开火煮。待水开后，改用文火熬煮，熬至汁液大约只剩一碗时，倒出汁液并加入适量白糖，临睡前温服，每天 1 次，连服 3～5 天，能有效治疗头痛。

● 熏治牙痛：找一块薄而平且小的砖头片，用火烧红后，置于铁板或石块上，即刻捏一小把韭菜籽，撒在砖头片上。待韭菜籽遇热冒白烟且发出特殊气味时，立即把一张硬纸折成喇叭筒，并用大口罩住砖头片，小口对准牙疼处，每天早晚各烟熏 1 次，连熏两天，可治愈牙痛。

● 治疗鼻出血：取适量韭菜，将其捣烂后取汁，并加入少许红糖，搅匀后饮服，可治鼻出血。

● 治疗痢疾：用韭菜当馅，做饺子吃，对治疗痢疾有一定帮助。

● 治疗痔疮：把一些韭菜用适量水煎，煎好后，趁热坐熏，可治愈痔疮、脱肛。

● 治疗脚癣：取 500 克新鲜韭菜，将其洗净后捣成泥状，并放入脚盆，以淹没患处为宜，然后加入适量开水，再找来大小相当的盖子，盖紧脚盆，10 分钟后取下盖子，待温度适宜，将双脚浸于韭菜水中，大约浸泡半小时，如此泡脚 1～2 次，脚癣将明显好转。

6. 菠菜有何功用？

● 去除面部油脂：面部沉积过多油脂，便容易长肿疱。取些菠菜，用适量水煮汤，并用汤液洗脸，能有效去除面部油脂。

● 治疗便秘：洗净适量菠菜根，切碎后与 20 克蜂蜜一同煎煮，煮熟后服下，坚持服用数次，便可治疗便秘。

取适量菠菜，洗净并用清水煮，待其煮

沸后用筷子搅拌，继续煮至菠菜变烂，做成菠菜汁，当汤汁晾温后倒入面粉，和成面团后，擀成薄片，再切成条状，煮熟食用，同时还可浇上自己喜欢的卤汁，坚持食用，也能治疗便秘。

● 治疗糖尿病：取 100 克菠菜根，将其洗净后切断，并与 10 克浸泡过的银耳一同水煮，然后食用，每天早晚各 1 次，坚持数天，对治疗糖尿病很有效。

● 解除曼陀罗毒素：用生菠菜熬汤，并饮服汤汁，可解曼陀罗毒性。

7. 芹菜对人体都有什么益处？如何食用效果好？

● 治疗口角炎症：将芹菜煮成汤或炒成菜，每天食用 1 次，几天后，口角炎症将会消失。

● 治疗百日咳：取一把芹菜，连根带叶洗净后捣碎，并滤出汁液，再加入少许食盐，隔水蒸热，饮服 1 小杯，早 5 时晚 7 时各饮 1 次，连饮 3 天，即可治疗百日咳。

● 治疗糖尿病：将 500 克芹菜绞出汁液后，用水煮沸，饮服，有益于治疗糖尿病。

● 治疗中风：将几根芹菜洗净后捣烂，取其汁液，饮服，每次 3～4 汤匙，每天 3 次，治疗中风，1 周后将见效。

● 治疗头晕目眩等症：把 500 克新鲜芹菜捣烂后，取其汁液，并用开水冲服，每天 1 次，能缓解头晕目眩及高血压。

● 防治心血管疾病：芹菜富含纤维素，每天摄取适量芹菜，将大大降低患上缺血性心脏病的概率。

● 降低血压：取 200 克新鲜芹菜，将其洗净后捣碎，并把汁液加冰糖炖服，每晚睡前饮服 1 次，10 天后，降压效果将十分明显。

● 治疗失眠：取 60 克芹菜根，用水煎熬，饮服汁液，可改善失眠症状、治疗高血压。

● 治疗产后腹痛：取带有根茎叶的干芹菜60克，用水煎熬后，在汁液中加入适量白糖与米酒，空腹时，慢慢饮下，便可治疗产后腹痛。

● 治疗小儿腹泻：用100克芹菜煎成浓汁后，饮服，可治疗小儿吐泻。

● 治疗老年性便秘：每天早晨，用150克芹菜与鸡蛋一起炒，炒熟后空腹吃，能有效改善老年性便秘。

● 除去鸡眼：捣烂适量芹菜叶，敷于鸡眼处，并用纱布和胶带将其固定，每天换1次药，1周后可见效。

取些芹菜叶，洗净并甩干水后，捏成一小把，轻擦鸡眼处，直至叶汁擦干，每天3～4次，也能将鸡眼除去。

8. 紫菜有哪些用途？

● 治疗咳嗽：取3克紫菜，研末后与蜂蜜一起以开水送服，每天两次，每次3克，可治咳嗽。

取适量紫菜，入口干嚼，并慢慢咽下，亦可治疗咳嗽。

● 治疗高血压：取等量的紫菜和决明子，各15克，水煎后饮服汁液，可治高血压。

● 治疗甲状腺肿大：取等量的紫菜和鹅掌菜，各15克，再取等量的夏枯草与黄芩，各10克，一同水煎后，饮服汁液，对甲状腺肿大有较好疗效。

● 治疗淋巴结核：取15克紫菜、20克白萝卜，并加入两小片陈皮，一同煮汤，煮成后再用少许食盐调味，常食可治淋巴结核。

● 治疗水肿：取等的紫菜及车前子，各15克，水煎后服汁，可治水肿和湿性脚气。

9. 香菜有何妙用？

● 缓解高烧：取250克香菜根，洗净后放入砂锅，再加3碗水煎熬，当剩余1碗水的分量时，关火，滤去杂质，喝其汁液，高烧将逐渐缓解。

● 治疗风寒性感冒：按3：5：150的比例，取适量的香菜、黄豆和水，并将三者混合煎煮，当煮至水剩余一半时，加入食盐调味，做成香菜黄豆汤，食用，能有效治疗风寒性感冒。

● 治疗痔疮：用适量水煮香菜，成汤后熏洗肛门，然后取些香菜籽，用适量醋煮，并找来洁净的布，将布用煮好的醋浸透，热敷于患处，1周后可见奇效。

● 治疗小儿湿疹：取些新鲜香菜，洗净后挤汁，涂于患处，多次涂擦可治小儿湿疹。

10. 洋葱有哪些用途？

● 消除油漆味：刚漆过家具，房间里免不了会有油漆味。切几片洋葱，放在盘子里，并加点水进去，再置于房间某处。几小时后，油漆味将被吸掉。

● 驱逐苍蝇：在厨房苍蝇多的地方，放些切碎的洋葱，其强烈的刺激气味，可把苍蝇驱赶出家门。

● 缓解蜂蜇的疼痛：对付蜂蜇带来的轻微的痛楚，可立即把一片洋葱敷在被蜇的部位，疼痛感将会有所缓解。

● 减少蚊虫叮咬：增加洋葱或大蒜的食用量，或者直接用洋葱擦拭裸露的皮肤，可驱走蚊子。

● 使人保持清醒：在某些场合，有人快要昏倒时，若身边刚好有切好的洋葱，可把它放在对方的鼻子周围，能使之暂时保持清醒。

● 治疗感冒：切碎1/4个洋葱，并放在锅里，用少量水煮沸后，取其汁液。晚上睡前，加入适量热开水调和，饮服，能杀死感冒病菌，抑制感冒。

● 降低血压：多食洋葱，能降低高血压、

高血脂，还可预防血栓的形成。

● 降低血糖：每餐炒食 1 个洋葱，坚持食用，洋葱中的挥发油对降低血糖十分有利。

● 治疗鸡眼：用洋葱头擦拭鸡眼处，每天多擦几次，每次时间不限，连擦一段时间，鸡眼将消失。

● 防治骨质疏松：常吃洋葱能提高骨密度，有助于防治骨质疏松。

● 去除铁锈：厨房里的刀具及家中其他工具用久后，上面总会出现铁锈。找一个大洋葱，涂擦于生锈的部位，连续几次以后，铁锈就会消除。

● 驱走宠物：有时候，宠物会乱咬家具，或在不易打扫的地方撒尿。若在家具旁边，或宠物经常撒尿的地方，切几片洋葱放在那里，便可避免这种情况的发生。这主要因为洋葱发出的味道，常会让宠物反感。

11. 海带有何妙用？

● 防止大米生虫：大米盛放久了便很容易生虫，尤其在夏天。若采取每 100 千克大米中放入 1 千克海带的做法，1 周后大米中的各种菌类将减少 60% ~ 80%，且能吸去大米中 3% 的水分，从而使大米不被虫蛀。且每周取出海带，日晒 15 分钟后，再次放入，如此反复，可用 15 次以上。

● 治疗口疮：取适量海带，烤焦后捣碎，并掺入适量蜂蜜，调匀后敷于患处，治疗口疮，效果极佳。

● 防治老年慢性支气管炎：先将海带用水浸泡，然后洗净，切成丝状，并放入杯子用开水浸泡，每次约 30 秒，连续 3 次。随即倒出水，且加入绵白糖，拌匀食用，早晚各 1 杯，1 周后，老年慢性支气管炎会有明显改善。

● 防治心血管病：海带中的钙元素能有效降低血压；海带富含的牛磺酸，则能降低胆汁和血液中的胆固醇。

● 防治动脉硬化：取适量的海带和紫菜，用来煮汤，每天 3 次，吃菜喝汤，不仅防治动脉粥样硬化，还可治疗高血压。若无不良反应，建议常食。

● 美体瘦身：取适量海带，用水浸泡 24 小时后（中途换两次水），洗净切丝，并用适量烧热的食用油翻炒片刻，再放入调味品及清水，调味品有丁香、大茴香、花椒、核桃仁、桂皮、酱油等，烧开后改文火烧至海带将烂，然后加入白萝卜丝，焖熟即可。

12. 番茄的用途都有哪些？

● 使汤的咸味变淡：不小心把汤做咸了，如果加水，就会冲淡汤味，若往汤里放几片番茄，汤的咸味明显变淡，汤味却不会发生太大变化。

● 驱赶蝇虫：种植几株番茄盆栽，摆放于室内，可驱走苍蝇和一些虫子。

● 补脾养血：常食番茄炒鸡蛋，不仅补脾养血、补肾利尿，还能消渴去燥、滋阴生津。

● 健胃消食：用番茄煮粥，可健胃消食、生津止渴。

● 治疗晒伤：取 4 汤匙番茄汁，与两汤匙番茄酱混合均匀后，涂在晒斑上，半小时后洗掉，晒伤将明显减轻。

● 治疗日光性皮炎：用番茄擦拭患处，每天多擦几次，连擦几天，皮肤将恢复正常。

● 防治夜盲症：食用番茄炒猪肝，能有效防治夜盲症。

● 治疗夏季感冒发热：把新鲜的番茄、西瓜去皮后，与西瓜籽一起榨汁，当作夏日冷饮随意饮用，能有效治疗夏季感冒发热。

● 防治心血管疾病：番茄能有效阻止动脉硬化、防治心血管疾病，应经常食用。

● 治疗疖肿：将 1 个新鲜番茄切片并

加热，然后把热的番茄片敷在疖肿处，每次 1 片，每天数次，对治愈疖肿有显著效果。

● 治疗疝气：每天生吃番茄，500 克左右，坚持数日，疝气将好转。

● 除去腋臭：每次洗澡后，取些新鲜番茄，榨取 500 毫升汁液，和在一盆温水里，用来浸泡腋臭处，20 分钟即可，每周两次，将除去腋臭。

● 改善肌肤：取几个新鲜番茄，将其捣烂并取汁，然后往汁液中加入少许白糖，调拌均匀后，涂抹于面部或手部等经常露在外面的部位，能使肌肤变得洁白、柔滑、细腻。

番茄之所以可改善肌肤，其主要原因在于番茄性属微寒，富含维生素 C，能为肌肤提供营养。

● 清洁锡器：把 1 个新鲜番茄切成两半，并用切面擦拭锡器生锈处，几分钟后，用清水把锡器冲洗干净，再用干净抹布擦干，锈污将被除去。

● 除掉铝器油污：番茄中富含的果酸，能与铝器表面油污发生化学反应。往表面发暗的铝器中加入番茄蒂、皮，并用水煮，终将除掉油污，使铝器恢复原有光泽。

● 除去墨迹：手上粘了墨渍时，切开 1 个番茄，往污渍处挤些汁液，并用力揉搓，最后再用清水冲洗干净，墨迹将会消失。

13. 土豆有什么妙用？

● 消除双手染上的颜色：洗某些菜时，双手极可能染上某种颜色。用土豆擦手，可擦掉手上染上的颜色。

● 降低汤的盐分：做汤时，若不小心把食盐放多了，可切几块土豆放在锅里，大约煮 10 分钟，待土豆变软后捞出，它将吸收多余的盐分。然后用捞出来的土豆做其他菜肴，仍不会浪费。

● 取下破碎的灯泡：灯泡碎了以后，

如果接头部分还遗留在灯座里，就土豆对半切开，然后将半个土豆按压在灯头上，随即顺利地把灯泡旋出。

● 使银器恢复光亮：先把锅里加满水，再放入几个土豆，煮熟后取出。随后取来变得暗淡的银器，将其放在煮过土豆的水中，1 小时后取出，再用清水冲洗干净，银器将光亮如新。

● 让皮鞋恢复光亮：皮鞋穿久后，会因磨损而显得毫无光彩，且即使擦了鞋油也没用。遇到这种情况，先用切开的土豆擦拭鞋面，然后再擦上鞋油并打亮，鞋子将看起来光亮很多。

● 治疗胃病：取 1000 克新鲜土豆，将其洗净后捣烂，并找来洁净纱布，包好土豆后挤汁，再把汁液放进锅中，先以大火煮沸再改用文火煎熬，待汁液浓缩至黏稠状时，取 2 倍的蜂蜜，且入锅搅拌，直至用文火煎成膏状，冷却后空腹食用，每天两次，每次 1 汤匙，20 天为一疗程，坚持食用，可治疗胃及十二指肠溃疡，期间忌食辣椒、大蒜、大葱、酒等刺激性食物。

● 治疗习惯性便秘：土豆富含粗纤维，多食土豆能促进胃肠蠕动，以达到通便、降低胆固醇的作用。

● 治疗痔疮：晚上临睡时，先洗净一个土豆，并切下薄薄的 5 片，然后擦在一起，轻轻贴在痔疮上，最后盖上一层纱布，再用胶带将其固定，次日清晨取下，连续外敷 2 ~ 3 天，痔疮症状可明显好转。

● 软化硬块：注射青霉素或链霉素后，注射处会结成不易消除的硬块，即使热敷也不见效。切一片薄薄的土豆片，用胶带将其粘贴在硬块部位，每天更换 1 次，3 ~ 4 天后，硬块将软化消除。

● 治疗一般性烫伤：将适量土豆磨汁，并直接涂在患处，便可治疗烫伤。

取适量土豆，洗净后入锅蒸煮，25 分钟后取出，并剥下土豆的皮，用消毒纱布将其贴在患处，3～4 天后，可将烫伤治愈，且不产生剧痛、不留下疤痕。

● 治疗小儿湿疹：将土豆切开，用其切面涂擦患处，每天 3 次，治小儿湿疹。

● 消除眼部浮肿：早晨睡醒后，若发现双眼浮肿，可尝试在眼睛上敷两片冰冻的生土豆，以消除浮肿。

● 冷敷：如果把煮过的土豆放入冰箱，冷冻一段时间后取出，即可用来冷敷。这主要因土豆具有很强的保温及保冷能力。

● 消除面部皱纹：捣碎适量土豆，使之成泥状，然后与适量植物油、鸡蛋混合，并搅拌均匀，最后稍稍加热，热敷，可有效消除面部皱纹。

● 延缓衰老：土豆富含维生素 B 及优质纤维素，多吃土豆，可延缓人体衰老。

● 促进头发再生：针对神经性脱发，可切一些生土豆片，反复涂擦脱发部位，以有效促进头发再生。

● 利于减肥：土豆含热量低，坚持每天某餐只吃土豆，或煮或蒸，可有效减少人体内堆积的脂肪。

● 除去刀锈：切一些土豆片，并加入少许细沙末，用来擦洗生锈的菜刀，刀锈将被擦掉。

● 清洗不锈钢炊具：在不锈钢炊具里面撒些土豆皮，再倒入一些清洁剂，然后认真擦拭，能彻底清洗炊具。

● 除掉锅底水垢：铝锅或铁锅底部出现水垢时，往锅里放些土豆皮，并加入适量水煮，水垢将被除掉。

● 除掉血渍：血渍切不可用热水洗。

布料上粘有血渍时，先将污渍打湿，并撒些土豆粉，再将其拧干，用刷子刷洗，然后用酒精和冷肥皂水冲洗，血渍即被除掉。

14. 莲藕有哪些功用？如何食用效果好？

● 镇咳化痰：取适量鲜藕，捣碎后，与姜汁、食盐、砂糖一起入锅，煮沸后搁置，待其变得温凉，饮服，可镇咳化痰。

● 治疗感冒咳嗽：将洗净的适量鲜藕捣烂，并榨取 250 克汁液，然后加入 50 克蜂蜜，且调拌均匀，1 天内分 5 次服用，连服数日，可治疗感冒咳嗽。

● 治疗流鼻血：取些藕根，洗净后晒干，并用来熬汤，熬成后饮服汤液，连饮 5～6 天，流鼻血症状将有所缓解。

● 治疗膀胱炎及尿道炎：将鲜藕捣烂取汁，约 1 小杯，并与等量甘蔗汁混合，分成 3 份，一天内喝完，饮服一段时间，对膀胱炎、尿道炎有明显疗效。

● 治疗产后腹痛：取 600 克鲜藕、30 克鲜芥菜，洗净后切片。在炒锅中放入 15 克花生油，待油烧热后，将藕片、芥菜片入锅，炒熟后食用，服用 5～7 次，可治愈血淤引起的产后腹痛、出血症状。

● 治疗妇女月经提前及量多：将适量鲜藕捣烂后，取其汁液，50～100 毫升，并拌入适量白糖，饮服，每天 1～2 次，能治疗妇女月经提前与量多。

● 治疗咳血：取 300 克鲜藕、1 张鲜藕叶，将其切碎后，与 1 个去核切片的大雪梨、30 克洗净切断的鲜白茅根一同水煎，然后饮服汁液，针对治疗咳血、痰中带血等症，疗效极佳。

15. 黑木耳有什么功效？如何食用？

● 治疗肺燥咳嗽：取 10 克黑木耳、1 个鸭蛋、少许冰糖，加入适量水后，搅拌均匀，并隔水蒸煮，熟后食用，每日两次，不仅治疗阴虚肺燥咳嗽，且对咽干痰少也有疗效。

● 治疗月经量多：取 30 克黑木耳，与 20 颗红枣同煮，成汤后饮服汁液，每天 1 次，能有效治疗月经量多。

● 排毒作用：黑木耳能补气活血、凉血滋润，进而消除血液中热毒，还可将肠道内的大部分毒素排出体外。

16. 银耳有何妙用？

● 治疗轻度高血压：将 3 克银耳放入清水浸泡，12 小时后捞至碗中，并加适量冰糖，隔水炖 1 小时，每晚睡前食用，长期坚持，对治疗轻度高血压有明显疗效。

● 治疗贫血：买些天然银耳，与稍大一块的核桃仁一同放在杯中，然后加入大半杯冷水，再放入一块与核桃大小相当的冰糖，待银耳被水泡开，蒸半小时，午饭或晚饭前食用，每天 1 次，1 周后见效。

● 保养皮肤：经常食用银耳做的菜或煮的粥，能净化血液、提高免疫功能，进而保养皮肤。

● 美容面部：用适量银耳熬取浓汁，兑入洗脸水，用其洗脸，每天 1 次，可使面部得到美容护理。

17. 黄瓜有何妙用？

● 驱走蟑螂：在橱柜中放几根新鲜的黄瓜，便可避免蟑螂出没于橱柜附近。

● 放松眼睛：长时间用眼后，切两片黄瓜片，然后紧闭双目，平躺，并将黄瓜片贴在眼睛上。15 分钟后，取下黄瓜片，睁开双眼，眼睛将得到有效放松，紧绷的眼皮也会恢复松弛状态。

● 除去痱子：用生黄瓜汁涂擦痱子处，或把生黄瓜片直接贴在痱子上，坚持 2 ~ 3 次，患处可痊愈。

● 减轻晒伤疼痛：皮肤若被晒伤，可榨取黄瓜汁敷于晒伤处，十几分钟后，清凉之感浸透肌肤，因晒伤而产生的疼痛感也随之消减，最后再用清水将黄瓜汁冲净。

● 治疗日光性皮炎：将黄瓜切片，并用来擦拭患处，每天两次，连擦几天，可使皮肤恢复正常。

● 利于通便：每天吃 1 根生黄瓜，可保持大便通畅。

● 缓解咽喉肿痛：用嗓较多者，常吃不去皮的黄瓜，可有效缓解咽喉肿痛。

● 面部除皱防干：榨取黄瓜汁，然后找来棉球，蘸取汁液涂擦面部（皱纹处尽量多擦），能有效润泽干燥面部，收敛和消除面部皱纹，尤其对皮肤较黑、较暗的人，效果较为明显。

● 柔嫩肌肤：先把黄瓜皮捣碎，并用纱布包好，再轻擦皮肤，长期坚持擦拭，能柔嫩肌肤，使肌肤保持细腻、白嫩。

18. 丝瓜有何妙用？

● 止咳定喘：在丝瓜根部距地面 5 厘米处，将丝瓜植株切断，并用干净杯子接取从丝瓜茎滴下的汁液，直至茎汁流尽，再用洁净纱布过滤汁液，早晚各饮服 1 小酒杯汁液，连续 10 天，其止咳、定喘、润肺的功效便可发挥出来，且每日饮服的汁液应为新鲜丝瓜茎汁。

● 治疗咽喉肿痛：买几根嫩丝瓜，将其捣烂后挤汁，并用汁液漱口，尽量多漱，可治咽喉肿痛。

● 治疗烫伤：不小心被烫了一下，尽快找几片干丝瓜叶，研成碎末，再加入少许梅片与适量菜油，调拌均匀后，敷于患处，伤势可愈。

● 治疗皮肤瘙痒：皮肤局部出现瘙痒症状时，取几根新鲜丝瓜，捣烂后涂擦于患处，可使之得到治疗。

● 治疗痢疾：取适量新鲜丝瓜根，洗净后捣烂，并取其汁液，用开水冲饮，能有效治疗痢疾。

● 降低血压：钾元素有助于控制血压，而丝瓜与酸奶均富含矿物质钾。早餐时多吃些丝瓜和酸奶，对降低血压有较大帮助。

● 治疗蛔虫病：一次性生吃 30 粒干丝瓜子，可治蛔虫病。

● 治疗疝气：取两根丝瓜瓤，将其切段后，往药锅中放入 3～5 段，并用水煎熬半小时，饮服，数日后，疝气可愈。

● 除湿解痒：取丝瓜瓤，与蒜瓣一同煎水，坐浴，可治外阴瘙痒及阴囊湿疹。

19. 苦瓜都有哪些功效？如何食用效果好？

● 清火消暑：炎炎夏季，将苦瓜做成凉茶，可清火消暑。

● 治疗中暑发热：将 1 根新鲜苦瓜从中截断，去瓤，并装入茶叶，再接合，悬挂于通风处，阴干后，每次取 5～10 克，用水煎熬或泡开水，用作茶饮，便可治疗中暑发热。

● 治疗急性痢疾：取 1 根新鲜苦瓜，捣碎成泥状，加入适量白糖，并调拌均匀，两小时后，滤出其中水分，冷服，一次服完，能治疗急性痢疾。

● 降低血糖：将苦瓜晒干，并研成粉末，用水冲服，长期坚持，能很好地辅助治疗糖尿病。

取 250 克苦瓜，洗净后去籽并切碎，再放入砂锅，用适量水煎熬半小时，然后把汁液分为两杯，午餐晚饭前各饮 1 杯，对降低血糖很有帮助。

● 治疗痄腮：取两根生苦瓜，将其洗净并捣成泥状，加入少许食盐调味且搅拌均匀，静置半小时，再去渣取汁，用火烧开，用

适量湿淀粉勾芡，调拌成半透明的羹状，一天内分 3 次食用，便可治疗痄腮。

20. 南瓜有什么妙用？

● 治疗牙痛：取 500 克南瓜根，与 250 克瘦猪肉加水煮沸后，吃肉饮汤，能治疗牙痛。

● 治疗糖尿病：取适量新鲜南瓜，放进适量水中煮，熟后食用，每天两次，长期坚持，有益治疗糖尿病。

● 治疗鼻出血：取 150 克南瓜根，将其切成小条后，加入 100 克米酒，然后用适量水煮，沸腾后再煮 20 分钟，最后取出南瓜根，加入适量白糖，搅拌均匀，分两次饮服，可治鼻出血。

21. 冬瓜都有哪些功用？如何食用效果好？

● 缓解牙痛：多食煮熟的老冬瓜，能有效缓解牙痛。

● 预防中暑：选取新鲜冬瓜，将其捣烂后滤取汁液，直接饮服，可预防中暑。

取适量新鲜冬瓜皮，加入少许食盐后，用水煎熬，以作茶饮，可防中暑。

● 治疗咳嗽：取 15 克冬瓜子，加入适量红糖，将二者捣烂研细，并用开水冲服，每日两次，连续几日，可有效治疗咳嗽。

● 利尿消肿：将适量冬瓜切成片状，并与些许蒜末一同入锅蒸，不加任何调味品，蒸熟后食用，每天 3 次，坚持数天，便能利尿消肿。

● 治疗糖尿病：取 100 克冬瓜、50 克新鲜番薯叶，将其洗净切碎后，用适量的水煮，熟后食用，每天 1 次，久可见效。

● 治疗脚气：用削下的冬瓜皮熬水，熬好后，待水晾温，用来泡脚，每天 1 次，每次 15 分钟，连泡数日，脚气将明显好转。

22. 苹果有什么妙用?

● 保持蛋糕新鲜：苹果能让蛋糕保持湿润。储放蛋糕时，旁边放半个苹果，蛋糕保存的时间将会久一点。

● 催熟未成熟的蔬果：尚未成熟的蔬果，若想使其快点成熟，可在盛装蔬果的袋子中，放入几个苹果，只需 2 ~ 3 天的时间，蔬果便能完全成熟。

● 防止土豆发芽：利用苹果自身散发出的乙烯气体，将其与土豆放在一起，能使土豆保持新鲜不腐烂。把需要储藏的土豆放入纸箱，同时放入几个青苹果，密封，置于阴凉处。

● 除去柿子的涩味：把柿子与苹果装入一个容器，封闭保存，5 ~ 7 天后取出，柿子的涩味将消除。

● 软化结块的红糖：找一个可密封的塑料袋，把 1 个苹果与结块的红糖放在一起，然后密封起来，并置于干燥处。1 ~ 2 天后打开袋子，红糖便会被软化。

● 吸收汤中多余的盐分：做汤时，如果食盐放多了，可切几块苹果，放入汤锅，且开小火再煮 10 分钟左右，然后关火，再将苹果取出扔掉。

● 使铝锅恢复光亮：铝锅用久了，里面就会发黑。若往锅中添加适量的水，并加入一些新鲜的苹果皮，再开火煮沸 15 分钟，最后用清水冲洗，铝锅将变得光亮如新。

● 缓解反酸：因反酸而感觉难受时，吃几口苹果，能让症状有所缓解。

● 预防口腔疾病：苹果中富含细纤维素，它能清除牙齿间污垢，对口腔疾病起到预防作用。

● 治疗轻度腹泻：苹果中含有的鞣酸、苹果酸具有收敛作用，而果胶又能吸附细菌和毒素。每天服食苹果泥，1 ~ 2 天后，较轻的腹泻将会止住。

● 治疗便秘：苹果中的有机酸能刺激肠道，保证大便通畅。因此它能有效治疗便秘，尤其对中老年便秘，疗效更为明显。

● 治疗脚跟干裂：用削下的苹果皮搓擦脚跟干裂处，连擦 3 次，可有助治愈。

23. 香蕉有什么妙用?

● 使肉变得更柔嫩鲜美：烹饪肉类菜肴之前，把肉与 1 根去了皮的熟香蕉一同入锅，先煮一段时间，这样做成的菜肴味道会更加柔嫩鲜美。

● 用作植物肥料：香蕉皮中富含钾元素，可作为室内植物的天然肥料。冬天里，把香蕉皮晒干，待初春时节，将其切成小片或打碎后，用作植物的肥料，覆盖在植物嫩芽上，或埋在植物根部。

● 除掉瘊子：在瘊子表面敷上香蕉皮，待瘊子软化后，将逐渐脱落，最终痊愈。

● 有效止咳：取 2 ~ 4 根香蕉、5 克冰糖，将二者一并放在碗里，上锅用文火蒸，15 分钟后关火，食用，止咳效果奇佳。

● 防治心血管病：常吃香蕉，可防治高血压引起的脑出血。

● 防治高血压：香蕉中较多的钾离子，不仅能降低高血压，还可抵制钠离子损坏血管以防血压升高。

● 治疗冻伤：吃完香蕉后，用香蕉皮内面轻擦冻伤处，直至发热，连擦几次后，症状将明显好转。

● 治疗皮肤皲裂：找 1 根熟透的表皮发黑的香蕉，放在火炉旁烤热后，涂擦患处，可加速皲裂皮肤愈合。

● 提供头发需要的养分：在头发上涂抹香蕉汁，大约 3 分钟后如常洗发，长期坚持，香蕉中的维生素 C 及钾元素会使头发明亮有光泽。

● 擦洗植物叶子：室内植物叶子上有灰尘时，找几片香蕉皮，擦去叶子上所有脏物，植物将焕发出生机勃勃的光彩。

● 擦亮银器和皮具：把香蕉皮内部残余的纤维物质去除干净后，用香蕉皮内层擦拭银器和皮具，如银饰品、皮鞋等，可除去其表面的油污。擦完后，再用纸巾或软抹布将银器和皮具打亮。

24. 吃梨有什么好处？如何食用效果好？

● 止咳化痰：每天早晨，煮一小锅绿豆汤，并放入两个鸭梨。煮好后，早晚各吃1个鸭梨、喝1碗绿豆汤，坚持两个月，便可治愈常年干咳。

取500克梨，切成小块后，与1000毫升白酒混合，并加盖密封，日后每天搅拌1次，1周后服用，能起到清热化痰、生津润燥、止咳平喘的效果。

● 防治咽炎：榨取生梨汁液，加入适量蜂蜜后，熬制成膏状物，并用温开水调服，每天1次，每次1汤匙，可生津润喉、防治咽炎。

● 治疗咽喉干痛：取1个大雪梨，将其连皮切碎后，加入适量的水和冰糖同炖，熟后晾凉食用，能缓解咳嗽音哑症状，还可治疗咽喉干痛。

● 治疗咳喘：取1个大雪梨，去核后，装入3克川贝粉，然后隔水蒸熟，吃掉雪梨饮服汤液。

● 护理头发：每次洗发时，先将鸭梨汁涂在头发上，3分钟后再如常洗发，可减少头发分叉。

25. 葡萄有什么妙用？

● 消除咽干：取250克新鲜葡萄，洗净后吃完，每天1次，坚持数日，能明显消除咽干烦渴之感。

● 消除水肿：取30克葡萄干，与15克生姜皮一同水煎，熬成后，饮其汁液，每天两次，数次后，营养不良性水肿便可消除。

● 利于通便：每次吃完饭后，再食用20～30粒葡萄干，有利于保持大便畅通。

● 降低血压：将新鲜葡萄榨汁后，用其汁液送服降压药物，可促使血压平稳下降。

● 治疗哮喘：取等量的葡萄和蜂蜜，各500克，将其装入瓶中浸泡2～4天后，每天3次，每次3～4汤匙，坚持服用，可有效治疗哮喘。

● 治疗男性前列腺炎：取250克新鲜葡萄，将其去皮、核后捣烂，并用温开水送服，每天1～2次，连服两周，不仅可治疗男性前列腺炎，且对小便短赤涩痛也有疗效。

26. 橘子能用来做什么？

● 除去冰箱臭味：找些新鲜橘皮，洗净后揩干，置于冰箱内各个角落，橘皮将散发出清香味道，使冰箱内臭味消除。

● 去掉鱼腥味：蒸鱼或炖鱼时，除了加入少许食醋，再洗净两块橘皮，一同入锅，不仅除掉鱼的腥味，还能使鱼味更加鲜美。

● 防治蟑螂：准备一些橘皮，放在室内死角处，直至橘皮完全变干，可驱除蟑螂。

● 镇咳化痰：用新鲜橘皮与香菜根熬水，取其汁液，每天3次，每次适量饮服，能有效治疗咳嗽。

将4克干橘皮、4克茶叶、40克红糖混合，然后用适量开水冲泡，10分钟后饮其汁液，每日午饭后服用，可镇咳化痰。

● 防治晕车：随身携带一些新鲜橘皮，乘车前或乘车中，随时往鼻腔中挤点橘皮汁，其产生的大量清新芳香的气味能消除晕车感，使身体感觉舒服很多。

● 提神通气：将橘皮洗净后晒干，并与茶叶一起存放，既可单独冲饮，又可与茶叶混合冲饮，味道清香，且提神通气。其原因主要在于橘皮中含有较多的维生素C和香精油。

● 用来醒酒：煎熬橘皮，饮其汤汁，或直接将橘皮榨汁饮服，可用来醒酒。

● 帮助小儿消食化滞：小儿出现消化不良症状时，用橘皮熬汤，让其饮服汤汁，可助其消食化滞、增进食欲。

● 治疗口臭：经常咀嚼生橘皮，可治疗口臭。

● 治疗便秘：取6克干橘皮，或12克新鲜橘皮，煎熬后服汤，可治疗便秘。

● 治疗手脚干裂：榨取新鲜橘皮汁液，并用来涂擦手脚裂口处，多次擦拭，干裂处硬皮将逐渐变软，裂口也会慢慢愈合。

取几个橘子皮，入锅水煎，停火3~5分钟后，先洗手后泡脚，直至水温变凉，每天1次，连洗数日，治愈手脚干裂，效果明显。

将橘子皮晾干后，用来泡水洗手脚，久洗也可治疗手脚干裂。

● 治疗烧伤烫伤：取适量的新鲜橘皮，不经水洗直接放入玻璃瓶，并将瓶子密封，待橘皮变成黑色泥浆状，把它做成橘皮膏，对治疗烧伤烫伤有明显效果，而且可保存一年时间。

● 治疗冻伤：烧水或煮饭时，在金属盖上放几片新鲜橘皮，待其变热后（不烫为宜），贴于冻伤处，并轻轻按摩片刻，再换新的热橘皮搓擦患处，直至发热，可治冻伤。

用橘皮擦拭皮肤治疗冻伤时，不能将皮肤擦破，且患处溃烂者不宜选用此法。

● 清洁牙齿：将适量干橘皮研成末状，并掺入少许牙膏，用来刷牙，能使牙齿变白、口气清香，长期坚持，橘皮较强的防腐杀菌作用，还能有效固齿。

● 预防色素沉淀：橘子中维生素A含量丰富，可预防色素沉淀、增进皮肤光泽与弹性、减缓老化。

● 擦除油漆：橘皮汁液能擦除油漆，手上若粘有油漆，可找些橘皮，挤汁搓擦。

27. 柚子有何妙用？

● 治疗冻疮：将柚子皮煮水，用来擦洗患处，每天1~2次，数次后，冻疮可愈。

● 治疗小儿肺炎：晾干一些柚子皮，每次取来适量水煎，并饮服汁液，每天3次，可使肺炎患儿逐渐康复。

● 改善黄发斑秃：取30克柚子核，用开水浸泡一天后，取其溶液涂擦头皮，每天2~3次，坚持使用，可有效改善黄发斑秃的症状。

28. 柿子能用来做什么？

● 治疗手干裂：取些软柿子，晚上睡觉前，先用温水洗手，再往手上挤些软柿子水，并反复揉搓，坚持几日，可改善双手干裂现象。

● 治疗咳嗽：对于咳嗽不止的人而言，每天吃过早餐后，吃个新鲜大柿子，一段时间后，咳嗽症状将明显好转。但须注意，切忌空腹吃柿子，以免形成胃柿石症。

● 祛寒暖胃：挑选3~4个最软的柿子，用开水烫后，将柿子皮去掉，并加入少量面粉，和成稍软的面团，再擀成小饼，然后用温火烙，烙时滴加少许食用油，使小饼烙得外焦里嫩，不仅好吃，且能祛寒暖胃。

● 促使伤口愈合：吃完柿子后，把柿子蒂留下，用瓦片焙干后，研成末状。若不小心受伤，先洗净伤口，并对伤口进行消毒，然后在伤口处涂抹适量的柿子蒂粉末，3~4次后，伤口便能愈合。

● 缓解妊娠呕吐症状：取30克柿蒂、60克冰糖，用适量水煎熬后，饮服汁液，可有效缓解妊娠呕吐症状。

● 缓解痔疮出血：煮烂5个柿饼，当点心食用，多食几次，不仅缓解痔疮出血，还能治疗大便干结。

● 治疗冻疮：收集一些柿子皮的灰烬，将其与适量熟菜油调匀后，敷于患处，每天换敷 3 次，数日后冻疮可愈。

● 治疗口角疮、唇裂：口角生疮或嘴唇干裂时，用柿霜轻轻擦拭，能使症状减轻。

29. 李子有什么妙用？

● 治疗慢性子宫出血：取 2 ~ 3 个新鲜李子，醋浸后水煎，煎成后饮汤，每次 20 ~ 50 毫升，每天 3 ~ 4 次，长期坚持，对慢性子宫出血及月经量多有辅助治疗作用。

● 治疗体癣：取 4 ~ 8 个鲜李子，醋浸后捣烂，再用水煎，煎好后擦洗患处，久可见效。

● 适宜贫血患者：李子可促进血红蛋白再生，贫血患者适度食用，大有裨益。

30. 菠萝可用来做什么？

● 用作夏日饮品：炎炎夏日，将菠萝去皮后生吃，或榨汁直接饮用，可防止中暑。

● 治疗支气管炎：取 120 克菠萝肉与 30 克蜂蜜，将二者一起用水煎熬，煎好后服用，每日两次，一段时间后，能治愈支气管炎。

● 治疗痢疾：削去菠萝外皮，然后切成小块，每天 3 次，坚持食用，可治疗痢疾。

● 防治消化不良：取 1 个菠萝、两个橘子，将其去皮后榨汁，并把汁液混合均匀，最后饮服。每天两次，每次 20 毫升，几天后，消化不良会得到有效改善。

● 防治肠炎腹泻：水煎 30 克菠萝叶，每天服用两次，可有效防治肠炎腹泻。

● 防治肾小球肾炎：水煎 60 克菠萝肉与 30 克鲜茅根，然后当作茶饮，有助于防治肾小球肾炎。

● 治疗糖尿病口渴：将菠萝榨汁后，用凉开水调服，并作茶饮，可有效治疗糖尿病

口渴、尿浑浊的症状。

● 治疗中暑昏厥：有人中暑昏厥时，取 1 个新鲜菠萝，去掉壳皮后，将菠萝肉捣成浆状，随意饮服。

31. 石榴有什么功效？如何利用它补益身体？

● 清热止渴：取两个新鲜石榴，并将其榨汁以后，往汁液中冲入少量白开水，随时饮服，连饮数周，能清热止渴，且适用于各种原因引起的口干舌燥。

● 止泻止血：先取适量的石榴，将其煅炭存性后，研成细末，每天取 10 克，与适量红糖混合，并加热熔化拌匀后，饮服，长期坚持，可治疗痢疾、久泻不愈、便血、肠炎腹痛等症。

● 收敛止泻：取两个酸石榴，捣烂绞汁，并与适量的生姜、茶叶同煮，煮好后饮服汁液，连饮两周，对治疗痢疾、腹泻不止等有明显疗效。

● 治疗痢疾肠炎：将酸石榴捣烂，使之成泥状，并与适量温开水相调，然后找来洁净纱布，滤其汁液，再往汁液中加少许白糖，饮服，每次 1 个酸石榴，每天 2 ~ 3 次，久可治愈痢疾肠炎。

● 治疗口舌生疮：取些石榴皮，烧成炭后，研成末状，并与适量蜂蜜调匀，敷于患处，连敷几天可好。

● 治疗牛皮癣：取些干石榴皮，将其研末后，与适量植物油调匀，并均匀涂于患处，可治牛皮癣。

32. 西瓜有什么妙用？

● 除去蝴蝶斑：西瓜吃完后，把西瓜皮切成小块，并去掉红色部分，然后涂擦患处，且多次更换，久擦可除蝴蝶斑。

● 治疗咳嗽：取一些西瓜子，去壳取

仁后，与适量冰糖混合，并研成末状，再加入少量水，调匀后饮服汁液，可有效止咳。

● 止痒消肿：不慎被蚊虫叮咬后，用西瓜皮反复涂擦患处，1～2分钟后，再用清水冲洗干净，稍候片刻，便可止痒消肿。

● 治疗晒伤等症：捣烂西瓜皮，并取其汁液，与蜜糖掺合，敷在晒伤处，既可减轻晒伤皮肤的肿痛，还能对付脱皮现象。

● 治疗口舌生疮：吃西瓜时，吃掉瓢后，将皮切成小薄片，贴在口舌生疮部位，口含一段时间，每次含3～5片，症状将有所减轻，临睡前再用淡盐水漱口，治疗效果更好。

● 治疗热痱子：取些青西瓜皮，将其洗净后，用小刀削刮外皮，削至瓜皮轻微泛青处，洗澡后，用来轻擦痱子处，每次两分钟，每天3次，2～3天就能见效。

● 擦除油泥：用西瓜皮擦洗锅盖，无论铝制或不锈钢制，均可将其擦拭一新，且不会划伤锅盖。擦完后，只需再用清水稍稍冲洗。

33. 樱桃有什么妙用？

● 防治喉症：将500克樱桃熬水或泡酒，然后饮服，能有效防治喉症。

● 治疗烧伤：取适量樱桃，挤出其汁液，敷于患处，片刻后可止痛，每天数次，便可防治起疱化脓。

● 治疗冻伤：取250克新鲜樱桃或樱桃干，将其泡在一瓶白酒中，浸泡5～7天后，蘸取樱桃酒，涂擦洗净的患处，一天内每3小时擦1次，几天后，因冻伤冻疮引起的红肿将逐渐消退。

● 治疗疝气痛：把60克樱桃核用适量醋炒，炒好后研末，并用开水送服，每次15克，数次后，疝气痛能被治愈。

● 防治小儿麻疹：取新鲜樱桃汁，给小儿饮服少许，能防治麻疹。

34. 草莓有什么妙用？

● 有效止咳：按照2∶1的比例，将洗净去蒂的草莓与适量冰糖混合，并隔水炖，然后饮服，每天2～3次，数天后，咳嗽会明显好转。

● 治疗口腔溃疡：食用蘸取白糖的草莓，治疗口腔溃疡，效果极好。

● 除去茶锈：取4～5个草莓，放入茶杯并将其捣烂，再加满水，拌匀后浸泡一夜，次日轻擦杯内，锈迹可除，杯子光洁如初。

35. 柠檬有什么妙用？

● 用作室内芳香剂：买几个柠檬，并且都切成两半，使切口向上摆放在盘碟中，再置于房间某处。过不了多久，室内将弥漫着柠檬的清香。

● 用作冰箱清新剂：在棉球上挤点柠檬汁，或直接用棉球蘸取柠檬汁，并放入冰箱，几小时后，冰箱里的异味将被清除干净，取而代之的则是自然清新的柠檬香气。

● 保鲜牛肉：取适量柠檬和少量的钾，将牛肉与之一同水煮，沸腾后再煮2～3分钟，然后捞出来，便可较长时间保鲜，且鲜味与营养成分均不会减少。

● 防止土豆变黄：土豆经水煮过后，很容易变黄。在煮的时候，只要加点柠檬汁，土豆便不再变色。

此法还可避免花椰菜、苹果切面变黄。

● 防止米饭黏结：煮米饭时，待水沸腾后，加入少许柠檬汁。米饭煮好后，打开锅盖，先使之冷却几分钟，再用饭勺拨松米饭，米饭将不会粘成一团。

● 去除砧板异味：把柠檬切成两半后，用切口摩擦砧板，或取来未经稀释的柠檬汁，直接用它清洗砧板，不仅能去除砧板上的异味，还可起到消毒作用。下次切完洋葱、大蒜、生肉或各种腥膻食物后，一定要记得用柠檬把砧板擦一遍。

● 消除菜刀腥味：用柠檬皮擦拭菜刀，能除掉刀上的腥味。但擦拭后，务必用水冲洗菜刀，以免刀面生锈。

● 擦亮铝器：家里的铝器变暗了，可切开一个柠檬，用其切口处把铝器内外擦一遍，最后再用干净的软布擦拭，铝器将恢复光亮。

● 用作衣物漂白剂：洗涤衣物前，先用柠檬汁（稀释与否均可），或柠檬汁与小苏打的混合液，把衣物浸泡半小时，再如常清洗。洗过的衣物将被漂白，且带有一股清新的柠檬味。

● 增强洗衣剂的功效：洗衣时，往洗衣机里加入一杯柠檬汁，可增强洗衣剂的去污力，使污渍更快、更彻底地除去，同时还使衣物带有一股清香。

● 驱除虫蚁：在门口、窗台等虫蚁常出现的地方，洒点柠檬汁或摆放几小块柠檬，可赶走虫蚁。

打一盆水，并加入半杯柠檬汁，拌匀后，用抹布蘸取溶液清洁地板，可使蟑螂、跳蚤等逃之夭夭。

● 使口气清新：柠檬汁含有的柠檬酸能与口腔中的 pH 值（氢离子浓度指数）发生中和反应，从而杀死造成口臭的细菌。常用柠檬汁漱口，并咽下去，几分钟后，再用清水漱口，可使口气保持长时间清新。

● 为伤口消毒：皮肤受了轻微的擦伤或割伤时，用棉球蘸取柠檬汁涂擦伤口处，并按压 1 分钟，或者直接往伤口上滴几滴柠檬汁，均可立即止血，且起到消毒作用。

● 去除头皮屑：在头发上倒两汤匙柠檬汁，并轻轻按摩，使之触及头皮且停留一段时间，然后用清水冲洗干净，再往 1 杯水中滴几滴柠檬汁，用来冲洗头发。每天 1 次，坚持

一段时间，头皮屑将会消失。

● 去除手上的浆果污渍：剥了浆果后，手上总会留下难以洗净的污渍。在手上涂些未经稀释的柠檬汁，揉搓几分钟后，再用肥皂和温水冲洗。洗过后，若污渍仍未完全消失，可再做尝试。

● 去除大理石上的污渍：家里的大理石茶几脏了，可切开一个柠檬，并在切口处撒上食盐，然后用力搓擦污渍处，能在不破坏大理石的情况下，将其清洁干净。

● 清洁铜器：铜器上长了锈斑，如铜管乐器、铜制器皿、不锈钢器具等，用适量的柠檬汁和食盐（或小苏打）调配成溶液，涂在锈斑上。5 分钟后，用温水冲洗铜器，直至锈斑消失，再用干抹布将铜器擦干。

上述方法也可用来清洁厨房的金属水槽。

● 擦亮镀铬的金属器具：用柠檬皮擦拭镀铬的金属器具，如镀铬的水龙头，然后用清水冲洗干净，再用软抹布抹干，便可将器具表面的脏物除去。

● 去除衣物上的霉菌和锈斑：衣物久置以后，上面常会长有霉菌或锈斑，要想除去它们，只需调配出柠檬汁与食盐的混合液，并涂抹在霉菌或锈斑处，揉搓后，再将衣物放在阳光下晒干即可。

若一次不成功，再做尝试，直至污渍完全消失。

● 去除汗渍：衬衫上粘了汗渍，尤其是腋下部位，便很难清洗掉。将等量的柠檬汁与清水混合，拌匀后倒在污渍处，并用力揉搓，最终使之除去。

● 擦亮皮鞋：先用柠檬汁刷去皮鞋污迹，再打上鞋油，皮鞋鞋面将光亮无比。

36.芒果有何妙用？

● 治疗睾丸炎：取 10 克芒果核，将其打烂后，用水煎熬，并饮服汁液，每天两次，

连服两周，可治愈睾丸炎及睾丸肿痛。

● 利于减肥：芒果中含有多种矿物质元素及胡萝卜素，是降脂减肥之首选。

取些新鲜芒果，削去果蒂后连皮切片，并水煮 20 分钟，然后滤取汁液，代茶饮服，瘦身效果极佳。

若直接取芒果肉，搅汁后用开水冲饮，亦可减肥。

37. 核桃都有哪些功效？怎样食用效果好？

● 止咳益肾：每晚临睡前，取适量的冰糖与核桃粉，用开水冲之，饮服，对治疗咳嗽有显著效果。

取 30 克核桃仁、30 克黑芝麻，洗净后加入 500 克白酒中，并加盖密封，置于阴凉处，浸泡 15 天后饮服，每天两次，每次 15 克，坚持一段时间，对止咳益肾有独特功效。

● 润肺止咳：将 100 克核桃肉、100 克银杏肉、100 克细茶（陈年为佳），混同 200 克蜂蜜、150 毫升生姜汁，熬制成膏状，随时食用，便可润肺止咳。

● 祛除风湿：早起后空腹吃 5 ~ 6 个核桃，坚持食用，几个月后，风湿症状将消失。

● 治疗倒牙：因食用过多酸食物而出现倒牙时，吃两枚核桃仁，片刻后，牙齿即可恢复正常。

● 治疗牙痛：取 1 个核桃，用火烧熟后去皮，并将核桃仁与烟丝同卷成烟卷状，然后点燃、吸烟，且含烟数秒钟，吐出后用凉水漱口，如此连吸 3 次，牙痛症状将减轻。

● 治疗口腔溃疡：取 8 ~ 10 个核桃，砸开后去肉取皮，并用水煮开 5 分钟，作为茶饮，能治口腔溃疡。

● 治疗湿疹：将 10 个核桃皮装进大口瓶中，并加入适量 60 度白酒，使酒面刚没核桃皮，1 周后，用泡好的白酒涂擦患处，每天

2 ~ 3 次，两个月后即可治愈。期间忌食刺激性食物。

● 治疗狐臭：取些新鲜核桃仁，放入大碗研末取油，涂擦患处，可治狐臭。

● 除头屑：每天早起后，吃两个核桃，坚持 3 个月，头皮屑将明显减少。

38. 山楂有何妙用？

● 除去茶锈：取 1 ~ 2 颗山楂，掰开放入茶杯，然后冲入热水，并盖上盖子，稍闷片刻，杯子内壁黏附的茶锈将自然脱落，再用洁净抹布轻擦，锈迹可除。

● 治疗冻疮：取些生山楂，去核切碎后，敷于患处，连敷几天，冻疮很快化解。

● 瘦身功效：取 15 克大蒜头，将其去皮洗净后，与 30 克山楂一同放入砂锅煎煮，煮成后饮服汁液，每天一剂，分早晚两次服用，长期坚持，瘦身之余，还可降低血脂。若加入 10 克决明子同煮，效果更佳。

39. 大枣怎样食用可充分发挥其保健功效？

● 治疗神经性头痛：取 6 颗大枣、10 克远志，加水煎熬 30 分钟，然后饮服汁液，吃掉大枣，每天早晚各 1 次，数天后，对治疗神经性头痛有明显疗效。

● 治疗痢疾：取适量大枣与大蒜，先将大枣洗净或烤熟，再配着生大蒜，适量食用，且同时忌食生冷瓜果和油腻食物，每天 3 ~ 4 次，2 ~ 3 天即可见效。

● 治疗肾炎：取等量的大枣与花生仁，各 8 颗，并用适量水煮，15 分钟后关火，连汤一同服用，每天 3 次，坚持服用，能治疗肾炎。

● 治掉头发：晚上睡觉前，生吃或煮熟吃 50 ~ 100 克大枣，坚持一段时间，能治掉发。

● 防治口臭：吃了韭菜、大葱、大蒜类食物后，咀嚼 2 ~ 3 颗大枣，便可解除口臭。

● 治疗黄水疮：取两颗大枣，将其烧焦后，研成末状，然后烤化25克明矾，待其放凉后，亦压成末状。最后混合二者，并滴入数滴香油，调制成糊状物，涂抹患处，每天3次，3天后可见疗效。

● 治疗手脚干裂：取数枚大枣，去掉皮核后，用温水洗净，再加水煮成糊状，涂抹于手脚干裂处，每天两次，几天后可愈。

❀ 十、烟酒饮品 ❀

1. 烟丝有何妙用？

● 为盆栽防虫：将些许烟蒂浸泡水中，1～2天后取出，再用浸泡的溶液浇灌花卉叶子，不仅防虫，还能改善土质。

● 驱逐厕所里的蚊虫：在厕所的角落撒些烟丝，可驱虫、防虫、除臭。

● 止血止痛：皮肤不小心被划破了，找一些烟丝，敷于伤口处，能有效止血、止痛。

2. 啤酒有何妙用？

● 让肉变得更鲜嫩：肉买回来后，烹调之前，先往肉上倒一罐啤酒，浸泡几个小时，再用清水冲洗，或者直接把啤酒和肉放进锅中，开小火煮一段时间，会使肉变得更加鲜嫩。

如果买回来的肉较硬，可用上述方法使之变软变嫩。

● 巧拌凉菜：拌凉菜时，很多人喜欢先用开水滚烫一下。若用啤酒代替开水，把凉菜放在啤酒中煮，沸腾后立即捞出，然后调制，菜味将更加可口。

● 巧吃火锅：吃火锅时，尤其在秋冬季节，如果往汤汁中加入少许啤酒，不仅使火锅汤汁带有醇香、更加美味，而且啤酒中富含的维生素还将缓解吃火锅引起的上火。

● 巧烹冻猪肉、排骨：冻猪肉、排骨取出后，先用少量啤酒腌制起来，10分钟后，再用清水冲洗干净，用来烹制菜肴，不仅去除

肉腥味，还可使菜肴更加美味。

● 养护植物盆栽：按照1：2的比例，把适量的啤酒与水兑在一起，灌溉家里的植物，能调节土壤的酸碱度，对植物大有裨益。

● 用来漱口：用啤酒漱口，不仅能冲掉喉咙里的微尘，还能达到消毒的效果，使喉咙感觉更舒服。

● 缓解疼痛：在温水中滴加少量啤酒，再把冻疮部位放入其中，浸泡20分钟左右，坚持几天，能有效缓解冻疮引起的疼痛。

● 治疗脚气：往脚盆中加入瓶装啤酒，但不加水，待双脚清洁后，放在啤酒中浸泡20分钟，然后冲洗干净，每周泡脚1～2次，一段时间后，可将脚气治愈。

● 使头发显得有光泽：每次洗完头发后，倒半杯温水，并往水中滴几滴啤酒，待二者混合均匀后，把溶液倒在湿润的头发上，揉搓几分钟，再用清水冲洗干净。坚持一段时间，干枯无光的头发会显得很有光泽，同时还能防止脱发、治疗传播性红斑狼疮，起到保护头发的作用。

● 除去头屑：用少许温热的啤酒打湿头发，15分钟后，用清水冲净，再如常洗发，每天2次，4～5天后可清除头屑。

● 清洁木制家具：用软抹布蘸取啤酒，轻轻擦拭木制家具，然后再用抹布抹干，家具

将得到很好的清洁。

● 擦亮黄金饰品：用一块洁净的软布，蘸取一点啤酒（不用黑啤），轻擦黄金饰品，然后再用干净软布将其擦干。但要注意，啤酒不能擦拭带有珍珠宝石的黄金饰品。

● 清洁门窗玻璃：找来干净的抹布，蘸取啤酒擦拭门窗玻璃，可除去尘土，使之洁净明亮。

● 清洁冰箱：取来洁净软布，用啤酒浸透后，擦拭冰箱内外，不仅轻松除掉污垢，还起到消毒作用。

● 清洁灶台：灶台上极易沾满油污顽渍，用抹布蘸取啤酒，认真擦拭，污垢将被完全洁除。

● 去除地毯上的茶渍：地毯上粘有难以除去的茶渍时，在污渍处倒点啤酒，并轻轻揉搓，使之进入地毯中，多试几次，污渍自会消除。

这种方法还可用于去除咖啡渍。

● 去除植物叶面灰尘：植物叶面布满了灰尘，可按照 1：2 的比例，把啤酒与水混合均匀后，用软抹布蘸取溶液，轻轻擦洗植物叶子，可擦去叶面的灰尘，且起到叶面施肥的效果。

● 除去热水瓶水垢：往热水瓶中加入一些啤酒，上下摇晃数次，再将其倒出，暖瓶中的水垢可被除去。

3. 白酒有什么用途？

● 保存香肠：在香肠表面涂抹一层白酒，再放入容器密封保存，可使之半年不坏。

找一个坛子，在里面放个装有白酒的杯子，然后把香肠平放在杯子周围，等香肠放满后，往上面喷洒适量白酒，再密封坛口，也能较长时间保持香肠不变质。

● 保鲜奶粉：取一个棉球，蘸取少许白酒，放在奶粉口袋的开口处，再扎紧袋口，可使奶粉长久保鲜。

● 存放大米：把大米装进铁桶，再用酒瓶装 50 克白酒，埋在大米中，并使瓶口高出米面，最后打开瓶盖、密封桶口。慢慢地，桶内空气越来越少，而白酒挥发出乙醇，将起到杀菌灭虫的作用。

● 除去鱼腥味：盛放鱼类的铁锅或其他器皿，很容易带有腥味。将其用清水洗净且控干后，用 10～15 克白酒轻擦一遍，待其晾干，鱼腥味将会消除。

● 使夹生米饭变熟：米饭蒸得夹生了，洒上一点白酒，再盖上锅盖，蒸或焖一会儿，米饭会变得香软可口。

● 消除蜂蜇后肿痛：被蜂蜇伤后，往被蜇处洒些白酒，片刻后，疼痛感将会消除，而红肿也逐渐消失。

● 治疗感冒：取 30 克白酒，倒入大碗，并用小碟蘸取，刮前后胸、后背、肘窝部及膝部，当皮肤发红发热时停止，并喝 1 碗红糖姜水，再盖上棉被，大汗淋漓后，感冒症状将得以缓解。

● 治疗肠炎腹泻：取 50 克度数高的白酒，与 30 克红糖一起放在碗里，并用火将白酒点燃，边烧边搅，直至碗里的红糖全部溶化，灭火，待汁液稍稍变凉时，饮服，便能治肠炎腹泻。

● 治疗斑秃：取 300 毫升白酒，用其浸泡 50 克花椒、10 克当归、20 克生姜，7 天后，用泡好的白酒涂擦患处，每天数次，数天后，可见疗效。

● 治疗手脱皮：用白酒浸泡切碎的生姜，24 小时后，用溶液涂抹患处，对治愈手脱皮效果显著。

● 缓解由落枕引起的不适感：遇到落枕的情况，程度较轻时，往手心倒适量白酒，按摩颈项部位，最后用薄的生姜片来回擦拭，不仅能有效缓解甚至消除落枕引起的不适感，还可调和气血、疏风散邪。

● 除去脚臭：晚上洗脚后，用少许白酒揉搓脚部，并使之自然晾干，坚持1个月，汗脚臭脚即可见好。

4. 米酒有哪些用途?

● 巧炒鸡蛋：烹炒鸡蛋时，加少许米酒，炒出的鸡蛋会松软鲜嫩、色泽鲜亮。

● 使冷冻的食物变得松软：在冷冻过的食物上洒点米酒，如冻过的面包、米饭上，再烤或蒸一下，食物将变得松软。

● 使面条团散开：面条结成团时，在上面洒点米酒，便可使之散开。

● 减轻菜的酸味：烹饪菜肴时，如果放多了醋，就往菜里加点米酒，可减轻菜肴的酸味。

● 减轻腌鱼的咸味：腌制的鱼若太咸，可先用水洗净，再放入米酒浸泡，2～3小时后取出，腌鱼中的盐分将被去除很多。

● 除去河鱼的泥腥味：烹制河鱼之前，先将其在米酒中浸泡片刻，可去掉河鱼身上的泥腥味。

● 除去冻鱼臭味：往冻鱼身上洒满米酒，然后重新放回冰箱，鱼将很快解冻，且不再有水滴和冷冻臭味。

● 轻松揭下锅巴：饭烧焦时，趁热舀出上面的米饭，先往锅巴上洒些米酒，再盖上锅盖，焖置一会儿，锅巴会很容易被揭除。

5. 葡萄酒有什么妙用?

● 为火腿保鲜：火腿切开后，一次没能吃完，就在切口处涂点葡萄酒，然后包好，放在冰箱中，能较长时间地保持新鲜。

● 去除鱼、羊肉的腥味：用鱼、羊肉做菜时，把葡萄酒用作料酒，能有效去除腥味。比如涮羊肉时，往锅里加点葡萄酒，不仅去除羊肉膻味，还能使之更加鲜嫩。

● 避免壶中水变味：夏季出行时，很多人都会把水壶装上水，并随身携带。若往水壶中加入一小汤匙红葡萄酒，可避免水变质。

● 使冷面更加鲜美：吃冷面时，在卤汤上面加1小汤匙甜葡萄酒，将会使其味道格外鲜美。

● 消暑：往水中掺点红葡萄酒，再放入冰箱，制成冰块，并与冰茶或冷面一同食用，便可起到较好的消暑效果。

● 去除柿子涩味：吃到涩柿子时，可从咬开的部分加入少许白葡萄酒，涩味能很快消除。

● 处理久置的水果：水果放久后，往往会因为失了水分而毫无味道。若把这种水果置于葡萄酒中，并加些砂糖煮一下，水果将别具风味。

● 防止粘锅和炒焦：煎鱼时，往锅里喷洒小半杯红葡萄酒，即可避免鱼皮粘锅。

烹炒洋葱时，加入少许白葡萄酒（按大约1个洋葱加入1/4杯酒的比例）洋葱便不会炒焦。

● 帮助老年人入睡：老年人经常会在凌晨两三点钟醒来，且很难再入睡。这时，如果吃3～5片饼干，再饮1小杯葡萄酒，即可很快入眠。

6. 冷水有什么妙用?

● 使炒肉更加鲜嫩：烹炒肉丝或肉片时，加入少许冷水，可弥补炒肉丢失的水分，进而使肉炒好后更加鲜嫩可口。

● 使牛奶煮后不粘锅：煮牛奶时，先用少许冷水打湿锅底，再加入牛奶，待其煮开后，不粘锅底。

● 防止茄子等氧化变色：茄子、土豆等蔬菜，切开后极易变色，若浸于冷水中，便可防止其氧化变色。

● 炼出颜色鲜亮的猪油：炼猪油时，放油之前，先加些冷水，炼出的猪油不仅色泽鲜亮，且没有杂质。

● 巧做鸡蛋：炒鸡蛋时，往蛋液中加点冷水，炒出的鸡蛋松软可口。

煎荷包蛋时，洒几滴冷水在蛋的四周，做出的煎蛋尤其鲜嫩。

做各类蛋汤时，加入少许冷水并搅匀，蛋汤做好后，清爽可口。

● 避免玻璃滑动：几块玻璃叠放一起时，在它们之间洒点水，搬移时，玻璃不易滑动，从而不易撞坏。

7. 开水有何妙用？

● 使海蜇丝更加爽口：浸泡海蜇丝之前，先用沸水烫一下，再立即捞进凉水中，这样泡出的海蜇丝爽口美味。

● 捻下核桃仁的皮：核桃仁拿出后，先用开水浸烫几分钟，便极易捻下表面的薄皮。

● 轻松剥除栗子壳：先将栗子放入冰箱，冷冻一夜后取出，并迅速浸入开水，片刻后捞出，再用冷水浇一遍，栗子壳将很容易剥掉。

● 防止管道阻塞：家里的排水管道，常用开水冲一冲，可除去管道内油垢、避免管道阻塞。

● 修复变形的塑料藤椅：塑料藤椅坐久变形后，先用浇上一壶开水，再用一壶冷水浇一浇，即可拉直弯曲部位、拉紧松弛的藤条，且使凹陷的底座重新变硬。

8. 茶叶除了泡水喝，还能做什么？

● 使肉变得更松嫩：煮一锅热水（无需煮沸），将 4 汤匙红茶茶叶放入其中，浸泡 5 分钟后，滤掉茶渣，并加入半杯红糖搅拌，直至红糖完全溶化，暂时搁置一边。然后用盐、胡椒、洋葱、蒜末等调料将肉（最多可达 1.5

千克）调好，置于锅中，再把调拌好的红茶汁倒在肉上，随后放在微波炉中，高温加热至叉子可顺利戳进去。

● 除去铁锅腥味：用铁锅烹制鱼类或其他有腥味的食物，很容易留下难闻的腥味。往锅里放点茶叶，并加水稍煮，或者用剩茶水洗涤，再用清水冲净，腥味便可除去。

● 去除异味：将泡过的茶包拆开，并在纸张（可以利用旧报纸）上把茶渣铺散开来，等茶渣自然风干，再自制纱袋装起茶渣，一个完整的熏香袋便制作而成。放在厨房，可消除烹饪时产生的菜味；放在冰箱内，可吸去鱼、肉类的腥味；放在衣橱、鞋箱中，可除去异味；若置于厕所，还可用来除掉臭味。

● 擦亮家具：用干净抹布蘸取茶叶水，轻擦刚涂过油漆的家具表面，家具将变得光亮无比，且不易脱漆。

● 用作火种：收集若干碎茶叶，将其捣碎后储放某处，到了冬天，可用作手炉火种，方便实用。

● 驱赶蚊虫：把冲泡过的茶叶晒干，在夏天黄昏时点燃，不仅散发出对人体无害的淡淡清香，还能把蚊虫驱赶走。

● 给衣服染色：按照每两杯沸水放入 3 个茶包的比例，制作出相应量的茶汁。先让茶包在沸水中浸泡 20 分钟，待茶汁变得微凉时，把白色蕾丝或其他材质的衣物浸泡其中，10 分钟后取出来，衣物的布料便被染出了带有古朴色彩的米色、亚麻色或象牙色。

● 减轻打针疼痛：给婴幼儿打针时，他们往往会啼哭不止，尤其是刚刚接种疫苗的婴儿，以及成年人生病打针时，均可用湿茶包直接敷在打针的部位，轻轻按压片刻，疼痛感会明显减轻。

● 缓解刮伤疼痛：刮胡须时，若不小心刮伤了脸或颈部，立即把 1 个湿茶包敷在刮伤处，可缓解刮伤的疼痛，并随之更换新的刮须刀。

● 缓解用眼疲劳：包两个小茶包，放在温水中浸泡，一段时间后取出，再放在眼睛上，热敷20分钟。在这一过程中，茶叶释放出的单宁酸，能减轻眼睛疲劳引起的不适，消除双眼的浮肿和疼痛。

● 治疗过敏症状：出现不明原因的过敏症状时，嚼烂茶叶湿敷过敏处，或直接用茶叶水洗泡，对过敏症均有很好疗效。

● 除脚臭：泡一盆浓茶，把双脚放入其中，浸泡20分钟，不仅能消除疲劳，让自己轻松许多，还可除脚臭。

● 除皱养颜：茶叶富含多种化学成分。用茶叶洗脸，能有效延缓面部皮肤衰老，且对多种面部皮肤病有防治作用。

● 用作护发素：头发干枯无光泽，就在用洗发水洗发后，用不加糖的温茶重新洗一次，坚持一段时间，头发会得到有效改善，尤其是干性发质。至于温茶，用茶叶或溶茶粉冲泡均可。

● 擦洗镜面：喝剩的浓茶先别倒掉，等它搁置晾凉后，用干净的软抹布蘸取茶汁，将镜面的灰尘轻轻拭去，再用干的软布擦拭，镜面即可恢复最初亮泽。

● 擦亮炊具和餐具：厨房的油锅、面盆、盘碗等，用泡过的茶叶擦洗，很容易擦净擦亮。

● 除去衣物蛋清渍：衣物不慎粘上鸡蛋清时，立刻将衣物放入冷水，浸泡片刻，然后用茶水浸洗，再用清水漂洗，便可除渍。

9. 番茄汁有什么妙用？

● 消除塑胶盒的异味：家里的塑胶盒发出异味时，找来干净的软抹布，先蘸点番茄汁，擦拭盒子内部与盒盖，再用温肥皂水冲洗干净，并用干抹布将其擦干。若仍有些许异味，可放入冰箱冷冻几天，异味便会完全消失。

● 去除冰箱内的异味：如果冰箱长时间不清洗，或者里面有了变质的食物，难免发出难闻的味道。可取出冰箱内所有食物后，用软抹布蘸取未经稀释的番茄汁，将冰箱内各处仔细擦拭，最后用温肥皂水清洗，并用干布擦干即可。

● 缓解咽喉疼痛：把半杯番茄汁与半杯热水混合，再加入几滴辣椒酱，待三者搅拌均匀后，用混合液漱口，能暂时缓解咽喉疼痛。

● 消除狐臭：洗浴后，可往浴盆中加入番茄汁，约500毫升，然后把两腋浸泡其中，约15分钟，每周两次，坚持一段时间，即可消除难闻的狐臭。

10. 牛奶都有哪些用途？

● 使冻鱼味道鲜美：鱼冷冻以后，味道都会变得怪怪的。若把冻鱼泡在牛奶中解冻，烹饪之后，鱼味将恢复鲜美。

● 使玉米味道更佳：煮玉米时，待水沸腾后，往锅里添加小半杯牛奶，煮出来的玉米香甜无比。

● 修复瓷器裂纹：找出家里的大锅，把瓷器放在锅里，如瓷盘、瓷碗等，然后倒入新鲜牛奶（或奶粉加水），使之盖过瓷器。开火煮，待牛奶煮沸后，转为小火，煨4～5分钟。牛奶中的蛋白质能把瓷器上大部分细微裂纹成功修复。

● 保养家具：找一块干净的抹布，放在牛奶中浸湿，用来擦拭桌、椅、电视柜等。擦完后，稍等片刻，再另找一块抹布，蘸取清水重新擦拭，家具便会很有光泽。

● 养护皮鞋：皮鞋擦完鞋油后，在上面涂点鲜牛奶，这样能让皮鞋变得油润光滑。

● 消除口腔蒜味：吃过大蒜或蒜薹后，口中常有一股较浓的蒜味。立即喝几口牛奶，并使之在口中尽可能多待一段时间，蒜味将很快消除。

● 治疗扭伤：肌腱扭伤后，可用牛奶热敷患处，可见疗效。

● 治疗晒伤：如果皮肤被太阳晒伤了，坚持用凉的牛奶湿敷患处，可助皮肤尽快恢复。

● 外敷治烧烫伤：据烧烫伤面积大小，取几片消毒纱布，用牛奶浸透后敷于患处，重复几次，伤口可愈。

● 消除眼皮浮肿：用冷牛奶浸泡两个小棉球，然后闭目，在双眼上各放1个，10分钟后拿掉，眼皮浮肿将会消除。

● 去除墨迹：衣物上沾了墨迹，把衣物泡在牛奶中，隔天取出，并如常清洗，能使墨迹除去。

● 擦亮银器：银器沾了太多的灰尘，便会失去光泽。把银器放在酸牛奶中，浸泡半小时，上面暗存的灰尘自行脱落后，用温肥皂水冲洗银器，最后再用干净的软布将其擦亮。

● 清洁皮革制品：对付皮包或皮鞋上的污渍，可在污渍处滴少量牛奶，待变干以后，找来干净软布，轻轻擦拭，皮包或皮鞋会变得干净如初。

11. 蜂蜜有什么用途?

● 治疗手皲裂：每天早饭后，洗净双手并擦干，再在手心、手背及指甲缝处涂上蜂蜜，然后找来干净的小毛巾，揉搓双手5～10分钟，晚上睡前再如此搓手1次，可治手皲裂。

● 治疗口疮：往1汤匙蜂蜜中滴加几滴柠檬精油，然后饮服，使二者在口腔内逐渐溶化，每天2～3次，直至口疮炎症完全消失。

● 消除酒精异味：每天分早、中、晚3次，各服1汤匙蜂蜜，能消除口中酒精异味。

● 消除蚊虫叮咬带来的不适：按照2：1：3的比例，把适量的蜂蜜、蜂胶与薰衣草混合，搅拌均匀后，涂抹于被叮咬处，再用纱布包好，每隔3～4小时换一次药，直至

红肿消失、不适症状消除。

● 治疗皮炎：取40克鼠尾草叶子，放在1000毫升水中，将其煮成制剂，10分钟后，滤其汁液，并往汁液中添加10汤匙蜂蜜，搅拌均匀，涂抹于发炎处，20分钟后，用加了少许柠檬汁的水洗净，再轻轻擦干。每天早晚各1次，坚持涂抹，病症会逐渐消失。

● 保证大便通畅：针对便秘症状，每天清晨，往1杯凉开水中加少许蜂蜜，然后空腹饮服，并稍稍活动片刻，大便即可通畅。

● 治疗慢性结肠炎：早晨喝豆浆时，往里面加入1汤匙蜂蜜，约10～15毫升，长期坚持，可治疗慢性结肠炎。

● 消除皮肤皱纹：找一块纱布，在上面涂抹一层半湿的蜂蜜，然后敷于皱纹处，约15分钟后，取下纱布，并用消毒棉球擦拭干净，每周1次，坚持下去，皱纹将会消除。

12. 汽水有什么用途?

● 巧做面食：和面时加点汽水，可蒸出松软的馒头、包子，炸出酥脆的麻花、散子，并且还带有水果香味。

● 延长鲜花开放时间：往插有鲜花的花瓶中加小半杯汽水，其中的糖分能延长鲜花的寿命，从而使鲜花开放更长时间。

● 分开生锈的螺丝钉和螺丝帽：生锈以后，螺丝钉与螺丝帽便很难分开。找一块布，用汽水浸泡并使之湿透，然后把螺丝钉和螺丝帽包裹起来，几分钟后打开，二者即可被分开。

● 疏通排水管：排水管堵塞了，或排水很慢，均可往管内注入汽水，以去除管内堵塞物，使排水通畅。

● 消除马桶异味：把1瓶汽水倒入马桶，1小时后，用洁厕刷刷洗，然后冲水，能让马桶变得干净、清香。

● 解酒：很多时候，饮酒一旦过量，便感到头晕、恶心等。这时，喝一些汽水，能

立即解酒。

● 去除口香糖：头发上粘有口香糖时，把粘着口香糖的部位浸泡在汽水中，几分钟后，再用清水冲洗干净。

若是家具上粘了口香糖，用抹布蘸取汽水擦拭家具，可除去口香糖。

● 擦洗硬币：找1个小盘或小碟，倒入汽水，并将硬币放入其中浸泡，一段时间后，硬币便会恢复亮泽。当然，珍藏的高价值硬币不能贸然清洗。

● 清洁汽车电池：在汽车电池的电极上倒些汽水，稍等片刻，用湿抹布擦拭干净，电池表面的污渍和锈斑可被除去。其原理为，碳酸能消除污渍和锈斑，从而防止汽车电池被腐蚀。

13. 燕麦可用来做什么？

● 缓解水痘造成的奇痒：找一个纱袋（可用丝袜代替），在里面装些燕麦粉后，扎紧袋口，绑在浴缸的热水龙头底下，使热水流过装有燕麦粉的纱袋，待浴缸中放满水，泡澡

半小时左右。或直接把纱袋敷在病患处，也可缓解症状。

此方法同样适用于因触及毒常春藤而造成的痛痒症状。

● 预防心血管疾病：燕麦可以有效地降低人体中的胆固醇，经常食用，可对心血管疾病起到一定的预防作用。

● 通大便：很多老年人大便干，容易导致脑血管意外，燕麦可通大便。

● 防治贫血、补钙：含有的钙、磷、铁、锌等矿物质有预防骨质疏松、促进伤口愈合、防治贫血的功效，是补钙的食品。

此外经常食用燕麦还可以改善血液循环，缓解生活和工作带来的压力。

● 用作沐浴佳品：用袋子装些燕麦片，并滴几滴香精油，如薰衣草、玫瑰香精油，然后把袋子挂在热水龙头下面，使热水流过，待浴缸放满水后泡澡。坚持一段时间，干燥的皮肤将得到有效改善。

洗完澡后，装燕麦的袋子还可用来擦除角质。

❀ 十一、其他物品 ❀

1. 氨水都有哪些用途?

● 消除油漆异味：刚油漆过的家具异味很浓，这时可找个小碟子，并在里面装上氨水，置于放家具的房间中，几天以后再更换一碟，用不了多久，油漆异味就会完全消除。

● 擦亮金属器物：家里的银器或黄铜器物变得灰暗了，可先用软刷子蘸取少许氨水，然后轻轻地擦拭器物表面，擦完后，再找来洁净的软布（羊皮最佳），将其抹干。

● 擦亮水晶：找一个适当的容器，在里面倒入两杯水后，滴加几滴氨水，再用柔软的抹布蘸取溶液，轻擦水晶，然后用清水将其冲洗干净，并用柔软的干抹布擦干，色泽暗淡的水晶将重放光彩。

● 驱走飞蛾：如果厨房里跑进来一只飞蛾，可打半盆水，并在里面添加半杯氨水，待两者混合均匀后，用抹布蘸取溶液擦拭厨房里的物件，如抽屉、架子、碗橱等，然后让物件自然晾干，飞蛾也会随之飞走。

● 蚊虫叮咬后止痒：被蚊虫叮咬后，在被叮咬处擦两滴氨水，能立即止痒。但要注意，若叮咬处被抓破了，便不能在上面涂抹氨水，否则氨水会让瘙痒转为刺痛。

● 清洁地毯和家具：打一盆温水，在里面加入一杯无色氨水后，找来软抹布或海绵，蘸取溶液擦拭地毯和家具上的污渍，最后任其自然风干。若风干后污渍尚未完全消除，应再擦一次。

● 去除霉斑和霉菌：往一大盆清水中加入小半杯氨水，使之混合均匀后，用软抹布蘸取溶液，擦拭浴室的瓷砖，可除去上面的霉斑和霉菌。

如果家具上出现霉斑，水泥地上有了污渍，均可用上述方法进行清洗。同时要注意，清洗时应戴上橡胶手套。

2. 磁铁有什么妙用?

● 轻松捡起小型金属物品：不慎把盛装小型金属物品的罐子打翻了，如小铁钉、螺丝钉、曲别针、图钉、大头针等，应尽快把磁铁找出来，在金属物品掉落的范围内来回移动几下，即可将它们找到。

● 保持书桌抽屉整齐：在书桌抽屉里放一块磁铁，把里面所有金属物品收集在一起，随时都可使抽屉保持整齐。

3. 滑石粉能用来做什么?

● 轻松解开死结：在死结上撒少许滑石粉，即可将死结轻松解开。

● 解开缠结的项链：项链打结时，千万不要硬扯，以免把它扯断，只须在结上撒点滑石粉，稍稍润滑后，缠结在一起的项链将被解开。

● 防止缝衣针生锈：取些滑石粉，将其用小块绒布包好，并制成小布袋，用来插缝衣针，可防止针生锈。

● 消除木地板的吱呀声：在木地板的板缝间撒些滑石粉，可避免地板发出扰人的吱吱声。如果没有奏效，再尝试往缝隙间加入一些蜡液。

● 驱赶虫蚁：在虫蚁容易出入的地方撒些滑石粉，如门口、窗户附近，便能将其赶走。

● 去除血渍：用水和滑石粉调出粉浆，然后涂在血渍处，待粉浆变干后，找来刷子，可去除血渍。

4. 木炭有什么妙用？

● 保存食物：将食物与少许木炭一同储放，可使之较长时间地保鲜。

● 除去冰箱异味：取些木炭，捣碎后放入布袋，并置于冰箱内，不久冰箱异味可除。

● 消除室内湿气：找一个布袋（或自己用布做一个），把一定量的木炭放进袋中，然后置于室内，可有效吸附空气中的水分，从而达到除湿、干燥的效果，同时还能除去臭味、净化空气。

● 改善土壤透气性和排水性：在家里盆栽的土壤中掺入 5% ~ 10% 的木炭，且保证其大小与豆粒相当，不仅能蓄留植物根部所需水分，还将改善土壤的排水性和透气性，因而为益于植物生长的微生物提供良好的生存空间，也为植物提供了更健康的生长环境。

● 保持浸泡植物根部的水质新鲜：家里若有根部养在水中的植物，放块木炭在水里，可使水质保持新鲜。

● 防潮防霉：在衣橱鞋柜里放些木炭，能去除潮气，防止霉菌的生成。

在书架上放几小块木炭，使书籍保持干燥，以免发霉。

● 增强去污能力：洗衣服时，取适量的木炭和食盐，代替洗衣粉洗净污渍，效果会更好。

● 除掉铝锅锅巴：煮饭后，铝锅上常会留下锅巴，这时用木炭块蘸水擦拭锅底，便可除掉锅巴。

5. 煤油可用来做什么？

● 消灭害虫：煤油可消灭害虫，时常在房间各个角落处，喷洒少量煤油，能消灭害虫，保持屋内清洁。

● 毒虫咬蜇后消肿止痛：被蝎子类的毒虫蜇后，立即取适量的煤油和碱粉，将其混匀后涂抹于患处，能有效地消肿止痛。

● 对付轻度烫伤：不慎被烫伤，如果伤势不重，可尽快将伤口处浸入煤油，数分钟后可止痛消肿，且不会起泡。

● 除去油污：在煤气灶的油污处涂上煤油，轻轻擦拭，油污可擦除。

● 清洁钟表：家里的座钟、挂钟内沾满灰尘时，取来几个棉球，蘸取煤油后，放在小瓶盖里，然后置于钟表内，并关紧钟门，几天后取出，棉球上会沾满污物，钟内零件也得到清洗。

● 清洁油漆刷子：油漆刷子用完后，将其放入倒有煤油的塑料袋，几分钟后取出，上面的油漆将被除去。

● 擦洗玻璃窗：找一块湿抹布，蘸取少量煤油，用来擦拭玻璃窗，能除去一切污迹，而玻璃也会更明亮。

6. 胶带都有哪些用途？

● 安全移除玻璃碎片：不小心打碎了玻璃器皿，把大的玻璃碎片捡起以后，取出一长条胶带，并拉紧其两端，将地板上剩余的小碎片黏附起来，就不会伤到手了。

● 去除绒毛：衣物上的绒毛粘到别的

衣物或家具上时，用透气胶带有黏性的一面粘取，就能把绒毛粘下来。

如果衣服上粘有宠物毛，也可采用相同方法。

● 轻松找到保鲜膜的头：使用保鲜膜时，在手指上缠一小段胶带，使黏性的一面向外，然后绕着保鲜膜卷筒，用手指轻轻触摸，将极易找到保鲜膜的头，而无须花费太多时间。

● 标记钥匙：在相似的钥匙上粘贴不同颜色的胶带，以此作出区分，开门时，决不会再拿错。

● 保存底片：照片冲洗出来后，用胶带把底片粘在照片背后，并将两者放在一起保存。等日后加洗照片时，再也不用翻箱倒柜地到处找底片。

● 保持花瓶中的花朵直立：把鲜花插入花瓶之前，先在瓶口交叉地粘几段胶带，并留出足够的插花空间，然后再将鲜花放入花瓶，花朵便会生机勃勃地昂首挺立。

● 包裹家具底部：在家具底部与地板接触的地方，用胶带包裹起来，可避免地板被刮伤。

● 缠绕工具手柄：在工具手柄上缠几圈胶带，使用时，不仅不会磨手，还能更牢固地握紧工具，且不再因为手上出汗而打滑。比如在锤子、螺丝起子等的手柄上缠些胶带，做工时会更顺手，并且不会太伤手。

● 清洁指甲锉：指甲锉上的灰尘很不容易清除，一不小心，还会伤到手。但如果在指甲锉上贴点胶带，压平后再撕掉，即可将上面的污垢轻松除去。

● 清除发梳上的脏污：如果把胶带纵向粘在发梳上，几分钟后撕掉，然后把发梳放在用水稀释了的酒精或氨水中，浸泡一段时间后取出晾干，梳齿间的污垢将被清除。

7. 胶卷筒有什么用处？

● 用作调料瓶：把一些调味品装入空胶卷筒，并在外面贴上标记，可随时带在身边，出外野营时，则更加方便。

● 用作发卷：积攒几个空胶卷筒，想卷发的时候，取下筒盖，将湿着的头发卷在胶卷筒上，再用发夹把头发和胶卷筒夹在一起。待头发变干后，拆下胶卷筒，直发就会变为卷发。

● 用作缝纫包：准备几粒纽扣、几个别针、一根穿好线的针，将其全部放在一个空胶卷筒中，然后放入手提包、背包或行李箱，并随身携带，以备不时之需。

● 存放戒指和耳环：不管在梳妆间，还是出门时，均可把戒指及耳环类的小饰物放在胶卷筒中，占不了很多空间，且不易丢失。

● 盛装鱼饵和鱼钩：出去钓鱼时，把鱼饵和鱼钩分开装在空胶卷筒中，然后放入衣服口袋，不会占太大地方，使用时又方便，而且即使掉到水里，它也会浮在水面，容易打捞。

● 用作宠物猫的玩具：往空胶卷筒里装几粒干豆子或少许大米，盖上盖子后，丢给小猫，稍稍一碰便发出声响，小猫便会乐此不疲地摆弄它。

8. 硼砂可用来做什么？

● 疏通排水管：厨房或浴室的排水管堵塞了，先往管内倒入半杯硼砂，然后慢慢注入几杯沸水，十几分钟后再用热水冲洗。若一次不成功，还可多试几次。

● 消除尿味：孩子尿在床上时，先用水把尿渍打湿，然后在上面撒些硼砂，并用力揉搓，使硼砂进入床垫。待垫子干透后，将硼砂拍掉，或用吸尘器吸除，残留在床垫上的尿味将被清除干净。

● 驱除蟑螂：将1杯鲜奶、1汤匙白糖、1汤匙洋葱末、1斤硼砂和适量面粉混合，并调拌成糊状物，再一团一团地分开，待其变干后，放在房间里蟑螂经常出没的角落。一段时间后，蟑螂就会被消灭干净。

● 清洁窗户玻璃和镜子：家里的窗户玻璃或镜子脏了，可盛来半盆清水，并加入少许硼砂，再找来洁净的软布或海绵，蘸取溶液轻轻擦拭，最终可使之恢复干净。

● 洁除地毯上的污渍：地毯上有污渍，先用水将污渍处打湿，并在上面撒些硼砂，再用力揉搓，使硼砂进入地毯。待硼砂干透后，再将其去除，污渍随之消失。

● 清洁马桶：往一盆水中加入半杯硼砂，待二者混合均匀后，找来硬的洁厕刷，蘸取溶液刷洗马桶，不仅能把马桶清洁干净，还能起到杀菌消毒的作用。

● 去除霉斑：时间久了，或遇到潮湿的天气，家里的坐椅靠垫和其他织物上总会出现霉斑。按照4∶1的比例，将适量的热水和硼砂调配成溶液，并用软布或海绵蘸取溶液，在霉斑处均匀涂抹。几小时后，霉斑会自然消失，这时再用清水冲洗干净。

9. 泡泡包装纸有何妙用？

● 保护冰箱内的蔬果：将新鲜蔬果放入冰箱之前，先在蔬果格子内铺一层泡泡包装纸，蔬果放进冰箱后，便不易被擦伤，并且清洁时，只需换一张泡泡包装纸，很是方便。

● 延长饮料冰冻时间：在炎热的夏季，把冰冻的饮料从冰箱中取出后，先用泡泡包装纸包裹起来，可延长饮料保持冰冻的时间。

● 用作保温床垫：遇到寒冷的天气，在床单下面铺一张大的泡泡包装纸，能防止冷空气钻进被窝，且起到保暖防寒的作用。

● 用作坐垫：在家里的椅子或凳子上，或观看球赛时，在体育馆的水泥凳或木板椅上，垫一层泡泡包装纸，坐上去软软的，十分舒服。

● 使工具免受损耗：在工具的储备箱底部铺层泡泡包装纸，并用胶带将其固定，可避免工具受到损伤，从而延长工具的使用寿命。

● 保护阳台上的植物：冬天来临时，找来泡泡包装纸，把有些不耐寒植物的花盆包起来，且使包装纸稍高于花盆上沿，然后再用胶带或绳子固定下来。一旦有了泡泡包装纸这层外衣，盆里的土壤在整个冬天都不会冻结。

10. 鞋盒有什么用途？

● 收纳杂物：把桌上堆放的杂物收集起来，如收据、旧照片、注销的支票等，然后放入鞋盒，既使桌面恢复整洁，也便于日后查找。

此法还可用于盛装糖果及个人用品，比如发梳、指甲刀等。

● 作为小宠物的窝：家里养了只小宠物，或者养的猫狗生小宝宝了，找一个鞋盒，在里面铺一条柔软的毛巾后，当作小宠物的窝。

家里来了只流浪猫狗，也不妨这样做，为它们暂时安个家。

11. 油漆刷有何妙用？

● 为食物刷上酱汁：买一把合成毛制成的小油漆刷，放在厨房中某个位置，拿来给食物刷上酱汁，非常好用。当然，还可以用来刷卤汁、油等。

● 涂抹去污剂：用去污剂清洁脏衣服时，找来一把洁净的小油漆刷，先把去污剂倒在刷毛上，再涂抹于衣服上的污渍处，以免去污剂一下子倒得过多。

● 清洁灯具：家里的水晶灯上积满了灰尘，若用鸡毛掸子或抹布打扫，并不十分合适。用一把天然鬃毛制成的小油漆刷，就能轻易地将灯具上的尘垢彻底清洁。

另外，藤编家具、瓷器、木雕、篮子类的小摆设，都很适合用油漆刷来掸灰。

● 清洁窗纱：窗纱需要清洗时，找来干净的大油漆刷，先用它掸去窗纱上的灰尘，然后抖落粘在刷子上的灰尘，并蘸取少许煤油，刷在窗纱两面，最后再用干抹布将窗纱擦干净。

12. 纸箱都有哪些用途？

● 用作垫子：按照自己的需要，从纸箱上剪出一块纸板，并贴上各色墙纸或其他装饰材料，便可作为各种垫子，在很多场合使用。比如垫在书桌上，既可以防止墨水、油漆或胶水弄脏桌面，而且在使用小刀、剪子等修剪物品时，又能使桌面免受损坏。

● 盛放书纸类物品：自己收集的海报、买来的书画等，若随意堆放在桌子上，不但看起来凌乱，而且容易遗失。找个纸箱，将它们分类收纳、整理起来。

● 盛放宠物物品：找来一只大小相当的纸箱，用来盛放宠物物品，不仅方便，而且若在纸箱四周贴上漂亮的贴纸，更是美观。

● 给小动物安家：孩子养了几只小鸡，不要专门给小鸡买笼子，可找来一只小点的纸箱，并在两箱四周扎些小孔，然后把小鸡放进去，这样小鸡便有一个温暖的家了。

13. 果篮可用来做什么？

● 盛放药品：果篮洗净后，用来盛放不同药品，如维生素或其他药品瓶罐，并置于显眼处，可取用方便。

● 盛放钢丝球等清洁用品：在厨房水槽边放个果篮，并在底下垫张厚铝箔，且在铝箔一角靠近水槽处做个排水口，既可以盛放清洁用品，如钢丝球、抹布、海绵等，以免其生锈或发出异味，又能防止果篮下面积水。

● 盛放蔬果皮：在厨房水槽排水口处

放个果篮，用来盛放蔬果皮，如土豆皮、萝卜皮等，可避免其冲入下水道后，阻塞水管。

14. 蜡笔有何妙用？

● 修补家具表面的刮痕：木制家具的某个部位被刮了一下，可找来一支蜡笔，用吹风机把它吹软后，涂在刮痕处，待蜡笔晾干粘牢，再用干净抹布擦亮，刮痕自然消失。修补宠物的抓痕此法仍有效。切记要用与家具颜色相近的蜡笔。

● 遮盖地毯上的污渍：地毯上某块污渍始终无法清除时，找一支与地毯颜色接近的蜡笔，并用吹风机吹，待其软化后，均匀涂于污渍处，然后在上面放张蜡纸，再用设定为低温档的熨斗熨烫，使之完全渗入地毯，从而遮盖污渍。

15. 婴儿油有什么用处？

● 擦亮高尔夫球杆：在高尔夫球袋里放条毛巾和一小瓶婴儿油，每次打完球后，拿出毛巾，在上面滴几滴婴儿油，擦拭球杆，可使球杆随时随地都保持洁净。

● 擦亮皮制物品：皮包用旧了，或者皮鞋穿久了，都可以找来干净柔软的抹布，蘸几滴婴儿油，轻擦皮包或皮鞋。擦完后，再用干抹布拭去皮革上的婴儿油，皮包或皮鞋将重放光彩。

● 取下卡住的戒指：戒指卡在手指上摘不下来时，在戒指周围涂些婴儿油，并慢慢转动戒指，使油渗到戒指下面，随后戒指即可轻易被取下来。

● 去除婴儿头上的乳痂：在婴儿头上涂点婴儿油，然后用发梳轻轻梳理婴儿头发，直到把婴儿油梳进头发中。几个小时后，洗掉所有婴儿油，乳痂也会跟着掉下来，如果一次不行，可再来一次。

● 减轻揭除消毒胶带时的疼痛：揭除

贴在伤口处的胶带时，尤其是对小孩子，最好先在胶带上面及其边缘抹点婴儿油，可减轻甚至消除疼痛。

16. 婴儿爽身粉有哪些用途？

● 让凉席更凉爽：夏日里，凉席躺久了会又热又粘，很不舒服。找来婴儿爽身粉，在凉席上均匀地撒一些，能让凉席变得凉爽滑顺。

● 润滑橡胶手套：橡胶手套戴久了，里面的滑粉会受到磨损，戴手套时就会很不顺畅。把手套翻过来，并在上面涂些婴儿爽身粉，尤其手指部位，再戴时便会顺利很多。

● 让磁带转动自如：录音磁带一旦受潮，常出现转动不灵甚至变音变调的情况。往卷带盘的两孔中加入少许婴儿爽身粉，并用手轻拍几下，使爽身粉末通过卷带盘空隙渗入磁带，再用洁净抹布擦掉黏附于表面的粉末，最后放入录音机使用，磁带将转动自如。

● 防止书长霉斑：每隔一段时间，把书房的书晾晒一次。当再次把书收放起来时，先往书页中撒些婴儿爽身粉，并让书直立，几小时后轻轻掸掉爽身粉，可保证书不长霉斑。

● 去除衣服上的沙尘：从外面回来，若衣服上粘了沙子或灰尘，往衣服上撒些婴儿爽身粉，稍等片刻，拍打衣服，既能掸掉沙尘，又能吸走衣服上的湿气。

● 去除油渍：吃饭或炒菜时，不小心把油溅到了衣服上，应尽早在油渍处撒点爽身粉，且用力揉搓，最后再掸掉。多试几次，油渍自会消除。

● 清洁扑克牌：家里的扑克牌互相黏合，或者变得很脏时，可用一个塑料袋子盛装扑克，并往袋子里撒些婴儿爽身粉，然后扎紧袋口，用力摇晃片刻，扑克牌被取出来后，肯定又干净又爽滑。

● 干洗宠物：手抓一把婴儿爽身粉，揉搓宠物的毛，使之渗进毛中，稍等片刻，再用刷子刷洗干净。工作完毕，心爱的宠物将会焕然一新，而且会散发出清新的味道。

17. 婴儿湿纸巾有什么用处？

● 擦亮皮鞋：每天出门时，随手在手提袋或口袋里放包婴儿湿纸巾，匆忙之中，擦一擦脚上的皮鞋，能使之很快焕然一新。

● 回收用作抹布：婴儿湿纸巾若不太脏，大可回收过来，当作抹布使用，去污力极强。

● 舒缓伤口疼痛：对于一些小伤口，如晒伤、割伤、擦伤等，在敷药之前，若先用婴儿湿纸巾清洁伤口，虽无杀菌功能，却能有效减轻疼痛。

● 用来卸妆：妆面很难卸掉时，可用婴儿湿纸巾尝试一下，尤其是眼部，常常会有不一样的效果。此法在时尚界广为使用。

● 清洁电脑键盘：先关掉电脑，或直接把键盘从主机上拔下来，然后抖落隐藏在键盘底部及键与键之间的灰尘，再用湿纸巾擦拭键盘，可去除键盘上的灰尘和脏物。

● 清洁浴室：先取出婴儿湿纸巾，用其抹拭浴室的洗脸台、镜子等，随后再用干抹布抹干，能快速清洁浴室。

● 去除液态污渍：液态污渍溅到了衣服、地毯上，如咖啡、蔬果汁等，都可用婴儿湿纸巾来擦拭。

● 去除油渍：修理汽车后，用婴儿湿纸巾擦手，或擦拭车厢内部某个部位，能有效去除油渍。

18. 纸尿裤有何妙用？

● 保持泥土水分：找一块干净的纸尿裤，使吸水面向上，放在花盆底部，可防止家中盆栽的水分过多流失，且即使长时间忘记浇水，泥土也能保持湿润，从而避免植物很快干枯。

● 减轻疼痛：身体某个部位（如背部、脖子、肩膀等）酸疼时，先将一个干净的纸尿裤打湿，再置于微波炉中高温加热，几分钟后取出，待温度适中，把热的纸尿裤放在疼痛处，稍稍热敷，即可有效减轻疼痛。

● 去除灰尘：宝宝用过的纸尿裤，若不是很脏的话，可用来擦拭地板，能快速清洁掉在地上的灰尘和头发等，很是方便。

19. 车蜡有哪些用途？

● 防止浴室镜子起雾：在浴室镜子上打些车蜡，待车蜡干后，用一块干净的软布轻轻擦拭，洗澡时，镜面便不再起雾。

● 修补光碟表面划痕：对付光碟表面的划痕，可用软布蘸取车蜡，均匀涂抹在划痕处，片刻后车蜡变干，用眼镜布轻轻擦拭，直至划痕消失，再用清水冲净、晾干、继续使用。

● 去除浴室霉斑：将浴室里的瓷砖和墙壁打扫干净后，涂抹一层车蜡，再找来一块干抹布擦拭一遍，即可除去上面的霉斑。切记车蜡虽能去除污渍和霉斑，但不要用于浴缸，以免滑倒受伤。

● 去除水印：家具上粘有水印时，在上面涂点车蜡，待车蜡变干后，用软布擦拭，水印将会消失。

20. 雨衣有何妙用？

● 用来御寒：分身式雨衣用来御寒，十分方便。

● 用作救生浮子：若雨衣是分身式的，遇到溺水等紧急状况时，取出雨裤，扎紧两条裤腿，然后抓住裤腰用力甩动，当裤腿内充满气体时，立即收紧裤腰，即可用作救生浮子。

● 篷式雨衣既能遮风挡雨，又可当作餐布，阳光过于强烈时还可作凉棚。

21. 网球有何妙用？

● 让羽绒服恢复膨松：可将羽绒服与几个网球同放入烘干机，烘干后，羽绒服自会恢复膨松。

● 拧开瓶盖：旧网球不能再用了，就把它切成两半，当需要打开瓶罐的盖子时，比如果酱瓶、调料瓶等，手握半个网球扭动瓶盖，会容易很多。

● 按摩脚底：在地板上放个网球，用脚掌踩着它，并使它来回滚动，可达到按摩足底、减轻脚掌疼痛的效果。当然，按摩时应脱去鞋子。

● 宠物玩具。小狗很喜欢追着网球玩耍，小猫咪也超级喜欢用它们的爪子在球上挠啊挠的。

● 开罐器。很多罐子瓶子都很难打开。把网球对切以后，其中的半个就可以拿去装到盖子上当把手用了。

● 换灯泡时用。已经被对切了的球可以在你换灯泡的时候派上用场，以免热灯泡烫手。

● 手部练习的用具。把网球抓在手上，用力捏，可以锻炼手指。

● 包装材料，以防护那些易碎物品。在箱子底下放些网球，再放入易碎物品，上面再放些网球进去。

消费理财篇

❀ 一、选购衣物 ❀

1. 识别裘皮有什么技巧?

优质裘皮毛杆笔挺,皮料柔软,毛茸平齐,色泽光亮,无光板掉毛等现象。识别时,可在裘皮服装上拔一小撮裘皮上的毛,用火点燃,若是人造毛会立即熔化,并发出烧塑料制品的气味;天然毛皮则化为灰黑色的灰烬,有烧头发似的焦煳味。另外,漂色的狗皮毛尖应无焦断,染色的裘皮应无异味,狸子皮的花点应清晰光亮,湖羊皮毛则要短,其花纹要坚实。

2. 怎样识别仿皮?

仿皮表面光泽,没有鬃眼,用力挤压,皮面没有明显褶皱。

3. 怎样识别猪皮?

猪皮表面粗糙,鬃眼很大,用力挤压皮面,有明显的褶皱。

4. 怎样识别羊皮?

羊皮质地细腻、柔软,表面有光泽,但光泽感不强,用力挤压皮面,有明显的褶皱。

5. 怎样识别马皮?

马皮表面粗细程度及鬃眼大小与羊皮差不多,但马皮的表面光泽不均匀,用力挤压,没有褶皱产生。

6. 怎样识别牛皮?

牛皮表面光泽明亮,没有鬃眼,用力挤

压皮面,有细小褶皱出现。

7. 识别真假牛皮有什么妙招?

可抹上一些唾液在牛皮的光面,再对着比较粗糙的面用嘴用力吹,若是真牛皮,则皮带的光面会出现小气泡;若是人造革,就不会有小气泡,这是由于真牛皮上有透气的毛孔。

8. 识别皮衣真伪有哪些技巧?

(1)仔细观察毛孔分布及其形状,天然皮革毛孔多,较深,不易见底。毛孔浅而显垂直的,可能是合成革或修饰面革。

(2)从断面上看,天然皮革的横断纤维层面基本一致,但其表面一层呈塑料薄膜状。

(3)用水滴在皮面上,不吸水为人造皮革,易吸水的则为天然皮革。

9. 如何识别光面皮与反面皮?

光面皮的表面,质地粗细均匀,无皱纹和伤痕,色泽鲜亮;用手指按压皮面,会出现细小均匀的皱纹,放开后可立即消失;手感柔软润滑,且富有弹性。反面皮的表面,绒毛均匀、颜色一致,无明显褶皱和伤痕,手感细软,没有油斑污点。

10. 怎样鉴别山羊皮革?

山羊皮革表面的纹路是在半圆形弧上排列着 2 ~ 4 个针毛孔,周围有大量的细纹毛孔。

11. 怎样鉴别绵羊皮革？

毛孔比较细小，且呈扁圆形，一般由几个毛孔一组排成长列，分布得非常均匀。

12. 怎样鉴别羊革？

羊革革粒面毛孔扁圆，且比较清楚，一般都是几根组成一组，排列成鱼鳞状。

13. 怎样鉴别牛革？

水牛革和黄牛革均被称为牛革，但也有一定的差别：黄牛革表面上的毛孔呈圆形，比较直地伸进革内，毛孔均匀而紧密，排列很不规则，就像满天的星斗；水牛革表面毛孔比黄牛革的要粗大些，毛孔数比黄牛革要稀少些，其革也比较松弛，没有黄牛革紧致。

14. 怎样鉴别马革？

马革的表面毛孔呈椭圆形，比黄牛革的毛孔要大些，排列也比较有规律。

15. 怎样鉴别猪革？

猪革表面的毛孔圆、粗大，比较倾斜地往革内伸。一般毛孔的排列以3根为一组，在革的表面，有很多的小三角形图案。

16. 识别人造革和合成革有什么技巧？

它们都是以纺织品或者无纺织来做底板跟合成的树脂结合而成的复合材料，是属于跟天然皮革类似的塑料制品。它们都具有柔软的耐磨性及弹性等特点，应用非常广泛。但是，它们的透气性比较差，仔细地看，没有自然的毛孔。另外，合成革与人造革的耐寒性比较差，若太冷则会发脆、变硬。

17. 识别驼毛有什么妙招？

● 搓绳法识别驼毛：取小撮驼毛，用手掌搓成绳状，松开后，驼毛会自然散开，若绞在一起则是假货。

● 火烧法识别驼毛：取小撮驼毛，用火烧，真驼毛有臭味，没有臭味的是假货。若用手轻捻灰烬，易碎成粉的是纯驼毛，而有光亮成结的则含有化纤成分。

● 浸水法识别驼毛：将驼毛浸入水中，取出来挤干水分，纯驼毛会自然散开，而假的则成为一团。

18. 怎样识别毛线质量？

优质的毛线条干均匀、毛茸整齐、逆向的绒毛少、粗细松紧一致，呈蓬松状；其色泽鲜明纯正，均匀和润；手洗后不串色，且手感干燥蓬松，柔软而有弹性。反之则为劣品。

19. 怎样识别全毛织物？

全毛织物的布面平整，色泽均匀，光泽柔和，手感柔软，富有弹性，用手捏料放松后，可自然恢复原状，且布面上没有褶皱。

20. 怎样识别羊毛衫质量？

将羊毛衫轻轻摊开，外观条形均匀无断头，色泽和谐无色差，针密无漏针，手感柔软有弹性的为上品；若外观粗糙、光泽灰暗、手感僵硬的则是劣品。

21. 识别真伪兔毛衫有什么技巧？

兔毛衫表面的茸毛硬直且有光泽，手感细软柔和，有温暖感。而假兔毛衫表面的茸毛柔软弯曲，手感光滑。另外，用火点燃一根，有臭味的是兔毛，卷曲呈团状的则为假兔毛。

22. 鉴别羽绒制品的质量都有哪些妙招？

● 手拍鉴别羽绒制品的质量：用手轻轻地拍几下，若有灰尘飞扬，则说明羽绒没有洗干净，或混有杂质在内；若针脚处有粉末漏出来，则说明羽绒内所含灰粉多，质量很差；迅速抓一把，若放松后，恢复其原有的形状，则证明羽绒弹性大、蓬松、质量好。

● 手摸鉴别羽绒制品的质量：用指尖仔细地触摸一下，若布满大头针、火柴梗般的毛片，则说明它的含绒量在30%以下，如果基本上摸不到硬梗的杂物，则证明其含绒量在 60% 左右，且符合质量要求。含绒量高的羽绒制品，用手摸上去柔软、舒适，很难摸出硬梗。

● 手揉识别羽绒制品质量：用双手搓揉羽绒制品，若有毛绒钻出，则说明使用的面料防绒不好。用手掂羽绒制品的重量，重量越轻，体积越大的为上品，通常羽绒的体积应该是棉花的 2 倍以上。

● 用眼看识别羽绒服质量：用眼睛识别其羽绒服的含绒量有多少，辨别是白绒、灰绒还是黑绒，其中以白绒为最佳；同时要看是否有质量标签。认准厂家商标，并看清缝制是否精细，针距是否均匀，面料有无色差，羽毛是否钻绒等。

● 用鼻嗅识别羽绒服质量：用鼻子嗅羽绒制品是否有鸭腥味。一般经过严格消毒的羽绒制品是没有鸭腥味的，若嗅出腥味，则说明羽绒消毒不合格，日后容易霉变出现虫蛀。

23. 怎样识别真丝和化纤丝绸？

手摸真丝织品时有拉手感觉，而其他化纤品则没有这种感觉。人造丝织品滑爽柔软，棉丝织品较硬而不柔和。用手捏紧丝织品，放开后，其弹性好无折痕。人造丝织品松开后则有明显折痕，且折痕难于恢复原状。锦纶丝绢则虽有折痕，但也能缓缓地恢复原状。

24. 怎样识别丝织品？

在织品边缘处抽出几根纤维，用舌头将其润湿，若在润湿处容易拉断，则说明是人造丝，反之是真丝。大部分纤维在干湿状态下强度都很好，容易拉断则是涤纶丝或锦纶丝。

25. 识别蚕丝织品有什么技巧？

蚕丝外表有丝胶保护且耐摩擦，干燥的蚕丝织品在相互摩擦时，通常会发出鸣声，俗称丝鸣或绢鸣，若无声响，则说明是化纤蚕丝。

26. 辨丝棉有何妙招？

用火柴将它烧一下，若起粘胶状，则为纤维丝；若无气味，且烧成了黑色，则是棉花；若有皮毛的气味，烧完后呈黑色，一捻就像沙土一样，则是丝棉。

27. 怎样识别纤维织物？

人造纤维又分为粘纤和富纤两类，其面料光泽较暗，色泽不匀，反光也较差，手感滑爽柔软，攥紧放开后，一般会有褶皱现象。

合成纤维一般有涤纶、锦纶、腈纶等制品，另有棉、毛混纺织品，其面料色彩鲜艳，光泽明亮，手感爽滑，攥紧放开后，褶皱能恢复。

28. 怎样识别呢绒布料？

将呢绒布料用手一把抓紧后再放开，若能立即弹开，并恢复其原状，则表明质量佳；若放开后，稍稍有皱，而在比较短的时间内又能自己慢慢恢复原状者，其质量也可以。用手轻轻地搓一搓呢料，若短纤维脱落少，料面不起毛，则说明质量好。在较强的灯光下或者日光下照着看，若色彩柔和、色泽均匀、表面平坦、疵点疙瘩比较少，则说明质量好。

29. 怎样鉴别麻织物？

若燃烧快，产生蓝烟及黄色的火焰，灰烬少，草灰呈末状，有烧草的气味，呈灰色或者浅灰色，则为麻。

30. 怎样鉴别棉织物？

很容易燃烧，且有烧纸的气味，燃烧以后，能保持着原来的线形，手一接触灰就分散，则为棉织物。

31. 怎样利用燃烧法鉴别丝织物？

丝织物燃烧的时候，比较慢；会缩成一团；有烧毛发的臭味；化为灰烬后，呈黑褐色的小球状，用手指轻轻地一捻即碎。

32. 如何利用燃烧法鉴别羊毛织物？

当把织物接近火焰的时候，先卷缩成黑色的、膨胀且容易碎的颗粒，有烧毛发的臭味的，即为羊毛织物。

33. 如何利用燃烧法鉴别醋脂纤维织物？

醋脂纤维织物燃烧的时候，非常缓慢，熔化后离开火焰，有刺鼻的醋味，一边燃烧一边熔化；灰是黑色的，呈块状，有光泽，用手指一捏，即碎。

34. 识别衣料的质量有什么技巧？

（1）一般毛料不应有油味，化纤面料不应有药味。

（2）看衣料的布边及织法是否整齐。

（3）质量较好的织物，其纵横纹路应呈垂直交叉。

（4）将衣料对光，可清楚地看清线结的多少及有没有脱线处。

35. 识别冬裙面料有什么窍门？

秋冬季节的裙装摸上去要厚实，穿上去要温暖。一般采用羊毛呢、花呢、纯毛、混纺织物、纤维织物、皮革等面料制作而成。纯毛质地的面料看起来很薄，但保暖性能好，质地较好的面料不易产生"死"褶。羊毛呢和花呢质地偏硬，保暖性很好，不易起皱。皮革面料的裙装，保暖性较好，但易变形。

36. 鉴别真皮鞋质料有什么窍门？

（1）真的皮革一按下去，它的纹路会很细，很轻巧，且成平行状；若是假的皮革，其纹路粗糙且不规则，成交叉状，皮质也比较硬，且没有弹性。

（2）用手轻轻地按一下鞋面，若起了小细纹，而且手指一放开，细纹马上就消失，则表示其弹性好。

❀ 二、食品 ❀

1. 怎样辨别大米质量？

优质的大米颗粒整齐，富有光泽，比较干燥，无米虫，无沙粒，米灰极少，碎米极少，闻之有股清香味，无霉变味。质量差的大米，颜色发暗，碎米多，米灰重，潮湿而有霉味。

2. 鉴选新米有什么窍门？

● 选大米看颜色：首先看新米色泽是否呈透明玉色状，未熟的新米可见青色；再看新米胚芽部位的颜色是否呈乳黄色或白色，陈米一般呈咖啡色或颜色较深。其次新米熟后会有股非常浓的清香味，而新轧的陈谷米香味会很少。

● 选大米看水分：新米含水量较高、齿间留香、口感较软；陈米则含水量较低、口感较硬。在市场、超市、便利商店购买袋装米时，要留意其包装袋上是否标有生产日期、企业名称及产地等信息。

3. 怎样鉴别面粉质量？

面粉是由小麦磨制烘干而成的。分为标准粉、富强粉和强力粉 3 种。优质面粉有面香味，颜色纯白，干燥不结块和团；劣质面粉水分重、发霉、结团块，有恶酸败味，不能食用。

4. 鉴别面粉质量有什么妙招？

● 从含水量鉴面粉质量：标准质量的面粉，其流散性好，不易变质。当用手抓面粉时，面粉从手缝中流出，松手后不成团。若水分过大，面粉则易结块或变质。含水量正常的面粉，手捏有滑爽感，轻拍面粉即飞扬。受潮含水多的面粉，捏而有形，不易散，且内部有发热感，容易发霉结块。

● 观颜色鉴面粉质量：标准质量的面粉，一般呈乳白色或微黄色。若面粉是雪白色或发青，则说明该产品含有化学成分或添加剂；面粉颜色越浅，则表明加工精度越高，但其维生素含量也越低。若贮藏时间长了或受潮了，面粉颜色就会加深。

● 看新鲜度鉴面粉质量：新鲜的面粉有正常的气味，其颜色较淡且清。如有腐败味、霉味、颜色发暗、发黑或结块的现象，则说明面粉储存时间过长或已经变质。

● 看精度鉴面粉质量：标准质量的面粉，手感细而不腻，颗粒均匀，既不破坏小麦的内部组织结构又能保持其固有的营养成分。

● 闻气味鉴面粉质量：面粉要保持其自然浓郁的麦香味，若面粉淡而无味或有化学药品的味道，则说明其中含有超标的添加剂或化学合成的添加剂。若面粉有异味，则可能变质了或添加了变质面粉。

5. 怎样鉴别色拉油质量？

抽查桶底油，沉淀物不超过 5% 的为优质油。在亮处观察无色透明容器中的油，保持原有色泽的为好油。在手心蘸一点油，搓后嗅气味，如有刺激性异味，则表明其质量差。在锅内加热至150℃左右，冷却后将油倒出，看是否有沉淀现象。有沉淀则表明其含有杂质。

6. 鉴别色拉油有什么窍门？

● 看颜色鉴色拉油：将洁净干燥的细小玻璃管插入油中，用拇指堵好上口，慢慢抽起，其中的油如呈乳白色，则油中有水，乳色越浓，水分越多。

● 品味道鉴色拉油：直接品尝少量油，如感觉有酸、苦、辣或焦味，则表明其质量差。

7. 怎样识别花生油？

花生油是从花生仁中提取的油脂，一般呈淡黄色或橙黄色，色泽清亮透明。花生油沫头呈白色，大花泡，具有花生油固有的气味和滋味。

8. 怎样识别菜籽油？

菜籽油是从菜籽中提取的油脂，习惯称为菜油。一般生菜籽油呈金黄色，沫头发黄稍带绿色，花泡向阳时有彩色；具有菜籽油固有的气味，尝之香中带辣。

9. 怎样识别大豆油？

大豆油是从大豆中提取的油脂，亦称豆油。一般呈黄色或棕色，豆油沫头发白，花泡完整，豆腥味大，口尝有涩味。

10. 怎样识别棉籽油？

棉籽油是从棉籽中精炼提取的油脂，一般呈橙黄色或棕色，沫头发黄，小碎花泡，口尝无味。

11. 怎样识别葵花籽油？

葵花籽油是从向日葵籽中提取的油脂，油质清亮，呈淡黄色或者黄色，气味芬芳，滋味纯正。

12. 怎样鉴别香油是否掺了其他油类？

纯正的小磨香油呈红铜色，且香味扑鼻，若小磨香油掺猪油，可用加热方法来辨别，一般加热后就会发白；若掺棉籽油，则加热后会溢锅；若掺菜籽油，则颜色发青；若掺冬瓜汤、米汤，其颜色会发浑，而且有沉淀物。

13. 如何通过闻味儿识别香油的纯正与否？

纯正香油的制作过程中能保留其浓郁而纯正的芝麻香味，且香味持久。纯正香油的香味是区别于普通芝麻油的本质特征，但到目前为止，因为这种香味通过感官即可识别出，尚无定量的标准。

14. 怎样鉴别植物油质量？

植物油水分、杂质少，透明度高，表示精炼程度和含磷脂除去程度高，质量好。豆油和麻油呈深黄色，菜油黄中带绿或金黄色，花生油呈浅黄色或浅橙色，棉籽油呈淡黄色，都表明油质纯正。将油抹在掌心搓后闻气味，应具有各自的气味而无异味。取油入口具有其本身的口味，而不应有苦、涩、臭等异味。

15. 怎样鉴别精炼油质量？

精炼油是指经过炼制的油，其气味清香，不会有焦苦味。当在15℃~20℃时，其颜色为白色、且为软膏状。加热融化后无杂质，并呈透亮的淡黄色。

16. 怎样通过透明度鉴油脂质量？

可通过油脂的透明度来鉴别油脂的精炼程度。先将油脂搅浑，倒入一个玻璃杯中，静置24小时，若透明不浑浊、无悬浮物为好；反之则较差。

17. 鉴别淀粉质量有什么好方法？

质量好的淀粉洁白、有光泽、干燥、无杂质、细腻、松散；若颜色呈灰白、粉红色，粉粒不匀，有杂质，成把紧紧握住，不外泄，且松手后不易散开，则说明质量比较次。

18. 如何鉴别真假淀粉？

把淀粉放入手中搓捻，若有光滑、细腻的感觉，或者有吱吱的响声，则为好的淀粉。掺了假的淀粉手感非常粗糙，响声小或者无声。好的淀粉一旦溶入清水中，会很快沉淀，且水色清澈；掺了假的淀粉，水会变浑浊且有其他的悬浮物。

19. 鉴别酱油质量有什么窍门？

● 闻味道：质量好的酱油，闻时有轻微的酱香及脂香味，没有其他异味。若酱油有霉味或焦味，说明酱油已发霉不能食用。

● 看颜色：质量好的酱油，色泽红润，呈红褐色或棕褐色，澄清时不浑，没有沉淀物。用质量好的酱油烹调出的菜有色泽红润，气味芳香。当然，酱油的颜色不是越深越好，颜色深到一定程度，酱油中的营养成分也就所剩无几了。

20. 买酱油时，如果是密封装的，如何鉴别其质量？

将瓶子倒立，看瓶底是否留有沉淀，再将其竖正摇晃，看瓶子壁是否留有杂物，瓶中液体是否浑浊，是否有悬浮物。优质酱油应澄清透明，无沉淀，无霉花浮膜。同时摇晃瓶子，观察酱油沿瓶壁流下的速度快慢。优质酱油因黏稠度较大，浓度较高，因此流动稍慢，劣质酱油则相反。

21. 怎样鉴别食醋质量？

质量高的食醋其酸味纯正，且芳香无异味；好醋酸味柔和，稍有甜味，无刺激感；米醋呈黑紫色或红棕色，浓度适当，没有悬浮物、沉淀物。从出厂日起，瓶装醋在3个月内、散装醋在1个月内不应出现霉花浮膜。

22. 怎样鉴别豆酱？

豆酱一般可以分为蚕豆酱和大豆酱。大豆酱又称为黄酱、黄豆酱、大酱，根据所含水量的不同可以分为稀黄酱和干黄酱。其色泽应是棕褐色或红褐色，鲜艳而有光泽；有醋香和酱香气；味鲜而醇厚，咸淡适中，无咸、苦、酸味及其他异味；不稀不干，黏稠适度；无杂质，无霉花。

23. 怎样鉴别面酱？

面酱是用食盐、面粉、水为原料所制成的，由于它咸中带甜，因此，被称为甜酱或甜面酱。质量好的面酱呈金红色，有光泽，有甜香味，咸味适口，呈比较厚的糊糊状。

24. 鉴别豆瓣酱有什么窍门？

质量好的豆瓣酱呈棕红色，油润而有光泽；有脂香和酱香；酥软化渣，味鲜且甜，略有香油味及辣味；面有油层，呈酱状，瓣粒成形，间有瓣粒。

25. 选购盐有什么技巧？

纯净的食盐洁白而有光泽，色泽均匀，晶体正常有咸味。若带有些苦涩味，则说明铁、钙等水溶性的杂质太多，品质不良，不要食用。另外，盐里面的碘容易挥发，因此，一次不要买得太多。

26. 怎样鉴别胡椒粉？

将胡椒粉装进瓶里，然后用力摇几下，如果松软如尘土，则说明质量是好的。若一经摇晃，即变成了小块块，则不宜购买。

27. 怎样鉴别味精优劣？

优质味精颗粒形状一致，颗粒之间呈散粒状态，色洁白而有光泽，稀释到1：100的比例时，口尝仍然感到有鲜味；劣质味精粒的形状不一，颜色发黄发黑，甚至有些颗粒成团结块，当稀释到1：100的比例后，只能感到咸味、甜味或苦味而无鲜味。

28. 鉴别掺假味精有什么窍门？

● 手摸法：真的味精手感柔软，没有粒状物触感；而假的味精摸上去会感觉很粗糙，且有明显的颗粒感。若含有小苏打、生粉，则会感觉过分地滑腻。

● 品尝法：真的味精有强烈的鲜味，若咸味大过鲜味，则表明掺入了食盐；若有苦味，则表示掺入了硫酸镁；若有甜味，则表示掺入了白砂糖；若难以溶化且有冷滑、黏糊的感觉，则表明掺了石膏粉或者木薯粉。

29. 怎样鉴别真假大料？

假的大料即为莽草子，有毒性，莽草子果瓣的接触面一般呈三角形；果腹面的褶皱比较多；果色比较浅，用舌舔的时候，会有刺激性酸苦味。

30. 鉴别桂皮有什么窍门？

在选购桂皮的时候，用指甲在它的内面轻轻地刮一下，若稍有油质渗出，闻起来香气纯正，用牙齿咬它的断面，感觉清香且稍带点甜味，则为上品。同时，用手将它折断，若松脆、容易断，声响比较脆，断面平整，则也为上品。若皮面青灰中透点淡棕色，腹面为棕色，表面有光泽、细纹，片长约为 30～50 厘米，厚薄均匀在 3～5 毫米，即为优良者。

31. 鉴别酵母有什么技巧？

新鲜的酵母呈红黄色，方块形，不粘手，软硬适度，有酵母的清香味，轻轻一掰，即断。新鲜的酵母经过存放后，其表面被风干，呈棕色，再风干，即会裂成棕色的碎粒，但仍然可以使用，只是要把用量加大些。若是发臭的酵母，不但闻起来有臭味，而且呈灰色、黑色，严重的呈红色，此时不可使用。

32. 怎样鉴选鲜活的鱼？

（1）鲜活的鱼在水中游动自如，对外界刺激敏感，而即将死亡的鱼游动缓慢，对刺激反应迟缓。

（2）鲜活的鱼背直立，不翻背，反之即将死亡的鱼背倾斜，不能直立。

（3）鲜活的鱼经常潜入水底，偶尔出水面换气，然后又迅速进入水中。若是即将死亡的鱼则浮于水面。

（4）鲜活鱼的鳞片无损伤、无脱落，反之则鳞片有脱落现象。

33. 怎样鉴别鱼的新鲜度？

● 嗅鱼鳃：鱼鳃部细菌多，容易变质，是识别鱼新鲜与否的重要部位，如无异味或稍有腥味者为鲜鱼；有酸味或腥臭味者为不新鲜。

● 摸鱼肉：摸鱼的肉质是否紧密有弹性，按后不能留指印，腹部紧实不留指痕的为新鲜鱼；反之肉质松软，无弹性，按后留有指痕，严重的肉骨分离，腹部留指痕或有破口的不是新鲜鱼。

34. 选购冰冻鱼时应注意哪些方面？

新鲜冻鱼，其外表鲜艳、鱼体完整，无损害、鳞片整齐、眼球清晰、鳃无异味，肌肉坚实、有弹性。除了具有以上鲜鱼的质量要求外，包装也要完好，鱼体表层无干缩、油烧现象。有破肚、有异味的冰冻鱼不要购买，特别是不新鲜的鲐鱼与鲅鱼，其体内含组氨酸，即使加热后食用也极易中毒。

35. 买鱼时，怎样辨别其是否受到污染？

被污染的鱼往往在体形、鱼鳍、鱼眼和味道上与新鲜的鱼有明显的区别，所以在购买鱼类时要着重观察这些部位。

被铅污染的鱼体形不整齐，严重的头大尾小，脊椎僵硬无弹性；化肥污染的鱼体表颜色发黄变青，鱼肉呈绿色，鱼鳞脱落，鱼肚膨胀；有的鱼被各种化学物质污染后开始变味，如大蒜味、农药味、煤油味，可以直接闻出来。有的鱼虽然从外表看来正常，可鱼眼明显突出，浑浊没有光泽，这样的鱼也是被污染过的。

36. 选购带鱼有什么技巧？

在选购带鱼时，首先要注意是否新鲜，新鲜的带鱼洁白发亮，体表带有鱼类特有的银膜。而变质的带鱼发黄发黑，摸上去有种黏糊糊的感觉。

37. 选购鳝鱼有什么技巧？

鳝鱼死后，容易分解出毒物，引起食物中毒。所以，在选购鳝鱼的时候，浑身黏液丰富，头朝上直立，颜色黄褐而发亮，且不停游动的为佳。

38. 选购鲜鱼片有什么技巧？

新鲜的鱼片透明度很高，鱼片越新鲜，透明度就越高；反之，鱼片变色或者比较干裂的话，则表明不太新鲜。

39. 挑选对虾有什么窍门？

● 看外形：新鲜对虾头尾完整，有一定的弯曲度，虾身较挺。不新鲜的对虾，头尾容易脱，不能保持其原有的弯曲度。

● 看颜色：新鲜对虾皮壳发亮，青白色，即保持原色。不新鲜的对虾，皮壳发暗，颜色变为红色或灰紫色。

● 摸肉质：新鲜对虾肉质坚实、细嫩。不新鲜的对虾肉质松软。而且，优质对虾的体色依雌雄不同而各异，雌虾微呈褐色和蓝色，雄虾微褐而呈黄色。

40. 怎样区分雌雄龙虾？

在购买龙虾的时候，很多人都喜欢选雌性的龙虾。分辨雌雄龙虾最好的办法是：若龙虾胸前的第一对爪的末端呈开叉状，则是雌性龙虾；若爪部末端是"单爪"，且呈并列开叉状，则为雄虾。

41. 怎样鉴别河蟹质量？

农历立秋前后的河蟹饱满肥美，此时是选购的最好时节。死蟹往往含有毒素，建议不要购买。质量好的河蟹甲壳呈青绿色，体形完整，活泼有力。雌蟹黄多肥美，雄蟹则油多肉多，根据其脐部可辨别：雄蟹为尖脐，雌蟹为圆脐。

42. 选购海蟹有什么技巧？

市场上有的海蟹腿钳残缺松懈，关节挺硬无弹性，稍碰即掉或自行脱落，甚至变腥变丑，这样的海蟹质量太次，不宜食用。而好的海蟹腿钳坚实有力，连接牢固，体形完整。观其脐部可分辨雌雄，圆脐为雌，尖脐为雄。

43. 怎样鉴别枪蟹质量？

枪蟹，也就是市场上常卖的梭子蟹。优质新鲜的枪蟹体形完整，腿钳坚实有力，整体呈紫青色，背部有青白斑点，体重，这样的蟹才是新鲜的。

44. 选购青蟹应掌握哪些技巧？

优质肥美的青蟹一般体重在二三百克左右，肉质紧致，蟹壳锯齿状的顶端完全不透光。有些交配过的大个头雄蟹和刚刚换完壳的青蟹，都消耗了很多体力，肉质疏松，一点也不饱满，所以选购青蟹时要拿起两只掂量掂量，以重者为佳，不能只看个头。青蟹存放的最佳温度是8℃～18℃，温度过高或者过低都会导致很快死亡。保存青蟹时，要放在湿润的阴凉处，并每天浸泡在浓度为18%的盐水中5分钟，这样就能活3～10天。

45. 选购海参有什么技巧？

优质海参形体粗长，肉厚，腹内没有杂物，如梅花参。而体形瘦小，肉薄，体内有沙等杂质的海参为次品，如搭刀赤参。

梅花参：是一种个头比较大的海参（干品可达 200 克），把干制品展平，会在其纯黑的腹内发现许多尖刺。

方刺参：因体形为四棱形而得名，在其棱面上长有小刺。虽然方刺参个头较小、颜色土黄，但比梅花参更有食用价值。

灰参：以肉质肥美驰名，其淡水产品尤为出众。但因其咸性很重，易回潮，肉质极糯，不宜长久储存。

白器参：颜色白黄，没有刺，味道一般。

克参：也就是人们常说的乌狗参，黑色无刺，厚硬的表皮和薄肉使其品质较差，不受人们欢迎。

46. 怎样选购牡蛎？

牡蛎是一种生长在海边石头上的海产品，又被称为海蛎子。个大肥厚，呈浅黄色的，即为优质品；大小不一，潮湿发红的为次品。

47. 选新鲜扇贝有什么窍门？

新鲜扇贝的肉色雪白而带有半透明状；若不透明且色白，则为不新鲜的扇贝。内脏为红色的是雌体，雄体内脏为白色。

48. 选购干贝有什么窍门？

好的干贝比较完整且大小均匀，干净耐看，淡淡的黄色中透着光亮，味道腥香微甜。而那些无光泛黄、颗粒参差不齐、松碎的干贝则是次品。如颜色发黑变暗质量就更差了。

49. 选购海蜇有什么技巧？

海蜇是营养丰富的海产品，其最常见的成品有海蜇头和海蜇皮两种。购买海蜇头时应认准干净鲜嫩、个头较大、颜色呈浅红的，这样的是优品。海蜇皮通常分为 3 个等级：片大而干净结实，半透明状的是优品；中等片，整体呈白色略有红皮，稍含泥沙的是中品；片小泛黄，多泥沙多红皮的则是质量最差的。

50. 如何选购优质的海带？

优质的海带有以下特点：遇水即展，浸水后逐渐变清，没有根须，宽长厚实，颜色如绿玉般润泽；而品质低劣的海带含有大量的杂质，颜色发黄没有光泽，在水中浸泡很长时间才展开或者根本不展开。

51. 鉴鱼翅质量有什么窍门？

优质的鱼翅干燥、口感干爽淡口。从颜色上辨别则是：黄白色的最佳，灰黄的一般，青的最差。

52. 怎样选购优质新鲜的蚶？

夏季是吃蚶的最佳季节，这时的蚶十分肥厚美味。优质新鲜的蚶壳紧闭，剖切时有血水流出。蚶最肥美的时候是在每年 6 ~ 9 月的产卵期。

53. 选购鱼肚有什么窍门？

优质鱼肚干净透明，片大挺实均匀，剖切整齐；稍次的鱼肚又小又薄，颜色灰暗无光；腐烂变质的鱼肚则发黑、发臭，不能食用。

54. 选购甲鱼有什么窍门？

在市场上一定要买活甲鱼，并且杀死即吃，不要存放死甲鱼。因为甲鱼死后易分解毒物，体内含有毒素会引起食物中毒，因此不能选购死甲鱼食用。

55. 怎样鉴别野味的质量？

● 看眼睛：新鲜的野味眼睛应突出，眼珠应明亮；不新鲜的眼珠灰白。

● 观皮毛：新鲜的野味皮毛有光泽，不易拔下；不新鲜的皮上有灰绿色斑点，很容易拔下并带有脂肪。

56. 怎样鉴别牛肉的质量？

从外表、颜色看，新鲜的牛肉外表干或有风干膜，不粘手，肌肉红色均匀，脂肪洁白或淡黄，有光泽；变质肉外表干燥或粘手，切面发黏，肉色暗淡且无光泽。煮成汤后，新鲜的牛肉汤透明清澄，脂肪聚于表面；变质肉有臭味，肉汤浑浊，有黄色或白色絮状物，脂肪极少浮于表面。

57. 辨注水牛肉有何妙招？

注水牛肉因其含水量太多，而使肉色泽变淡，呈淡红带白色，虽然看上去很细嫩，但有少许水珠向外渗水，且用手摸并不黏手。若有以上现象，则表明是注水牛肉。

58. 黄牛肉的鉴别有什么技巧？

肉颜色棕红或暗红，脂肪为黄色，有光泽，肥瘦不掺杂，容易分离。

59. 怎样鉴别水牛肉？

肉棕红，颜色较深，脂肪干燥，肉质比较粗糙。

60. 如何辨别驼肉与牛肉？

● 看骨骼：驼骨较粗大，若部位相同，驼骨要比牛骨长且粗些。

● 看肉色：牛肉一般呈红色，将其放置一段时间以后，其颜色会加重，看起来有粗糙感，脂肪呈淡黄色或者黄色，比较硬。驼肉呈淡红色，就算放置一段时间，其颜色也不会有太大的变化，看起来没有粗糙感，皮下的脂肪层呈润白色，呈堆积状。

61. 如何鉴选新鲜羊肉？

● 观肉色：优质的羊肉肉皮光鲜没有斑点，肉质均匀有光泽，呈鲜红色；不新鲜的羊肉色暗；变质的羊肉色暗无光泽，脂肪呈黄绿色。

● 试手感：新鲜的羊肉质坚而细，有弹性，指压出的凹陷能够马上恢复，肉表面或干或湿都不粘手；不新鲜的羊肉质松，无弹性，干燥或粘手；变质的羊肉粘手。

● 尝味道：新鲜的羊肉无异味；不新鲜

的羊肉略有酸味；变质的羊肉有腐败的臭味。

62. 不同羊肉的鉴别有什么技巧？

常见的羊肉分为绵羊肉和山羊肉两种，新鲜的山羊肉肉色略白，皮肉间脂肪较少，羊肉特有的膻味浓重。新鲜的绵羊肉颜色红润，肌肉比较坚实，在细细的纤维组织中夹杂着少许脂肪，膻味没有山羊肉浓。

63. 如何根据烹饪方法选羊肉？

不同的烹饪方法需要不同部位的羊肉，这样才能做出更美味的食物。下面就介绍一下几种烹饪方式所需的羊肉。

扒羊肉：应选羊尾、三岔、脖颈、肋条、肉腱子。

涮羊肉：应选三岔、磨裆。

焖羊肉：应选腱子肉、脖颈。

烧羊肉：应选肋条、肉腱子、脖颈、三岔、羊尾。

炒羊肉：应选里脊、外脊、外脊里侧、三岔、磨裆、肉腱子。

炸羊肉：应选外脊、胸口。

64. 怎样鉴选老羊肉和嫩羊肉？

老羊肉肉质粗糙，纹理粗大，颜色较暗，呈深红色；嫩羊肉肉质细嫩，纹理较小，弹性好，颜色淡。

65. 如何鉴别变质猪肉？

变质猪肉没光泽、颜色暗淡，基本上无弹性，切开后有黏液流出。死猪肉的血管存有大量紫红色血液，所以颜色暗红并带有色斑。加热就会散发出很重的腐败气味。

66. 怎样鉴别老母猪肉？

● 看瘦肉：老母猪肉的瘦肉一般呈暗红色，水分较少，纹路粗乱，而好的猪肉瘦肉一般呈鲜红色，水分较多，纹路清晰，肉质细嫩。

● 用手摸：用手去摸母猪的肥肉，指头上沾有的脂肪比较少，不像好的肥肉，会使指头沾有比较多的油脂。

● 看肉皮：老母猪肉毛孔粗大，皮质厚而粗糙；而好的猪肉，肉质纤维粗而松散。

67. 鉴别灌水猪肉有何妙招？

通过观察鉴别。正常的新鲜猪肉其外表呈风干状，瘦肉的组织紧密，且颜色稍稍发乌。而猪肉灌水后，其表面看上去会水淋淋发亮，且瘦肉组织比较松弛，颜色比较淡。

68. 灌水猪肉如何鉴别？

● 手摸法：用手摸瘦肉，若正常，则会有黏手的感觉，因为猪肉体液有黏性。而灌水猪肉因为把体液冲淡了，所以没有黏性。

● 测试法：在瘦肉上贴些烟卷，过一会儿将其揭下，然后再点燃。若有明火的，则是好肉，反之，则是灌水肉。

69. 如何鉴别死猪肉？

死后屠宰的猪肉色暗红，有青紫色斑，血管中有紫红色血液淤积和大量的黑色血栓。其肾脏局部变绿，有腐败气味散出，冬季气温低，嗅不到气味，通过加热烧烤或煮沸，变质的腐败气味就会散发出来。

70. 怎样鉴别猪囊虫肉？

猪囊虫是钩绦虫的幼虫，呈囊泡状，在猪的瘦肉里和心脏上寄生。猪囊虫会在猪肉上形成带有白色头节的囊泡，小如米粒大。误食猪囊虫肉会使人得病，如绦虫病、囊虫病。

其检验的方法是：将瘦肉用锋利的刀刃迅速割开，然后细心翻检，看它是否有囊泡。另外，看它的肉色是否发红。若肥肉呈粉红色，则要多加注意。

71. 怎样鉴别瘟猪肉？

瘟猪的全身淋巴结都呈紫色，肾脏贫血色淡，周身甚至脂肪和肌肉都布满鲜红色出血点。经一夜清水浸泡的瘟猪肉外表明显发白，周身的出血点就看不出了，但这只是表面现象，切开后的猪肉仍然存在明显的出血点。

72. 怎样鉴别病猪？

● 从毛皮色泽上鉴别：健康的猪毛根白净，肉皮色白，脂肪颜色为白色；病猪毛根发红，表皮有红色血斑或血点。

● 从肉质上鉴别：健康猪的肉呈粉红色，有光泽，弹性好，不流液体；病死猪颜色紫红，肉没有弹性，常流出血液，又腥又臭。

● 从血管存血上鉴别：健康猪血管干净没有积血；病死猪则有很多黑血积在血管中。

73. 鉴别冻猪肉有什么方法？

质量好的冻猪肉，脂肪洁白而有光泽，肉色红而均匀，无霉点，有坚实感，肉质紧密，切面及外表微湿润，无异味，不粘手。质量次的冻猪肉，脂肪微黄，缺乏光泽，色呈暗红，有少量霉点，肉质软化或者松弛，外表湿润，稍有酸味或氨味，切面有渗出液，不粘手。

74. 如何根据烹饪方法选猪肉？

酱：应选猪头肉，该部位骨多肉少。

熘、爆、炒：应选脊肉，该部位最为鲜嫩。

红烧、粉蒸、烤：应选五花肉，该部位肥瘦相间。

炸、煎、炒：应选臀尖肉，该部位肉质细嫩。

卤、拌：应选坐臀肉，该部位肉质较老。

75. 如何鉴别动物肝的质量？

新鲜的动物肝坚实有弹性，颜色为紫或褐；质量不好的肝又软又皱，颜色暗淡，没有光泽，有异味。

76. 如何挑选猪肝？

（1）看外表：颜色紫红均匀，表面有光泽的是正常的猪肝。

（2）用手触摸：感觉有弹性，无水肿、脓肿、硬块的是正常的猪肝。

另外，有些猪肝的表面有菜籽大小的白点，这是由于一些致病的物质侵袭肌体后，肌体自我保护的一种现象。割掉白点仍然可以食用。但若白点太多，就不要购买了。

77. 怎样鉴别病死猪肝？

病死猪肝颜色发紫，剖切后向外溢血，偶尔长有水泡。加热时间短的话，病变细菌不易被杀死，对人体有害。

78. 怎样鉴别灌水猪肝？

灌水后的猪肝虽然颜色还是红色，但明显发白，外形膨胀，捏扁后可以立即恢复，剖切时向外流水。

79. 购买酱肝有什么技巧？

在购买的时候，应购买颜色均匀且呈红褐色、光滑有弹性的，切开后，其切面细腻，无异味，无蜂窝。反之，则不能购买。

80. 怎样鉴别动物心脏质量？

新鲜的心质地坚实，有弹性，内部有新鲜的血液；不新鲜的心则质地松软，没有弹性，并带有黏液，散发异味。

81. 怎样鉴别猪心？

新鲜的猪心，富有弹性，组织坚实，用手压的时候，会有鲜红的血液流出；若为不新鲜的，则没有这些现象。

82. 怎样鉴别肚质量？

新鲜的肚坚实有弹性，呈白色略带浅黄，有光泽，黏液多；不新鲜的肚质地松软没有弹性，呈白色略发青色，没有光泽，黏液少。有病的肚内则长有发硬的小疙瘩。

83. 怎样鉴别腰子质量？

新鲜的腰子柔润光泽，有弹性，呈浅红色；不新鲜的腰子颜色发青，被水泡过后变为白色，质地松软，膨胀无弹性，并散发异味。

84. 怎样挑选猪腰？

首先看它的表面有没有出血点，若有，则不正常。其次，看它是否比一般的猪腰要厚和大些，若是又厚又大，要仔细观察一下是否肾红肿。其检查的方法是：将猪腰用刀切开，看髓质（红色组织与白色筋丝之间）和皮质是否模糊不清，若是，则是不正常的。

85. 怎样挑选猪肠？

新鲜的猪肠稍软，呈乳白色，有黏液，略有硬度，湿润度大，无伤斑，无变质异味，无脓色，且不带杂质。若是变色的猪肠，则为草绿色或淡绿色，其硬度会减少，黏糊，且有腐败的臭味。

86. 怎样挑选猪肺？

正常的猪肺呈淡红色，表面光滑，用手指轻轻地压它，会感觉柔软而有弹性，将它切开后，里面呈淡红色，能喷出气泡。若是变质的肺，颜色为灰白色或者褐色，组织松软而无弹性，有异味。肺上有肿、水肿、结节及脓样块节等也不能食用。

87. 选购熟香肠有什么技巧？

在买熟香肠的时候，要选择肠衣完整，并与内容物紧紧地结合在一块儿，无霉味，无黏液，脂肪透明呈白色，肉呈红色，没有酸败味或腐臭味的；反之，则不宜购买。

88. 选购香肠有什么窍门？

● 观外形：质量好的香肠，表面紧而有弹性，切面紧密，色泽均匀，周围和中心一致，肠体干燥有皱瘪状，大小长短适度均匀，肠衣与肉馅紧密相联一体，肠馅结实；劣质的香肠没有弹性，肠衣与肉馅分离。

● 察颜色：优质香肠瘦肉呈鲜艳玫瑰

红且不萎缩，肥肉白而不黄，无灰色斑点；劣质香肠呈灰绿色，切面周围有淡灰色轮环。

● 辨气味：优质香肠嗅之芳香浓郁，劣质香肠发臭或发酸。

89. 如何鉴别淀粉香肠？

掺淀粉的香肠最基本的表现就是外观平滑、硬挺，和瘦肉极为相似。它比正常次品火腿肉质组织稍软，切面尚平整；变质火腿组织松软甚至黏糊。

90. 如何鉴选腊肠？

在选购腊肠的时候，首先要看它的颜色，腊肠的肥瘦肉一般以颜色鲜明的为好，若肥肉呈淡黄色，瘦肉色泽发黑，则可能是存放时间太久或者变质；其次，用手捏一捏，若是干透了的腊肠，不但瘦肉硬，而且其表面会起皱，反之说明腊肠的质量不好；再就是闻味，用刀在腊肠上切一个口，若嗅到的是酸味，则证明腊肠已坏，不宜购买。

91. 如何鉴别火腿质量？

优质火腿有特有的香腊味；次品稍有异味；变质火腿有腐败气味或严重酸味。

92. 如何鉴别叉烧肉质量？

品质好的叉烧肉肌肉坚实，纹理均匀细腻，颜色酱红，有光泽，肉香纯正。

93. 如何鉴别腊肉的质量？

● 观色泽：质优的精腊肉为鲜红色，肥肉透明；质量差的腊肉精肉呈暗红色，肥肉表面有霉点；质劣的腊肉肥肉呈黄色。

● 试弹性：质优的腊肉肉质有弹性，指压后痕迹不明显；质次的腊肉肉身稍软，肉质、弹性较差，指压后痕迹能逐渐自然消除；质劣的腊肉肉质无弹性，指压痕迹明显。

● 辨气味：质优的腊肉无异味；质次的腊肉稍有酸味；质劣的腊肉有酸败味、哈喇味或臭味，有的外表湿润、发黏。

94. 如何鉴别烧烤肉质量？

优质烧烤肉颜色微红、脂肪颜色乳白，表面光滑有光泽，肉质坚实均匀，干燥，脆滑，无异味。

95. 如何鉴别咸肉质量？

● 观颜色：优质的肉呈鲜红或玫瑰红色，脂肪色白或微红；变质的咸肉颜色呈暗红色或带灰绿色，脂肪呈灰白色或黄色。

● 察肉质：优质的咸肉肉皮干硬，色苍白、无霉斑及液体浸出，肌肉切面平整，有光泽、结构密而结实，无斑、无虫；变质的咸肉肉皮滑、质地松软，脂肪质似豆腐状。

● 闻气味：优质的咸肉无异味；变质的咸肉有轻度酸败味，骨周围组织稍有酸味，更为严重的有哈喇味及腐败臭味。

96. 选购酱肉有什么技巧？

在选购的时候，应挑选颜色鲜艳而有光泽，皮下脂肪呈白色，外形洁净而完整，肌肉有弹性，无残毛、污垢、肿块、淤血或者其他残留的器官，如直肠、食道等。然后，再用刀插到肉里，然后迅速拔出，若闻到刀上有异味，则有可能是变质肉。

97. 选购光禽有什么窍门？

去毛出售的家禽称为光禽，新鲜的光禽体表干燥而紧缩，有光泽；肌肉坚挺，有弹性，呈玫瑰红色；脂肪呈淡黄色或黄色；口腔干净无斑点，呈淡红色；口腔黏膜呈淡玫瑰色，有光泽、洁净、无异味；眼睛明亮，充满整个眼窝。

变质的光禽皮肤上的毛孔平坦，皮肤松弛，表面湿润发黏，色变暗，常呈污染色或淡紫铜色；肌肉松弛，湿润发黏，色变暗红或发灰，脂肪变成灰色，有时发绿；口腔黏膜呈灰色，带有斑点；眼睛污浊，眼球下陷；整体发散出一股腐败的气味。

98. 辨别活禽屠宰与死禽冷宰有什么妙招？

● 看放血：若放血良好，切口不平整，则为活禽屠宰；若放血不良，切口平整，则为死禽冷宰。

● 看切面：若切面四周的组织呈鲜红色，且被血液浸润，则为活禽屠宰；若切面四周的组织呈暗红色，且无血液浸润，则为死禽冷宰。

● 看皮肤：若禽类的皮带微红色，干燥紧缩，则为活禽屠宰；若禽类的皮呈暗红色，且有青紫色的死斑，表面粗糙，则为死禽冷宰。

● 看脂肪：若脂肪呈淡黄色或者乳白色，则为活禽屠宰；若脂肪呈暗红色，且血管里淤存着紫青色的血液，则为死禽冷宰。

● 看肌肉：若切面干燥而有光泽，呈玫瑰红色，肌肉有弹性，胸肌白中微带红色，则为活禽屠宰；若切面不干燥，血液呈暗红色，色暗红无弹性，并有少量的血滴出现，则为死禽冷宰。

99. 鉴别冻禽有何窍门？

将光禽解冻后，若皮肤呈黄白色或乳黄色，肌肉微红，切面干燥，即为质量好的；若皮肤呈紫黄色、暗黄色或乳黄色，手摸的时候有黏滑感，眼球紧闭或浑浊，有臭味，则为变质的光禽。

100. 购选活鸡时如何分辨健康鸡和病鸡？

● 看鸡冠：若鸡冠颜色鲜红，柔软，冠挺直，则为健康鸡；反之，若鸡冠萎缩，呈紫色或者暗红色，肿胀，有瘤状或脓疱物，则为病鸡。

● 看眼睛：若鸡的眼睛圆、大而有神，眼球灵活，为健康鸡；若鸡的眼睛无神，半闭或紧闭流泪，若眼圈的周围有乳酪状的分泌物，则为病鸡。

● 看嘴：若鸡的嘴干燥、紧闭，则为健康鸡；若鸡嘴有黏液或者黏液挂在嘴端，则为病鸡。

● 看翅膀：若鸡的翅膀紧贴身体，羽毛紧覆而整齐，有光泽，为健康鸡；若鸡的两翅下垂，羽毛粗乱而蓬松，有污物，无光泽，则为有病的鸡。

● 看嗉囊：若嗉囊没有气体、积食和积水，则为健康鸡；若嗉囊膨胀且有气体、积食发硬或肿大，为有病鸡。

● 看肛门：若鸡肛门附近的绒毛洁净而干燥，湿润而呈微红，则为健康鸡；若鸡肛门周围的绒毛有白色或绿粪便，黏膜发炎，并呈深红色，则为病鸡。

● 看胸肌：若鸡的胸肌丰满活络，且有弹性，呈微红色，则为健康鸡；反之，若僵硬或消瘦不活络，呈暗红色或深红色，则为病鸡。

● 看腿脚：若鸡爪壮而有力，行动自由，则为健康鸡；若行动无力，步伐不稳，则为病鸡。

● 试体温：用手摸鸡的大腿，若上冷下热，且鸡冠不烫手，则为健康鸡；若上热下冷，鸡冠烫手，则为病鸡。

● 提鸡翼：将鸡翼提起来，若挣扎有力，鸣声长而响亮，双脚收起，有一定的重量，则说明鸡的生命力强，比较健康；若挣扎无力，脚伸而不收，鸣声短促而嘶哑，肉薄身轻，则为病鸡。

101. 如何鉴别老嫩鸡？

● 看鸡爪：老鸡的爪尖磨损得光秃，脚掌皮厚，而且僵硬；脚腕间的凸出物较长。嫩鸡爪尖，磨损不大，脚掌皮薄而无僵硬现象，脚腕间的凸出物也较小。

● 看肉色：老鸡肉色深；嫩鸡肉色浅。

● 看鸡皮：老鸡的皮粗糙，毛孔粗大；嫩鸡的皮细嫩，毛孔较小。

102. 如何鉴别柴鸡变质与否?

优质的柴鸡皮毛洁白干净，去毛后毛孔均匀，鸡皮呈白黄色，脂肪、肉比例适中。若柴鸡表皮暗绿，发黏，则说明已经变质，不可购买。

103. 如何鉴别烧鸡质量?

市场上有许多病死的鸡制成的烧鸡，它们往往在肉色、眼睛、香味三方面与活鸡制品有很大的区别。活鸡制成的烧鸡：肉呈白色；眼睛呈半睁半闭状；香味扑鼻。病死的鸡制成的烧鸡：肉色发红；眼睛紧闭；香味不浓或有异味。

104. 如何选购填鸡?

在选购的时候，应挑毛孔均匀，表皮白净，皮色白中带有黄的鸡；大小适中，脂肪稍薄为好；若体表发黏，甚至皮色发绿、发暗，则说明已经变质或趋向于变质，不可购买。

105. 如何鉴别注水鸡鸭?

注水的鸡鸭翅膀下表面有红针点，颜色乌黑；皮层下有明显的滑腻感觉，并且高低不平，好像长有肿块；抠破鸡鸭的胸腔网膜，就会有水流淌出来；拍打起来有"噗噗"的声音，显得很有弹性。没有注水的鸡鸭翅膀没有红针点，为正常的红白色；抚摩起来平滑有光泽；胸腔内没有积水。

106. 鉴选活鸭有何妙招?

质量好的活鸭，羽毛滑润而丰满，脚部皮肤及翼下柔软，用手去摸胸骨时，并没有显著突出的感觉，肉质丰满而肥。反之，则不宜购买。

107. 选购板鸭有什么技巧?

● 优质板鸭：腿肌发硬，胸肉凸起，腹腔内壁干燥有盐霜；体表面光洁，呈白色或乳白色，肌肉切面呈玫瑰红色；有香味。

● 品质次之的板鸭：组织疏松，肌肉松软，腹腔潮湿有霉点；体表有少量油脂渗出，呈淡红色或黄色，肌肉切面呈暗红色；腹腔有腥味或霉味。

● 变质的板鸭：腹腔潮湿发黏有霉斑；体表有大量油脂渗出，表皮发红或深黄色，肌肉切面呈灰白色、淡红或淡绿色；有较浓的异味。

108. 选购腊鸭有何窍门?

● 观皮色：老鸭鸭皮色深、暗而黄，皮松且起皱纹；嫩鸭皮紧色淡。

● 嗅其味：好鸭色淡且香味浓，无异味；质量差的则香味淡。

● 看干湿：上品腊鸭干湿合适、软硬适中；质量差的过干则硬，过湿则黏。

109. 辨别老嫩鸭有何窍门?

● 看体表：老鸭个大体重，羽毛粗糙，毛孔粗大；嫩鸭鸭身较糙有小毛。

● 察鸭嘴：老鸭的嘴上有较多的花斑，嘴管发硬；新鸭嘴上则没有花斑。

110. 鉴别老嫩鹅有何窍门?

● 看体表：老鹅体重个大，毛孔、气管粗大，羽毛粗糙；嫩鹅羽毛光滑。

● 观鹅掌：老鹅掌比较硬、老、厚；嫩鹅掌较细嫩、柔软。

● 察鹅头：老鹅头上的瘤为红色中有一层白霜，瘤较大；嫩鹅则没有白霜，瘤较小。

111. 鉴别鲜蛋有哪些窍门?

● 光照法：将一只手握成筒形，与鸡蛋的一端对准，向着太阳光或者灯光照视，若可以看见蛋内的蛋黄呈枯黄色，且没有任何斑点，蛋黄也不移动，则是新鲜鸡蛋。若颜色发暗，不透明，则是坏蛋；有血环或血丝，则为孵过的蛋；发暗或有污斑，则为臭蛋。

● 眼观法：鲜蛋颜色鲜明，外壳光洁，

有一层霜状的粉末在上；若壳发暗且无光泽，蛋黄混杂，蛋黄贴在壳上，则为陈蛋。

● 晃听法：将蛋用两指捏起，轻轻地在耳边摇，好蛋听着实；若有空洞声，则为陈蛋；若有敲瓦碴子的声音，则为贴皮蛋或臭蛋。

● 清水测试法：把鲜蛋浸泡在冷水里，若横卧在水里，表示十分新鲜；若倾斜，表示最少已有了3天；若直立在水中，表示存放的时间最少有两个星期了；若浮在水面上，则应将它扔掉。

● 盐水测试法：把鲜蛋放入盐水中会沉入水底，而不新鲜的鸡蛋漂浮在水面上或半浮半沉。

112. 选购柴鸡蛋有什么技巧？

一般来说，柴鸡蛋比较轻，但不是所有轻蛋都是柴鸡蛋，现在人们可以利用科学培育出各种大小的鸡蛋。蛋重受生理阶段和遗传因素的影响较大。

以前，鸡蛋的蛋黄夏天呈金黄色，冬天时就变成浅黄色的了，而现在不再受季节的影响了。所以根据蛋黄来判断是否是柴鸡蛋并不科学。

饲料中添加色素可以改变鸡蛋的蛋黄的颜色，如鸡蛋"红心"。所以多花钱买的黄心蛋，不一定是柴鸡蛋。

在选购时，不能只看鸡蛋的蛋黄，而着重要看的是蛋壳是否光滑、质地是否均匀；过长过圆都不是好蛋，那些蛋壳比较粗糙、颜色不均匀的，可能是病鸡下的蛋。

113. 怎样鉴别孵鸡蛋？

孵鸡淘汰的蛋一般有以下特征：蛋壳表面光滑，颜色发暗；若用手摇晃，会有明显的响声；重量比新鲜蛋要轻些。

114. 怎样鉴别霉蛋？

鲜蛋被雨淋或受潮，蛋壳的表面保护膜也会受到破坏，这样，细菌就会侵入蛋内，引起发霉、变质。发了霉的鸡蛋、蛋黄容易发涩，分量就会很轻，多有霉斑或霉点，不宜食用。

115. 怎样鉴别头照白蛋？

孵化了3天还没有受精的蛋，即叫头照白蛋。这种蛋蛋壳发亮，毛眼的气孔大，用灯光照空头处会有黑影。

116. 怎样鉴别二照白蛋？

孵10天左右还没有受精的蛋，即为二照白蛋。这样的蛋里有血块或血丝，若将血丝除去，剩下的还可食用。

117. 挑选咸蛋有什么窍门？

● 看外观：凡是包料完整，没有发霉现象，且蛋壳没有被破坏的，即为优良的咸蛋。

● 用摇晃法：将咸蛋握在手里轻轻地摇晃，若是成熟的咸蛋，则蛋黄坚实，蛋白呈水样，摇晃的时候可以感觉到蛋白液在流动，且有撞击蛋壳的声音，而劣质蛋与混黄蛋没有撞击的声音。

● 用光照法：对着光线将蛋照透，通过光亮或灯光处照看，若蛋白透明、清晰红亮，蛋黄缩小且靠近蛋壳，则为好咸蛋。若蛋白浑浊，蛋黄稀薄，有臭味，则不能食用。

118. 选购皮蛋有何妙招？

● 看外表：优质的皮蛋蛋壳外表应完整湿润，呈灰白色带少量灰黑色斑点；质量差的外表呈黑亮色。

● 听响声：质量好的蛋摇晃无声响，用手指轻弹蛋的两端，有柔软的"特特"声；质量差的摇晃时有较大水响声，敲打蛋壳发出生硬的"得得"声。

119. 怎样鉴别有毒与无毒皮蛋？

没有加氧化铅的，为无毒的皮蛋。若蛋壳的表面与生蛋的表面没什么区别，则为无毒皮蛋。有毒的皮蛋，其蛋壳的表面会有比较大的黑色斑点，打开后，里面也会有显著细小的黑褐色斑点。

120. 怎样鉴别松花蛋质量？

对光会发现优质的松花蛋透光面积小，气室较小，蛋黄完整，蛋白颜色暗红；较次的松花蛋透光面积大，气室大，蛋黄不完整，蛋白呈豆绿色或瓦灰色、米白色。

把松花蛋反复抛起，然后接住，感觉沉并有弹力的是质量好的蛋；反之，则是次劣蛋。好蛋摇晃时不会发出声响，次劣蛋则有拍水声。

品质好的松花蛋剥壳很容易，蛋形完整，有韧性和光泽，入口滋味浓香、鲜美、清凉爽口；次劣蛋糟头、粘壳，蛋形不完整，颜色发黄，没光泽。

121. 怎样鉴别有毒害蔬菜？

有害物质超标的蔬菜有以下特点：

（1）化肥过量的青菜颜色呈黑绿。

（2）施过尿素的绿豆芽，光溜溜的不长须根。

（3）用过激素的西红柿，其顶部凸起，看起来像桃子。

有的人认为带有虫眼的菜没有施过农药，其实不然，有的虫子对药有很强的抵抗力，或者是生虫后才用农药。目前有害物质在蔬菜体内积存量的平均值由大到小排列顺序为：块根菜类、藕芋类、绿叶菜类、豆类、瓜类、茄果类。

122. 选购菜花有什么技巧？

选购时，应挑选花球雪白、结实，花柱脆嫩、肥厚，没有虫眼，体形完整，不腐烂的菜花。而质量不好的菜花，则花球发黄、松散、枯萎或湿润，这样的菜花营养价值很低，味道也不鲜美。

123. 选购黄花菜有什么技巧？

黄花菜即金针菜，是黄花的花蕾的干制品，具有极高的营养价值，其味道鲜美，营养丰富。购买时，应选色泽浅黄或金黄，质地新鲜，身条均匀紧密而粗壮，含水量少（小于15%）；用手握紧，手感柔软且有弹性，松开后很快散开，无潮湿感；用鼻嗅，气味清香无霉味的。

124. 选购韭菜有哪些技巧？

● 查看韭菜根部，齐头的是新货，吐舌头的是陈货。

● 检查捆包腰部的松紧。一般腰部紧者为新货，松者为陈货。

● 用手捏住韭根抖一抖，叶子发飘者是新货，叶子飘不起来的是陈货。

125. 怎样鉴别韭黄质量？

质量优良的韭黄，其质地细嫩、柔软，植株肥壮、挺直，叶呈蜡黄色，叶尖稍稍地带些浅紫色，基部为白色，辣味不浓，富有清香气味，叶尖不烂、不干、无摔压和揉伤。

126. 选购蒜苗有何窍门？

选购蒜苗时，应挑选新鲜脆嫩、条长适中、没有老梗、绿黄分明、体表挺拔、没有破裂、富含水分、用手掐有脆嫩感者。

127. 怎样挑选雪里蕻？

质量好的雪里蕻色泽鲜绿，棵大叶壮，质地脆嫩，茎直立，且有清香味。

128. 怎样挑选苋菜？

质量好的苋菜叶片较多，主茎肥大、质脆，色泽比较绿。

129. 怎样选择油菜？

好的油菜，色泽青翠，接近浅绿色，叶瓣完整；茎部如食指般粗细，叶柄紧跟茎部，梗饱满，无农药味，无虫害。

130. 怎样选购空心菜?

空心菜又叫蕹菜，优质的空心菜叶子宽大新鲜，茎部不长，没有黄斑。在选购时，应挑选表面没有黄斑、茎短、叶宽、新鲜的为好。

131. 怎样选购芹菜?

芹菜分为香芹（药芹）和水芹（白芹）两个品种，香芹优于水芹。在选购时，要选择茎不太长（一般二三十厘米最佳），菜叶翠绿，茎粗壮的。通常食用只取茎，但根和叶也可食用。

132. 怎样选购生菜?

在夏季，生菜的最佳吃法是蘸酱，可以消暑降温。购买生菜时应挑选叶质鲜嫩、叶片肥厚、叶绿梗白、大小适中的生菜；而质量不好的生菜则有蔫叶、干叶、虫洞、斑点。

133. 怎样选购莴苣?

莴苣以食茎为主，但叶也可以吃。新鲜的莴苣鲜嫩水灵，皮薄无锈，呈浅绿色。在购买时，要选那些体形完整，粗茎叶大（35～40厘米之间），没有黄叶，没有发蔫的莴苣。

134. 怎样选购芦笋?

新鲜的芦笋肉嫩可口。在挑选芦笋时，挑选粗大柔软、色泽浓绿、穗尖紧密、不变色的为好。

135. 怎样选购冬笋?

冬笋是竹子的嫩芽，选购时，挑选皮为黄色，肉呈淡白色，鲜嫩水灵，略带茸毛，两头小中间大，没有损伤的为好。

136. 选购春笋应注意哪些方面?

（1）节要密：鲜笋节与节之间的距离越短，则笋肉越厚越嫩。

（2）壳要大：壳大尖小的笋去壳后出肉率高。只要指甲掐得进，壳越大越好。

（3）壳要黄：笋壳呈黄色表示肉嫩。选购时须注意分辨在笋壳上抹了一层黄泥巴的假黄壳笋。

（4）肉要白：笋肉白色最好，黄色次之，绿色最差。

（5）痞要红：笋根上的红痞颜色鲜红最好，暗红色次之。

（6）形要怪：那种歪斜、弯曲、奇形怪状的鲜笋是从石缝或坚硬的黄泥土中挤出来的，味道尤佳。

（7）无虫蛀：笋的外壳松、根头空，根头上一节有一条条疤斑的，便是虫蛀笋。

137. 如何选购香椿?

香椿是香椿树长出的第一批嫩芽，有一种香醇味道，营养价值很高。选购时，挑选短壮肥嫩，香味浓厚，呈红色，没有老枝叶，长度适中（10厘米左右）的为佳。

138. 怎样选购香菜?

香菜是一种很好的辅料，做汤或凉拌菜用。选购时，挑选苗壮，叶青绿，香气浓郁，长短适中，没有黄叶、虫害的为好。

139. 怎样选购西红柿?

在选购西红柿时，应挑选颜色鲜明、硬度适中、肥硕均匀、没有畸形和裂痕的。

140. 怎样鉴别黄瓜质量?

新鲜的黄瓜顶花带刺、体挂白霜，嫩黄瓜呈青绿色、有棱角；老瓜颜色发黄，存放时间长的黄瓜则萎蔫。

有的黄瓜发苦，可能是品种的原因；但也可能是栽培不好，生长环境恶劣，施肥过度，或者有病变发生。苦黄瓜在外观上看不出来，一般是一些发黄、较嫩的黄瓜。建议品尝后再购买。

141. 如何选购新鲜的黄瓜?

买黄瓜须先用手捏黄瓜把儿，看它是否

硬实。若把儿是硬实的，说明瓜新鲜、脆生。若一捏就是软的，即是剩下的，说明摘下的时间不短了。

142. 怎样选购苦瓜？

购买苦瓜时，选瓜体嫩绿、肉质晶莹肥厚、褶皱深、掐上去有水分、末端有黄色的为佳，有的苦瓜过分成熟稍煮即烂，失去了苦瓜风味，这样的质量不好，不宜选购。

143. 怎样挑选冬瓜？

凡是质地细嫩、体大、皮老坚挺、无疤痕畸形、有全白霜、肉厚的均为质量好的冬瓜。

144. 怎样挑选南瓜？

凡不伤不烂、个大肉厚、果梗坚硬、无黑点，呈五角形，表面有纵深的沟，均是质量好的南瓜。

145. 怎样选购丝瓜？

丝瓜的种类很多，胖丝瓜和线丝瓜是常见的两种。

胖丝瓜短而粗，购买时挑两端大小一致，皮色新鲜，外皮有细皱并覆盖着一层白绒，没有损伤的为好。

线丝瓜细而长，购买时挑选皮色翠绿，水嫩饱满，表面无皱，大小均匀，瓜形挺直，没有损伤的为好。

146. 怎样选购茄子？

在选购茄子时，选外形周正均匀、没有损伤，个体饱满、肥硕鲜嫩的，以皮薄、籽少、肉厚、细嫩为佳。而那些质量差的茄子则可能会出现以下特点：外皮有裂口、锈皮，开始腐烂，皮肉质地坚韧，味道发苦。

147. 鉴别老嫩茄子有什么窍门？

鲜嫩的茄子肚皮乌黑发光，重量小，皮薄肉松，籽肉不分，味嫩香甜。而老茄子较重，用手掂量即可辨别出老嫩的差别。

148. 怎样选购青椒？

质量好的青椒外形饱满，肉质细嫩。购买时，挑选色泽浅绿、有光泽、没有虫眼、放在手上有分量、气味微辣发甜的为好。

149. 怎样选购红尖椒？

优质的红尖椒通透红润，色泽光亮，新鲜饱满，辣味十足。购买时，挑选色泽光亮、新鲜饱满，椒体颜色通透红润的为佳。若想泡制食用时，最好选购秋辣椒。秋辣椒肉厚色红，辣味强、硬度好，久泡不易皮瓤分离。

150. 怎样选购尖角椒？

购买尖角椒时，挑选有一定硬度、表面光滑平整、色泽嫩绿、质地坚挺、没有虫眼、气味浓辣的为好。一般来说尖角椒的果实较长，为圆锥形，尖端弯曲呈羊角状并十分尖锐、且辣味足，可作为干辣椒调味用。

151. 怎样选购胡萝卜？

胡萝卜不但味道鲜美而且营养丰富，为营养保健佳品。胡萝卜分为多种，外形各异，颜色繁多。无论选购哪种胡萝卜，都应选购色泽鲜嫩，质地均匀光滑，颜色较深，个体短小的。

152. 怎样选购芋头？

在购买芋头的时候，根须比较少且黏附湿泥，带湿气的新鲜，用手比较一下它的重量，若比较轻，则它的肉质肯定是粉绵松化的；再用食指轻轻的弹一弹芋头，声沉而不响的，属于松粉的芋头。

153. 怎样选购莲藕？

莲藕通常分为 4 节，长度为 1.5 米左右，鲜嫩味美。顶部比较嫩，底部太老咀嚼不烂，太嫩没有嚼头，所以中间部分最为好吃。因此，应选购那些藕节没有损伤、粗短肥大、表面鲜嫩的莲藕。

154. 鉴别莲藕质量有哪些窍门？

● 看水域：池藕白嫩多汁有9孔，质量好；有11孔的为田藕，质量则次之。

● 按季节：以夏、秋生长的为好，春、冬生长的质量次之。

● 分部位：从顶至底质地由嫩到老，太老咀嚼不烂，太嫩没有嚼头，所以中间部分最好吃。

155. 怎样挑选优质的茭白？

质量好的茭白柔嫩水灵，肉质洁白，纤维少，体形短粗，没有黑色心点；质量差的茭白质地较老，外表有少许红色，茭白肉中有黑点。因此，应挑选个儿短粗、茭白肉无黑色心点的为佳。

156. 怎样选购嫩玉米？

选购玉米时，应挑选颗粒饱满，排列紧密，玉米苞大，软硬适中，没有虫害，不太老不过嫩为好。玉米太老了难以咀嚼，太嫩了没有嚼头。

157. 挑选蚕豆有什么窍门？

在挑选蚕豆的时候，应选择豆厚、身竖的嫩蚕豆，豆角呈鲜绿，豆荚润绿，豆粒饱满、湿润。如果有浸水的斑点，则表示蚕豆受了冻伤；如果蚕豆颜色呈黑色，则为劣货，不能购买。

158. 怎样选购大葱？

在买葱的时候，要根据它的用途来选择。若是调味，则选择的葱愈长愈好，质地细嫩而不柔软，以粗如无名指为宜。用手指轻轻地捏着葱白，若不觉得软或太干硬，则说明质量好。

159. 鉴别酱菜质量有什么技巧？

● 色泽：优质的酱菜鲜艳光泽，整体颜色均匀。酸菜金黄色中微带绿色；不带叶绿素的菜为金黄色；青椒、蒜苗等酱菜保持原色。

● 气味：优质的酱菜清香诱人，酸咸适宜无苦味。

● 质地：优质的酱菜细嫩清脆，有弹性，不老不硬。

160. 怎样鉴选豆腐？

优质豆腐皮白细嫩、内无水纹、没有杂质；劣质豆腐颜色微黄、内有水纹和气泡、有细微的杂质。另外，把一枚针从优质豆腐正上方30厘米处放下，能轻易插入；劣质豆腐则不能或很难插入。

161. 怎样鉴选油豆腐？

优质油豆腐色泽鲜亮橙黄，弹性好，挤压后立即恢复原状，重量较轻（80只/斤），囊少而分布均匀，遇碘酒不变色。

掺杂油豆腐色泽暗黄，弹性差，手捏不能复原，重量大（60只/斤），内囊多而结团，遇碘酒后变成蓝黑色。

162. 怎样鉴选袋装食用菌？

选购袋装食用菌时要从色泽、外形、气味3方面辨别优劣，观察有没有破碎或霉变。一般来说野生食用菌没有质量保证，所以建议购买厂名、地址、生产日期、保质期清楚的袋装食用菌。

163. 鉴别毒蘑菇有什么好办法？

（1）毒蘑菇通常形态怪异，菇柄粗长或细长，或菇盖平整，或菇盖内质板硬，一般毒菇色泽比较鲜艳（如褐、红、绿等色），破损后易变色。

（2）把一撮白米放入煮蘑菇的锅中，如果白米颜色变黑，则是毒蘑菇。

（3）把撕开的蘑菇放入水中浸泡10分钟，若清水呈牛奶状浑浊，说明是毒蘑菇。

（4）用毒蘑菇煮汤，煮沸半个小时后，汤的颜色将逐渐呈暗褐色。

（5）如果不肯定是否混进毒蘑菇，而汤

的颜色又没有变，就用小勺取少许汤品尝，要是有酸、辣、涩、麻、苦、腥等异味，一定是有毒蘑菇，这样的汤不能食用，要倒掉。

164. 怎样鉴选香菇？

香菇按照形状和采收季节的不同分为3种：花菇（质量最好）、厚菇（质量次之）、平菇（质量最差）。优质的香菇色泽黄褐，菌伞肥厚，盖面细滑，个大而均匀，伞背紧密细白，菌柄短而粗壮，没有霉变和碎屑，有一股浓郁的香味。

165. 怎样鉴选花菇？

优质的花菇颜色黄褐且有光泽，菌伞面厚实并长有菊花似的白色裂缝，边缘平展，有一股浓郁的香气。

166. 怎样鉴选平菇？

平菇根据菌柄和颜色可以分为两种：菌柄较短的平菇颜色为黑褐色或浅灰，味道鲜美；菌柄较长的平菇颜色乳白，口感香脆。八成熟的平菇菌伞的边缘向内卷曲，营养价值高，味道最鲜美。优质的平菇色泽正常，质地脆嫩而肥厚，菌柄较短，伞顶平滑，菌伞较厚，体形完整，呈浅褐色，裂痕比较少。

167. 鉴别草菇质量有什么技巧？

优质的草菇个头整齐，呈灰白色，无裂痕，没有霉变。草菇分为5级，等级从低到高，菇的菌蕾逐渐变大，肉质逐渐变厚。好的草菇表面光滑，气味香浓。草菇有很强的吸水、泡发性，用冷水泡发即可，但时间不宜过长。

168. 怎样选购猴头菇？

挑选猴头菇时，应挑选菇茸毛均匀，表面长满肉刺，体大干燥，远观像猴头形，整齐无损伤，色泽金黄无霉烂虫害，无异味者为佳。

169. 怎样鉴选黑木耳？

优质的黑木耳朵大而薄，朵面呈黑褐色

或者乌黑光润，朵背略呈灰色，质地干燥，分量小。

170. 怎样鉴别鲜银耳质量？

银耳有干、鲜之分。优质的鲜银耳表面洁白光亮，叶片充分展开，朵形完整，富有弹性。底部颜色呈黄色或米黄色；变质鲜银耳表面有霉蚀，发黏，无弹性，朵形不规则，色较正常深，底部为黑色。

171. 怎样选购香蕉？

在选购香蕉的时候，要注意不要有棱角，饱满浑圆且有些芝麻点的最香甜，但是不要买皮焦黄柔软的。将刚割下来的香蕉放进米缸内，约7天即可食用。

172. 怎样鉴选苹果？

优质苹果果皮光洁，颜色鲜艳，大小适中，肉质细密，软硬适中，没有损伤和虫眼，味道酸甜可口，有一股芳香的气味。

173. 怎样选购柑橘？

选购柑橘时，应挑选果形端正、无畸形、果肉光洁明亮、果梗新鲜的品种。

174. 怎样选购芦柑？

在选购芦柑的时候，应选择底部宽广，肩部深而鼓起，脐部深陷的。从肩部两侧轻轻地压，稍具有弹性，果体较大、较重的，就是好的芦柑。

175. 怎样选购沙田柚？

柚子品种很多，底部有淡土红色线圈的为沙田柚，以细颈葫芦形的为佳；其他品种则不宜选购这样形状的。同样大小的柚子以分量重、有光泽者为佳。

176. 怎样鉴选桃子？

质量好的桃子体大肉嫩，果色鲜亮，成熟的果皮多呈黄白色、向阳的部位微红，外皮没有损伤，没有虫害斑点，味道浓甜多汁。没有成熟的桃子手感坚硬；过熟的肉质下陷，已经腐败变质。

177. 怎样选购猕猴桃？

在购买猕猴桃时，应挑选皮表光滑无毛，成色新鲜，呈黄褐色，个大无畸形，捏上去有弹性，果肉细腻，色青绿，果心较小的，这样的猕猴桃味甜汁多，清香可口。若外表颜色不均匀，剥开表皮，瓤发黄的则不宜选购。

178. 怎样选购杨桃？

选择杨桃时，应选果皮黄中带绿，有光泽，棱边呈绿色的品种；而过熟的杨桃皮色橙黄，棱边发黑；不熟的杨桃皮色青绿，味道酸涩。

179. 鉴别梨的质量有哪些窍门？

● 看形状：果形饱满，大小适当，没有畸形和损伤。

● 品肉质：果核较小无畸形，入口不涩。

● 鉴皮色：梨皮细薄，没有破皮、虫眼和变色等。

180. 鉴选菠萝有哪些窍门？

● 颜色：成熟的菠萝颜色鲜黄；未熟的皮色青绿；过熟的皮色橙黄。

● 手感：成熟的菠萝质地软硬适中；未熟的手感坚硬；过熟的果体发软。

● 味道：成熟的菠萝果实饱满味香，口感细嫩；未熟的酸涩无香味；过熟的果眼溢出果汁，果肉失去鲜味。

181. 怎样选购石榴？

在选购石榴的时候，选择色泽鲜艳，皮壳起棱，透明晶莹，子粒大而饱满，皮薄而光滑，无裂果者为佳。

182. 怎样选购芒果？

在选购芒果时，果实大而饱满、手掂有重实感、表面颜色金黄、干净没有黑斑、清香多汁者为优质芒果。

183. 怎样挑选葡萄？

在葡萄上市的时候，若想试它的酸甜，可将整串葡萄拿起来，尝最末端的那一颗，若是甜的，则说明整串都会是甜的。

184. 怎样选购草莓？

在选购草莓的时候，要挑选果形整齐，果面洁净，粒大，色泽鲜艳，呈淡红色或红色，汁液多，甜酸适口，香气浓的。成熟度为八分熟，甜中带酸的最好吃。要挑选果面清洁，无虫咬、无伤烂、无压伤等现象的草莓。

185. 怎样选购杨梅？

选购杨梅时，应挑选果面干燥、无水痕，个大浑圆，果实饱满、有圆刺、核小、汁多、味甜的品种。

186. 怎样选购杏？

在选购鲜杏的时候，要求色艳，果大，汁浓味甜香气足，核少，纤维少，无病虫害，有适当的成熟度（即肉质柔软），且容易离核的为好。反之，若味道酸涩，与果核不易分离，且粘核者质次。

187. 怎样选购李子？

在选购李子的时候，应选择鲜艳，甜香甘美、果肉细密、汁多、核小，口感稍稍具有弹性，脆度适宜者为优。反之则为次品。

188. 怎样挑选山楂？

山楂也叫大山楂、山果子、北山楂，大小不一，果呈圆形，表面为深红色，光亮，近萼部细密，有果点，肉紧密、呈粉红色，接近梗凹的地方呈青黄色，汁多、味酸、微甜的为优。

189. 怎样选购枇杷？

选购枇杷时，应看枇杷表皮的绒毛是否

完整。完整的必定新鲜，放置较久或经人挑选过的，绒毛就会脱落。

190. 怎样鉴选荔枝?

成熟荔枝果壳柔软而有弹性，颜色黄褐略带青色，肉质莹白饱满，清香多汁，核小而乌黑，容易与果肉分离。很多品种的荔枝都有各自不同的特点。

黑叶：个头一般，呈不规则圆形，核大壳薄，外表颜色暗红，裂片均匀，排列整齐，裂纹和缝合线显而易见。

桂味：个头一般，果球形，核大壳薄，浅红色，龟裂片状如不规则圆锥，果皮上有环形的深沟，有桂花香味。

三月红：个头较大，壳厚核大，颜色青绿带红，果形呈扁心形，龟裂纹片明显、不均匀，尖细刺手。

糯米枝：个大核小、鲜红色，果形上大下小，扁心形，呈肉质肥厚，龟裂片平滑无刺，果顶浑圆。

191. 怎样选购龙眼?

在选购龙眼时，应选果大肉厚有弹性，皮薄核小，呈黄褐色，或黄中带青色，味香多汁，果壳完整，表面洁净无斑点，剥壳后莹亮厚实的上好龙眼。

192. 鉴选樱桃有什么窍门?

色：优质樱桃颜色鲜红，或者略带黄色；质量差的颜色暗淡没有光泽，果蒂部分呈褐色。

形：优质樱桃粒大饱满，表皮光滑、光亮，果实饱满；质量差的果身软潮发皱。

质：优质樱桃无破皮、无渗水现象；质量差的有裂痕和"溃疡"现象。

193. 怎样选购柠檬?

在选购柠檬时，挑选色泽鲜润，果质坚挺不萎蔫，表面干净没有斑点及无褐色斑块，

有浓郁香味的品种为佳。

194. 怎样选购无花果?

选购无花果时，挑选果子个大，果皮绿中带紫，表面光滑饱满，果口微张，肉厚质嫩，汁多味甜，无压伤，无破皮，体形完整，无渗水现象的果子为佳。

195. 怎样选购橄榄?

在选购橄榄时，挑选个大肉厚、色青绿或略带黄色、肉厚、外呈圆形，大小适中，表面无褐黄斑的品种。

196. 鉴选椰子有哪些窍门?

● 观色：优质的椰子皮色呈黄褐或黑褐色；质量次的皮色灰黑。

● 辨形：优质的椰子外形饱满，为不规则圆形；质量次的呈三角形或梭形。

● 听响：优质的椰子摇晃时，汁液撞击声大；质量次的摇晃时声音小。

197. 怎样鉴选西瓜?

质量好的熟西瓜瓜柄呈绿色，底面发黄，瓜体均匀，瓜蒂和脐部深陷、周围饱满，表面光滑、花纹清晰、纹路明显，指弹发出"嘭嘭"声（过熟的瓜听到"噗噗"声），能够漂浮在水中。

生瓜光泽暗淡、表面有茸毛、纹路和花斑不清晰，敲打发出"当当"声，放在水中后会下沉到水底。

畸形瓜生长不正常，头尖尾粗或者头大尾小。

198. 鉴别哈密瓜质量有什么技巧?

● 看色泽：成熟的哈密瓜色泽鲜艳，常见有绿色带网纹、金黄色、花青色等几种。

● 摸瓜身：坚实而微软，太软则过熟。

● 闻瓜香：成熟的瓜有一股香甜的瓜香。没成熟的哈密瓜很淡甚至没有香味。

199. 怎样选购木瓜？

质量好的木瓜呈椭圆形，皮色较深而且杂带黑黄色。因此，选购木瓜时，挑选形状椭圆，皮色较深的为好。

200. 怎样挑选香瓜？

香瓜有香味，色泽以淡绿色接近白色为佳，果实底部的圆圈越大，则表示越熟。

201. 怎样鉴选墨鱼干？

优质的墨鱼干颜色柿红、体形完整、干净整洁，口淡味香；较次的则体表有红粉，局部有黑斑，体形基本完整，背部呈暗红色。

202. 怎样鉴选鱿鱼干？

质量好的鱿鱼干干净光洁，体形完整，颜色如干虾肉色，体表覆盖着微细的白粉，干燥淡口；质量次的则背尾部颜色暗红，两侧有微红点，体形小而宽、部分蜷曲，肉比较薄。

203. 怎样鉴选鲍鱼干？

优质的鲍鱼干体形完整，质地结实，干燥淡口，颜色呈粉红或柿红；质量次的则体形基本完整，柿红色，背部略带黑色，干燥淡口。

204. 怎样鉴选章鱼干？

优质的章鱼干体形完整、质地结实而肥大；颜色鲜艳，呈棕红色或柿红；体表覆盖着白霜，干燥清香。质量次的则色发暗，呈紫红色。

205. 怎样鉴别牡蛎质量？

光亮洁净、体形完整、跟干虾肉的颜色相似、表面有细微的白粉、淡口、够干的为优质品；背部及尾部红中透暗、体形部分蜷曲、两侧有微红点、肉薄、体小而宽者为次品。

206. 怎样选购霉干菜？

在挑选时，质干的霉干菜握紧再放手后立即松软；潮湿的则松散较慢，且洁净没有异味，品质好。

207. 鉴别笋干质量有什么窍门？

● 色泽：上品表面光洁，呈奶白色、玉白色或淡棕黄；中品色泽暗黄；质量最差的呈酱褐色。

● 长度：上品在 30 厘米之内；质量差的长度超过 30 厘米。

● 肉质：上品短阔肉厚，纹路细致，笋节紧密；质量差的纤维粗壮、笋节稀疏。

● 水分：上品水分小于14%，一折即断，声音脆亮；质量差的折不断或折断时无脆声。

208. 怎样选购淡菜？

在选购淡菜时应该选择那些粒大均匀，身干体肥，色泽红黄而有光泽，无杂质的。反之质次。

209. 怎样鉴别紫菜质量？

紫菜的色泽紫红，含水量不超过 8% ～ 9%，无泥沙杂质，有紫菜特有的清香者为质优；反之则质量比较差。

210. 怎样选购发菜？

在挑选发菜的时候，选择发丝细长，乌黑色，干净，整洁，无杂质，闻的时候有清香者为佳。若条粗丝短，没有正品发菜那种质轻细长的丝，蓬松而卷曲，形状像散乱的头发的为次品。

211. 怎样鉴选腐竹？

腐竹通常分为三品，优品：颜色浅黄，有光泽，外形整齐，蜂孔均匀，肉质细腻油润；一般品质的：颜色灰黄，稍有光泽，外形整齐；次品：颜色深黄，稍有光泽，外形断碎、弹性较差，无法撕成丝。而优质腐竹放入水中 10 分钟后，水变黄但不浑浊，弹性好，可撕成条状，没有硬结，且散发豆类清香。

212. 怎样挑选干豆腐？

干豆腐是通过压榨、脱水所制成的，也叫百叶、豆腐片或千张。干豆腐厚度一般为0.5～2毫米，在选购的时候，以色呈奶白或淡黄，厚薄均匀，柔软而富有弹性，片形整齐，无杂质、异味者为佳。

213. 怎样挑选粉丝？

粉丝的品种有禾谷类粉丝、豆类粉丝、混合类粉丝和薯类粉丝，其中以豆类粉丝里面的绿豆类粉丝质量最好，薯类粉丝的质量比较差。质量比较好的粉丝，应该粉条均匀、细长、白净、整齐，有光泽、透明度高、柔而韧、弹性足、不容易折断，粉干洁，无斑点黑迹，无污染，无霉变异味。

214. 鉴别红枣质量有什么窍门？

● 色：优质红枣剖开后肉色淡黄；劣质红枣皮色深紫、肉色深黄。

● 形：优质红枣手感紧实，不脱皮，不粘连，枣皮皱纹少而浅细，无丝条相连，核细小；劣质红枣湿软而粘手，核大，有丝条相连。

● 味：优质红枣香甜可口，劣质红枣口感粗糙，甜味不足或带酸涩味。

215. 选购黑枣有什么好办法？

在选购黑枣的时候，要求枣皮黑里泛红，乌亮有光。坚实而干燥，皮薄、皱纹细浅，颗粒均匀圆整，无虫洞，滋味幽香而甜。反之，若手感粘手、潮湿，枣皮乌黑暗淡，或者呈褐红色，皮纹粗而深陷，颗粒不匀，口感粗糙，顶部有小洞，味淡薄、有明显苦味、酸味者为质次。

216. 怎样选购蜜枣？

在选购蜜枣的时候，要求丝纹匀密，个大肉厚，糖霜明显，色泽黄亮透明，成熟干燥，有枣的甜香。反之，则不宜购买。

217. 怎样选购白果？

在选购白果时，应选择颗粒饱满、较重，有光泽的；而那些劣质品重量很轻，摇晃会发出肉仁撞击外壳的响声，表明不饱满或果仁已经腐烂。

218. 鉴选葡萄干有什么窍门？

● 形色：优质的葡萄干表面应有薄薄的糖霜，拭去糖霜，白葡萄干色泽晶绿透明，红葡萄干色泽紫红半透明。质量次的外表无糖霜，颜色暗淡浑浊。

● 质地：优质葡萄干干燥、均匀，颗粒之间不粘连，用手捏紧也不会破裂，无柄梗，无僵粒，更没有泛糖的现象。质量次的粒小而干瘪，捏紧后破碎多且相互粘连，肉质硬。

● 味道：优质葡萄干鲜醇可口。质量次的有发酵气味。

219. 如何选购芝麻？

芝麻以黑芝麻的品种最佳。在选购的时候，应选饱满、个大，无杂质、香味正者为好。反之则质量差。

220. 如何鉴别栗子质量？

皮色褐、紫、红、鲜明且富有光泽，捏和看的时候坚实而不潮湿，果肉丰满，放到水里会下沉，则为新鲜优质的栗子。皮壳色暗，果干瘪，有蛀孔、黑斑，手感空洞，果肉酥软，放进水中会半浮或者上浮的多为次品。

221. 鉴选莲子有什么技巧？

湖莲（红莲）、湘莲和通心白莲是莲子的3个主要品种。

湖莲：色泽棕红或紫红，大小不同，呈长圆形。

湘莲：颗粒圆大饱满，皮白中透红，熟品入口酥化甘香，为莲中上品。

通心白莲：鲜白莲去壳、去衣、去心后晒干而成。

其实不管是买哪种莲子，都要求形圆结实，颗粒大、重、饱满，色泽鲜明，皮薄干燥，没有损伤、虫害或霉变，口咬脆裂，入口软糯的为好。

222. 如何鉴别龙眼质量？

优质龙眼外壳薄脆、易碎有声，肉片厚实、光泽亮红、带细微皱纹，有一圈红色肉头生长于果柄部位，果体饱满、圆润，肉质软润但不粘手，分量沉，不易滚动，清香甜美，入口软糯无渣。

质量次的龙眼外壳韧性大、不易咬碎且没有声音，颜色不均匀，壳面不平整，肉薄、暗淡无光，肉质干硬，肉、核不易分离，容易滚动，入口硬韧、嚼有残渣。

223. 怎样选购瓜子？

选购瓜子时，应挑选个大均匀，干燥丰满，形体整齐，色泽光亮的为好。

224. 怎样选购松子？

选购松子时，应挑选壳硬、有光泽、粒大而饱满均匀的为好；内仁色浅褐，易脱出壳。壳色发青、干瘪霉变的则不宜选购。

225. 怎样鉴选核桃？

优质的核桃外壳呈浅黄褐色，桃仁整齐饱满，味道香，没有虫害，用手掂有一定的分量。劣质的核桃外壳呈深褐色，晦暗没有光泽，有哈喇味。

226. 怎样鉴选花生仁？

花生的种类很多，形状各异。无论何种花生，都应挑选颗粒饱满均匀，果衣颜色为深桃红色的。质量差的花生仁则干瘪不匀，有皱纹，潮湿没有光泽；变质的花生仁颜色黄而带褐色，有一股哈喇味，这样的花生仁会霉变出黄曲霉素，食用后容易致癌。

227. 怎样选购杏仁？

选购杏仁时，应选颗粒饱满，色泽清新鲜艳，形同鸡心形、扁圆形或扁长圆形，成把捏紧时，其仁尖有扎手之感，用牙咬松脆有声者。若果仁有小洞、有白花斑的则不宜购买。

228. 如何挑选优质的山楂片？

质量好的山楂片，酸味浓正，色红艳，肉质柔糯，没有虫蛀，用手将其抓紧，松开后，会马上散开。反之则质次。

229. 怎样鉴选柿饼？

优质的柿饼大小均匀，体圆完整，中心薄边缘厚，表皮紧贴果肉，果肉呈橘红色，肉质柔滑，没有果核；劣质的柿饼表皮无霜或少霜，发黑，没光泽，果肉呈黑褐色，粘手或者手感坚硬。

230. 鉴别变质糕点有哪些窍门？

变质糕点通常有如下特征：

走油：存放时间过长的糕点容易走油，产生油脂酸败味，色香味下降。

干缩：糕点变干后会出现干缩现象，如皱皮、僵硬等，口感明显变差。

霉变：糕点被霉菌污染后霉变，味道全变，会危害人的健康。

回潮：糕点因吸收水分，会出现回潮现象，如软塌、变形、发韧等。

变味：糕点长久存放，会散发陈腐味，霉变，酸，走油，有哈喇味。

生虫：包装或原料不干净带有虫卵，或者糕点本身的香味吸引小虫，而令糕点变质。

231. 什么样的巧克力质量好？

选购纯巧克力时，应挑选表面光滑，质地紧密，没有大的气孔（小于1毫米），入口香甜、细腻润滑，没有煳味的产品为好。

232. 怎样鉴选奶糖？

奶糖一般分为胶质型奶糖和非胶质型奶糖两种。优质胶质型奶糖表面光滑，不粘不黏，有弹性，入口细腻润滑、软硬适中。非胶质型奶糖表面细腻，质地均匀，软硬适中，不粘不黏。

233. 鉴别含添加剂食品有什么方法？

选购食品时不能只看外观，有的食品看起来颜色非常好看，但有可能添加了过量的添加剂，这样的食物对人体有害。在购买米、面、糕点等制品等主食时，不要选择那些有颜色的。这些食物在生活中食用的很多，即使含有的添加剂很少，也容易导致中毒。有些腊肉制品的颜色特别鲜艳，有可能是用色素染成的，不宜食用。在购买黄鱼等水产品时，要是鱼体表面颜色很深，就很有可能是加入染色素了。

234. 怎样鉴别牛奶是否变质？

取大概 10 毫升的牛奶放在玻璃器皿中，放在沸水中 5 分钟，若观察到凝结或有絮状物产生，则说明牛奶不新鲜，甚至已变质。

235. 选购鲜奶有哪些妙招？

● 观察法：新鲜牛奶颜色应洁白或者白中带微黄，奶液均匀，瓶底无豆花状沉淀物。

● 闻嗅法：闻一闻是否有乳香味，不能有酸味、腥味、腐臭味等异味。

● 手试法：在指甲上滴一滴牛奶，新鲜牛奶会呈球状停留，不新鲜的就会溜走。向清水中滴一滴牛奶，鲜奶能够下沉，不新鲜的奶会浮于水面而且会散开。

● 品味法：新鲜牛奶口感应具有微带甜、酸融合的滋味，不新鲜的可能有苦味、涩味等异味。

236. 怎样鉴别兑水牛奶？

可以将钩针插入牛奶。若是纯牛奶，立即取出后，针尖会悬着奶滴；如果针尖没有挂奶滴则说明是掺水牛奶。另外，可以观察牛奶流注的过程，将牛奶慢慢倒入碗中，掺水奶显得稀薄，在牛奶流过的碗边可以发现水痕。掺水牛奶颜色没有纯奶白，因为水的原因，其煮沸所需时间比较长，香味也较淡。

237. 鉴别酸奶质量有什么技巧？

高质量的酸奶凝块细腻、均匀、无气泡，表面能看到少量的呈乳白色或是淡黄色的乳清，口感酸甜可口，有特有的酸牛奶的香味，而不是变质酸奶的一股臭味。若发现凝块破碎，奶清析出，有气泡，则不要饮用。

238. 鉴选奶粉有哪些窍门？

● 冲调融解：用开水将少许奶粉在杯中充分调开后静置 5 分钟，若无沉淀，溶解充分，说明质量正常；而已经变质的奶粉会有细粒沉淀，有悬浮物或是不溶解于水的小硬块；变质严重的则会出现奶水分离，这样的奶粉严禁食用。

● 看色泽：从颜色看，色白略带黄淡，均匀且有光泽为正常。如果是很深或呈焦黄色、灰白色为次。假劣货则会出现白色等非自然色泽，而且会有结晶体。

● 闻气味：正常奶粉有清淡的乳香味。如果有霉味、酸味、腥味等，说明奶粉已变质，异味较重的不能食用。

● 看包装：包装完好是真品奶粉的特点，商标、说明、封口、厂名、生产日期、批号、保质期和保存期等缺一不可。如果没有这些，而且包装印刷粗糙，图标模糊，密封不严，字体模糊等，则可判定为伪劣产品。

● 尝味道：品尝少量奶粉，口感细腻、发黏是真品；颗粒粗细不均，过甜，迅速溶解则是假劣奶粉。

● 摇动：用手轻轻摇动铁罐装奶粉，

能听到清晰的沙沙声，说明奶粉质量好。声音较重、模糊，说明已结块。用质量正常的玻璃瓶装的奶粉，轻摇倒转后如瓶底不结奶粉说明是奶粉质量好，如有结块现象则是有质量问题。

● 用手捏：松散柔软，轻微的沙沙声是塑料袋包装的奶粉的特征。如果已经吸湿而结块，会有发硬的感觉。如果是轻微结块的一捏就碎，这种情况对奶粉的质量影响不是很大，可食用。如果结块严重、捏不碎，则说明严重变质，不可食用。

239. 怎样识别假奶粉？

从颜色上看，假奶粉呈白色和其他非自然色；从味道上看，奶味淡、无奶味；从外形上看，粉粒粗大。这些都是假奶粉的特征。

240. 怎样鉴选奶油？

上品奶油和劣质奶油的区别在于：前者切断面细腻均匀，后者则柔软、呈膏状，有的脆而疏松。气味上，前者有芳香味，后者则有酸败味、牛脂味、微弱饲料味。触感上，前者均匀柔软，后者显得粗硬或黏软。色泽上，前者颜色均匀，后者有斑纹条痕。

241. 怎样鉴选豆浆？

从外观看，优质豆浆为乳黄色或略带黄色，有稠密感，放冷时会结出一层豆皮，这些是豆浆浓度高的表现。

从气味看，好豆浆有浓浓的豆香味，劣质的则为豆腥味，闻起来不舒服，这种豆浆生食容易拉肚子。

从味道看，好豆浆豆香浓郁、爽滑，略带淡淡甜味。而劣质豆浆味淡如水，口感差。

242. 鉴选矿泉水有什么窍门？

● 看瓶签标识：生产日期、批号、容量、监制单位、品名、产地、厂名、注册商标、

保质期等都是矿泉水必须标明的。从标识等外部细节来看，因为常用剥离下的标识造假，标识简单，甚至破烂、脏污、陈旧等成为假劣矿泉水的特色。此外，矿泉水的保质期通常为1年，没有标明生产日期或者逾期的，不管是否真货，都不要购买饮用。

● 根据透明度：将真矿泉水置于在日光下，应该是清澈透明、无杂质、无异物或沉淀的，且密封严密、倒置积压不漏水，不然，就可能是用旧瓶装的假冒矿泉水。

● 根据射光度：在透明玻璃杯内的天然矿泉水中放进竹筷，会发现较明显射光弯曲。非矿泉水不会这样。

● 根据口感：矿泉水无异味，略甘甜，不同类型还有不同的特征口味。如有苦涩感是碳酸型矿泉水的特色；冷开水，口感不如矿泉水；自来水，会有氯气味和漂白粉味道；一般地下水，会有一些异味。

● 根据密度：由于天然矿泉水矿化度较大，导致其水表面张力增大。将玻璃杯内注满天然矿泉水，会观察到其水面稍有凸起，如果没有则不是天然的。

● 根据性质或功能：在白酒内加入天然矿泉水不会产生异味，感觉顺口。而非天然矿泉水则会使白酒变味。饮用天然矿泉水会利尿止渴，口感爽滑，而非天然矿泉水则不然。

243. 选购茶叶有何妙招？

看：整齐，不会混有黄片、茶梗、茶角等杂物。冲泡时，叶片舒展顺畅，徐徐下沉，汤色纯净透明是好茶的特征。

摸：叶片干燥不会软，说明茶叶没有受潮，可以久藏。

闻：好的茶叶气味清香扑鼻，无霉、焦等异味。

比：比较茶叶的色泽，好的发酵茶具有青蛙皮似的光泽。

244. 鉴别茶叶质量有哪些窍门?

● 看色泽: 品质优良的茶叶，色泽调和、油润、光亮，品质次的则显得枯暗无光。功夫红茶要求芽尖金黄，体色乌黑油润，暗黑、青灰、枯红的则不行；绿茶则要求茶香清幽，体色碧绿，颜色枯黄或暗黄则不行；乌龙茶要求乌润、鲜明，茶味具有特色的清香，红褐色为最佳，如果是黄绿则不好。

● 看条索: 虽然不同类型的茶叶有不同的条索，但是一旦发现茶叶条索粗大轻飘，都是质量不好的茶叶。就扁型茶来讲，扁平、挺直为上，短碎、弯曲、轻飘为下，比如龙井、大方；珠茶，紧细、细圆、重实为上，松散、长扁、轻飘为下；乌龙茶，白毫多、条索紧细、枝叶重实完整的为上，粗松开口的为下；绿茶，条索紧结，形似鱼钩者为上。

● 看匀度: 在盘内倒入茶叶，固定方向旋转几圈，茶叶就会因为形状不同而分开，如果中层的越多，茶叶的品质就越好。

● 看净度: 杂质含量的多少为茶的净度。成品茶中不应该有非茶类杂质。除此，也可以通过茶梗、茶片、茶籽、茶末在茶中的比例来判断茶叶品质。色泽均匀，条索整齐表明茶叶净度高，反之则质次。

245. 怎样选购茉莉花茶?

从外形上看，花茶应该条索紧密，颜色润泽、匀净。味道上，好的莉花茶应有鲜花香气，而不是霉味或烟焦气味，花茶中干花的比例并不是越高越好，适量即可。

246. 怎样鉴别西湖龙井茶?

产于杭州西湖附近的西湖龙井，应该茶叶条索整齐，扁平，叶嫩绿，触感光滑，长宽较统一，一芽一叶或一芽双叶，纤小玲珑，茶味清香不刺鼻。

247. 怎样鉴别碧螺春?

如果碧螺春是一芽一叶，叶子青绿色、卷曲，芽为白毫卷曲形，叶子根部幼嫩、均匀明亮，则为正品。

248. 怎样鉴别不同季节茶叶?

春茶: 其品质为芽叶肥硕饱和，色泽润绿，条索紧实，茶汤浓醇爽口，香气悠长，触感柔软，无杂质。

夏茶: 即立夏后采制的茶。其品质为叶薄，多紫芽。所以夏茶条质较硬，叶脉清晰，有青绿色叶子夹杂其间。

秋茶: 常为绿色，条索紧细，多筋，重量轻。茶汤色淡，口感平和微甜，有淡淡的香气。叶子柔软，多为单片，茶茎较嫩，有铜色叶片。

249. 鉴别新茶与陈茶有什么窍门?

外观: 新茶绿润，有光泽，干爽，易用手捻碎，碎后成粉末状，陈茶外观色泽灰黄，无光泽，因吸收潮气，不易捏碎。

气味: 新茶有清香气，板栗香、兰花香等，茶汤气味浓郁，爽口清纯，茶根部嫩绿明亮。陈茶则无清奇气味，而是一股陈味，将陈茶用热气润湿，湿处会呈黄色。冲泡后，茶汤深黄，虽然醇厚，但是欠浓，茶根部陈黄不明亮。

滋味: 氨基酸、维生素等构成茶中味道的酚类化合物在贮藏过程中，有的会分解掉，有的则合成不溶水的物质，这样，茶汤的味道就会变淡。故此，但凡新茶总会不沉，茶味浓，爽口。

250. 怎样鉴别假花茶?

花茶是用绿茶和鲜茉莉花为原料多次加工而成，由于充分加工使得香气从茶叶上散发出来，因此茶中干花的多少与茶香无关。而造假者的方法是使用低档劣质茶叶和茶厂废弃的干花混合后冒充花茶，虽有大量干花在茶中，但这种茶却无香气，茶叶外观也不均匀，色泽差，口感涩。

251. 怎样鉴别汽水质量？

从观感上讲汽水应清亮透澈，无沉淀物。同时汽水应该饱含二氧化碳，开瓶时有响声。如果无声，不出气泡，则说明汽水可能出现酸败，无二氧化碳了；若闻起来有异味，则一定不要饮用。

252. 怎样鉴选果汁？

一种果汁是不是 100% 原汁，一般可以从 4 个方面来鉴别：

标签：产品成分都会写在合格的产品包装上，有的产品会说明是不是 100% 纯果汁，纯果汁一般还标明"绝不含任何防腐剂、糖及人造色素"。

色泽：购买时可以将瓶子倒置，对着强光，如果发现颜色过深，可能是加了色素，属于伪劣品。100% 纯果汁色泽应近似鲜果。另外如果发现瓶底有杂质，则是变质的表现，不要再饮用。

气味：有水果清香的是纯果汁，有酸味和涩味的是劣质产品。

口感：新鲜水果的原味是 100% 纯果汁的特色，酸甜适度，橙汁可能感觉偏酸；劣质产品往往加糖，感觉甜，却没有回味。

其他：苹果原汁颜色淡黄，均匀，浓度适中，有苹果的清香味；葡萄原汁颜色为淡紫色，有葡萄的原味，无杂质和沉淀。

253. 怎样鉴别果茶质量？

瓶盖：质量完好的瓶盖平整，如果发酵变质，瓶盖会鼓起。

瓶口：瓶口应干净，如果已经霉变就会有霉点。

颜色：通常为橙黄，且带有少许褐色，如果是深红色，则是加了色素。

看标签：标明不加防腐剂的为好。

看厚度：从浓度上不一定能判断果肉含量，过分稠厚的可能是添加剂或是淀粉所致。

254. 怎样鉴选冰淇淋？

冰淇淋有 50% ~ 80% 的膨胀率，在常温下融化时，混合料会呈现均匀滑腻的状态，但是劣质冰淇淋则会产生泡沫状或是乳清分离。好的冰淇淋显得细腻、柔软、光滑、口感好，形状持久不融。质量不好的冰淇淋会有冰碴、甚至呈雪片状、砂状。

255. 怎样鉴选罐头？

食品罐头罐内空气稀薄，在大气压下罐头顶部呈凹状。所以如果罐头顶端凸出，则说明罐内食品已经变质，则不宜选购。

256. 鉴别真假蜂蜜有什么技巧？

从颜色看，真蜂蜜透明或半透明。假蜂蜜显得浑浊，颜色过艳。

从味道和外形看，真蜂蜜有特殊的芳香气，形状黏稠，拉黏丝，流体连续性好，不断流，10℃时会结晶。假蜂蜜无芳香味，甚至味道刺鼻，常有悬浮物，黏度小，流体连续性差，易断流，结晶体成沙状。

从口感看，真蜂蜜口感香甜，有粘嘴的感觉，结晶后咀嚼感觉如酥，入口即化。假蜂蜜口感淡，甚至感觉咸涩，结晶体味如砂糖。

从其他性状看，真蜂蜜大约比水重 1.5 倍，可彻底燃烧，少残渣，晒干后变得比原来稀薄。假蜂蜜大约比水重 1.3 倍，燃烧后灰多，有碳状残渣，晒干后无明显变化甚至变稠。

257. 鉴别真假蜂王浆有什么技巧？

真蜂王浆呈乳白色或淡黄色，闻一闻有酸臭气味，口感先酸后涩，与碘液反应后呈红棕色。伪劣品则色淡质稀，有气泡在表面，放入口中感到甜腻，与碘液反应后呈蓝色，有的还掺杂了杂质显得浆体稠厚。

258. 怎样鉴选鹿茸?

鹿茸是名贵中药材，市场上有很多已经被萃取药用过的劣品鹿茸在销售，该种鹿茸有效成分已流失很多。从颜色上看，真品鹿茸呈棕色或棕红色，劣品鹿茸则呈暗黄棕色。从外皮看，真鹿茸平滑，毛密柔软，切开后，截面呈暗黄色，有蜂窝状细孔；劣品鹿茸皮显得微皱，毛疏粗糙。切开后，截面呈纯白色，孔细不明显。从气味看，真品鹿茸气味微腥，有咸味；劣品鹿茸无腥味、咸味。

259. 怎样鉴选西洋参、沙参和白参?

从外形上看，西洋参体短，圆锥形，土白色，有1～3个不等的支根或支根痕在下端，也有支根较粗。沙参比较长，长圆棍形或长圆锥形，白色，主根长，为圆柱形。白参表面淡白色，也有支根在下部，但是较长。

从表面看西洋参纵向皱纹多，横向皱纹稀且较细。沙参在加工时用细马尾缠绕，使得上端有较规整、深陷的横纹。白参上端有较密较细的环状纹，加工过程中还会在参体上留下针眼样的痕迹。

质地上，西洋参坚硬，不易折断，口感浓、苦。沙参显得质地疏松，重量轻，易折断，断面常有纵向裂隙，气味微香，口感甜，不带苦味。白参质地坚硬、较重。

260. 怎样鉴选人参?

从人参的生长期、场地来看，野生人参其功效比栽培的要好些，人参岁长的比岁短的疗效要强些。一般的朝鲜参、野山参补力最强，白参、红参、生晒参、大力参要稍差些，参尾、参条要次一等，白糖参、参须最弱。

人参的良与次除了品种以外，还取决于其根部所生长的情况，根节多、分量重、粗大、无虫蛀、均匀的，才是好人参。

261. 怎样鉴选燕窝?

燕窝是名贵药材，呈碗碟状，洁白晶莹，浸入水中柔软胀大的称为白燕，属珍品。燕窝中夹杂绒羽、纤维海藻和植物纤维，带有血迹，颜色微黄，略带咸味的称作毛燕，属次品。如果燕窝大部分是海藻、植物纤维做成的，就只能做药而不宜食用。

262. 鉴选真假名酒有什么窍门?

真酒清澈透明，无杂质沉浮物；假酒则有杂质浮物，酒液浑浊不清，或颜色不正。一般名酒的酒瓶上有特定标记，瓶盖使用扭断式防盗盖，或印有厂名的热胶套；而假冒酒则使用杂瓶或旧瓶，瓶盖一般为塑料盖或铁盖。真酒商标做工精细，使用的是特定颜色，且裁边整齐，背面有出厂日期，检验代号等；而假酒商标则粗制滥造，字迹不清，图案偏色，出厂日期、检验代号等也模糊不清。

263. 鉴选啤酒有什么窍门?

啤酒可以分为生啤酒和熟啤酒两种。没有经过巴氏灭菌的是生啤酒，经过这道程序的就是熟啤酒。生啤酒往往在瓶子上标有"鲜啤"字样，熟啤酒则不注明。酒体清澈透明，呈浅黄或金黄色是优质啤酒的标志。优质啤酒无悬浮物和沉淀物，劣质啤酒或变质啤酒浑浊无光，甚者有悬浮物或沉淀物。优质啤酒气体充足，开瓶时有泡沫快速溢起，倒入杯中时泡沫泛起，伴有沙沙声响，酒花香气浓郁，泡沫丰富、细腻、洁白，挂杯的时间长，劣质啤酒几乎无泡沫，或是有黄色泡沫，有异味。优质啤酒口感舒适，爽滑，柔和，醇厚，无异味，饮后在腹内产生气体。另外啤酒度数也能说明啤酒质量，度数越高表明麦芽汁中糖类的含量越高，啤酒的质量也就越高。

264. 鉴选黄酒有什么窍门?

黄酒的颜色呈紫红色或浅黄色，品质优

良的黄酒，其酒液清澈透明，没有沉淀浑浊的现象，也没有悬浮物。开瓶后，能闻到浓郁的香味，入口无苦涩、辛辣等异味，酒精含量低。而劣质的黄酒，酒液比较浑浊，颜色不正，入口辛辣、苦涩，没有特有酒香。

265. 怎样鉴选葡萄酒？

优质的红葡萄酒，呈现出一种凝重的深红色，有着红宝石般的透亮品质。开瓶后，酒香四溢，小口细细品尝，感觉醇厚怡人，口中充满余味。饮用后，更觉绵醇悠长，回味无穷。不同类型葡萄酒的饮用温度不同，干白葡萄酒多以 8℃～12℃为佳；干红葡萄酒多以 14℃～18℃为佳；甜型葡萄酒多以 8℃～10℃为佳。

266. 怎样鉴选果酒？

各种果酒应该有自己独特的色香味。好的果酒，其酒液应该清亮、透明，没有沉淀物和悬浮物，给人一种清澈感。果酒的色泽要具有果汁本身特有的色素。目前市场上出售的大部分属配制型果酒，是经酒精浸泡后取露，再加入糖和其他配料，经调配而制成的。这种果酒一般酒色鲜艳，味清爽，但缺乏醇厚柔和感，有明显的酒精味。

❁ 三、房产和家具 ❁

1. 怎样鉴别劣质地板？

劣质地板板材会挥发出难闻的刺激性怪味，所挥发出的有害气体，严重超出国家限制标准。

2. 鉴别大理石质量有何妙招？

● 看匀度：质量好的大理石，其纹络均匀、质地结构细腻；而粗粒及不等粒结构的大理石外观效果较差，其机械力学性能也不均匀，质量差。

● 听声音：质量好的大理石，敲击声脆悦耳；若石材内部存在裂隙、细脉或因风化而导致颗粒间接触变松，则敲击声粗哑。

3. 选购大理石有什么技巧？

在大理石背面滴上一小滴墨水，若墨水很快四处分散浸出，则表示石材内部颗粒较松或存在细微裂隙，石材质量不好；反之，若墨水滴在原处不动，则说明石材致密质地好。

4. 鉴选瓷砖有什么技巧？

● 看釉面：用硬物刮擦瓷砖表面，若出现刮痕，则表示施釉不足，表面的釉磨光后，砖面便容易藏污，较难清理。

● 看色差：在光线充足的情况下仔细察看，好的产品色差很小，其色调基本一致；而差的产品则色调深浅不一，色差较大。

● 看规格：好的产品规格偏差小，铺贴后砖缝平直，装饰效果良好；差的产品则规格偏差大，产品之间尺寸大小不一。

5. 鉴别多彩涂料质量有哪些窍门？

● 看溶液：凡质量好的多彩涂料，保护胶水溶液一般呈无色或微黄色，且纹络较清晰。通常涂料在经过一段时间的储存后，其花纹粒子会下沉，上面会有一层保护胶水溶液。这层保护胶水溶液，约占多彩涂料总量的1/4左右。

● 看漂浮物：凡质量好的多彩涂料，在保护胶水溶液的表面，没有漂浮物。

● 看粒子度：取一只透明的玻璃杯，倒入半杯清水，然后再倒入少许多彩涂料，搅动均匀。凡质量好的多彩涂料，其杯中的水会清澈见底。

6. 怎样识别涂料 VOC？

涂料 VOC（英文 volatile organic compounds 的缩写）是挥发性有机物，是衡量产品环保性指标的一个方面。在市场中是商家炒作的热点，它的含量高低与产品的质量并不总是成反比。就现在来说大众价格的涂料 VOC 越低其产品的耐擦性能越差，漆膜的掉粉趋势也越严重。

7. 怎样鉴选 PVC 类壁纸？

PVC（英文 poly vinyl chloride 的缩写，聚

氯乙烯）墙纸具有花色品种丰富、耐擦洗、防霉变、抗老化、不易褪色等优点，特别是低发泡的PVC墙纸，因其工艺上的特点，能够产生布纹、木纹、浮雕等多种不同的装饰效果，价格适中，在市场上较受青睐。

8. 怎样鉴选纯纸类壁纸？

纯纸类墙纸无气味，透气性好，被公认为"绿色建材"，但是耐潮、耐水、耐折性差，也不可擦洗，适用范围较小，一般只用于装饰儿童房间。

9. 怎样鉴选纤维类壁纸？

纤维墙纸可擦洗、不易褪色、抗折、防霉、阻燃，且吸音、透气性较好。由于此类墙纸以天然植物纤维为主要原料，自然气息十分浓厚。虽然进入国内市场时间不长，但却被誉为"绿色环保"建材，颇受人们的欢迎，但价格较高。

10. 房屋验收应注意哪些技巧？

（1）房屋建筑质量：因为房屋的竣工验收不再由质检站担任，而是由设计、监理、建设单位和施工单位四方合验，在工程竣工后15日内到市、区两级建委办理竣工备案。因此，住户自己要对房屋进行质量检查，如墙板、地面有无裂缝等，检查门窗开关是否平滑、有无过大的缝隙。

（2）装饰材料标准：在购房合同里，买卖双方应对房屋交付使用时的装饰、装修标准有详细的约定，其中包括：内外墙、顶面、地面使用材料、门窗用料；厨房和卫生间，使用设施的标准和品牌；电梯的品牌和升降的舒适程度等。

（3）水、电、气管线供应情况：检查这方面情况时，首先要看这些管线是否安装到位，室内电源、天线、电话线、闭路线、宽带接口是否安装齐全；其次要检查上下水是否通

畅，各种电力线是否具备实际使用的条件。

（4）房屋面积的核定：任何商品房在交付使用时，必须经有资质的专业测量单位对每一套房屋面积进行核定，得出实测面积。因此，自己验收时，只要将这个实测面积与合同中约定的面积进行核对，即可得知面积有无误差。误差较大的，可立即向开发商提出并协商解决。

11. 装修房屋验收应注意那些技巧？

（1）门窗：门窗套在受力时不应有空洞和软弹的感觉，直角接合部应严密，表面光洁，不上锁也能自动关上，目测四角应呈直角，门窗套及门面上是否有钉眼、气泡或明显色差。

（2）地板：没有明显的缝隙，外观平整，地板与踢脚线结合密实，在地板上走动时是否有咯吱咯吱的响声。

（3）卫浴：进出水流畅，坐便器放水应有"咕咚"声音。坐便器与地面应有膨胀螺栓固定密封，不得用水泥密封。在水槽放满水并一次放空，检查各接合部，不应有渗漏现象。下水管道不可使用塑料软管。

（4）电线：按动漏电保护器的测试钮，用电笔测试一下螺口灯座的金属部分，带电为不合格。

（5）涂装：表面平整，阴阳角平直，蒙古结牢固，不可有裂纹、刷纹。

（6）镶贴：用小锤敲打墙地砖的四角与中间，不应有空洞的声音，墙地砖嵌缝平严，整个平面应平整。

12. 验收地面装修有什么技巧？

陶瓷地砖、大理石、花岗岩是常用的地面板块。它们都用水泥砂浆铺贴，合格的装修要保证粘贴的颜色、纹理、图案、光洁度一致均匀。面层与基层粘贴牢固，空鼓量面积不得超过5%。接缝牢固饱满，接缝顺直。安装木

地板基层的材料要涂满防腐剂,并牢固、平直。硬木面层应用钉子四边铺设,墙面和木地板之间要有 5 ~ 10 毫米间隙,用踢脚线压住,不能露缝。表面光亮,没有毛刺、刨痕,色泽均匀,且木纹清晰一致。

13. 怎样识别二手房质量?

打开水龙头观察水的质量、水压,确认房子的供电容量,避免出现夏天开不了空调的现象;打开电视看一看图像是否清楚,观察户内外电线是否有老化的现象;观察小区绿化工作如何,物业管理公司提供哪些服务及各项收费标准。

14. 怎样识卖房广告陷阱?

(1)一般以语言定性不定量和醒目的图文制造视觉冲击力,来设计文字陷阱。

(2)一般用含糊的语言和没有比例的图示缩短实际距离,来设计化妆陷阱。

(3)一般将楼盘中最次部分的价格作为起价,在广告上标明低价格,来吸引买主,造成价格错觉陷阱。

(4)利用买主对绿化面积不敏感的心理,虚报销售面积、绿化面积、配套设施以及不标明是建筑面积还是使用面积等来设计面积陷阱。

15. 看售楼书有什么技巧?

为了推销房屋,开发商为自己精心制作了一种印有房屋图形以及文字说明的广告性宣传材料,这样的材料就是售楼书。售楼书分为外观图、小区整体布局图、地理位置图、楼宇简介、房屋平面图、房屋主体结构、出售价格以及附加条件(如代办按揭)、配套设施、物业管理等几个方面。有了售楼书购房者便可以有针对性地对房屋进行初步认识。例如购房者通过看外观图、小区整体布局图,可以初步判断楼宇是单体建筑还是成片小区,或是高档、中档还是低档,用途是居住、办公还是商住两用。并且购房者通过看地理位置图便对楼宇的具体位置有了初步了解,同时对房屋的价格也有了一个大概的概念。同时购房者也要看清楚楼房的地理位置图是否是按照比例绘制的,如果不按比例,这样的地理位置图将就会导致购房者对地点的选择形成误导。有了房屋平面图,就有利于购房者选择设计合理、适合自己居住或办公的房型。

16. 审查房产商是否为合法企业有什么技巧?

(1)审查房产开发商的五证:即商品房预售(销售)许可证、建设用地规划许可证、国有土地使用证、建设工程规划许可证、建筑工程施工许可证。

(2)审查开发商的营业执照是否已经年检,开发商的资质证书。

(3)审查以上证件的时候一定要原件,特别是国有土地使用证,以防将土地使用权转让前预留复印件等欺瞒做法。

17. 鉴别真假房产权证有哪些窍门?

● 看外观:从外观上看,真的房产证是流水线生产的,墨色均匀,纸张光洁、挺实,而假证多数是手工制作、线条不齐,且油墨不均匀。

● 看水印:真的房产证内页纸张里的水印图案,只有在灯光下才能看出来,而假证的水印图案,平铺着就能看见。另外,真房产证的防伪底纹是浮雕“房屋所有权证”字样,字迹清晰,而假证则没有。

● 看字迹:在放大镜下,可以看到真证的内页底线里藏有微缩文字,防伪团花中的绿色花瓣是双线构成,而且仔细看可以发现真房产证上的阿拉伯数字编号,与第四套人民币贰角上面的阿拉伯数字粗细一样。

18. 鉴别住房卫生标准有什么技巧？

（1）日照：每天日照 2 小时是维护人体健康的最低需要。

（2）采光：窗户的有效采光面积和房间地面面积之比不应小于 1：15。

（3）层高：南方住宅层高不低于 2.8 米，北方则以 2.5 ~ 2.8 米为宜。

（4）室温：室温冬天不应低于 12℃，夏天不应高于 30℃；相应湿度不应大于 65%，风速在夏天不应少于 0.15 米 / 秒，冬天不应大于 0.3 米 / 秒。

（5）空气：居室内空气中某些有害气体、代谢物质、飘尘和细菌总数不能超标。

19. 处理建筑面积误差有什么技巧？

购房人在购房合同中，应该明确约定出现建筑面积误差时的处理方法，但如没有做相应的约定可以按照以下方法处理：

（1）面积误差比绝对值在 3% 以内（含 3%）的，据实际面积结算房价款。

（2）面积误差比绝对值超出 3% 时，买房人有权退房，卖方应在买房人提出退房之日起 30 日内将已付房价款退回，同时支付已付房价款的利息。

（3）如果产权登记面积大于合同约定面积时，误差比在 3% 以内的房价款，由房地产开发企业承担，但产权归购房人。

（4）产权登记面积小于合同约定面积时，其误差比绝对值在 3% 以内（含 3%）部分的房价款，由卖房人返还购买人，绝对值超出 3% 部分的房价款，由卖房人双倍返还购房人。

20. 合法退房应掌握哪些技巧？

（1）一般超过 3 个月开发商不能交房的，购房人可以要求开发商退房，并且要求双倍返还定金或支付房款利息。

（2）如果开发商证件不全，与买房人签署的合同属于无效合同，购房人应当腾空房屋，开发商应当返还购房人交纳的房款。

（3）开发商未经购房人同意而擅自变更房屋户型、朝向、面积等有关设计的情况，购房人可依据合同约定要求开发商退房。

（4）因开发商的原因，买房人在合同约定的期限内，无法得到产权证，买房人就可以要求退房。

（5）如果房屋面积误差比绝对值超出 3%，购房人要求退房并要求退赔利息的，法院会判决购房人胜诉。

（6）房屋质量不合格、有房屋的硬伤等情况，可要求开发商退房。

（7）如果开发商在出售房屋之前就把所售房屋抵押，或卖给购房人后，又把房子抵押给他人，购房人查明后，可以要求退房。

21. 把关家具外观质量有什么技巧？

在选择家具外观的质量时，要从整体上来观看，看它的对称部件（尤其是卧室框的门）或者其他的贴覆材料，其纹理的走向是不是相近或一致；表面的漆膜是不是均匀、坚硬饱满、平滑光润、色泽一致、无磕碰划痕，手感是否细腻滑畅。

22. 选择家具颜色应注意哪些方面？

在家具的选购上要考虑房间的颜色，浅色的房间，适合搭配样式新颖、色调较浅的家具，这样的搭配可给人一种清爽、明快的感觉，是青年人的首选。老年人一般喜欢安静、修身养性，所以老年人选择家具的颜色一般较深。浅色的家具适合于小的房间，因为在搭配上可给人形成视觉错觉，感觉房间变大。而深色的家具比较适合于较大的房间，并且搭配浅色的墙壁，这样可以突出家具，减少房间的空旷感。

23. 选购组合家具有哪些窍门？

看：将整套家具放在同一个平面上，以

整体光洁明亮、无明显色差、漆色均匀一致为佳。

摸：将双手平摊开，细细地摸一遍家具的主要面，没有隆起和凹痕的油漆杂质、积垢为好。

测：用直尺测量柜体对角线，如果每一件家具的对角线都相等，则说明家具四个角都是直角。把这样的家具放在一起，才不会出现缝隙。

24. 选择环保家具应掌握哪些方面？

木家具和板式家具是目前市场上存在的两种形式，一般用中密度纤维板饰面（用刨切单板、装饰纸、防火板等贴面所形成家具材料）、刨花板制成厨房家具和板式家具。板式家具的稳定性好、便于安装，且造型也好。但它的缺点是：原材料的材质不好，会污染室内。而木家具以实木集成材或实木为主要原料，人造板为辅助原料。其优点是：有实木天然的感觉，缺点是：若木材干燥，它的质量就会不好，容易裂纹和变形。若消费者担心产品甲醛超标，可以把装修的材料锯成小块，放入塑料袋内封闭一天，如果发现质量有问题，可就近投诉。

25. 选购同一房间的家具有什么技巧？

在选购放在同一房间里的家具时，首先要注意它的风格、款式及造型的统一，色调也要跟整个房间相和谐。若只换个别的家具，也要尽可能选择跟同室内原有的家具颜色相近的。对于那些采光条件较差的房间或小房间里，最好选用浅颜色或者浅色基调的拼色家具，从而给人一种视觉上较宽绰明亮的感觉。对于大房间或者光线比较的房间，最好选择颜色比较深的家具，这样，能凸显出古朴典雅的氛围。

26. 选用成套家具应注意什么？

每套家具的件数不同，在功能上就有多少之分，但是每一套家具都需要有基本的功能如摆、睡、写、坐等。若功能不全，会降低家具的实用性。要挑选什么功能的家具，就要根据自己居室的面积和室内的门窗位置来统筹规划。因此，在选购成套家具的时候，要注意整个房间里尺寸比例上要看上去舒服、顺眼，不要让人有不协调感。

27. 怎样选购家具木料？

一般来说，木制的家具越重越好，表示它的用料比较厚实。此外，也可以敲敲看，如：听其回声是沉实还是轻飘，若敲着的时候手痛，则为上品。

28. 怎样鉴别红木家具质量？

真正的红木家具，本身就带有黄红色、紫红色、赤红色和深红色等多种自然红色，木纹质朴美观、幽雅清新。制作家具后，虽然上了色，但木纹仍然清晰可辨；而仿制品油漆一般颜色厚实，常有白色泛出，无纹理可寻。真的红木家具坚固结实，质地紧密，比一般木料要重；相同造型和尺寸的假红木家具，在重量上是有明显差别的。

29. 怎样选购藤制家具？

在选购的时候，除了要注意手工技艺是否比较精细外，还要看它材质的优劣。表皮光滑而不油腻，柔软有弹性，且没有什么黑斑的材质比较好；若表面质地松，起皱纹，且材料没有韧性，容易腐蚀和折断，则不宜购买。

30. 怎样选购竹器家具？

在选购竹器家具的时候，如果能闻到一股香味，则表示是新的竹器；如闻着有霉腐味，则表示竹器已经发霉，不宜购买。

31. 怎样选购柳条家具？

在选购柳条家具的时候，应该选择外形端正，框架平正，腿部落地平稳，榫眼坚固，转折部位弧度及高度符合人体的结构，排列均匀，柳色洁白，无霉斑、无断伤，正面不露钉头的为佳。

32. 怎样选购金属家具？

在选购的时候，挑选外壳清新而光亮，腿落地平稳，焊接处无庇漏，圆滑一致，在弯处没有明显的褶皱，螺钉牢固，铆钉无毛刺、光滑而平整、无松动，其表面无脱胶、起泡的为佳。

33. 怎样选择沙发？

在选择沙发的时候，其高度一般应不高于小腿高度的 40 厘米左右，68 ~ 74 厘米是地面到沙发顶最佳的高度。而 92 ~ 98 度是靠背的最佳角度。软硬适中的坐面和稍微偏硬的坐面最好。这样符合人体工程学，有益于人体的健康。

34. 牛皮沙发的挑选有什么窍门？

看：看外观，包覆的牛皮要丰满、平整。皮革没有刮痕和破损。纹理清晰、光洁细腻属优质牛皮。牛肚皮（皮的形态和牢固度不够）不能用于做面料。也有些皮质沙发，选取猪皮、羊皮做面料。猪皮光泽度差，且皮质粗糙，而羊皮，即使轻、薄、柔，也比不上牛皮有强度，且皮张面积小，在加工时常常要拼接。

摸：通过触摸，能够了解对皮张的厚感是不是均匀且手感是不是柔软，牛皮工艺较好，经过硝制加工，熟皮有细腻、柔软的特点，生皮则板结生硬。在无检测工具的情形下，手感显得尤为重要。

坐：上等牛皮沙发，每一部分的设计都是根据人体工程原理，人体的背、臀等部位都将获得很好的依托。结构非常轻巧，造型也很美观，且衬垫物也恰当。人坐在上面，身心放松，感觉舒适。

另外，就算用手用力压座面，也听不到座面中弹簧的摩擦声；用腿用力压座面，且用两手摇晃沙发双肩，也听不到内部结构发出的声音。

35. 选购沙发床有什么窍门？

弹力：伸开手掌，轻轻地压垫面，反复扫抹垫面，以手掌滑过处，没有阻碍等均衡的情况为宜。

声响：在四角用手压一压，以声响平整为好。

高度：床不要过低或过高，一般以 40 厘米以上为宜。

36. 选购弹簧床有什么窍门？

在选购弹簧床的时候，若想试它的好坏，可以用手在床上稍稍施些力气，开始的时候，若有柔软的感觉，下陷 5 ~ 10 厘米左右时，其表面的张力扩大，且开始有反弹的作用，此时，床反弹的震荡，应该被床的底部所吸收，不会因为床面受到了冲击而使它整体摆动，这样的弹簧床才是好床。

37. 选购床垫有哪些窍门？

具有注册商标、厂址、厂名、出厂日期、规格、合格证、品名、型号等标记的床垫是优质床垫。当选购时可从以下几个方面考虑。

（1）弹性：应选择弹性适中（太软了会睡得不舒服）的。

（2）色彩：应选择高雅和谐，且图案美观而富有立体感的，面料的质地要耐用。

（3）外型：应平整、做工精细、丰满、边齐角圆，并配有呼吸孔。

（4）手摸：应感觉柔软而不觉得有小疙瘩，下压的时候凹面均匀，没有杂声，不会触及单个弹簧。用手摸它的边角时，应注意有没有边框，若无钢丝框，则容易变形，再看它是否有外漏钢的丝头等现象。

38. 购买洁具有何窍门？

看光洁度：光洁度高的产品，其颜色非常纯正，白洁性好，易清洁，不易挂脏积垢。在判断它的时候，可以选择在比较强的光线下，从侧面来仔细观察产品表面的反光，表面没有细小的麻点和砂眼，或很少有麻点和砂眼的为好。光洁度高的产品，很多都是采用了非常好的施釉工艺和高质量的釉面材料，均匀，对光的反射性好，它的视觉效果也非常好，显得产品的档次高。

摸材质：在选择的时候，可以用手轻轻抚摸其表面，若感觉非常平整、细腻，则说明此产品非常好。还可以摸它的背面，若感觉有"砂砂"的摩擦感，也说明此产品好。

听声音：用手轻轻敲击陶瓷的表面，若被敲击后所发出来的声音比较清脆，则说明陶瓷的材质好。

比较品牌：在选择的时候，可把不同品牌的产品放在一起，从上述几个方面来对其进行对比观察，就很容易将高质量的产品判断出来。

检查吸水率：陶瓷产品有一定的吸附渗透能力，即吸水率，吸水率越低，说明产品越好。因陶瓷的表面，釉面会因为吸入的水过多而膨胀、龟裂。对于坐厕等吸水率比较高的产品，很容易把水里的异味和脏物吸入陶瓷。

39. 怎样选购餐桌？

在选购的时候，如果房间比较大，则可以选用固定式的餐桌；如果房间的面积比较小，则可以选用折合式的餐桌，在不用的时候，还可以折合起来。在质地方面，可以选用胶合板的塑料贴面，这样的饰面不但造价便宜，而且方便清洁，美观大方。

40. 怎样选购茶几？

在选购茶几的时候，要看它的尺寸是否与沙发相协调，一般情况下，不要太高，茶几的桌面，以稍高于沙发的坐垫为好。在选购时，还要根据自己的需要来选择款式不同的茶几，茶几的色彩、造型要跟相配的椅子或者沙发相协调。

41. 怎样选购防盗门？

在选购防盗门的时候，要注意查看上面有没有标有公安局检验后所发的许可证，要选购材质厚实、结构合理、锁具灵活，门扇与门框间隙合理的防盗门。

42. 怎样选购家具聚酯漆？

聚酯漆是以聚酯树脂为主的成膜物。高档家具一般用不饱和的聚酯漆，也就是通常所称的"钢琴漆"，不饱和聚酯漆的特性为：

一次施工膜可达1毫米，其他的无法比拟。

它清澈透明，漆膜丰满，其光泽度、硬度都比其他漆种高。

耐热、耐水及短时间的耐轻火焰性能比其他的漆种好。

不饱和的聚酯漆，其柔韧性差，受力的时候容易脆裂，漆膜一旦受损就不易修复，因此，在搬迁的时候，要注意保护家具。

43. 怎样鉴别家具聚氨漆？

聚氨漆的漆膜比较坚硬且耐磨，抛光后有比较高的光泽，它的耐热、耐水、耐酸碱性能很好，属于优质的高级木器用漆。

44. 怎样鉴别家具亚光漆？

亚光漆的主要成分是清漆，除此之外还含有辅助材料和适量的消光剂，三者调和而成的。由于用量不同的消光剂，导致漆膜光泽度不同。亚光漆的漆膜光泽度匀薄、柔和，平整光滑，耐水、耐温、耐酸碱。

45. 怎样鉴别地毯质量?

在选购地毯的时候，要注意它是否平整、有没有撕裂、破洞和明显色差，及毯的背后是否粘合牢固。

46. 怎样根据房间选择地毯?

在选择毛毯的时候，要根据不同的房间来对其进行选择:

（1）门口：一般可以铺设尺寸比较小的脚垫或者地毯，适宜选择化纤等比较容易清洗和保养的地毯。

（2）客厅：若客厅的空间比较大，可以选择耐磨、厚重的地毯，最好能铺设到沙发的下面，造成整体统一的效果。若客厅的面积不大，应选择面积稍大于茶几的地毯。

（3）卧室：若将整个房间都铺满，会感觉有点奢侈，可以只铺一块地毯在床前，没有床头柜或床比较大，床前毯则应放在床比较靠门的一侧，或放在床的两侧。若是儿童房，可以选些带有卡通人物、动画图案的地毯。质地上可选择既防滑又容易清洁的尼龙地毯。

（4）卫浴间：适合放尺寸比较小的脚垫和地毯，现在市面上也有很多专门为卫浴间而设计的防滑地毯，可选择跟整体卫浴配套的。

47. 选择地毯应掌握哪些窍门?

● 选地毯品种：在选择地毯的时候，若预算多，最好买6000针/平方尺的地毯，这种形式品质好，在经过家具重压后，仍然能够保持它的外观。若预算不多，可以买5000针/平方尺左右的，因为4500针/平方尺以下的密度比较小，且品质也较差。

● 选择地毯颜色：若选择黄色或红色，能使整个房间显得富丽堂皇；若选择米色，会使整个房间有幽静、淡雅气氛；对于会客室，适合选择色彩较暗，花纹的图案比较大的地毯，会给人一种大方、庄重的感觉；对于卧室，适合选择花型小，且色泽比较明亮的地毯，会给人一种舒服感。

48. 选购消毒柜有什么技巧?

在选购消毒柜的时候，应该从它的功能与型号来进行选择。

（1）功能：最好的效果是用高温来消毒，臭氧其次。普通的机械型消毒柜，操作非常复杂，不好控制，很容易使器具损坏。比较而言，用电脑智能型产品，操作起来会比较方便，同时也能对餐具起到一定的保护作用。

（2）型号：首先，除了挑选它的品牌外，还应注意其产品的型号，功率不能太大，600瓦最适合。容积方面，若是三口之家，宜选择50~60升的消毒柜，若是四口以上的家庭，宜选择60~80升的消毒柜。消毒柜的消毒方式，主要是用远红外线石英电加热管来进行臭氧杀菌、高温杀菌，或者用红外线与臭氧结合的方式来进行消毒。

49. 检测消毒柜质量有什么技巧?

（1）质量高的消毒柜有着良好的密封性，这样才能保证消毒室的温度或臭氧浓度，达到消毒功效。其具体检测的办法是：取一张小小的薄硬纸片，若很容易就插进了消毒柜的门缝里，则说明柜门的密封性不好。

（2）检查消毒柜电源部件的质量，看它的电源反应是否迅速；功率的开关按钮是否灵活、可靠；指示灯工作是否正常。特别要注意看它的电源线连接处是否牢固、无松动；连接器的插拔松紧是否适度；绝缘层有无破损。当接通电源后，各个金属部件不能够有漏电的现象。

（3）当臭氧型消毒柜一通上电后，马上会看到臭氧离子发生器所放射的蓝光或听到高压放电"噼啪"声；红外线型消毒柜一通电后，其温度会迅速升上来，一般约4分钟就可达到40℃。

50. 怎样鉴别沙锅？

优质的沙锅，摆放平整，结构合理，内壁光滑，锅体圆正，盖合严密，没有突出的砂粒。优质沙锅选用的陶质细密，大部分呈白色，其表面釉的质量也非常高，光亮非常均匀，锅体的厚薄均匀，具有很好的导热性。

51. 怎样选购沙锅？

在选购的时候，装入足量的水在沙锅里，查看是否有渗漏，也可以轻轻用手敲击锅体，若声音清脆，则说明锅体是完好的。若有沙哑声，则说明锅体已经被破损，最好不要购买。

52. 怎样鉴别不锈钢锅的材质？

不锈钢的锅产品，一般都印着"18－8"、"13－0"等钢印，这是指产品的原料成分及身价标志。前面的数字代表的是含铬量，而后面的数字代表的是含镍量。含铬但不含镍的产品是不锈铁，但容易生锈，含铬又含镍的锅，才是不锈钢的。如果在购买的时候分辨不清楚，可随身带一块磁铁，以辨其真伪，吸起来的表明是不锈铁；若是不能被吸起来，则表明是不锈钢。

53. 怎样鉴别高压锅质量？

优质的高压锅表面光滑明亮，胶木手柄坚固，上下手柄整齐而不松动。安全阀上的气孔光滑通畅。安全阀内顶针能盖严锅盖气孔管上的气孔；易溶阀上的螺帽能灵活拧动。

54. 怎样鉴别铁锅质量？

优质的铁锅表面光滑，无砂眼、气眼等疵点。略有不规则浅纹属正常，但纹路不可太深。

55. 选购锅时应掌握哪些技巧？

（1）看锅面：锅面应该比较光滑，不过不要求平滑如镜，若表面有不规则浅纹，也属

正常。但是如果纹路过密，则为次品。

（2）擦点：若是"小凸点"可以用砂轮将它磨去，若是"小窝坑"，则表明质量比较差。一些卖锅的人，常常将"眼"用石墨填平，不容易被人看出来，只需用一个小刷子将其刷几下，即能使其暴露。

（3）检查锅底：锅底越小，它的传火就会越快，既省时又省燃料。

（4）检查厚度：锅有厚、薄之分，以薄的为好。在鉴别的时候，可以将锅底朝天，然后再把手放在凹面的中心，用硬物敲击锅，锅声越响，手指的震动越大则表明锅的质量越好。

56. 选菜板有什么学问？

有些人认为木质菜板用的时间长了，就容易产生木屑，会污染食物，所以均改用塑料菜板，殊不知，木质菜板有杀菌的作用，而塑料菜板却没有。这是因为树木对抗细菌已经有几十万年的历史了，木质菜板虽只是树木的一个小部分，但是却仍有杀菌的功能。

57. 选购菜刀有什么技巧？

选购菜刀时须看刀的刃口是否平直。刀面平整有光泽，刀身由刀背到刀刃逐渐由厚到薄，刀面前部到后部刀柄处，也是从薄到厚均匀过渡的，这样的刀使起来轻快。也可同时将两把刀并在一起进行比较以确定哪一把刀好。另一个办法是用刃口削铁试硬度。有硬度的刀可把铁削出硬伤。例如：可用刀刃削另一把刀的刀背，如能削下铁屑，顺利向前滑动，说明钢口好。最后检查木柄是否牢固，有无裂缝。

58. 怎样根据不同的用途选购菜刀？

圆头刀是专门用来供给从事烹调和食堂所用的；马头刀、方头刀则是供一般有家庭用；全抛光刀适合切肉、切面用；夹钢菜刀则适合用来切菜切肉；不锈钢刀适合用来切咸菜、一

般菜及切面；冷焊过的夹钢刀，左右手都可使用，不易生锈，手感也很轻。

59. 怎样鉴别菜刀质量？

（1）刀身：要求光滑而平展，没有裂纹和毛刺。

（2）刀把：要求手感好，牢固，手握非常舒服，没有裂缝的更好。

（3）刀口：要求均匀、平直，其夹钢没有裂痕、纯正。刀口没有过火或退火的现象，即不会发黄或发蓝。

（4）硬度：用一把菜刀斜压住另一把菜刀，从刀背的上端往下端推移，若打滑，则说明是钢；若留有刀印在刀背上，则表示此菜刀钢质软硬比较适度；若没有痕迹，则说明此刀太硬。

60. 怎样鉴别杯盘碗碟质量？

优质产品容器口彩绘边线应均匀整齐，图案清晰美观，内外壁应无黑斑、釉泡、裂纹。木棒轻敲声音清脆响亮。声音沉厚混浊、沙哑、有颤声的则表明有裂痕或砂眼。容器反扣在木板上应圆正且边沿无空隙。

61. 选购筷子有什么技巧？

市场上的筷子有竹筷，木筷，还有象牙筷、骨筷、塑料筷、金属筷等。

（1）木筷子比较轻便，但它容易弯曲，吸水性强且不耐用，非常容易将细菌随着卤味或者洗洁精等吸进筷子里。

（2）竹筷子不易弯曲，且没有特殊的味道，也不容易吸入细菌等物。

（3）骨筷子大部分是用象骨或牛骨制成，其中用鹿骨制作的骨筷为最佳品，中医认为这具有一定保健作用。

（4）象牙筷一般都是用象牙制成的，呈红白色，其中有美观纹络的为上品。

（5）银筷子用起来不轻便，据说可以验毒、防毒。

（6）市场上面还销售油漆筷子，在这些筷子的上面涂了层油漆，而油漆里含有铬、铅等有毒的物质。一般的家庭，还是选用竹筷子最为实惠。

62. 选用洗碗布有什么技巧？

（1）百洁布：用百洁布来擦洗餐具，其效果比较好，但由于它是用化纤原料做的，若长期使用，它所脱落的细小纤维会对人体有所伤害。

（2）纯木纤维洗碗布：它具有很强的排油性和亲水性，使用的时候，不需要任何的洗洁精便可将餐具上面的食油擦洗干净，且不粘油。只要用手稍稍搓洗，布上的油渍即可很快清洗干净，实用、方便，是目前比较理想的洗碗抹布。

（3）胶棉洗碗布：其颜色鲜艳，这种洗碗布看起来跟海绵一样，但它实际上是用聚乙烯醇的高分子材料所构成，更加具有弹性，能抗腐蚀，其吸水性很强。

63. 怎样根据茶叶的种类选购茶具？

茶具，以陶瓷杯最好，白瓷杯其次，玻璃杯再其次，搪瓷杯较差，保温杯、塑料杯最差。瓷、陶的茶具，宜用来品尝清茶；玻璃杯适合那些喜欢欣赏芽叶美姿、名茶汤色者；用搪瓷杯来泡茶，其效果差，不适合用来招待客人；保温杯容易使茶汤泛黄，且香气沉闷；而塑料杯会产生些异味，不适合用来泡茶。

❀ 四、电器 ❀

1. 鉴别收录机质量有哪些技巧？

（1）不装磁带，按下收录机放音键，"沙沙"的机械运转声音越小说明质量越好。

（2）放入磁带，分别按动收录机各键，观察磁带侧面，卷绕整齐者，机芯质量较好。

（3）放进试听带放音，好的收录机高音部清晰明亮、低音部分浑厚饱满，且喇叭机箱不会共鸣，用大音量放音时，不应有明显失真。

（4）把空带放进录音机做录音试验，好的录音机的放音功能及音质应无失真现象。

（5）好的录音机的收音功能也应完好齐全。

2. 怎样挑选录音机？

录音机的等级高低取决于性能的高低，而不取决于功能的多少，因此，并不是功能越多就越好，机型功能多的并不一定实用，虽然价格高，但性能不如比较便宜的录音机。因此，若没有特殊的需要，宁可牺牲功能而选择一个性能指标高的录音机。

若是为学习用，可选择一款便携式的单声道收录机；若是为了欣赏音乐，可选择一款立体声收录机；若是在固定场合使用，可选择一款台式机。

若是普通家庭录、放语言和收听广播用，选择输出功率为 1 ~ 2 瓦即可；若是大型台式机用，可以选择输出功率为 5 瓦的；若是以欣赏音乐为主的立体声收录机，选择一款输出功率是在 2 × 5 瓦以上，且组合机在 2 × 10 瓦以上的。

3. 录音机磁头老化如何鉴别？

（1）当录音机的声音出现明显失真或抹音不净等现象，而机械部分工作正常、电路部分无故障，且经清洗、消磁、调整磁头角度后仍无改善时，则表明录音机的磁头已经老化。

（2）如果录音机的磁头表面与磁带接触部位有较明显空隙，则表明磁头已经老化。

4. 录音机磁头磁化如何鉴别？

切断录音机电源，打开磁带仓门，用细线吊一根大头针慢慢靠近磁头，如果大头针被吸住，则表明磁头已磁化，须经过消磁后方可再用。

5. 录音机磁头缺损如何鉴别？

切断录音机电源，按下走带键，将宽度小于磁头的塑料薄片紧贴磁头慢慢向下伸，若塑料片明显受阻，则表明磁头已被磨损，须经过更换后再用。

6. 鉴别录音磁带质量有什么技巧？

（1）质量好的普通氧化铁磁带应呈灰色或黑色，而不是棕色或褐色的。质量好的锚带表面乌黑发亮，但只能在有磁带选择开关的录音机上使用。

（2）质量好的磁带表面亮，磁粉粒度细、密度高，对磁头磨损小，高频特性好。

（3）一般60分钟的磁带，当一边带轮上缠满磁带后，总厚度占刻度5格的磁带可以放心使用，不会轧带；总厚度只占总刻度一半的磁带则表明质量不好。

（4）磁带带基不平直或有带边，呈海带状等情况的磁带均不能再使用。

7. 如何鉴别原装录音磁带？

（1）在原装磁带的头尾，有一段呈半透明、白色的带基，而复制带没有。

（2）原装带盒上的螺孔没有拆装过的痕迹，而复制带有轻微的损伤。

（3）原装带的每一段录音之间的空隙，没有杂音和交流声，而复制带有比较明显的交流声。

（4）原装带的包装精美，且有内容说明，而复制带的衬纸印制比较粗糙，色彩暗淡，无内容说明。

8. 如何鉴别真假激光唱片？

（1）激光唱片因为生产工艺复杂，技术严格，因而真品成本较高；假货一般以成品代替母盘，售价因而便宜得多，但质量根本无法保证。一般专业店出售的应该是真品。

（2）汇集热门曲目的激光唱片应多加提防。

（3）不标明制造单位的、来历不明的激光唱片可能是假货。

（4）封面包装不精致，有明显手工制作痕迹的，肯定是假货。

9. 怎样选用卡拉OK混响器？

选用卡拉OK混响器时，要考虑与音响设备的性能协调。当音响设备具备音频输入输出时，可选择带有线路输出方式或功率放大的混响器；音响设备有调频立体声时，可选用有调频输出方式的混响器；若只有一对音响，可选用有功率放大功效的混响器。豪华型的混响器具有动态范围宽、多路声源输入、功能较全等优点，但价格也很昂贵。

10. 保养VCD碟片有什么窍门？

（1）变形扭曲的碟片可以放在两张白纸中在平板玻璃下面压平。

（2）灰尘过多的碟片可以用20℃左右的温水擦洗干净。

（3）沾有汗迹和油污的碟片，需要洗涤精或中性香皂涂抹后，放入20℃左右的温水中用绒布擦洗。

11. 保护碟片有哪些方法？

（1）拿碟片的手要保持洁净。在拿取碟片前要注意手的清洁，手指上不能有腐蚀性的脏物、油污、汗渍等。科学的方法是用中指勾住碟片中心孔位，大拇指按住或扣住碟片边缘拿取。

（2）注意科学存放。如碟片使用完毕，应将其装回塑料薄膜袋或盒袋中。防止碟片长期裸露，尤其不能随意散乱堆放，人为造成碟片之间碰撞、挤压或碟片表面磨损、划伤等。正确的方法是像书那样将装好的碟片远离磁场，竖放在一起。

（3）合理清洁。如果碟片的反光面有脏物，手头又无专用光碟清洁剂时，可用凉白开水冲洗，再用柔软的绒布、镜头纸或专用清洁刷将其擦洗干净，放在通风处自然干燥。不能用棉织物擦洗碟片，因为会在上面留下棉纤维和痕迹，导致VCD（英语 video compact disc 的缩写，激光压缩视盘）播放机损坏或不能正常工作。

12. 家用摄像机在使用和保养时应掌握哪些技巧？

（1）使用家用摄像机时，不要将镜头长期对准光源，避免镜头长时间固定地摄取同一景物，特别是景物明暗对比度较大时，更应注意。

（2）家用摄像机与其他电视设备进行连接前，必须首先切断所有电源。

（3）家用摄像机使用结束后，应关闭光圈，将镜头盖盖上，同时将电源开关关闭，拔掉电源插头或取出电池。

（4）摄像机在调整和使用时应避开磁场，以免图像抖动和失真。

（5）避免在湿度较大、粉尘较多或充斥有腐蚀性气体的场所使用摄像机。

（6）不要用手摸镜头表面，若表面有灰尘，可以用软毛刷将其轻轻刷去，也可以用干净的软面蘸镜头清洁剂来擦拭。

（7）使用摄像机时，经常注意电池临界放电指示。当电池电压下降到某一临界值时，依据摄像机录像器中的警告指示，及时更换电池。忌不更换电池继续使用，导致因放电过度而造成的电池损坏。电池从摄像机中取出后，应立即充电，否则易造成电池损坏。

13. 怎样选购电视机？

（1）根据价格来选购。进口电视机与国产电视机的功能不同，其价格也会有所不同，但它们的质量却相当。因此，若是工薪阶层消费者，可以放心选择国产名牌。它的价格也要在自己所能承受的范围内，当电视机的质量发生问题时，也容易得到解决。

（2）根据功能来选购。在制式的选择上，PAL（英文 Phase Alternative Line 的缩写，正交平衡调幅逐行倒相制）制主要适用于中国、澳大利亚、英国、瑞士、巴西、新西兰、比利时等国家的消费者。NTSC（英文 National

Television Systems Committee，正交平衡调幅制）制主要适用于美国、日本、加拿大、墨西哥、菲律宾等国家的消费者；SECAM（英文 Sequential Coleur Avec Memoire 的缩写，行轮换调频制）制主要适用于俄罗斯、法国、古巴、中东各国等国家的消费者。

在显像管的选择上，有直角平面管和球面管两种选择。

在显像的选择上，有画面显像和多重画面。

在伴音的选择上，则有双声道输出和单声道输出的选择余地。

14. 鉴别电视质量有哪些窍门？

（1）看光栅：在还没有接收信号前的瞬间，黑白与彩色之间的光栅屏幕上都会布满黑白噪声点。当把对比度关小时，噪声点会变淡。扫描的时候，线均匀清晰，没有颜色变化，只有明暗变化。

（2）观图像：当将电视信号接入后，将电位器的饱合度关闭，看彩电所接收的黑白图像，检查除了色度通道外电视机其他部分工作状况，此时，屏幕上没有勾连和噪波。

（3）听伴音：当把收音旋钮调到最大的时候，伴音应清晰、洪亮，没有明显的干扰噪声和交流声，图像上没有随着伴音大小的变化而产生抖动和干扰条纹。

（4）查质量：将颜色的饱和度旋钮从最小转到最大，看看彩色是否会出现失真现象。当电视机在接收彩色信号的时候，屏幕上从左到右会出现白、黄、青、绿、紫、红、蓝、黑的信号，将对比度和亮度调到合适的位置，用色度旋转钮来调图像色彩的浓度，当旋转至最小时，会出现纯净黑白图像；往顺时针方向旋转，颜色会逐渐加深；当旋转到最大的时候，色彩最浓，且没有彩色信号的输入，外加一个天线来观察图像信号，同样也能检查出接收彩色信号的能力。

15. 怎样鉴别冒牌电视机？

（1）冒牌电视机的包装纸箱质量粗糙，字迹因多用刷子刷成，所以模糊不清、难以辨认。

（2）冒牌电视机机器外壳上，通常没有商标铭牌和厂家名称，且无合格证。

（3）冒牌电视机开机后通常图像不清晰，大小不协调，杂音较大且时常抖动，整机会出现轻微的震动。

16. 怎样鉴别电视机功能按钮的质量？

在调整彩色旋钮的时候，将电源接通后，图像会很快出现，对比度控制旋钮、色彩控制旋钮作用明显；频道选择的按键使用非常灵活、自如，画面稳定、节目稳定者为佳。

17. 鉴别电视图像稳定性有什么技巧？

在选购的时候，若接收的电视信号一经调好后，图像即会稳定，没有上下移动、左右扭动、局部晃动等异常现象。当场频钮及行频钮处在调整范围的中间部位时，图像应该处在同步的状态。当附近过汽车、电车或者室内点燃日光灯、使用电风扇及录音机等电器设备的时候，图像不应该出现滚动及扭曲的现象。当电源的电压变化在正负 10% 的时候，伴音及图像质量不会受到任何影响为佳。

18. 检测彩电质量有哪些窍门？

（1）检查灵敏度：一般可以通过观察荧光屏上面的噪波点来判断。在没有信号输入的时候，噪波点越小、越多、越圆，则说明其灵敏度越好、越高。

（2）检查功能：按说明介绍的要求和方法，逐项检查静噪、遥控、OPC（英文 OLE for Process Control 的缩写，自动化控制）、AV（英文 Audio Video 的缩写，音频与视频）和自动行驶等功能是否正常。

（3）检查光栅：合格的标准应该是无滚道、无弯曲、表面无色斑、高度均匀、光栅充满整个荧屏；高度旋钮调到最大的时候，光栅有刺眼的感觉。

（4）进行耐震检查：用手在电视机的机壳上轻轻拍打，看图像是否有跳动、闪动或者无图、无声等现象，同时，机内也不应该有异常的声音。

（5）检查伴音：伴音应该随着音量电位器的调整，声音宏亮、大小变化分明、柔和悦耳，不应该有较大的交流声和沙哑声。

（6）检查调色变化：当色度旋钮调到最小的时候，画面应该变成黑色图像；当调到最大的时候，色彩应该很浓。

19. 怎样选购平面直角彩电？

电视机所显示的图像是扫描而成的，扫描行数是国家统一规定的 625 行。若屏幕太大，而又近距离收看，则会看到扫描线（即光栅），所看到的图像是一行行组成的，眼睛很不舒服，且容易疲劳，若时间长了，容易造成近视。同时，屏幕大了，也不会将电视的清晰度提高。所以，选择屏幕尺寸的时候，要跟房间的面积相适应。一般约 15 平方米的房间，可选用 54 厘米（即 21 英寸）、约 20 平方米的房间，可选用 63 厘米（即 25 英寸）、30 平方米以上的可选用 74 厘米（即 29 英寸）的彩电比较合适。

20. 怎样选购匹配 DVD 彩电？

（1）要选择分辨率在 500 线以上的彩电，因为 DVD 分辨率一般都在 500 线以上。如果彩电的分辨率较低，就难以展现 DVD 的高质量的视频。

（2）选择有接入 DVD 机的输入端子和 AV 麦克风接口，外接音箱插口的彩电。这样视频中的色度、亮度信号可单独输入，互不干扰。

（3）选择新型纯平彩电，这样的彩电没有弧度，反光率极低，无论从哪个角度看，影像与文字皆不会弯曲、失真。

（4）最好选择标明"中国丽音"，可接收 PAL-D 中国制式或是 PAL-I 香港制式的机种。这样的彩电均有数码丽音、立体声音频输入功能，能接收高保真立体声广播和 3 种以上语言的伴音、超重低音及杜比环绕声。

21. 电视机色彩的调节有什么技巧？

调节的时候，可以利用屏幕上的彩色测试图来调节：先把色饱和度旋钮调到最小，然后再调节它的亮度和对比度，直到满意程度，即格子黑白分明，且中间的灰色层次比较丰富。然后再调节色饱和度，直到清晰柔和、色彩绚丽为止。当图像出现后，再适当地调准人体肤色的色彩。在使用电视机的过程中，色彩若一时有变化，差转台或电视台会自动调节，不要再频繁地调节电视机。热天适合调成偏冷色调，即绿色、蓝色；冷天适合调成偏暖色，即橙色、红色。对色饱和度，要掌握在收看的时候感觉舒服，且不易疲劳，和自然色调相宜为好。

22. 避免日光灯干扰电视机有什么技巧？

在看电视的屋里，不要安置吊式的日光灯，因为日光灯是靠高速运动的电子来撞击荧光粉来发光的，因而，在它的高速运动的时候，会产生电磁场，并受到交流电的影响，高频成分会介入电视机的天线中，混合在电视台所发出的信号里，对电视机形成干扰，造成很多有规律的跳动小白点在荧光屏上，严重的时候，还会出现上下缓慢滚动的情况，或者干扰到电视的伴音，发出嗡嗡的交流声。

23. 使用和保养电视机有什么窍门？

除了根据电视机说明书对其进行使用、操作外，还要考虑电视机的环境要求和使用场

合。若在梅雨季节里，则要经常使用，每周最少要使用 1 到 2 次，且每次使用的时间约为 1 小时左右；电视机使用的环境要尽可能避免磁场干扰，若电视机在比较长的时期内不需使用，如果达到 6 个月以上，则应把所有功能键全部处于停止的工作状态，并将其放在通风干燥处存放，尽量避免灰尘、油烟的侵蚀。

24. 电视机如何防磁？

（1）安放电视机的位置尽量跟电源的插座远离，与共享天线插座要近些。

（2）由于电视机会受到各个方面的磁场影响，因此，要将电视机远离有磁场的物品，如录音机、变压器、扬声器等。

（3）电视机的馈线做得越短越好，不要把多余的馈线沿墙绕成直角，或者线卷绕起来，拆成很多硬弯，这样，收视效果会受到影响。

（4）若电视机采用室内天线，应将整个天线所需要的空间留出来，也应将天线远离铁管、金属窗等。

25. 如何判断电视机出现异常？

若看到机内冒烟、打火或者闻到机内有煳味，或者有强烈的异常声响，发现图像突然间闪烁不停、伴音忽小忽大，图像上面出现了满幅的回归线或者出现了一条水平的亮线，看到彩色图像出现异常，发现开关、机壳、旋钮等损坏露出金属部位，发现插头、电源线、天线漏电等情况，应马上把电视机关掉。

26. 如何根据响声识别电视机故障？

（1）开机时的响声。电视机开机瞬间发出轻微"吱吱"声或"嚓嚓"声时，属正常现象；如果"吱吱"声很大，并能嗅到一股臭味，同时屏幕上出现了小麻点，则表明电视机已经有了故障，应当立即检修。

（2）收看中的响声。在电视机收看过程

中，有时会出现近乎爆裂的"咔咔"声，这是因机内温度升高导致外壳热胀而发出的声音，属正常现象。

（3）收看中的"放炮声"。如果电视机在收看过程中，机体内发出响亮的"放炮声"，同时图像或伴音出现异常，则应立即关机进行检修。

（4）关机后的响声。电视机在已经关闭了一段时间后出现了"咔咔"的响声，这是由于机体内温度降低引起机壳冷缩而发出的正常音响。

27. 怎样清洁电视机屏幕？

可用专用的洁视灵、清洁剂和干净的软布来擦洗，它能将荧屏上的污渍、手指印及污垢去除，或者用一个干净的棉球蘸上些磁头清洗液来擦拭，然后再用干净的布擦拭干净即可。也可以用水来清洗电视机屏幕，但由于屏幕是由玻璃所制成的，所以，为了避免在清洗的时候因冷热骤变而使屏幕受损，应先将电视机关掉，等它冷却后，才能开始清洗。

28. 清洁电视机外壳有什么技巧？

在清洗的时候，先拔下电视插头，并将电源切断，然后再用柔软的面巾擦拭，千万不能用溶剂、汽油或任何的化学试剂来清洁。若外壳的油污比较重，可用40℃左右的热水加4毫升左右的洗涤剂，将其搅拌均匀后，再用干净的软布蘸着来擦拭。对于那些外壳上面有缝隙的地方，可以用泡沫清洗剂来对其进行清洗。因泡沫不易流动，所以，不能落入电视机内部。不过，在喷洒泡沫的时候，要斜着喷洒，不要正对着缝隙来喷洒。喇叭上面的灰尘要用鸡毛掸轻轻地拂去，待全部清除后，再用电吹风的冷风从上到下吹一遍即可。

29. 买电冰箱时，如何检查其外观上的瑕疵？

（1）要注意箱门和箱体四周要平直，装配要牢固，箱门不能歪斜，轴销与转动轴之间的间隙要配合良好，用手来推拉箱门的时候，手感要比较灵活。

（2）涂在冰箱表面的色泽要均匀，光亮，不要有锈蚀、麻点、碰伤或者划伤等痕迹。

（3）电冰箱里的电镀件要保持细密、光亮，不要有镀层、脱落等情况。

（4）箱体、箱门和门襟等接触处，不得外漏发泡液。

（5）门胆和内胆表面要光洁、平整，特别是过度圆角附近，要注意搁架尺寸的适中性。

（6）用目测来检查一下电冰箱门的封条跟箱体间是否严实、平整。

（7）电冰箱的温度控制器旋钮要转动灵活，按下化霜按钮后，就能迅速回弹复位。

30. 鉴别电冰箱质量优劣有哪些技巧？

（1）看外形，要仔细看一下电冰箱的造型色彩，看看外层的漆膜是否有光泽不均匀或剥落的现象。

（2）将电源接通后，把温度调至第二档。然后让自动控制器多次进行自开、自停地操作，以检查它的温控装置是否有效。

（3）检查压缩机噪音大小及是否正常运转。

（4）将调节旋钮调至"不停"的位置，约30分钟后电冰箱的蒸发器里就会有霜水，然后再检查一下蒸发器四壁的霜水是否均匀，散热是否一样；最后检查箱门是否使用灵活或开关密实。

31. 鉴别电冰箱温控器是否正常有什么窍门？

（1）当电冰箱通电约5分钟后，调至"强

冷"档，让压缩机开始正常的工作。

（2）约7分钟后，将开关调至"弱冷"档，将压缩机工作停止，同时，会发出"的嗒"警报声。

（3）约5分钟后，调至"强冷"档，压缩机又开始正常工作，这样，便可断定温控器是正常的。

32. 怎样检测电冰箱的启动性能？

（1）若通电后压缩机能够启动并正常运行，断电后又能立即停止工作，则说此压缩机启动的性能好。

（2）将电源再接通，压缩机在1秒钟内又再次启动，并投入了正常运行，则说明此压缩机启动的性能良好。

33. 测电冰箱的噪声有什么技巧？

用手摸一摸压缩机的外壳，若有拉动的感觉，且逐渐转入稍稍震动的感觉，则说明是正常的；若启动后，冷凝器、毛细管抖得很厉害，则说明电冰箱不正常。

34. 测电冰箱制冷性能有什么窍门？

（1）把电冰箱里面的温度控制器旋"停"档位，将电源接通，然后，检查一下灯的开关和照明灯，当打开箱门的时候，照明灯会全亮，箱门在要接近全关的时候，照明灯会熄灭。

（2）把温度控制器调到"强冷"档位，电冰箱压缩机则开始运转，电冰箱里的其他电器也会开始正常工作，约5分钟后，用手先摸一摸电冰箱的冷凝器（在冰箱后背或两侧），会有热的感觉，且热得越快越好。将箱门打开，用手摸一摸蒸发器，会有冷的感觉。

（3）再把箱门关上约20分钟，当冷凝器部位非常热时，将箱门打开仔细看一下蒸发器，上面应该会有一层薄薄均匀的霜体。如果蒸发器上面结的霜不均匀或者某一个部位不结霜，则说明此电冰箱制冷的性能不好。

35. 怎样检测电冰箱门封是否严密？

（1）将手电筒开亮放入电冰箱内，漏光不明显则表明冰箱门封严密。

（2）可用薄纸片放于电冰箱门封四周，关门后纸片滑落则表明密封较好。

36. 怎样调节电冰箱温度可达到最好的效果？

在使用电冰箱的时候，一般要从小数字开始高温，当箱温稳定后，才能进行第二次高温，一般调到中间便可，不需要冷冻食品的时候，可调到"弱冷"，这样可以省电。

由于直冷式冰箱里只有1个温控器，冷藏室的温度随冷冻式温度变化而变化。当使用"强冷"时，使用的时间绝对不能超过5小时，这样，能避免冷藏室里的食物冻结。

无霜式冰箱里有2个温控器，在使用的时候，可将旋钮互相配合，这样，既保证了冷藏室里的温度不会高于0℃，又能使冷冻室里的温度达到所需。若想快速冷冻，只要把旋钮调至"强冷"处即可，当速冻后，再拧回原处。

37. 应对冰箱断电有什么技巧？

电冰箱如突然断电，若想使电冰箱里的食物不容易化冻，可放一铜块在电冰箱的速冻室里，最好不要少于250克，这样，冰箱里的温度就可以在6~8小时内不上升。当然，也要注意卫生，在用的时候，可用无毒的聚乙烯薄膜将铜块包好后，再放进冰箱。

38. 如何处理电冰箱漏电的情况？

若断电器插孔和接线端有了水迹，可先用干抹布将水迹擦拭干净，然后再用电吹风将其小心吹干，装配试机，即可恢复正常。

39. 鉴别电冰箱响声有什么窍门？

电冰箱在运行的过程中，一般都会发出各种噪声，有些是正常的，有些却又不是正常的，因此，要仔细辨别。

（1）嘶嘶声：正在运行的电冰箱若发出"嘶嘶嘶"的气流声，同时，还有液流声，且是较柔和的噪声，不会影响正常使用。

（2）啪啪声：若电冰箱发出了"啪啪啪"的响声，一般是在压缩机启动或者停止的瞬间产生，有时只有一下，有时会有两下，这不会影响正常使用。

（3）咯咯声：若电冰箱出现了"咯咯咯"或者"嗒嗒"的声音，同时，还伴有压缩机比较明显地振动，说明压缩机机体有松动或损坏，以至于可能发生撞击，此时应及时维修。

（4）咕咕声：若电冰箱发出了"咕咕咕"的叫声，是冷冻机里油过多而进入了蒸发器所发出的吹油泡响的声音，此时，应及时维修。

（5）轰轰声：若电冰箱出现了"轰轰"的响声，且声音在运行的时候，从电冰箱的压缩机里发出，说明压缩机内的吊簧脱位或折断，此时，要及时维修。

40. 除电冰箱噪音有什么窍门？

若听到压缩机发出了轻微的运转声，或者听到电冰箱在旋转时发出微弱、低沉的风机声，且用手去触摸箱体时，有震动感，那就表示电冰箱有了噪音。此时，应该检查一下电冰箱安放的位置，电冰箱应放在坚实、平稳的地板上，避开阳光直射，要远离热源，避免环境潮湿等，不然就会增加噪音和振动，因此，在放置电冰箱的时候，在墙四周要留出一定的空间。

41. 电冰箱的电源插头在使用时应掌握什么技巧？

电冰箱在正常使用时，当里面的温度低到一定值的时候，温控器就会将电源自动切断，这时，制冷剂的压强就会很低，相对电动机负载压缩机来说，是比较小的，电动机很容易正常启动。如果将电源强制切断，在制冷剂相当高的压强下又立刻接通电源，高压强使电

动机的负载过大，启动的电流是正常值的200倍。这样，就很容易因过大的电流而使电动机烧毁。因此，不可随意拔、插电冰箱插头。在必须要断电的时候，应最少经过3分钟后，才能重新接上电源。

42. 电冰箱停用后怎样重新启动比较好？

电冰箱在停用一段比较长的时间后，压缩机里的润滑油就会发黏，使机内各个工作部件都处在干涸的状态。若突然开机使用，压缩机的活塞只能够在没有滑润的状态下工作，这样，会很难启动压缩机，从而使压缩机的寿命受到影响。因此，电冰箱停用一段时间后，在通电使用前，最好把电冰箱放在室内温度比较高的房间里，将电源插头插上，启动一下压缩机，然后再把电源拔下来，过一段时间后，再插上，这样反复几次，使压缩机里面的润滑油对每个工作部件都喷淋一下，让各个工作部件都能得到足够的润滑，然后，即可开机使用。

43. 冬季如何调节电冰箱温控器效果好？

当天气转凉后，很多家庭会将电冰箱内的温控器调到最低挡，以为这样可以省电。其实，当把它调到最低挡后，温控器里的弹簧会拉紧，冷藏室里的温度会稍稍地增高，压缩机即会启动运转，且运行的时间缩短，启动的次数也就相应增加。压缩机每天的运行时间会稍稍缩短，但由于启动的电流大，一般是正常电流的6~8倍，因此，启动次数的增加而会使耗电量也有所增加，所以，在温度有所下降的天气里，仍然以中等温度比较合算，不宜调得过低。

44. 怎样扩充单门电冰箱冷冻室的容积？

取出单门电冰箱冷冻室下的水盘，插放在冷藏室里最高一格，铺一块与网搁架深度略小、宽度相同的聚乙烯泡沫板在水盘上再放上原有的网搁架，在它的前面制作一块简易的护

门(可用 10 ~ 20 毫米厚的聚乙烯泡沫板制作),用食品袋将它裹住,然后再用胶水粘紧,最后把温控器旋到稍偏冷的位置即可。这样能使冷冻室内的容积扩大 15 立升以上。

45. 电冰箱除霜有哪些技巧?

● 方法一:先把温控器旋钮旋至"最冷"档,让其运行约 20 分钟,使电冰箱里面的食品具有比较低的温度,然后将电源插头拔去,把箱里面的食品尽可能放在一起。将电冰箱门打开,放一碗温水在蒸发器上,关上箱门,几分钟后再换水,重复几次,直至冰块大面积脱落,然后,再用木铲将剩余的冰霜轻轻铲去,最后,用干净的毛巾将四周擦干净。有些电冰箱可以使用电吹风把蒸发器或冷冻室四壁吹热风,以使化霜时间缩短。

● 方法二:可把电风扇对准冷冻室,将电风扇的档开到最大,经过风来吹霜,即可使其很快融化,这样,再清除的时候,就非常容易了。

46. 电冰箱停用后如何保养?

电冰箱停用以后,首先,要将存放的食物取出,然后,将冰箱内部彻底清洁一遍,将蒸发器表面的水分用干布吸干。由于蒸发本身的温度比较低,当表面的水分被吸干后,仍然有可能会冷凝水分。因此,要到冰箱内、外的温度完全平衡以后,还要再一次将水分吸干,并且要留出一定的缝隙,以保持通风。否则,会使冰箱内的金属零件腐蚀,严重的时候,可能还会使蒸发器泄漏。

47. 清洗电冰箱外壳有什么技巧?

(1)若冰箱的外壳有了污垢,可用干净的抹布蘸些牙膏慢慢地擦拭,也可以用软布蘸湿后将灰尘擦去,对于有油污的地方,可以用少量的清洁液,最后再用干化纤布来擦拭,使其具有光泽。

(2)若电冰箱的外表泛黄了,可使用金属亮光剂来擦拭,在软布上蘸些亮光剂,轻轻地擦拭泛黄处,即可恢复原来的面目。

(3)可将等量的中性清洁剂与漂白剂混合,然后再用干净的软布蘸些溶液来擦拭,再用清水洗净,用干布擦干即可。

(4)若是要清洁冰箱背部,则可每半年用吸尘器或鸡毛掸子将其清除。

48. 怎样预防电冰箱生霉菌?

熟肉制品不能直接与电冰箱里的内胆接触。热食物要冷却后,才能放进冰箱里贮藏,尽量减少冰箱里的潮气。防止酱油、菜汤洒在冰箱内。若电冰箱要暂停使用,应将其拭干,不要关紧冰箱门,应当留一定的缝隙,这样才能使冰箱里的潮气排出。

49. 购买电脑显卡有什么技巧?

借助专业的显卡测试软件,例如 NVIDIA(英伟达公司)显卡的工具软件 RivaTuner,或者用通用显卡工具 PowerStop 来测试,即可告诉你显卡是 DDR(英文 Double Data Rate 的缩写,双倍速率同步)版还是 SD(英文 Synchronous Dynamic 的缩写,同步)版的,核心频率和显存频率是多少。

50. 购买液晶显示器应掌握哪些技巧?

(1)应检查其亮度是否均匀。同时也应注意它的可视角度,一般可视角度越广越好。

(2)一定要选 LCD(英文 Liquid Crystal Display 的缩写,液晶显示器)响应时间小于 40 毫秒的显示器。

(3)注意液晶板的质量、产品的售后服务等。

51. 日常电脑保养应掌握哪些技巧?

(1)防磁场:较强的外部磁场会影响电脑的主机或显示器的正常工作。如磁铁、手机等产生强磁场的物品。如果长期受其影响,显示器的颜色会失真。

（2）防高温：在温度过高的环境下工作，会加速其电脑部件的老化和损坏。一般在15℃～30℃为宜。

（3）防水：避免在电脑工作台上放置水杯或饮料等，以免意外溢水，造成键盘内部短路等。

（4）防尘：灰尘可对电脑本身增加接触点的阻抗，影响散热或电路板短路，而使电脑过早老化。因此，日常要保持电脑的清洁。

52. 检测电脑有什么技巧？

检测的对象如果是台式电脑，购回后可连续开机2～3天（夜间不关机）；手提电脑比台式电脑相对要短得多，以10～12小时为宜。同时，可较长时间玩一些对电脑配置要求较高的游戏以便检测机器的性能及稳定性。

53. 使用电脑时应掌握哪些技巧？

（1）在电脑工作时，严禁插、拔电脑电缆或者信号电缆。

（2）在未关闭电源的情况下，严禁打开机箱插拔内部电缆及电路板。

（3）不要在电脑工作期间内搬动或晃动机箱或显示器。

（4）在软盘驱动器转的时候，严禁插、拔软盘，以免损坏软盘和磁头。

（5）电脑工作停止时，再按程序退出。

（6）关机后，若想再开机，则必须间隔1分钟以上。

（7）电脑长期不用的时候，要将电源插头拔掉。

（8）当使用外来软盘时，一定要先用查病毒软件对其进行检查，当确认无病毒后，方可上机使用。

（9）使用格式化程序、设置程序、删除程序、拷贝程序的时候，要特别小心，以防带

来不必要的损失。

（10）对于那些重要的文件，要注意备份，软盘要远离磁场、电场、热源。定期用磁盘碎片整理程序、硬盘，提高运转速度。

（11）若遇到自己不好处理的问题，最好请专业人士来解决，不要盲目动手，以免将故障范围扩大。

54. 鼠标不灵敏了，怎么办？

机械鼠标过了几周后再使用时，即会发现，鼠标的反应不是那么灵敏了。其主要原因是由于鼠标里面的滚轮上沾了些灰尘。其解决办法是：先移走鼠标的感应球，然后把底部的螺丝拧下来，彻底清理鼠标内沾染的污垢即可。每几周或者每个月要定期清理鼠标，能使它在移动的时候，始终保持平滑流畅，灵敏如初。

55. 使用新购电脑有什么技巧？

买回电脑后，首先，根据自己实际的需要对整个硬盘进行合理的分区。一般情况下，C盘为驱动盘，最好只安装程序。可将个人的文档安装在其他的盘上，比如D、E盘等。这样，系统一旦出现了问题，只要将C盘格式化，其他个人文档也不会受到影响。电脑买回后，一定要保存好所有硬件的驱动程序，最好做一个备份。使用好一点的驱动程序，要经常更新、升级最新版本的驱动程序，拒绝垃圾。不要安装太多无关紧要的程序，限制那些没用的"垃圾"文件，保持硬盘上所有文件存放的整洁，若遇上不正常现象，要及时通知软件开发商，请求他们的帮助。

56. 怎样合理使用电脑驱动器？

在使用驱动器工作的时候，绝对不能放进或抽出磁盘，已霉变、破损的磁盘不要再放进驱动器里读、写，以免污染磁头和损坏驱动器，造成读写故障。

57. 怎样维护液晶电脑？

不要让任何带水分的东西进入液晶电脑里，一旦有这样的情况发生，就应马上将电源切断。若水分已经进入液晶电脑，则应将其放在比较温暖的地方，如台灯下，把里面的水分慢慢蒸发掉。最好还是请服务商帮忙。由于液晶电脑像素是由很多液晶体所构筑的，若连续过长地使用，会使晶体烧坏或老化，不要长时间让液晶电脑处于开机状态。此外，液晶电脑很容易脆弱，在使用清洁剂的时候，不要直接在屏幕上喷清洁剂，它有可能使屏幕造成短路。

58. 护理电脑光驱有哪些技巧？

保持光盘、光驱清洁；保持光驱水平放置；定期保养、清洁激光头；关机前一定要将盘取出来；少用盗版光盘；减少光驱工作时间；正确开、关盒；尽量少放影碟；利用程序进行开、关盘盒。

59. 保养笔记本电脑应掌握哪些技巧？

在使用笔记本电脑时，应注意以下几点：

（1）不要把笔记本电脑当成咖啡桌、餐桌使用，不要把饮料、茶水洒在笔记本电脑上，因为笔记本电脑不防水。

（2）不要把磁盘、信用卡、CD 等带磁性东西放在笔记本电脑上，它们很容易消去硬盘上的信息，也不要让笔记本电脑放在有微波的环境中。

（3）不要把笔记本电脑存放在高于35℃或低于5℃的环境中，当笔记本电脑在室外"受热"或"受冻"后，要记住让它先恢复到室温后再开机使用。

（4）每次在充电前，都要对电池彻底放电（若是锂离子电池，则需要这样做），这样，电池工作的性能会更好。若长时间不使用电池，请把电池放于阴凉处保存。

（5）在拿笔记本电脑的时候，不要把机盖当成把手，读写硬盘时，不要搬动它，搬动的时候最好把系统关掉，将机盖扣上。带笔记本电脑外出时，最好把它放在有垫衬的电脑包中。

60. 冬季如何保养电脑？

（1）温度：电脑冬天怕冷，一般来说，15℃～25℃之间对电脑工作比较适宜，若超出了这个范围，就会影响电子元件的工作及可靠性。

（2）湿度：电脑工作湿度的要求为40%～70%，若湿度过低，静电干扰会明显加剧，可能使集成电路损坏，清掉缓存区或内存的信息，影响数据的存贮和程序的运行。所以，在干燥的冬天，最好准备一部加湿器。

（3）洁净度：电脑机箱并不是完全密封的，因此，当灰尘进入机箱后，会附在集成电路板的表面，从而造成电路板散热不畅，严重者还会引起线路短路。因此，要定期为电脑除尘。

61. 夏季如何保养电脑？

（1）防电压不稳。若电压不稳，不但会使磁盘驱动器不稳定而引起读、写数据错误，而且对显示器的工作也有影响。炎热的夏天是用电的高峰期，为了使电压稳定，可以用一个交流稳压电源。

（2）防高温影响。电脑在室温为15℃～35℃之间能正常工作，如果超过35℃，机器则会散热不好，从而影响机器里面各个部件正常的工作，轻则造成死机，重则烧坏组件。每用机 2～3 小时，就要摸一下显示器的后盖，看是不是太热，一般使用 8 小时左右，最好关机使之冷却后再用。

（3）防潮湿、过于干燥。在放置电脑的房间里，相对湿度最高不能超过80%，否则电脑会受潮变质，严重者会发生短路而使机器损坏。因此，要注意防潮，潮气比较大的时候，要经常开机。另一方面，室内的相对湿度也不可以低于20%，否则，会因为过分干燥而产生静电干扰，从而引起电脑的错误动作。

（4）防雷电。雷电可能会从电源进入电脑，容易击坏电脑里的组件，击坏的组件很难修复。因此，在雷雨天气里，最好不要用电脑。为防不测，还要拔下电源插头。

（5）防灰尘。要保持环境的清洁，保护显示器、硬盘等部件，并要定期除尘。除尘的时候，一定要先将电源拔掉，防止静电危害。

62. 家用电脑如何节电？

要尽量使用硬盘。一方面，硬盘速度快，不容易被磨损；另一方面，开机后硬盘即会保持高速旋转，就算不用，也一样耗能。因此，要根据具体的工作情况来调整运行速度。比较新型的电脑都具有节电功能，当电脑在等待时间里，若没有接到鼠标或键盘的输入信号，即会进入"休眠"状态，使机器的运行速度自动降低，并降低能耗。在用电脑听音乐时，可把显示器的亮度调到最暗或者干脆关闭。打印机要在使用的时候再打开，用完后要及时关闭。

63. 清洁笔记本电脑有什么技巧？

在清洁笔记本电脑时，要先关机，然后用干净的软面巾蘸些碱性清洁液轻轻擦拭，再用一块柔软的干布将其擦干即可，也可以用擦眼镜的布或者其他东西对其进行擦拭。建议不要用那些含有氨物质或粗糙的东西来擦拭。

64. 清洁电脑主机箱有什么技巧？

可先用橡皮球或"皮老虎"吹，配合干布、毛刷，先将浮尘去除。对于那些不容易去除的液体污渍、污垢以及锈蚀，可以用无水乙醇来擦洗。在清洁时，要注意不要随便使用强有机溶剂，以免损坏部件。另外，对于那些锈蚀严重的插接件，可以用细砂纸对其进行轻微打磨处理，使金属本色恢复，触点接触良好。

65. 清洁电脑鼠标、键盘有什么技巧？

当键盘不好用时，将键盘拆开看看，这时，会发现有很多脏东西在里面，清理掉这些脏物，键盘就会跟新买时一样好用了。

在清洁的时候，可先用无水乙醇把所有的面板、键帽和底板擦一遍，然后再用专用的清洗剂对其进行擦拭，直到干净为止。

最好配置一个专用的鼠标垫给鼠标，这样，既使鼠标使用的灵敏度加强了，又保证了鼠标的滚动轴及滚动轮的清洁。

66. 怎样清洁显示器？

很多显示器屏幕上都有些处理过的涂层，其主要作用是防静电、辐射等。最好用干净的湿布将表面污垢擦拭一下，然后再用干布将其擦干。若用乙醇等有机溶剂来擦洗，很容易溶解掉屏幕上的保护膜。

67. 怎样选购洗衣机？

（1）要挑选一些牌子老、质量好、信誉高的产品。因为国家有关部门一般会对这些品牌的产品进行技术监测，因而这些品牌产品的安全性能良好、洗净比、脱水率、磨损率、噪声等都符合国家有关标准。

（2）购买时，先打开包装，观察洗衣机外壳表面是否有划伤或擦伤，操作面板是否平整，塑料件有无翘曲变形、裂纹等；旋钮、开关等安装是否到位，脱水盖板翻转是否灵活；洗衣桶、脱水桶内有无零件脱落。

（3）然后简单地测试基本性能，转动洗衣旋钮，看看是否存在卡住现象，停止转动后看最终是否能恢复到零位；然后再接上电源，开启洗衣旋钮，检测运转是否正常，有无异声；再打开脱水旋钮，看脱水的运转是否平稳，查看声音、振动有无异常现象；最后再掀起脱水盖板，查看刹车是否迅速、平稳；等脱水结束，再查看有无蜂鸣声。

（4）最后检查看排水管，电源线是否完好；安装是否牢固，并查看所配的附件是否齐全。

68. 怎样识别国产洗衣机型号的标志？

国产洗衣机的型号包括五个字母五部分。第一个字母表示洗衣机代号，如用字母 X 表示"洗"字；第二个字母表示洗衣机的使用性能，如用字母 P 来表示普通洗衣机，字母 S 来表示自动或半自动洗衣机；第三个字母表示类型，如用字母 B 来表示波轮式，字母 G 来表示滚筒式，字母 T 来表示搅拌式；第四个数字表示洗衣机的额定容量，即洗衣机一次能洗的干燥状态下衣物的最大重量（公斤）；第五个数字表示厂家设计序号。

69. 鉴别洗衣机性能有哪些技巧？

（1）表面漆膜光滑、平整，没有明显的裂痕、划伤和漆膜脱落现象。

（2）定时器应能运转自如，操作灵活，走动均匀有力。

（3）通电运转时，震动小，噪音低，各机件的螺丝不松动，功能正常。

70. 选购滚筒洗衣机有什么技巧？

目前较为普及的波轮式洗衣机不如滚筒洗衣机的功能全，容量大，磨损率低而且洗净度高，脱水也较为迅速。在购买前应注意以下3点：

（1）打开包装后，要先看外观，检查整台机体的油漆是否光洁亮泽；门窗玻璃是否透明清晰，有无裂、刮痕，功能选择和各个旋钮是否灵活。

（2）在试机时，接通电源后，应先开启洗衣机的程控器，并调至匀衣档（即6档到7档）。指示灯亮起，处于间歇性的正反转工作

状态的滚筒就开始转动。如果这个时候噪音过大，机体有震动的情况都是不好的机器。一般来说，震动越小，表明滚筒运转平稳、质量可靠。机体右下侧排水泵如有轻微的震动，说明风叶旋转开始正常工作。

（3）以上几项检查测试完毕，就可以关机。但在关机一分钟后，再打开机门。察看门封橡胶条是否有弹性，如果橡胶条弹性不足，就会发生渗漏现象。

71. 使用滚筒洗衣机应掌握哪些技巧？

（1）在洗涤前要仔细查看衣物上的标签，根据衣物的质地选择相应的洗涤程序，棉织、化纤、羊毛等质地都有不同的洗涤要求。

（2）最好把新买的有色衣物分开洗涤。在洗涤之前要将衣服颜色进行分类，查看其是否褪色，将其进行归类。

（3）最好在洗涤前将衣服拉链拉严，同时也要将衣物上的纽扣、别针、金属饰物取下。

（4）如果洗衣机的烘干容量是洗涤容量的一半，为防止衣物变皱，最好在烘干时不要放置过多的衣物。

（5）洗衣机使用完毕以后，最好把洗衣机的玻璃视窗打开一点，那样可以延长密封圈的使用寿命，同进也有利于散发机内的潮气。

（6）用滚筒洗衣机洗衣服最好用低泡、高去污力的洗衣粉，而较脏的衣物最好加入热水来洗涤。

72. 选择洗衣桶的材料有何技巧？

（1）搪瓷钢板洗衣桶：耐酸腐蚀，耐磨光滑，抗冲击性能差，易脱瓷开裂而生锈。

（2）铝合金板洗衣桶：光洁美观，抗震冲击性能好，但耐酸性差。

（3）不锈钢板洗衣桶：耐腐蚀，耐热性、抗冲击性好。

（4）塑料洗衣桶：尺寸精密度高，光洁

度好，不耐热，容易老化。

73. 安全使用洗衣机有什么技巧？

（1）电源：洗衣机应使用三孔插座，接地线绝不能安装在煤气管道上。

（2）远离幼儿：使用时不要让幼儿接近。

（3）放置地点：不要把洗衣机放在卫生间以防生锈、腐蚀、损伤绝缘部分，而导致漏电、触电。

（4）勿触摸：高速旋转时，波轮、脱水筒等严禁用手接触，以防发生意外事故，特别是在脱水过程中，即使转速减缓，仍会被衣物缠绕造成重伤。

（5）沾有汽油衣物的清洗：用汽油洗擦衣物上的油脂性污垢后，不能放入脱水机里脱水，以免引起爆炸。

74. 怎样取出洗衣机中的金属物？

如果发现硬币、纽扣掉进洗衣机时，应该首先切掉电源，然后再把半盆清水倒入洗衣桶，再把洗衣机朝波轮旁一侧稍稍倾斜，用手慢慢地来回转动波轮，硬币、纽扣就会滑到流水处，再用镊子夹出即可。

75. 除洗衣机内的霉垢有什么妙招？

如果洗衣机用得久了，在洗衣机桶内会附着很多霉垢。若想把这些霉垢除去，首先应该在洗衣桶内放满水，并且倒入少许食醋，然后启动洗衣机，持续 10 ~ 20 分钟后，将污水排出，即可将霉垢除去。

76. 怎样清洁空调过滤网？

（1）滤网积尘少时，轻轻拍弹或使用电动吸尘器除尘。

（2）滤网积尘过多时，用水（50℃以下）或中性洗涤剂清洗。

（3）冲洗干净后，自然风干，不能曝晒或烘干。

77. 微波炉使用时应掌握哪些技巧？

（1）微波炉具有解冻功能，这是非常方便和快捷的，使用方法也有小窍门。可以将一个小盘子反转放在一个大且深的盘子上面，再把食物放在小盘子上，然后将大小盘子一起放入微波炉中进行解冻。在微波炉加热解冻过程中，融化的水分就不会弄熟食物。而在解冻的同时每相距 5 分钟就把食物拿出来翻转并搅动 14 ~ 15 次，以求得以均匀解冻食物。

（2）小块的肉类食品必须要平放在微波炉的玻璃碟上，比如鸡翅、较薄的牛肉等食物可均匀且快速解冻。

（3）注意要将有皮的食品划开再加热烹饪。比如鱼，在加热之前须在鱼肚划 2 ~ 3 个小口，以防鱼在蒸煮过程中因为大量的水蒸气蒸发而爆裂；而像苹果、土豆、香肠等食品都要在加热前事先在上面扎个小孔，来让食品里面的水蒸气能够得以挥发；而有壳的食品，比如说鸡蛋，是最忌讳连壳整个加热烹饪的，因为那样会造成鸡蛋爆裂。

（4）生活中最常遇到的问题是食物很快就变硬变干，没有水分了，为保持食物水分和新鲜，可以用微波炉保鲜膜将食物包上或者用盖子将食物盖严不透空气。

78. 防微波泄漏有什么技巧？

为防止产生微波泄漏，平时使用的时候，炉门应轻开轻关，以保证炉体与炉门之间的严密接触；定期检查门框和炉门的各个部件，若有损坏和松脱，要马上去修理，以防微波泄漏；经常保持炉门密封垫和炉门表面的清洁，以免脏物、油腻等积蓄影响密封。此外，炉体和炉门之间若夹有食物，不要启动微波炉。

79. 微波炉清洗有什么技巧？

（1）微波炉在工作的时候，炉门周围会有水滴、雾珠等，这是正常现象，此时，可以用干净的软布及时擦干。

（2）要经常保持门封的干净，定期检查门栓光洁的情况，千万不能让杂质存积其中。

（3）经常用肥皂水清洗轴环和玻璃转盘，然后再用水将其冲净、擦干。若轴环和玻璃转盘是热的，则要等它们冷却后再清洗。

80. 食品用具消毒有何妙招?

生活食品用具的消毒，除了开水煮烫外，还可将食品用具（金属制品除外）放在微波炉里进行消毒处理，既方便又有效。

81. 去除微波炉油垢有什么技巧?

在微波炉放入一个装有热水的容器，加热 2 ~ 3 分钟后，微波炉内即会充满蒸气，这样，油垢会因饱含了水分而变得松软，容易去除。在清洁的时候，用中性的清洁剂稀释后，用干净的面巾蘸着稀释好的水擦一遍，再用干净抹布做最后的清洁。若还不能将油垢除掉，可用塑胶卡片之类的东西将其刮除，绝对不能用金属片刮，以免伤及内部。最后，打开微波炉门，让内部彻底风干。

82. 怎样去除微波炉的腥味?

在半杯水中加些柠檬汁或柠檬皮，不盖盖烧 5 分钟左右，然后用一块干净的布蘸着汁反复擦拭微波炉内部，即可去除烹调所带来的腥味。

若是由于烧炒肉、鱼等而造成的微波炉腥味，可烧开半杯醋，晾凉，然后用干净的布蘸着汁反复擦拭微波炉的里面，腥味即可消除。

83. 电磁炉安全使用有什么技巧?

要安全使用电磁炉，需要掌握如下技巧：

（1）电磁炉应水平放置，且保持其侧面、背面与墙壁至少 10 厘米的距离，以利于通风排热。

（2）烹调时所使用的锅具应为平底且直径大于 10 厘米，具有吸磁性，如铁锅、搪瓷铁锅、不锈钢锅等。而铝、铜、陶瓷、玻璃锅等则不宜使用。

（3）加热至高温时，切勿直接拿起容器再放下：瞬间功率的忽小忽大，易损坏电磁炉机板。也忌让铁锅或其他锅具空烧、以免电磁炉面板因受热量过高而裂开。

（4）加热容器盛水量应适度，以不要超过七分满为宜，以免水加热沸腾后溢出造成基板短路。

（5）电磁炉应用磁性加热原理，所以加热时，加热容器必须放在电磁炉中央以便平衡散热，避免故障发生。

84. 电饭锅的指示灯泡损坏了，很难配置修理，怎么办?

此时，可以用一个测电笔灯泡来替换。其替换办法是：将开关壳体的固定螺丝拧下来，摘下开关壳上的铝质商标牌，将损坏的电阻与指示灯泡取下来，然后再把测电笔灯泡装上，焊上线，并将限流电阻串接好，套上原套管即可。

85. 安全使用电炒锅有什么技巧?

电炒锅可分为自动式和普通式两种。

（1）接通电源的顺序是：将电源线一端先与电炒锅连好，如果有恒温装置，则要先把调温旋钮旋到中间的位置上，然后再将电源线的另一端插进电源插座内。如果有电源按钮开关，则要先按下开关后才能接通电源。

（2）使用完后，要及时将插销拔下来，并要轻拿轻放，同时，要将旋钮旋到停止位置，要把锅放在干燥处。

（3）手湿的时候，不能操作，更不能一只手拿着金属柄铲炒菜，另一只手开水龙头，以防止电炒锅漏电而触电。

（4）若锅内有污迹，只能用木质工具铲刮或用干布擦洗，不能将整个锅及电热插销浸入到水中刷洗，以防内部受潮，导致绝缘不良而发生触电。

86. 选用电风扇有什么技巧？

电风扇主要有台扇、落地扇和吊扇3种类型。家用吊扇可根据居住的条件来定：15平方米以下的居室，适合选用36英寸的吊扇；15～20平方米的居室，适合选用42～48英寸的吊扇；20平方米以上的房间，适合选用56英寸的吊扇。

家中的落地扇、台扇，一般可以选择12英寸（指扇叶的直径）、14英寸、16英寸3种。

87. 如何鉴别电风扇质量？

落地扇、台扇的俯、仰角调整应灵便。当仰角度大时，电风扇应稳；当俯角度大时，网罩不会碰到其他部位。锁紧的装置要可靠。喷漆要均匀，电镀件要光滑而细密，金属网罩没有挤压、变形，网罩没有脱焊现象。将最大一档按下，再关掉，连续开关4～5次，扇叶要正常起动。将摇头开关启动后，应在90～100度的范围内等速自然地摇头。最后按快档，风叶、网罩、机座的抖动跟噪音要比较小。当电风扇运行了一段时间后，用手去摸电机的罩壳，如果烫手，则表明电机的质量有问题。

88. 如何按功率选日光灯管？

日光灯管功率应根据所要安装的住房面积来选择。一般来说，面积为14平方米左右的房间可选用功率为30～40瓦的灯管，而面积为10平方米左右的房间选用20瓦的灯管即可。

89. 怎样分辨日光灯管的标记？

在日光灯管上，常有一些字母和数字的标记，那些英文字母的标识是代表日光灯工作时色光的颜色，如RG表示日光色，IB为冷白色，NB为暖白色；而数字标识则代表日光灯

正常工作时灯管的功率大小，其单位为瓦（W）。

90. 日光灯管质量鉴定有何窍门？

（1）看灯管两端。质量好的日光灯管两端不会有黄圈、黄块、黑圈、黑块、黑斑等现象。

（2）看灯头和灯脚。质量好的日光灯管的灯头、灯脚不可松动，且四只灯脚应平行对称。

（3）通电测试。把日光灯管两端的电压调至180伏左右，质量好的日光灯管应能很快点亮，再调至250伏左右后，好灯管还能一直亮着，且灯管两端应仍无上述"二黄三黑"现象。

91. 如何选配居室灯具？

（1）走廊和过道等区域可选用一般照明，如嵌灯或附有玻璃罩的吸顶灯。

（2）可以在客厅采用较大型的吸顶灯，同时在客厅角落配置台灯以辅助主灯，也可以将落地灯与沙发、茶几组合在一起。

（3）可以在书架的横板上，安装8瓦左右的日光灯，以便找书，并使室内光线分布和谐。

（4）卧室宜分置多种灯光以适应不同需要，一般可选用光线柔和的灯作为卧室的整体光源，同时在衣柜、梳妆台上另配光源，而床头柜上宜放置可调亮度的台灯。

（5）餐桌上方宜选用白炽灯或可调节高度的灯具，灯具高度以不遮挡视线为宜，并注意采用暖色灯光，以增进食欲。

（6）厨房的照明宜充分，以便于工作。

（7）浴室和厕所宜用白炽灯以适应频繁地开关。

92. 配照明灯光有什么技巧？

（1）会客照明的灯光，应集中在会客区域，使会客区域与其他区域处于相对隔绝的状态之中，这样宾主双方都会产生一种亲切感。

（2）用餐的照明灯光宜照射在餐桌上，不宜太强，也不宜直射用餐者的眼睛，这样有利于增加用餐食欲。

（3）化妆用的照明灯光，其光线应从化妆者两侧照射，使其脸部清晰；忌从化妆者上方照射，否则化妆者眼部下方会出现阴影。

（4）看电视时的灯光，应让柔和的光从电视机旁至上方对着墙面、地面或天花板照射，这样可以保护眼睛视力，也可避免干扰电视屏幕。

（5）看书写字的灯光，应尽量使之与使用者的视线相交于同一点，忌使光线直接照射使用者眼睛，以减少使用者眼部疲劳。

（6）睡觉的照明灯光宜轻柔，一缕淡淡的光线会使人产生浓重的睡意，而过于明亮的光照则会破坏睡眠的气氛。

93. 如何选用家用暖霸？

卧室适合选扇形暖霸。扇形暖霸的外形设计跟常见的落地扇没什么区别，但没有后罩网和扇页，取代它的是弧形反射器和高效节能的电发热组件，根据热的辐射达到取暖目的。有着跟电风扇一样具有定时、摆头、遥控等功能，主要是没有噪声。这点十分适合对睡眠环境要求比较高的消费者。另外，现在有些暖霸还添加了氧吧、加湿等功能。

若是小房间，则适合暖风机。暖风机可分为非浴室和浴室用两种。浴室里所用的暖风机体形巧，但送风力强，增温也很迅速，且安全系数非常高；房间用的暖风机有壁、台式两种，有些外型设计得跟空调一样。

94. 怎样识别各类电暖器？

（1）石英管电暖器。它的发热体是穿在石英管里的电热丝，利用的是远红外石英管来加热、辐射传热。其特点是：外形小巧而美观，移动方便，热传递快，且价格便宜。但是它的

供热范围比较小，适合放在约 10 平方米的小房间里，因为在加热的时候，会产生光线，所以不宜放在卧室里使用。

（2）充油式电暖器。也称为电热油汀。机体内充有经过高温而炼制的导热油，功能一般在 14 千瓦。其特点是：发热量大，升温慢，适合放在室内保温。

95. 怎样识别各类暖风机？

（1）电热丝暖风机：电热丝是它的发热体，利用电风扇把热量吹出去，防火性、安全性、热效率均比较低，目前几乎已经被淘汰。

（2）PTC 暖风机：它是用陶瓷制成的，其工作原理是，利用风机把 PTC 所产生的热量全部吹出去，所以工作的时候会有轻微噪声，但没有明火、不发光。因为它具有防水性能，所以适合放在浴室中使用。

96. 日常维护电暖器有何技巧？

在天气比较暖和且近期不需要再使用取暖器的时候，应先擦干净，将机体晾干后，再收藏起来。收藏的时候，不要放在潮湿的环境中，应放在干燥处直立保存起来，以备下次使用。

为了使电暖器能发挥比较好的取暖作用，并使其能正常工作，延长它的使用寿命，应尽量把它放置在有利于散热和空气流通的地方。

在清洗的时候，最好用一块软布蘸些肥皂水或家用洗涤剂来擦洗，不能用甲苯、汽油等释溶剂，以免受到损坏而生锈，影响其美观。

97. 怎样选购电热毯？

应选购经过国家有关检测机构检验并合格了的产品。在购买电热毯的时候，最好能选择一款设有过热敏感设备的产品，因为如果有了此设备，电热毯就会随着温度的升高而及时将电源切断。在使用的时候，要提前检查一下电热毯有没有松脱和损坏的现象，且要试一下

电热毯是不是太热。

98. 怎样按用途选电热毯？

电热毯使用的电热丝通常分为直丝型和旋绕型两种。直丝型的电热毯适合铺在平板床上，一般寿命较短。旋绕型的电热毯则适用于钢丝床或者席梦思床，此类电热毯有耐高压、绝缘、耐弯曲、耐冲压、抗拉伸等优点，且经久耐用。

99. 安全使用电热毯有哪些技巧？

（1）在使用电热毯的时候，要将其平铺在床上，要加一条床单在毯面上，在电热毯与床单之间，不能再铺其他织物。要将电热毯的开关放在随手就能拿到的地方。

（2）在睡觉前 5 ~ 10 分钟内，可先打开电热毯的高温档，让其短时间内预热升温，这样上床后就不会感觉冷了。在用的过程中，可根据自己的习惯对其进行调节或者关闭电热毯。可将电热毯的温度控制在 38℃左右，但是不能超过 40℃。

（3）不能把重硬的东西和尖锐的金属放在电热毯上，以免电热比损坏而引发触电事故。

（4）经常要检查电热毯是否有打绺、集堆的现象，以免局部产生过热现象。可在电热毯的四个角上各缝上一个固定的床腿。这样，就能避免电热毯打绺、集堆。如果电热毯没有集堆、打绺现象而出现了过热现象时，可能是出现了故障，此时，要立即停止使用，并做检查、修理。

（5）不能把电热毯与热水袋等加热工具一块儿使用。

100. 选购吸尘器有什么技巧？

（1）选用吸尘器要根据居住面积确定功率，一般家庭以 500 ~ 700 瓦为宜，容量有 2 ~ 3 升即可。

（2）有自动收卷电源线装置的吸尘器便于使用完毕后及时收好电线。

（3）通电后，吸尘器不应有明显的震动和噪音，用手挡住进风应能感觉到较大的吸力，各密封部位不应有漏气现象。

（4）检查各附件是否齐全，重心低的较稳重，下部有活络脚轮的更好。

101. 选择电热水器有什么技巧？

（1）选安全：热水器目前最大的安全隐患是水带电的问题，常会发生些用热水器洗浴时的安全事故，几乎所有都是因为"水管带电"、"地线带电"等引起的。目前，热水器一般都采用了漏电保护器，但是，它对于供电环境所引入的水带电的问题起不到作用，所以，虽然解决了产品本身安全的问题，但却不等于解决了洗浴安全的问题。因此，最好选择带有"防电墙"的热水器。

（2）选款式：圆罐形的设计，其受力最均匀且最能承受高压，而方形或者其他的形状，其受力不均匀，且不能耐高压，因此，如果想使电热水器的耐压性能达到最强，最好能选用圆形的设计。

102. 选购浴霸应掌握哪些技巧？

（1）看标识：要买那些印有注册商标的正规商家、厂家，以及有中国电工委员会认证标志的正宗产品。

（2）看售价和外观。由于浴霸对取暖等技术要求非常严格，质量高的产品，其价格不会很低。

（3）看耗电量与功率。每个取暖灯泡，其功率约为 275 瓦，要仔细考虑它的耗电量。

（4）看使用面积。2 个灯泡适用于 4 平方米浴室；4 个灯适用于 6 ~ 8 平方米浴室。

103. 怎样选购抽油烟机？

（1）要以实用为主，不要贪合算购买那

种又大又重的抽油烟机。

（2）液晶显示的既浪费金钱又容易损坏，因此，不要购买液晶显示的。

（3）最好选购有不易损坏、维修率低且可替代性高的传统机械式开关的抽油烟机。

（4）一般来讲功率参数越大越好。

（5）带有集烟罩的抽油烟机比较好，因为它的排风量大。

（6）不要选择具有自动清洗功能的抽油烟机，因为那只是厂家给产品加价的策略。

（7）要保证排风口的口径与出风口成正比。

104. 怎样选购炉具？

在挑选炉具的时候，可以看以下一些参数：

（1）炉头要选纯铜材料。

（2）看看是否有自动熄火保护。

（3）热流量当然是越高越好，一般是3.6 ~ 4.2。

（4）旋流火也是必要的，它的好处就是可以节能 25% 左右。

（5）应选择不锈钢面板，且要求提供不锈钢的厚度参数，面板越厚越好。

105. 如何鉴别负离子发生器的质量？

（1）单极开放式线路型比双极闭合式线路型要好，它耗电少，产生负离子的浓度高，氮氧及臭氧化合物的浓度低。

（2）将发生器的电源接通后，用一只 10 微安的 MF10 型万用表，一手捏着正表笔金属部分，另一只手捏着负表笔绝缘部分，将负表笔的尖端与发生器接近。若发生器所发出的负离子被表笔所收集而形成电流，微安表的指示灯就会逐渐增大。当离发生器约 30 厘米时，表针指示在 0.1 ~ 0.2 微安，或者在离发生器约 3 厘米时，表针指示在 2 ~ 10 微安时，则说明发生器可以在约 15 平方米的室内使用。

（3）每分钟所发送出来的负离子体积大小与数量无关，电压越高，所发送负离子量就越大。将半导体收音机的音量开大，放在约 30 厘米外，没有干扰表示它不产生超声波和高频磁场。将香烟点燃后与发生器靠近，若烟倒向手指而不扩散，则说明发生器有着很强消烟尘的作用。

（4）套一只新食品袋在手上，与发生器靠近，如果发生器的性能好，塑料薄膜即会紧贴在手上，且有一股推力。

五、交通和通讯工具

1. 选购新车有什么技巧?

（1）多看：购车前，多看市场、看车型和看产品。

（2）多听：多听听产品的口碑，汽车发动机运转的声音，高速行驶时的噪声和车辆密封隔音的功能。好的发动机在行驶运转时会发出稳定悦耳的声音，良好的密封隔音功能，在行驶时听不到窗外的噪声和风声。

（3）多问：询问零售商及售后服务人员，看是否能提供专业的服务，看厂商对车主关心的利益问题，是否能提供令人心悦诚服的解决方案，看未来的售后维修服务是否便利和舒心。

（4）多试：在做出购买决定之前，应多试车，以便最大限度地了解产品的性能和特点，否则就不知道避震是否良好，操控性、制动性能是否令人满意，高速行驶时噪声到底有多大。

2. 怎样鉴别新车质量?

（1）座位：若座位不舒服，会引起疲劳或者精神涣散，应检查一下座位能不能调整，看它有没有足够的支撑力，检查一下后座椅腿部。

（2）操纵：离合器、方向盘、变带箱及制动操作要轻便，方向盘要能感知地面的情况，且不会有强烈的震荡。

（3）引擎盖：将引擎盖掀开，能够很容易触摸到箱内的各个部件，便于日常的保养和检修。

（4）悬挂系统：在高速路上行车的时候，贴地面不要太紧，悬挂系统不能太软，否则转弯的时候容易发生摇摆。

（5）开关擎：在试车的时候，将安全带上好后，所有的开关都能轻易地触及和调节。

（6）行李箱：检查一下行李箱的大小及看它是否很容易拿取备用的轮胎。

（7）通风设备：闷热的车厢容易使人疲劳，太冷让人感觉也很不舒服，所以，暖气通风系统要能保持车内空气清新、暖和，且车窗没有水汽凝聚。

（8）噪音：噪音一般来源于引擎、道路、风，会使人疲劳，所以在试车的时候要留心倾听。

3. 如何选择汽车车身形式?

汽车的车身形式一般有2门型、4门型、后掀门型。每档轿车都有2门型和4门型。

（1）2门型。优点是：车身比较低，流线型好。由于此类车车身的钢度比较好，因此，在行驶的过程中，车身的噪声比较小。缺点是：车门比较重，进出后座时，不方便，且后排的座的空间比较小。

（2）4门型。其优、缺点跟2门型正好相反。

（3）后掀门型。优点是：能装载大件的物品；如果后排的座位能折叠，则载货的容积会更大；缺点是：所装的东西从车外都能看见。

4. 选汽车驱动方式应注意哪些问题？

（1）前轮驱动优点：传动效率比较高、油耗比较低、自重比较轻，在平路上行驶的时候，地面的附着力比较大。缺点是：在走陡坡或拖挂时，前轮着力会减少，由于前轮既是转向轮又是驱动轮，轮胎的磨损比较大。

（2）后轮驱动。其优缺点跟前轮驱动刚好相反。

（3）全轮驱动。优点：在无路地面和泥雪地面的行驶性能好。缺点：油耗、车价、修理费都要比前两种高。

5. 怎样挑选汽车附属品？

汽车的附属品一般可以分为外观性、安全性、方便性、功能性四类。

（1）增强外观性选用件的有：加强的防锈处理、车轮罩等。

（2）增加安全性选用件的有：自动安全带、安全气囊。

（3）增加方便性选用件的有：空调、电动窗、自动巡航控制、音响设备、电动门锁、变速刮水器、遥控行李箱锁、电动后视镜、车顶窗等。

（4）增强功能性选用件的有：防抱死制动（ABS）、动力转向、全轮转向、数字显示仪表、雾灯、高性能轮胎等。

6. 鉴选汽车蓄电池有什么技巧？

（1）普通蓄电池的极板里面是由铅和铅的氧化物构成，其电解液呈硫酸的水溶液。大部分在货车上使用，它的主要优点是电压稳定、价格便宜，缺点是使用寿命短且日常维护频繁。

（2）干荷蓄电池：主要用于小型轿车。其主要特点是负极板有较高的储电功能，在完全干燥状态下，能将电量保存两年，使用时只需加入适量电解液，等待 15 ~ 20 分钟即可使用。

（3）免维护蓄电池：主要用于较高档轿车，在自身结构上有明显优势，电解液的消耗量非常小，使用期间不需要补充蒸馏水，另外，还具有体积小、抗震、抗高温、自放电等特点，使用寿命一般为普通蓄电池的 2 ~ 3 倍。

7. 试车有哪些要领？

在试车的时候，要注意以下几点：

（1）仔细考察车身的内观和外观，观察实际买的车跟样车是否同样令自己满意。

（2）车门门缝的宽度是否均匀一致。

（3）有无滴斑和刮伤，油漆是否均匀。

（4）边角是否服帖，地毯是否铺平，发动机室的油管、电线是否都夹在正确的位置上。

8. 如何测试汽车的安全性和舒适性？

试车的时候，要看安全带是不是方便、舒适。驾驶员的座位是不是能调到自己最方便的位置，以便能跟所有操纵的手柄接触到。不管是白天，还是晚上，是否都能看到仪表的读数。看后视镜、刹车踏板的位置跟自己的要求是否符合。万一发生撞车的时候，膝部、胸部、脸部都会碰到哪里。

此外，还要看车门是不是好开、关，进出的时候是否方便，乘员的人数是否跟自己的要求符合，行李箱的容积够不够，在调整行驶的时候噪声能否忍受得了，车内的通风是不是能有效地保持空气新鲜，转弯的时候车身是不是倾侧得厉害，驶过路面突出地方的时候是否颠簸得厉害，看看是否会出现不舒适的感觉。

9. 怎样选购车辆赠品？

现在消费者在购车时一般会要求商家给

予一些赠品，并且要求赠品的数量越多越好，但是往往赠品的质量会让人大失所望。因此本着既方便又实惠的原则，可向经营商要求赠品为车的配件如车罩、拐杖锁、防腐防锈处理、椅套、遮阳纸、防盗遥控锁、电动打气机等必需品。如此才可有效地维护和保养汽车。最好是品牌产品。

10. 如何识别不能交易的车？

来源不明、手续不全、走私进口车或者在流通的环节违反国家法规、政策的；没有产品合格证，或跟产品不相符的；港澳台同胞、华侨等所捐赠而免税进口的。这些都是禁止交易的车，在购买的时候要特别小心，以免买后引来不必要的麻烦。

11. 选购汽车如何付款最省钱？

一年的牌照税、燃料税、保险费用及相关配备的处理费的总和是所要支付的车款，在支付这部分车款时首先可以向银行按揭贷款或一次付清。但是，汽车的银行贷款利率比房屋还要高，最省钱的方法是用现金一次付清，既可省去银行的利息，而且还能争取经销商的最大优惠。

12. 选购二手车应注意哪些事项？

（1）根据本身经济能力而决定车价。

（2）注意车龄。5 年以上的车需要维修的几率最大，与其把钱花到维修上，还不如多花点钱买好点的车。选购时，二手车种的价位及年份可参考汽车杂志及专业网站的信息。

13. 购买二手车辆哪种方式最安全？

二手车的选购方式，一般有两种：即通过汽车销售商家购买和向个人购买。前者销售商家将汽车美容保养一番，外表看来十分华丽光鲜，但价格较一般自行向私人购买者贵，所以应该多方比较方不致吃亏上当；后者在价格上伸缩的弹性范围较大，但是要注意一点，

有些车主受车行或出租公司的委托，将以往出租过的汽车拿来出售，因此，选购时务必要求查看原始牌照登记书才行。即使是十分相中的车，也不要急着成交；给自己两天时间，进行多方打探，确定与车主所说的相符时，再成交也不晚。

14. 二手汽车交易应掌握什么技巧？

二手车交易时，首先要盘算好它的价格，还应搞清规定的燃料税、牌照税、保险费、过户费应交给谁的问题。另外在购买旧车时还要验证原始牌照登记书以及发动机和车身号码，通过这些可以了解这辆车转手的次数、曾经的用途，同时也可发现里程表是否被动过手脚、是否出过车祸等。

15. 如何根据保养程度选二手车？

选购保养好的旧汽车，可以延长其使用寿命及节省修车的开销。所以购买前，应从汽车的发动机系、底盘系、传动系、电器系、车身系等 5 大系来检查旧车的使用及保养程度，待逐一检试完后，若没有问题再购买。

16. 识别进口摩托车有什么技巧？

标记和票单是检验摩托车是否为进口车的两个重要依据。

（1）标记：合格的进口摩托车，其车架主体前部位两侧应贴有一个黄色的圆形标记，并印有 "CCIB" 字样，在该字母的下方印有 "S" 字样，该标记符合我国目前对机动车所执行的安全标准证明。

（2）票单：进口机动车辆随车检验单的表面为黄色，由数枚小的 "CCIB" 字样所构成单证的图案底色，单证上印有办理进口车辆须知和对外索赔的有关条款与内容，同时还附有进口货物证明。这些单据印刷都很规范、工整，且附有正规的商业发票。

17. 选购摩托车如何检查外观是否良好?

在购买新车时对车的外观进行检查是很必要的,步骤可分为:

(1)外观检查:油漆表面应光滑均匀,不应有脱漆、留疤、漏漆、麻坑等;颜色鲜亮,装饰图案完整,清晰。电镀件表面应光泽明亮且无皱褶、划伤、生锈。

(2)外形检查:整车外形端正,零部件应完好无损,无锈蚀和变形;前叉、车架、后轮叉应无扭曲变形;两减震器应匀称;前后车轮无扭偏现象。

(3)备件检查:配件及备品齐全,使用说明书和维护手册应备齐。

18. 选购摩托车如何检查发动机仪表?

发动机和电气仪表是在购买摩托车时首先要检查的,检查步骤可分为:

(1)发动机检查:发动机外部和油管无渗漏油痕迹,散热片应完整无缺。在常温下,冷车用脚蹬起动杆 2 ~ 3 次内应能顺利启动,热车蹬 1 次能顺利启动;发动机怠速运转稳定,3 分钟内不熄火。发动机运转正常且无响声。

(2)电气仪表检查:速度表、里程表等仪表应无缺陷,安装牢固。转向灯、前大灯、尾灯、刹车灯应完好无损,工作正常,亮度符合要求。电喇叭清脆响亮,各种开关操作灵活且安装牢固。

19. 选购新摩托怎样试骑?

在购买新摩托车时一般都会试车,这样便于判断新车的性能。通常试车的方法可参考以下几点:

(1)转向手把要灵活而没有死点,转向立柱间隙适当。

(2)油门在开大开小时转动要灵活,摩托车反应要灵敏,关闭点火开关时发动机应立即熄火。

(3)离合器、变速器、制动手把和脚踏板等操作灵活,无卡滞现象。

(4)要检查摩托车的加速性能和制动距离、排烟是否正常(二冲程发动机为浅蓝色烟,四冲程发动机为灰白色烟),前后减震器是否良好,乘骑是否舒适等。

20. 怎样选购手机?

一般选购手机时,价格、性能、品牌、服务等多方面都应当作为综合考虑的因素:

(1)要了解手机商标上所标注的机型和出售价格是否与实际情况相符,所带有的附件配置是否齐全,检验是否有邮电部统一的入网标志。

(2)查看销售商所提供的手机,其条形码是否完善,条形码上的数据跟包装盒上面的条形码数据是否完全一致。

(3)要问清楚销售商所提供的保修时间有多长(一般的免费保修期均为 1 年),其所指定的定点保修点是否具有维修保障的能力,以及是否有其生产厂家的授权。因只有得到了授权维修点,才能够得到用来维修的正宗配件。

21. 选购手机电池应掌握哪些技巧?

(1)要检查手机电池的保质期和出厂期。因为即使在不使用的条件下,化学密封的干电池也会自然放电,因此,选购手机电池时首先应检查电池的出厂期和保质期。

(2)要检查电池的包装标识是否符合国家的产品质量,其中有没有明确记载产地、生产厂址以及电池成分、电池标准、电池容量和其他重要标志等。

(3)检查外观和防伪标示。应该仔细检查电池外观的表面光洁度和厂家防伪标志的清晰度,以防假冒伪劣产品。

22. 怎样选购手机充电器？

选购充电器时，首先要弄清楚该手机充电电池的具体类型。通常，由于锂离子电池对充电器所输出的电流、电压、停充检测等参数的要求非常高，因而，最好在选购手机时选择电池厂家所指定的充电器产品。对镍氢电池而言，最好选购能自动检测温度的充电器。由于镍氢和镍锌电池有相似充放电的特性，并且镍锌电池还存在记忆效应，且充满电的时候还会出现电压回落，因而适用于镍锌电池的充电器最好带放电功能，并具有电池电压检测、控制电路的充电器。

23. 鉴别问题手机有什么窍门？

针对目前手机市场存在的投诉率居高不下的情况，有关专家提醒消费者在购买手机的时候，千万不要购买以下 12 种有问题的手机，这 12 种有问题的手机具体指的是：

（1）手机包装盒里没有中文使用说明书的手机；

（2）手机的包装盒里没有厂家的"三包"凭证且不能执行国家有关手机的"三包"所规定的手机；

（3）在保修的条款里所规定的"最终解释权"、商品的使用功能发生变化后"恕不另行通知"的手机；

（4）无售后维护的手机；

（5）实物样品与宣传材料、使用说明书不一致的手机；

（6）与手机包装上注明所采用标准不符的手机；

（7）拨"*#06＃"后手机上所显示的手机串号跟手机的包装盒上所显示的串号不一致的手机；

（8）拨打信息产业部市场整顿办公室的电话查询"进网许可"，跟手机上的"进网许可"不相同的手机；

（9）非正规的手机经销商所经销的手机；

（10）购买场所跟销售发票上的印章不一致的手机；

（11）包装盒内没有装箱单或者装箱单跟实物不一致的手机；

（12）物价不真实的手机，俗称为"水货"手机。

24. 鉴别真伪手机有什么技巧？

正版手机应该三号一致，即手机机身号码，外包装号码和手机中调出的号码应该相同。另外在验钞机下，在进网许可标签右下角应显示"CMII"字样。

25. 如何鉴别手机号被盗？

当用户遇到以下几种情况时，应当注意个人手机是否被盗打：

（1）短期内话费激增。用户可以通过拨打移动服务电话 1861 或使用信息点播业务来查询自己的话费，并在移动通信公司的服务点打出通话记录，如果发现电话清单中有很多电话不是自己打的，就说明该手机被盗打。

（2）接听电话时存在如下问题：关闭手机后，没有手机提示。有来电时振铃时间特别短，甚至用户来不及接听振铃就不响了。这有可能是盗打的人接听了用户的电话。经常通话不畅，常打不通。当设置手机的呼叫转移功能，将其转移到到呼机上后，呼机上显示出的号码不熟悉或复机后对方找的人不是自己。

（3）突然增加灵敏度。这也是手机可能被盗号的表现之一，如果遇到这种情况，用户应暂停使用。

如果用户发现手机被盗打，应立即到当地的移动通信公司改变其串码业务，使盗打者的手机失效，以使自己的利益得到保护。

26. 如何使用手机可减少其对身体的危害？

根据测定表明，目前市场上各种手机的微波场强为 600 ~ 1100 微瓦 / 平方厘米，大大超过了国家所规定的安全标准和最大允许值，即 50 微瓦 / 平方厘米。通过对国内人群的试验证实，长期使用超过了国家安全卫生标准的手机，同样会使人体的健康受到危害。从预防电磁辐射危害的角度出发，专家们提出了以下三点简单易行的个人防护建议。

（1）保持距离。人体头部接受电磁辐射水平的高低，直接取决于头部与手机天线之间的距离。因此，在用手机通话时，应尽量把手机天线离开头部，这样可以降低头部电磁辐射的暴露水平。

（2）接通再打。在测量有些手机电磁辐射的时候发现，当手机拨号后，在接通的瞬间，仪器会显示突然出现一个电磁辐射的高峰，然后从峰值迅速降低，而通话时，其电磁辐射的水平一般都比较低。根据手机发射电磁辐射特点，使用手机的时候，应该加以防护，即在拨号以后不要将手机马上放到耳部听电话，而是应先看显示屏上手机是否接通，当显示接通后，再将手机移到耳部进行通话。这样，手机接通的瞬间跟头部的距离就会相对远一些，从而，可以减少头部的电磁辐射暴露剂量。

（3）变换姿势。在用手机过程中，要经常将握持手机的姿势改变一下，例如把持手机的角度稍微变动一下，稍稍前后上下移动手机等。只要将握持手机的姿势做一下改变，在脑中的聚焦部位电磁辐射就会发生移位，这样，可以避免脑组织的某个区域因长时间暴露在高水平的电磁辐射之下，从而降低脑组织发生病变的可能性。

27. 怎样处理手机进水问题？

若手机进水了，首先要先将电源关掉。然后为避免水腐蚀手机主机板，应及时将电池取出，并尽快送去售后处进行维修。也可以用电吹风将手机内部的水分吹干（只可用暖风）来减缓机板中的水分，但要注意将温度调到最低档，否则会造成机身的变形。

28. 如何利用手机享受便捷生活？

（1）便于上网：手机终端的功能与可移动上网的个人电脑具有类似之处，如果能充分利用用户使用固定互联网的习惯，以及充分利用固定互联网所具备的应用资源，就可以给用户提供高性能、多方位的移动互联网使用体验。

（2）便于充分利用其他资源：方便欣赏移动书苑、方便阅读，也可方便书刊、多媒体、音像等各种载体的互动下载，用户可随时删除、阅读和再下载上述资料，其也具有书签等其他功能。

（3）用作手机银行：利用短信息功能与银行之间进行银行业务，可实现账户查询、挂失、转账、外汇牌价查询、外汇买卖、交手机话费等服务。

（4）提供时尚闪信：通过手机可将全方位的贺卡传达给朋友，传送对朋友的一份感情，DIY（英文 Do It Yourself 的缩写，自己动手做）方式可便于自主地制作个性化贺卡。手机还可提供闪信动听的卡拉 OK 旋律，方便随时随地与亲密朋友共唱金曲卡拉 OK。

（5）提供手机邮箱：借助于供应商短信互动功能，可以灵活地通过设定条件，在邮箱收到的新邮件满足预先设定的条件后，手机将会收到一条短信提醒。接到提醒后，如果想知道邮件内容，回复短信，可以直接用短信或彩信提取的方式，阅读到该封邮件的详细内容。还可以对第三方邮箱进行管理，可随时随地查看第三方邮箱，收取重要邮件。还可以将此功能设置成自动或者手动形式，通过 Web（网络）、

WAP（英文 Wireless Application Protocol 的缩写，无线应用协议）和短信 3 种方式均可操作。

29. 怎样选购电话机？

选购电话机的时候，一定要注意话机是不是国家信息产业部所批准的机型，检查它有没有有效的入网许可证。入网许可证是无线电委员会和邮电部为了保障用户的权益所采取的保障措施，只要符合入网规定的话机，其机底一般都贴有邮电部入网许可证号码和入网标志，一些假冒话机的入网标志大部分内容不全、印刷模糊。新装电话的用户，应该根据电话通知单上面的情况选用合适的话机。如当地若是程控电话局，其用户可以选用双频按键式电话机，这样用户可以使用程控电话机里的新功能。

30. 选购电话机外观有什么技巧？

在选购电话机的时候，除了要考虑它安装时的便利性及外观的可观性之外，还要考虑其外观的质量问题。在选购的时候，要看电话机的外壳是不是光滑，机壳上面是否有划痕。查看按键是否平整，按键、指示灯的安装位置是不是正确的，按键是不是会卡键或弹性不良等。要检查计算机电源线、计算机开线、电话线是否松动或异常。晃动电话机时，是否有内部组件脱落的声音。

当然，在选购的时候，还应该考虑多方面的问题，如产品的售后服务、其他性能、款式、颜色及产品的外包等。建议在购买的时候，尽量挑选一些知名的品牌机，因为，品牌机不管售后服务还是产品的质量，都有更多的保障。

31. 如何鉴别电话机的通话质量？

质量比较高的电话机，其音质相当清晰，不刺耳、不失真，且还没有明显的"滋滋"、"沙沙"或"嗡嗡"声。在选购的时候，要接上电话线，将听筒拿起来，此时，若能听到清晰、音量比较适中的拨号声音说明质量较好。同时，对于各种各样多功能的电话机，用户可以根据自己实际的情况和需求来选择其功能，不要盲目地追求功能齐全。

32. 怎样选择无绳电话？

（1）选择通信功能。无绳电话除了具有普通电话机具有的功能外，还具有手机与主机之间的通话、内部通话、无绳电话与主机之间能够转接、作为分机单独使用等多项功能。

（2）选择通信距离。在我国，对于家庭使用无绳电话的发射功率有明确的规定：发射功率不得大于 20 毫瓦。这种机子的通信距离在 200 米～300 米之间。因此，应当注意通信距离过远的机子，这种机子不是厂家夸大其词，就是发射功率超标。若发射功率严重超标，会干扰其他的电器设备，还会被有关部门处罚。

（3）选择控制方式。在控制方式上市场上所出售的无绳电话机可以分为两类：一类是微处理器控制；另一类是导频控制。比较这两种方式，微处理器的控制方式可靠性比较强，当然它的价格也会相应地高一些。检测控制方式的方法是：轻轻地将内部通过键或主机的免提键按下，若此键是轻触键，即一松手该键会立即反弹，这种机子一般是利用了微处理器的控制方式；如果此键不反弹，需要再按一次才能弹出，那么，这样的机子一般都是采用了导频控制的方式。

33. 怎样选用 IP 电话？

IP（英文 Internet Protocol 缩写，网络电话）电话是一种很常用的通信手段，而对于不同的人群，都有不同的使用方法：

（1）经常流动或不经常打长话的个人用户，如在校学生，最好选择每次支付费用比较少的 IP 卡，由于不是要经常拨打电话，对过长的号码也不会受到太大的影响。

（2）如果是持有银行卡的用户，用 IP 银行卡业务就会方便很多，一卡通、牡丹卡等持卡者若申请了网通的 IP 电话业务后，可随时刷卡消费，在提款的同时，还能随时拨打 IP。

（3）网民用 IP 软件来打电话是最实惠的，特别是打国际长途的时候，就更加便宜，再装上个摄像头，还能进行可视对话。

（4）对于企业用户或者常打长话的手机用户与家庭用户，IP 直拨是最实惠、最方便的选择，还可节省大笔开支，简洁拨打可提高工作效率，手机用户则省下了带卡的烦恼。

电话质量的好坏，一般都取决于运营商所提供网络容量的大小，因此，在选择时要尽量选用宽带网和 IP，因为它通话质量好，且易于接通。

34. 如何减轻电话机的铃声？

若电话机的铃声很刺耳，可垫一块泡沫塑料在机下，以使铃声的喧闹声减轻；若是家用电话，将其放在床垫上，也能减轻铃声。

35. 如何巧用电话机特殊键？

（1）"#"是重发键：如果遇到忙音，可将电话放下，若想再打的时候，只要按一下"#"键，就会自动拨发刚才所打的号码，可不断重复使用，直到接通。

（2）"*"是保密键：打电话的时候，跟身旁的人交谈的内容若不想让受话人听到，此时，只要轻轻地按住此键，即可暂时将线路切断，若要恢复通话，只需松手即可。

36. 获得手机室内较佳通信效果有什么技巧？

在室内，手机的通信距离往往较差。通过一些技巧，可以帮助改善手机在室内的通信

质量、获得较佳的通信效果。

在室内，若手机信号不好时，可以适当调整手机拉杆天线的方向、长度，或者适当地调整手机的地面距离、转动手机本身的方位来达到较好的通信效果。一般来说，在普通房间里，手机位置越高，所获得的有效通信距离越大；手机拉杆天线拉得越长，通信效果也越好。

37. 保养电话机应掌握哪些技巧？

（1）不要猛拍电话机叉簧，若拨号以后，没有接通，可轻轻按下叉簧约 14 秒，然后再重新拨号；不要随意拉扯或扭绞电话机螺旋线和直线，以免内部心线两端脱开或折断。一旦将电话机的振铃、音量和转换开关调试好，就不要轻易变动。

（2）对于按键式电话机，因大部分都采用了新型的电子器件，机械的部件非常少，一般不需要定期进行检查，只需平时保持电话机的清洁即可（可以用潮湿的软布来擦拭）。

（3）安装电话机时应以安全、方便为原则。不要在阳光照射的地方放电话机，更不要放在噪声源、干扰源附近，也不能放在潮湿的地方，应把电话机安装在通风、平稳、干燥的地方。

38. 怎样清洗电话机？

（1）消毒剂擦拭法：在家中可以用浓度为 0.2% 的洗涤溶液来对电话机进行清洁，其效果能持续 10 天左右；也可以用 75% 的乙醇来反复擦拭电话机外壳的部分，但因乙醇容易挥发，其效果不能持久，因此，应当经常擦拭。

（2）电话消毒膜（片）消毒法：现在市场一般销售的电话消毒膜是由高氯酸铀、过氧戊二酸、洗必泰等为主的复方消毒剂所配制而成的。在使用的时候，只要将其粘贴在送话器上便可。

39. 去除电话机污垢有何技巧?

由于经常使用电话机，会沾上很多肉眼看不到的污垢和细菌，应每隔 1～2 周就用含有酒精或甘油酯的清洁剂将其擦拭一遍，电话机的拨号盘可用圆珠笔或筷子包上干净的抹布，一边擦拭，一边拨动。

🎀 六、礼品、化妆品和艺术品 🎀

1. 怎样鉴别白金与白银？

（1）比较法鉴别白金与白银。用肉眼来看，白银的颜色呈洁白色，而白金的颜色呈灰白色，白银的质地比较光润而细腻，其硬度也要比白金低很多。

（2）化学法鉴别白金与白银。在石上磨几下，然后滴上几滴盐酸和硝酸的混合溶液，若物质存在则说明是白金，若物质消失则说明是白银。

（3）印鉴法鉴别白金与白银。因为每一件首饰上面都得有成分的印鉴，若印鉴刻印的是"Plat"或"Pt"则是白金，若刻的是"Silver"或"S"则是白银。

（4）火烧法鉴别白金与白银。白金经过火烧或加温，冷却后，颜色不会变，而白银经过火烧或加温后，其颜色会呈黑红色或润红色，含银量越小，其黑红色就会越重。

（5）重量法鉴别白金与白银。同体积的白银，其重量只是白金的一半左右。

2. 怎样鉴别黄金？

黄金是"十赤九紫八黄七青"，意思是：赤色的含金100%，紫色的含金90%，黄色的含金80%，青色的含金70%。

（1）声音法鉴别黄金与纯度。让首饰落在硬的地方，若声音沉闷，则说明其成色好；若声音清脆，则说明成色差。

（2）折弯法鉴别黄金与纯度。用手将饰品折弯，真金质软，容易折弯，但不容易折断；若是假的或是包金的，一般容易断，但不容易弯。

（3）划迹法鉴别黄金与纯度。在黄金表面用硬的针尖划一下，便会有非常明显的痕迹；而若是假的，其痕迹会比较模糊。

（4）重量法鉴别黄金与纯度。目前，已知的物质中，其比重最大的就是黄金，其比重为19.37，重量相同的赤铜、黄铜，其体积要比重量相同的赤金、黄金大得多。先看看颜色，然后再用手来掂掂它的重量，即可知道。

（5）火烧法鉴别黄金与纯度。用烈火烧黄金首饰，能耐久而不变色；若是假的，则不耐火，燃烧以后会失去光亮，且会变成黑褐色。

3. 怎样鉴真假金首饰？

真金的首饰，质软易变，但不易断，在上面用大头针划一下会有痕迹，若是假的或者成色比较低的，用手折的时候，会感到其质很硬，容易断但不容易弯。

真的金首饰，其重量要比其他的金属重。

真的金首饰，其颜色一般为深黄色，若呈深红色则为假品，若呈浅色则为铝或银质混合品。

真的金首饰，用火烧的时候，耐火且不变色，若是假的则不耐火，燃烧以后会变成黑褐色，且会失去光亮。

真的金首饰，抛在台板上面，会发出"卟嗒"的声音，而若是假的或者成色比较低的，其抛在台板上面的声音会比较尖亮，且会比真的金首饰弹跳得要高些。

4. 挑选黄金饰品应掌握哪些技巧？

在购买黄金饰品的时候，首先要看它的工艺水平如何，也就是说其做工要好，可以根据以下几个方面来挑选：

嵌在上面的花样要精细、清楚，其图案要清晰。

焊接上时，其焊点要光滑，没有假焊，若是项链，其焊接处要求活络。

从抛光上讲，饰品表面的平整度要求要好，没有雕凿的痕迹。

从镀金上讲，其镀层要均匀，无脱落，饰品镀上金后就是光彩夺目的。

从嵌宝石上讲，要求宝石要嵌得非常牢，无松动，镶角要薄、圆润、短、小。在嵌宝石戒指的时候，还要求其齿口与宝石在高低、比例、对称上要非常和谐。

5. 怎样鉴别铂金与白色 K 金？

对它们的重量进行比较，是最直接的区别方法，即使是一枚用铂金制成的很简单的结婚戒指，也会比用白色 K 金所制成的要重。白色的铂金是天然的，而白色的 K 金只能通过把黄金和其他的金属熔合到一块才会有白色的外观。白色的 K 金，其颜色通常还利用了表层的镀金来增强。然而，这样的电镀会被磨损，从而在白色 K 金的表面会出现些暗淡的黄色。铂金的背后都会有一份保证，它是专门用来标志铂金的。在真正的铂金首饰上面，不管是挂件、戒指还是耳环，都会嵌一行很细小的标志：Pt900 或 Pt950。

6. 选择戒指款式有什么技巧？

在选择戒指的时候，手指比较短的，要避免复杂设计及底座比较厚实的扭饰型，建议配带 V 形等比较强调纵线设计的款式，且有一颗坠饰垂挂的设计，非常可爱，且又可以掩饰手指的粗短。

若是粗指，宝石太小或者指环过细，会让人感觉手指粗，稍有起伏设计或扭饰，会使手指看起来比较纤细，单一的宝石或者宝石较大的设计，也可以掩饰粗指。

若指关节粗大，适合带厚实的戒指，若环状部分太细或者宝石过大，看起来会不平衡，容易滑动。若是底座厚实、碎钻的宝石设计，指关节就不会那么明显，会相当适合。

7. 如何选购宝石戒指？

检查宝石是否有内包物或裂痕，越少越好。首先从它的颜色上来挑选，一般颜色浓、深、有透明感的为上品。在看颜色的时候，用自然光看为好。

挑选钻石戒指比较容易，要看其价值基准，即四"C"：净度、颜色、切磨、重量。其次，要看是否跟自己手指的粗细相合。还要注意其框的加工精度，要求其选择配合要适宜。

要注意嵌入宝石的高度与宽度，太高了容易被撞坏，太小了又不好看，两者都要适中。

在尺寸上要适中，若您手指的关节较粗，而后节又较细，在选择的时候，选戴后稍稍有空隙的最为合适。若是纺锤形的手指，应以戴上后脱落不下来为基础，稍稍紧些为好。

8. 购玉器时有哪些技巧？

不要在强光下选购玉器，因为强光使玉失去原色，掩饰一些瑕疵。假玉一般是塑料、云石甚至玻璃制造的或者进行电色的。塑料、云石的重量比玉石轻，硬度比玉石差，易于辨认。光下的着色玻璃会出现小气泡，也能辨认。但电色假玉则是经过电镀，把劣质玉石镀上一层翠绿色的外壳，很难分别，有些内行也曾受骗。

选购时应留心选有称为蜘蛛爪的细微裂纹的玉，所以买玉应该到老字号去买。

另外，还要注意以下几点：选透明度比较高，外表有油脂光泽，敲击时发声清脆，在玻璃上可以留下划痕，本身无丝毫损失，做工精致的玉器。

9. 如何通过外观选购玉器？

明亮灯光下，会比较清楚地看见玉器上的裂纹、玉纹以及石花、脏点等瑕疵，不会买回残次品。但是灯光下玉器会显得更美，会提升玉的档次。尤其是紫罗兰色玉器，本来淡紫色的会变浓，而本来较浓的紫则会更加可爱。

10. 识玉器真假有哪些窍门？

一件好的玉器应具备鲜明、色美、纯正、浓郁、柔和、纯正等特点，而我们常见的假玉，多以玻璃、塑胶、电色石、大理石等来假冒。可以用下面的方法来识别其真假：

（1）察裂纹：电色的假玉，是在其外表上镀上了一层美丽的翠绿色，特别容易被人误认为是真玉。如果你仔细观察一下，就会发现上面会有些绿中带蓝的小裂纹。将其放在热油中，其电镀上的颜色即会消退掉，而原形毕露。

（2）光照射：着色的玻璃玉只要拿到日光或灯光下看一下，就会看到玻璃里面会有很多气泡。

（3）看质地：塑胶的质地，比玉石要轻，其硬度也差，一般很容易辨认出来。

（4）看断口：真的玉器，其断口会参差不齐，物质结构较细密。而假的玉器其断口整齐而发亮，属玻璃之类的东西，断口的物质结构粗糙，没有蜡状光泽，跟普通的石头一样。

11. 鉴别玉器有什么好方法？

（1）手掂：把玉器放在手里面掂一掂，真的玉器会有沉重感，假的玉器掂起来手感比较轻飘。

（2）刀划：真的玉器较坚硬，用刀来划它，不会有痕迹。而假的玉器，一般都比较软，刀划过后都会有痕迹。

（3）敲击：将玉器腾空吊起来，然后再轻轻地敲击，真的玉器其声音舒扬致远、清脆悦耳。而假的玉器不会发出美妙的声音。

12. 怎样选购翡翠？

翡翠有红、绿、黄、紫、白等不同颜色，选购时：一是看一下色彩，优质翡翠显示明亮的鲜绿色。二是听响声，硬物碰击时发声清脆响亮者比较好。三是看透明度，真品可以在玻璃上划出一道印痕，伪品不能。

13. 鉴翡翠赝品有何妙招？

可以从以下4个方面鉴别：

（1）翡翠贴在脸上冰凉，塑料则无。

（2）塑料颜色均匀刻板，时间久会留硬伤、牛毛纹，翡翠不会。

（3）塑料比重小于翡翠。如果用小刀刻划翡翠，翡翠无损伤，小刀易打滑；塑料上能刻出伤痕来，小刀不打滑，划动时手感也不同。

（4）用火烧来鉴别，塑料会冒烟熔化，而翡翠无变化，其表面也许会熏出黑色烟雾，用软布擦仍完美如新。

14. 鉴别翡翠质量有什么法宝？

珠宝界常用"浓、阴、老、邪、花、阳、俏、正、和、淡"十字评价翡翠，称为"十字口诀"。"浓"，指颜色深绿不带黑；反为"淡"，指绿色浅而无力。"阳"，指颜色鲜艳明亮；反为"阴"，指绿色昏暗凝滞。"俏"，即绿色美丽晶莹；反为"老"，指绿色平淡呆滞。"正"指绿色纯正；反之，绿色泛黄、灰、青、蓝、黑等色为"邪"，邪色价值降低，要注意细微邪色差别。"和"，指绿色均匀；如绿色呈条、点、散块状就是"花"，影响玉料或者玉器的价值。

15. 选购翡翠玉镯有何秘诀？

选购玉镯是细致而较复杂的工作，要有一定专业知识和丰富的实践经验。总的说来，要牢记住4句口诀：先查裂纹，瑕疵要少，大小要符，有种有色。

16. 怎样鉴别玛瑙？

（1）颜色：玛瑙没有气泡划痕、凸凹和裂纹，透明度越高越好。首先，真玛瑙应该是色泽鲜明、协调、纯正，没有裂纹。而假玛瑙色和光都较差。其次真玛瑙的透明度不高，有些可以看见云彩或自然水线，但是人工合成的就是像玻璃一样透明。

（2）硬度：假的玛瑙是用其他石料仿制的，特点是软而轻。真玛瑙可以在玻璃上划出痕迹；真玛瑙的首饰要比人工合成的要重一些。

（3）温度：真的玛瑙冬暖夏凉，人工合成的玛瑙基本与外界温度一致，外界凉它就凉，外界热它就热。

（4）工艺：玛瑙要大小搭配得当；检验玛瑙项链，只要提起来看每个珠子是不是都垂在一条直线上，如果不是就说明有的珠子偏了，加工工艺不完善。选择玛瑙首饰的时候，还要注意每个珠子的颜色深浅是否一样，镶嵌是否牢固。

17. 如何鉴别玛瑙颜色与价值？

玛瑙的颜色与价值的关系非常大，如血红玛瑙属于优质玛瑙；蓝色玛瑙也属于优质玛瑙；黑白两种或以上颜色形成强烈对比的黑花飞玛瑙等也很受人们欢迎。白玛瑙多，但在工艺上用得很少。

18. 鉴别水晶与玻璃有哪些技巧？

可以从以下3方面来鉴别：

（1）颜色：水晶明亮耀眼；玻璃在白色之中微泛出青色、黄色，明亮不足。

（2）硬度：水晶的硬度为7，而玻璃则在5.5左右。如果用天然水晶晶体棱角去刻划玻璃，玻璃会被划破。

（3）杂质：水晶是天然结晶，体内有绵纹；而玻璃是人工熔炼出来的，体内均匀无绵纹。玻璃内有小气泡，水晶则无；用舌舔水晶和玻璃，水晶凉，而玻璃温。

19. 挑选什么样的钻石好？

无色透明的钻石最好，从颜色上看，白晶色最好，其次是浅黄色，再次就是黄色；其颗粒越大就越有价值；其晶体的纯净度越高也就越好；白光角度的准确性越高，表明其质量越好。

20. 怎样鉴别钻石价值？

钻石的价值取决于重量、洁净度、颜色与切磨4因素。

克拉就是钻石的重量，钻石以单位克拉（1克拉=0.2克）进行计价的。钻石珍贵的原因之一就是少见，重量大者就更少见，1克拉以上属于名贵钻石。

洁净度：即透明度或纯度。洁净度高的钻石，由于无瑕疵、无杂质、完全无色透明，价值很高。

颜色：钻石颜色非常重要，颜色决定钻石是否名贵和价值高低。宝石级钻石颜色仅限于无色、接近无色、微黄色、浅淡黄色、浅黄色五种。除此以外蓝色、绿色、粉红色、紫色和金黄色较少见，可作稀有珍品收藏。

切磨一颗钻石切磨的工艺水平在于式样新潮与否、角度和比例正确与否、琢磨精巧与否等因素。

21. 怎样鉴别金刚钻石？

真金刚钻石，在黑暗中发灼灼绿光。如果是假的，就只能发少量白光或不发光。即便发光，也很晦暗。另外，金刚钻石的硬度很大，以真假钻石来对比切刻玻璃或者对刻，会看见玻璃和假钻石上有刻痕。

22. 如何挑选猫眼石？

猫眼石的颜色有：葵黄色、酒黄色、黄绿色、灰黄色、棕黄色等，其中，鲜明的葵黄色是上品，质地非常细腻，且富有光泽。

23. 怎样鉴别猫眼宝石？

可从以下两方面识别：

颜色：猫眼石最好是葵花黄色，5克拉以上的斯里兰卡产葵花黄色的猫眼石戒面价值可高达10000美元/克拉；其次为淡黄绿色；再次为绿色和黄色；最差为灰色猫眼石。

线的形状：上等金绿猫眼石，亮线强烈、竖直、细窄而界线清晰，位置是在弧面的中央，且色彩亮泽。

24. 鉴别祖母绿宝石有何技巧？

可通过以下3方面来鉴别：

把宝石放入四周围纸的铜盆里，用火点燃白纸，火变绿色的是真品。

把宝石投入红火炭中，炭飘香而火熄灭的是真品。

把宝石放入盛满清水的碗中，碗中出现淡淡绿色的是真品。

25. 怎样挑选珠宝饰品的颜色？

在挑选珠宝颜色的时候，其要求是：浓淡、鲜艳相宜。颜色过淡的没有精神，而颜色过深的又容易发黑，要求其颜色要纯正，红的就应该跟鸡血一样，蓝的就应该如雨后的晴空一样，钻石白则要求清澈而不带邪色，而翡翠绿，均匀得如同雨后阳光下的冬青。

26. 识别天然珍珠与养殖珠有什么决窍？

看光泽：养殖珠的包裹层比天然珠的包裹层要薄且要透明些，因此，在它的表面，一般都有一种蜡状的光泽，当外界的光线射入到珍珠上时，养殖珠会因为层层的反射而形成晕彩，不如天然珠艳美。它的皮光也不如天然珠的光洁。也可以把珍珠放在强烈的光照下，然后再慢慢地转动珠子，只要是养殖珠，都会因珍珠母球的核心而反射闪光，一般360度左右就闪烁两次，这是识别养殖珠重要的方法之一。

看分界线：彻底清洗干净穿珍珠孔洞的穿绳，然后，再用强光来照射，用放大镜仔细的观察其孔内，只要是养殖珠，在它的外包裹层和内核之间都会有一条很明显的分界线。而对于天然珠，会有一条极细的生长线，且一直呈均匀状排列在中心，在接近中心的地方，其颜色较褐或较黄。

27. 鉴别真假珍珠有什么决窍？

看外形：珠子特别圆的比较贵重，形状越大越圆，其质量就越好。若形状匀称、对称得非常好时，其价值也就高。天然的珍珠有椭圆形和圆球形，其表面呈浅蓝色、浅粉红色、黄色、浅白色等，具有美丽的光泽和色彩，其表面平滑。

看重量：颗粒大的比较好，同时要求它的比重也要大，这样的珍珠会更加贵重。

看光泽：只要是珍珠，将其对着光以不同的角度进行观察，会放射出各种奇异的光，而假的珍珠却没有这样的特点。假的珍珠，其表面有少数凹陷点和白色的点，其表面光泽比较弱，且会泛出金属般的光泽，其断面会有些砂粒在中央等。

看质地：天然珍珠的质地非常坚硬，很难碎断，其断面呈层状，用火来烧的时候，会有爆裂声，但是没有气味，用嘴来尝的时候会有咸味。

28. 怎样选购珍珠项链？

珍珠的好坏，可以从形状、大小、光泽、有无瑕疵来判断。在选购的时候要选择光泽比较深、透，且包围珍珠的珍珠层有厚身的。其形状越是八方平滑的越好，珍珠越大越好。要避免有斑点或者瑕疵。用此法进行选择的时候，还要看珠与珠之间是否相互调和、均匀，特别是相连性比较好的珍珠项链，最为珍贵。

29. 如何鉴别化妆品的质量？

轻轻地在手腕关节活动处均匀涂抹少量的化妆品，然后手腕上下活动几下，几秒钟过后再观察化妆品是否均匀地附着在皮肤上，如果手腕上的皱纹没有淡色条纹的痕迹，就可表明是质地细致的化妆品；反之，该化妆品质量有待检查。

30. 如何分辨变质的化妆品？

（1）发生变色：如果化妆品原有颜色变深或存有深色斑点，是变质的表现之一。

（2）产生气体：如果化妆品发生变质，微生物就会产生气体，使化妆品发生膨胀。

（3）发生稀化：化妆品发生了变质，化妆品的膏或霜会发生稀化。

（4）液体浑浊：液体化妆品中的微生物繁殖增长到一定的数量后，其溶液就会浑浊不清，有丝状、絮状悬浮物（即真菌）产生。

（5）产生异味：生长中的微生物会产生各种酸类物质，变酸的化妆品，会产生异味甚至发臭。

总之，发生以上任何一种现象的化妆品都属变质化妆品，须立即丢弃，不可再使用。

31. 选购减肥化妆品应注意什么？

在选购时，应注意优质的减肥化妆品，一般是挑选临床验证疗效高、成功案例数字多且可在短时间内全部吸收的，无刺激性气味、

无过敏现象，且质地细腻的化妆品。

32. 如何选购防晒化妆品？

在购买的时候，可根据皮肤的性质及季节来选购。

根据皮肤的性质：干性皮肤最好选择防晒油或者防晒霜，因为它们除了防止日晒外，还可增添皮肤的润泽度；而对于油性皮肤，则应选用防晒蜜和防晒水，因为它们可以缓解脸部皮肤的油脂分泌。

根据季节：夏季应当选用防晒性能强的化妆品，如防晒水、防晒霜；而冬、秋季气候，因气候比较干燥，可涂些防晒油来缓解皮肤干烘或起皱的现象。

33. 男士选购化妆品有什么技巧？

（1）辨别皮肤类型：干性皮肤较细嫩，毛孔较细，不容易出油，因此应选用油质的化妆品，比如，奶质、人参霜、蜜类、香脂、珍珠霜等，这类化妆品形成的油脂保护层可以改善干性皮肤不耐风吹日晒的状况，更好地保养皮肤。油性肤质毛孔粗，油脂分泌旺盛，容易造成毛孔的堵塞，脸部一般有粉刺、斑等问题。这类皮肤应选用水质化妆品，控制油脂分泌。中性皮肤最好选用含油、含水适中且刺激性小的化妆品。

（2）根据年龄选购：由于青壮年生理代谢比较旺盛，因此皮下脂肪丰富，所以应选取蜜类和霜类的化妆品。

（3）注意职业的不同：经常进行野外作业的人，为避免因日光中紫外线的过度照射产生的日光性皮炎问题，应选用紫罗兰药用香粉或防晒膏做日常保养。重体力劳动者由于工作时出汗多，汗味重，可在洗澡后选用健肤净。

34. 怎样选购优质的洗发水？

优质的洗发水，其瓶盖封装非常紧密，液体不易外溢。优质的洗发水，其溶液酸碱度

适中，对头发刺激性比较小，在 0℃ ~ 40℃ 的温度之内，透明洗发水不会变色，而珠光洗发水的珠光也不会发生消失和变色的现象。优质的洗发水，其液体纯净，无杂质，无沉淀，有一定的浓稠度，而颜色应与洗发水香型名称相符，比如说是玫瑰香型的洗发水就应为绯红色。

35. 选购喷发胶有哪些窍门？

在购买喷发胶时要注意以下几个方面：

包装容器：应选封装严密，不易爆裂或跑、漏气，安全可靠的产品。

喷雾阀门：要查看阀门是否畅通无阻塞。

雾点：其喷出的雾点应细小而均匀，并呈流线形状发射。一喷洒在头发上，就能够快速形成透明的胶膜，有较好的韧性和强度，有光泽。

36. 如何选购清洁露？

在选购的时候，宜选择：乳液稳定，无油腻感，无油水分离现象，易于敷涂，对皮肤没有刺激的优质清洁露。此类清洁露特别适合脂性皮肤者。优质的清洁露，其膏体细腻而滑爽，涂在皮肤上容易液化，并保留较长的时间来清洗毛孔的污垢。污垢去除后能够在皮肤上留下一层润肤的油膜为最佳。

37. 如何选购优质冷霜？

在选购的时候，要选择香味纯正，膏体细腻软滑、色泽洁净正常，夏天不易渗油、冬天不易结块，方便涂搽的冷霜。

38. 怎样选购适合的粉底霜？

选购粉底霜时，应根据自己皮肤的状态、性质以及季节和目的来选择。粉底霜一般可分为液体型粉底霜、雪花膏型粉底霜和固体型粉底霜 3 种类型。

（1）液体型粉底霜：水分含量较多，使用后的皮肤则显得娇嫩、滋润、清爽，如果您的皮肤比较干燥或希望化淡妆，这是最佳的选择。

（2）雪花膏型粉底霜：油分比重大，呈雪花膏形态，富有光泽，遮盖能力强。适宜于在出席宴会、集会等大场面郑重化妆时使用。因为它的强遮盖力，最好选用与自己的肤色相近的颜色，以免产生不自然的感觉。

（3）固体型粉底霜：它的特征是用水化开后，涂抹在皮肤上能够形成具有斥水性的薄膜，很少发生掉妆现象，适用于夏季或油性皮肤使用。

39. 选购粉饼有何技巧？

在选购时，要注意，优质的粉饼应是：粉粒细而滑，附着力强，易于擦抹；其饼块不容易碎，且不太硬，完整而无破损；其表面平整而洁净，颜色均一，没有异色杂质星点，香气柔和、悦人，没有刺激性。

40. 如何根据肤质选胭脂？

干性皮肤最好选用霜或膏状油性较大的胭脂；油性皮肤则应选用粉饼状或粉状胭脂；中性皮肤适合各种类型的胭脂。推荐初学化妆者选用粉剂型胭脂。

（1）根据肤色选胭脂。肤白的人应涂粉红色或浅色、玫瑰红色胭脂；肤色偏黄（褐）的人最好用精红色胭脂；肤色较深者涂抹淡紫色或棕色胭脂为佳；不同颜色的美容效果各不相同。粉红色给人以温柔体贴、甜蜜亲切的感觉，最宜婚礼化妆；大红色则会流露出热情奔放、生气勃勃的气息，适于宴会化妆。

（2）根据年龄选胭脂。年轻女性涂擦大、圆些的胭脂，可以显示其青春活力。而中年妇女则应把胭脂涂得高、长一些，方显成熟、端庄和稳重。

41. 怎样选购眉笔？

选购眉笔的时候，应选择笔芯软硬适度、

色彩自然、易描画、不断裂且久藏后眉笔笔芯表面不会起白霜的眉笔。注意选购不同颜色的眉笔来衬托不同的肤色。

42. 怎样选购眼影?

选购眼影时，要注意眼影块的形状，其块应是色泽均一、完整无损，其粉粒要保持细滑。优质的眼影都宜于搽抹，并对眼皮没有刺激性，黏附的时间久，且易于卸除。

43. 怎样选购眼线笔?

笔干长短适宜，笔毛柔软而富有弹性，含液性能好，无杂毛的眼线笔即为优质品。对于初学者，可选用硬性笔。

44. 怎样选购眼线液?

选购的时候，应选择无刺激、不易脱落、干得快、持妆久、易描绘成线条、卸妆的时候非常容易去除的眼线液。

45. 怎样选购睫毛膏?

在选购睫毛膏的时候，应选择黏稠度适中，膏体均匀而细腻，在睫毛上面容易涂刷，黏附比较均匀，可以使颜色加深，增加其光泽度，涂上后不但不会使睫毛变硬，而且还有卷曲效果的。干燥后不会粘着下眼皮，且不怕泪水、雨水或汗的浸湿。具有很强的黏附性，且易于卸除。其色膏对眼部没有刺激性，安全无害。

46. 怎样选购睫毛夹?

购买睫毛夹时，要选择睫毛夹橡皮垫紧密吻合，松紧适度的，若夹紧后还存在细缝无法完成睫毛夹的功效。

47. 选购指甲油有何窍门?

选购时，可根据以下几个方面进行选择：

（1）附着力强，容易涂抹，其色调和光泽不容易脱落。

（2）涂沫后固化及时，干燥速度快，且能形成颜色均匀的涂膜。

（3）有比较好的抗水性。

（4）颜色均匀，且一致；其光、亮度好，易于摩擦。

（5）其颜色要与手部的肤色及服装风格保持统一和谐。

48. 选购优质口红有什么技巧?

购买优质口红可以从以下几个方面来挑选：

外观：口红的管盖要松紧适宜，管身与膏体能够伸缩自如，且口红的金属管表面颜色应不脱落、光洁又耐磨。若是塑料管身应保持外观光滑，无麻点。

膏体：口红的膏体表面应光滑滋润，附着力强，不易脱落，无麻点裂纹；并且不会因气温的升高而发生改变。

颜色：优质的口红颜色应艳泽均一，用后不易化开。

气味：要保持香味纯正，不能散发任何奇怪的味道。

49. 如何选购香水?

香水按照香味主调可分为合成香型、东方香型、花香型等几种。无论属于哪一种香味，其浓度大致可分为香精、香水、古龙香水和淡香水四种。试验香水时，最好选用淡香水或香水。因为浓烈的香味会造成嗅觉的迟钝。一般的试用方法为：将少许淡香水喷洒在手腕内侧，轻挥手腕，停留 1 ~ 2 分钟，使皮肤上的香水干透。这时闻到的香味是香水的头香。稍后 10 分钟，再闻，这时的香味是香水的体香，最接近香水的主调，也是能保持时间最长的香味。过几个小时乃至更长时间后留下的叫做香水的尾香，即留香。选择令人满意的香水，就要注意细细品味香水各个阶段的香味是否和谐，最主要的是看香味是否能够迎合心意，体现个性。

50. 如何选购优质浴油?

选购时应选香气宜人、无异味、液体稀稠度适中，涂抹感觉柔和、无刺激性的浴油。优质的浴油可以润滑皮肤，推荐皮肤粗糙的人或在干燥的季节里使用。

51. 如何选购乳液?

为避免使用过期或者变质的乳液，购买时一定要看清楚乳液的出产日期。

乳液的色泽要柔和、手感好，若色泽泛白、暗淡或者呈灰黑色，则说明乳液酸碱度的调和不成比例或者产品质量不过关，不宜涂沫。

要选择细腻、滑软，香气纯正的乳液来使用，而涂抹后有黏腻感、对皮肤有刺激且有异味的就不要使用。

乳液要在室温下保存，注意保持乳液的半流动性。

52. 选购钢琴有何窍门?

键盘：键盘的弹力要求均匀适中。键盘弹下的时候应该轻快适用。至于白色琴键的下沉深度，在 9 ~ 11 毫米之间为宜，当琴键抬起的时候，键不会颤动。键盘上键的排列要均匀，键与键的空隙要求分布均匀，并且大小要适中，键盘的表面要光滑平整。

音量、音色：可以从琴弦的长短上来鉴别钢琴音量大小以及音色好坏。一般而言，钢琴的中间音色比较好，但是高音部和低音部的音色就不是那么理想了。那么，在挑选的时候高、中、低音部的发音都要好好检验，看是否良好。

铁排：铁排要完好无损，不应该有断裂的现象，四周的油漆不能脱落而出现锈迹。中音和高音钢弦要有光泽，不应有生锈的痕迹，各号的钢丝应该完整，并且各号要合乎规则。低音钢弦所缠的钢丝应该平整、紧密，没有出现发绿与沙哑音的现象。

槌头：槌头的排列就是要整齐。槌头打弦的时候，所成的角度要和琴弦对准，弦与接触面成 90 度。可以用下列方法鉴别机件部分：当用手轻轻地摇槌头的时候，看它是否会摇晃不定，弹键的时候，机件是否会发出嘈杂的声音，或者也可以观察槌头在打弦的时候其动作是否敏捷。

踏板：在弹力方面，要求踏板的弹力适中，踏下左踏板的时候，仔细观察机背档上是否抬起；踏下右踏板的时候，观察制音器在离开弦的时候是否整齐一致，外踏板复位的时候没有强声。

外观：油漆要完好无损，并且有光泽，颜色深淡均匀，没有气泡出现。木纹要协调对称，木板接合处应该紧密无缝。当盖上琴盖的时候，密封良好。在钢琴背后的音板的颜色上，还是白色等比较浅淡的好。

53. 选购钢琴型号有什么技巧?

钢琴有两种，即三角钢琴和立式钢琴，立式钢琴是一般家庭购买钢琴时的选择。立式钢琴又可以分为 3 种，这个分类是按照琴身的高度来区分的：大型立式钢琴，高度在 1.2 米以上；小型立式钢琴，高度 1.1 米以下；介于上述两者之间的是中型的钢琴，一般家庭会购买这种型号的钢琴。

54. 选购电子琴有什么窍门?

在选购电子琴的时候，其音调要准，而且要求模拟音要像，还要优美，这也就是说音色要真实。节奏要轻快明晰，节奏的种类多多益善，变换灵活。键盘的要求则是要平整，且灵敏一致，琴键的弹性要好，不可以出现键较松或者键按不下的现象。

选择电子琴的时候，先要把各种效果关闭，比如说振音和延长等，这样做的目的是为了听到电子琴的原声。然后逐个打开各个按钮，分别观察其效果。还可以同时按下一系列的键，听听它们同时发音的效果。

55. 如何选购小提琴？

在选购的时候，要看琴头、琴颈、指板和琴身的中心连线是否在一条直线，可以用下面的方法来检查小提琴是否端正：看琴头和两个下琴角是否成一个等腰三角形，若不是，则这个小提琴不端正。检查琴身是否牢固，可以用一手提琴，一手指关节轻扣小提琴，听声音就可以知道小提琴是否牢固：如果是"咚咚"声，表明良好，否则有脱胶现象。拉小提琴，如果低音浑厚深沉，中音优雅柔美，高音明亮清澈，则是好的小提琴。

56. 如何选购手风琴？

在选购手风琴的时候，棱角要圆滑，键盘和贝司要平整光洁，不可以高低不平，拉起来要灵敏有弹性，手感舒适。风箱严密不能漏气，拉奏毫不费力。如果要检验就先不按键，然后轻拉风箱再按下放气键拉推风箱，在正常情况下气孔是关闭的，风箱拉不开，如果能拉开，表明风箱漏气。按变音器后拨棍便可以拨动传动片，让音孔板滑片滑动，然后打开或关闭部分的音孔，使得音色改变来检查效果。

57. 选购吉他有哪些技巧？

选择吉他时，要注意4个方面，分别是吉他的外型、琴柄、琴身还有音响，选购时还要注意经济条件和自身水平。一般初学者购买一把普通型的吉他即可，待有了一定的经验和技艺后，再考虑购置高级吉他。

（1）外形：在决定好类型后，先看外形，其次看跟自己的体型是否相称，若女性或身材矮小的人一般宜买中号琴。还应注意吉他的指板宽度跟自己的手掌是否适合，手形比较小巧的，千万不要弹指板比较尖宽的吉他，否则不

但会使发音受到影响，而且也会妨碍指法及技艺的进步。

（2）琴柄：应仔细挑选，一般以乌木、紫檀、红木等硬木为好，木纹要顺直，斜断纹容易断裂或变形；指板的面要平直，音品的排列要准确、清晰，线轴要以不打滑、松紧适度为好。

（3）琴身：它能决定吉他音响的效果。背板、面板以独板为最好，如果是拼板，只能用两块拼成，越多就会越不好，用三合板的为下等品。板面不得有疤节和空隙，与琴框、背板接合处要胶合严密，看不出有拼接的痕迹。

（4）音响：可以试着弹一下，一阶一阶地弹，要认真辨别。要求它的音阶准确，若音不准，不宜选购。吉他的声音持久而宏亮，将弦定至标准的音量，只需要弹拨一次，每根弦的发音都会持续 5～6 秒钟，若有余音绕梁，会更好。

（5）其他：细致检查它的共鸣箱是否有裂痕，喷漆是否完美，弦钮的转动松紧是否合适，弦枕是否太高。若购买高档琴，还要仔细检查它的共鸣箱是否是用真正的白松板制成的。

58. 怎样选购电吉他？

普通吉他的声音没有电吉他的洪亮动听，电吉他是西洋乐器，深受人们喜爱，它分为两种形式。双凹肩琴形的是西班牙式，琴体小并且呈葫芦状的是夏威夷式。以下几个方面是选购时的重点：

（1）电吉他指板的目测。质量好的，其指板应该平整而光滑，否则，其音品可能高低不一，发音也不好。

（2）检查拾音器。

（3）应将质量好的拾音器安装在琴弦低端；如果安装在其他的部位，发音的清晰度会受到影响。

（4）查看金属琴弦。质量好的电吉他不应有锈斑，否则琴弦易断，也会受影响发音。

（5）电吉他外表的检查。琴身必须精致雅观，平滑光亮。

59. 如何选购家用数码相机？

形状大小：过于袖珍小巧的相机镜头往往太小，光圈与变焦就不会太理想，分辨率也不会太高。

像素大小：500 万～600 万像素的相机在家用数码相机中很普遍，500 万像素的适合在电脑中储存、刻盘储存、普通精度的打印或者液晶屏上欣赏。600 万像素的则可以考虑稍高精度的打印储存。

60. 如何选购光学相机？

机型：光学照相机主要分 120 照相机和 135 照相机两类。家庭使用照相机一般可购买 135 照相机，选用单镜头反光普及式照相机。

外表：外表要美观且各接缝处要严密，装饰花皮的粘贴平整牢固，漆面牢固光滑。

机内清洁度：要选购镜头内部干净，表面也清洁，镜片上无脱胶、霉点、气泡等现象的相机。

61. 如何选购胶卷？

看内外包装：若包装纸盒印刷粗糙、色彩晦暗、图像不清，或有污迹或折痕，一般是假冒产品。若用糨糊或者普通胶水封口的，则很可能是假冒品；真品都是以乳胶三点封装，非常规则。彩色胶卷的内包装，塑料的色彩明亮，纯度极高，圆润光滑，富有光泽；假货则色彩晦暗而光洁度不高，有的甚至有划痕。

看说明书：每个胶卷内都会附有一张印刷精美的说明书，而假货的说明书则多为复印件，甚至有的根本没有说明书。

看胶卷片舌：胶卷片舌大小、长短一样，且边角过渡圆滑。而假货一般是手工剪的，其大小、长短均不一样，边角的过渡不圆滑，有刺头或有棱角。

62. 相纸如何选用？

如果你要印照片，则要买印相纸，因为它感光慢；放大时则相反了，要买感光快的放大纸；如果要洗特写照，要用网纹纸；小的风景照和团体照可以使用光面纸；而绒面纸则适用于着色照。

63. 怎样选用黑白胶卷？

黑白胶卷有两种，120 和 135。规格为 6×9、6×6 和 4.5×6 厘米景色的底片可以用 120 拍摄，而规格为 2.4×3.6 厘米景色的底片要用 135 拍摄。胶片的感光度和曝光量之间存在反比例关系。这就说明了感光度高的胶片在较弱的光线下就会曝光，所以包装不可以破损。

64. 选购彩色胶卷有什么技巧？

不同牌号的彩色胶卷有着各自的特点，那么在选购时要根据拍摄的需要：柯达 VR100 彩卷，反映黄色和绿色，适合拍摄人，由于它会使得石头呈现粉红色，所以不适宜拍建筑物。富士 ER100 拍出的照片会偏蓝，所以很适合拍摄建筑物；但是用于人物摄影时，由于闪光灯的原因，使得人的前额呈现白色。富士 VR400 拍摄人物的时候比柯达 VR100 好，因为表现的肤色比较好，但是它也不适合拍建筑物。

65. 怎样选购艺术陶瓷制品？

在选购艺术陶瓷制品的时候，要选择艺术造型优美、胎体周正、惹人喜爱的品种，同时，色彩也要纯正、和谐，表面光亮；当弹击的时候，清脆悦耳；而且要底座平稳，边缘齐整，无砂眼，无断口，无裂缝。

66. 怎样选购珐琅艺术品？

在选购珐琅艺术品的时候，选择花纹工整、胎型标准、色彩合理、无砂眼、颜色鲜艳、无坑包、造型美观者为佳。

67. 怎样选购儿童玩具？

选购儿童玩具要根据儿童生理、心理发育状态来选用，以便起到开发智力、增强行为能力的功用。

（1）哺乳期宜选择带有声响的色彩鲜艳的玩具，比如铃铛、手摇鼓、气球等，这样可以提高婴儿听觉和视觉。

（2）1～3周岁适合选有动作有形象、模拟真实世界声音、有简单逻辑计数类的玩具，如电动玩具、动物玩具、发声娃娃等，寓教于乐。

（3）4～5岁的幼儿适合选择精致、玲珑、新颖的机动玩具，提高观察力，培养美学观念。

（4）5～6岁的学龄前儿童适合选择智力、拼搭玩具，达到开发智力的效果，比如看图识字、组字游戏等。

（5）7～12岁的儿童适合选购各种光控、声控、遥控玩具。比如电子琴等，使得儿童学习新科技、发展形象思维与培养创造能力。

68. 选购隐形眼镜有哪些技巧？

在选购的时候，可根据以下两点进行选择：

（1）软质镜片：这种镜片是由一种亲水的材料制成的，比较舒适安全，因为它吸水后会变软，有弹性，而且还透水透气。但是这种镜片不大结实，只能使用一两年，而且对角膜散光没有太大的矫正效果。

（2）硬质镜片：这种镜片是用有机玻璃做成的，比较耐用，可以用六七年，而且透光率高，便于清洗。但是这种镜片不亲水，透气性不好，不大舒适。这种镜片可以矫正高度近视、远视，对于高度层光参差和角膜不规则散光也有较好的矫正效果。

69. 如何选购画框？

在选购画框的时候，要与使用这个画框的画相协调，这样会使得画达到更好的效果，因为它可以衬托出画的意境跟情趣。画框不应该太复杂，简洁就好，其颜色也要注意与墙面的颜色相协调。淡色的画框适用于水墨画，并且装上玻璃为好。至于油画，在选择画框方面应该考虑两者的颜色应该要接近，边框要宽些好。红木的画框或者仿制红木的画框可以应用于中国画和书法，并且要留出边框空白。

70. 如何选购儿童书籍？

2岁以下的儿童，宜选色彩鲜艳、开本较大、简单明了的画册。

2～3岁的儿童，可选绘有动、植物看图识字卡片，以及关于衣、食、住、行等多方面的看图识字卡片等。

3～5岁的儿童，可选择有故事、色彩、并有简单文字说明的画册，叠折画册、立体画册、剪贴画册、学学做做及写写画画之类的书。

6～8岁的儿童，宜选系列智力画册、剪贴画册、连环画、童话神话或寓言等方面的故事画册。

8岁以上儿童，应选择一些具有实用性、辅导性的课外读物，和一些字典、词典以及知识手册类的工具书。

71. 如何选铅笔的硬度？

在选购的时候，要注意铅笔笔杆上字母标示，其中H表示的是硬淡度，B表示软浓度，TB表示软硬适中。在字母前面有数字，数字大表示相应的度高。最硬的是10H，而最软的是9B。用于绘画的铅笔一般是4B以上的，用于制图的是2H和3H。

72. 如何选购毛笔?

在选购的时候,因用途的不同,所选用的品种也不相同。羊毫柔软、锋嫩、用途较广,适合书写对联、匾额;紫毫富有弹性;狼毫毛质硬,短锋可以用于楷书,长锋可以用于绘画;兼毫则是刚中有柔,可以用于书写、绘画。挑毛笔主要是要挑尖锥形,尖削,面圆润、丰满而且弹性较好的笔头。笔杆要选用凤尾竹、花竹、湘妃竹、紫竹来制,做到圆正、光滑、不裂、不弯,不瘪、不斜、长短适度,轻晃笔头要求没有松动,没有发霉虫蛀现象,轻弹笔杆不掉毛。

73. 如何选购墨水?

在选购墨水的时候,应选择墨水清澈无染、颜色纯正,表面没有霉花或皮膜,四周无沉淀物、无糊状物,生产日期比较短,可以用笔蘸些墨水来试定一下,若没有断水的现象,则可选购。

74. 怎样研墨汁效果好?

研墨的时候一般是用水,但是,如果用醋代替水的话,那么写出的字不仅黑亮,而且不会褪色。

75. 毛笔字在过一段时间后会慢慢褪色,怎么办?

在研好的墨汁中加入少量的肥皂水或者洗衣粉,那么用这种墨汁写的字不仅更有光泽,而且就算风吹日晒也不会褪色。

76. 如何选购宣纸?

宣纸是用来写书法和画画的,可以根据不同的需要来选购。由于生宣有较好的吸水性,所以适宜写大字,也适用于泼墨画。熟宣则相反,入墨不化,适宜作工笔画。玉版宣介于上述两者之间,是写字用的高级纸。

77. 如何选购剪纸材料?

在选购的时候,可根据其用途而定,报红纸、蜡光纸、薄卡纸、书面纸、铜板纸、宣纸都是常用的材料。纸张应该薄厚适度,否则会使裁剪困难。所以,红纸一般是4层,蜡光纸2层为宜,其他的要根据各种情况,比如说纸张的性能和裁剪人的特点来决定。

❀ 七、宠物及其他日用品 ❀

1. 怎样选购一只好猫？

在选购的时候，猫的外貌应以猫的面孔、脚爪、眼神、毛色、叫声、坐姿等来判断，例如目光如炬，看人时嘴倔须长，不愿意被生人抚摸，脚底的软肉饱满油润，行走的姿势缓慢而有力，坐着时尾巴围在身上，趴着时前腿首节内屈或者像虎伏的是好猫。良种猫的毛色纯而且光亮，背部的毛色图案是左右对称的，好像猪耳环，或者没有花纹。

2. 宠物狗管理有什么窍门？

管理宠物狗应做到以下几点：

（1）让狗从小就养成洗澡和到固定位置去大小便的习惯。

（2）预防狗身上出现跳蚤，可放些新鲜的松叶在狗窝里。

（3）加些剁碎的蛋黄和香菜在狗食中，这样能使狗毛变得更光泽。

（4）当狗误吃有毒物质的时候，应当立即逼它喝浓食盐水，将有毒的东西吐出来。

（5）多喂猪排、鸡骨头等硬质含钙食品给狗，这样能防止狗的牙齿里长出牙垢。

（6）在给狗吃药品时，先碾碎它，然后再拌些糖水，这样狗才会去吃。

3. 管理鸟笼有什么窍门？

（1）要给小鸟比较大的自由活动空间。一只小鸟最少要有 40 立方厘米的活动空间。如果在窝里产卵孵化，就要更大一些了。

（2）金属笼子要焊接结实，尤其是笼子门要关严锁好，这是十分重要的。因为虎皮鹦鹉很聪明，一旦找到了打开门的诀窍，就会开门溜走。

（3）栖木的粗细也是重要的，鸟站在上面，鸟爪的趾甲要互不相碰。粪盒装置要放在笼子底部，栖木、食罐和水罐的下边，这样便于及时清扫掉下的粪便。

4. 怎样挑选百灵鸟笼？

百灵鸟笼的大小因各人的喜爱而不同，一般都是竹制或圆形平顶的高笼。规格可分为大、中、小 3 种。

大型: 60 厘米(笼底直径)×160 厘米(高)，其高度可调整。

中型: 45 厘米(笼底直径)×56 厘米(高)。

小型: 33 厘米(笼底直径)×24 厘米(高)。

笼里面圆台架的高度虽不一样，但一般都是 13 厘米。应放一块底板在笼底，再铺一层沙土，可供鸟沙浴。

5. 如何挑选画眉鸟笼？

板笼除了正面和笼底外匀呈四方形，其上面、后面及左右都是用薄木板或阔竹片遮盖住，用来饲养那种不驯服、羞涩的画眉，因为野生画眉有隐居密林生活的习性。所以板笼能给画眉创造一种幽静的环境，使画眉感觉像是在野外的树丛里，比较容易驯养。等到驯服后见人不惊慌，就可以放回鸟笼。

鸟笼分直圆形和腰鼓形。画眉笼内，除了备有食缸、水缸外，还需要放置栖木。栖木直径长2厘米，离笼底高10厘米左右。应该在栖木表面蒙上沙面。具体做法是在栖木上先刷上漆，然后洒上细沙，干后即可使用。栖木蒙上沙面有利于鸟儿站稳，也可以保护栖木，还可磨掉饲养画眉厚厚的趾垫。除了用亮笼饲养画眉，还能饲养太平鸟、黄鹂等。

6. 怎样挑选八哥？

饲养八哥目的是玩赏，或为教说话，选择幼鸟为好，因为这种幼鸟尚没有成鸟的野性，即使用人工喂养的办法也能养活，并且成活率较高；胆大的幼鸟，接受能力强，不怕人，容易驯服。市场上的八哥，并不都是幼鸟，成鸟经驯养成熟也可以达到比较高的水平。雌鸟和雄鸟的本领各有千秋，大多雄鸟善于模仿鸟鸣，而雌鸟巧仿人言。

7. 怎样鉴别鸽子年龄？

年龄越大的鸽子鼻瘤越大，而且粗糙没有光泽。

年龄越大的鸽子，眼裸皮皱纹越多。

年龄越大的鸽子嘴角边的结瘤也会越大，说明它哺喂的幼鸽也就越多。

年龄越长的鸽子新羽越多，因为它的副主翼羽是从外向内更换的，新换的羽毛跟没有换的羽毛，其颜色会有所区别。

青年鸽脚色鲜红，平而细、鳞片软，没有太明显的鳞纹，指甲软而尖；年龄在5岁以上的，脚色紫红，会有明显、突出的鳞片，且鳞纹清楚可见，有白色的鳞片，硬而粗糙。

青年鸽的脚比较平滑并且颜色较淡。老

年鸽的脚垫厚硬而且粗糙，颜色较暗。

8. 如何挑选打斗型画眉鸟？

画眉鸟有鸣叫好斗的习性。选养一只擅长打斗的画眉鸟，应掌握以下几点：

（1）体形要壮实，斗鸟很讲究体形，嘴呈竹钉状，头到臀部弓成葫芦形，从嘴尖到最根部越粗越好。眼圈应与嘴连接，或者穿过眼圈。嘴根粗又宽的鸟在猛击对方的时候，凶狠又有杀伤力。尾巴是一条线，打斗的时候呈现扇形。

（2）头宽顶平，白眼与头顶平行，眉线细和白成一线，眉的后段稍稍上吊，看上去是一副凶相，眉后段向下弯者，则不可取。

（3）羽毛成略带青色或者红色（一般称青毛、红毛），胸前的毛呈鱼鳞片状，且在环境中锻炼成长，很能吃苦。

（4）眼沙属青沙、绿沙、金黄沙或白沙，这类鸟具有反抗能力和抗打能力。

（5）足趾呈猫爪形，腿粗似"牛筋"，腿黄色或者白色（称玉足）为最佳。

（6）胆大性烈且具有嘴锋和膀锋的鸟。前者嘴能发出"吧吧"响声，后者兴奋的时候双翅不会停顿地扇动，如果遇到了陌生的同类，会摆出威武不屈打斗的架势。

9. 怎样选用药饵？

要想为观赏鱼选择药物鱼饵首先要掌握药性。用于口服的药物种类在水产养殖上很多，例如碘胺类、呋喃类、土霉素及韭菜、大蒜等。使用各种药物时，首先要了解它们的性能，它们具有的疗效，可以防治哪种疾病，才可以对症下药；其次，要有选药的常识，药物质量怎样，有多长的有效期，是否有正规厂家生产等等。再次就是找准病因。当鱼发病时要请专业技术人员给它们一个正确的诊断，弄明白鱼得了哪种疾病，才可以采用治疗方法，决定是用药饵治疗还是体外消毒。例如肠炎病，必须要用药饵内服治疗，可以用水体消毒或鱼体表杀菌的办法治疗水霉病，一般无需内治。

10. 怎样选用基料？

基料就是鱼饲料，其中拌入药物就成了药饵。基料必须是鱼喜爱的饵料，最适宜的基料一般是一些糊糊状物，如玉米、小麦、黄豆、米糠、花生粉、麸皮等。例如，草鱼可以用新鲜嫩草，鲤鱼可以用糠麸、饼粕等，青鱼可以用鲜螺肉，鳗鲡可以用鱼粉，鲶鱼类可用畜禽或杂鱼下脚料等。

11. 怎样自做诱食剂？

鱼类对于糖类和食盐的味觉比较敏感，为了激发鱼类的摄食欲望，可以添加适量的诱食剂在药饵中。一般是具有浓烈香味的中草药，如丁香、大蒜、八角再加上部分食盐所做成的诱食剂，添加浓度应为 10% ～ 20%。

12. 制作药饵时，怎样选用黏合剂？

黏合剂应选用木薯粉、糯米粉、小麦粉等黏性强的食物。药饵饲料的 40% ～ 50% 左右都是黏合剂。黏合凝固药物的作用强弱直接影响药饵在水里成型时间的长短，药饵成型的时间越长，鱼类摄食的时间就延长，摄食量也会增大，直接加强了对鱼病的防治；反之，鱼药在水里散失快，鱼类摄食的时间减短，摄食量就会减少，减弱了对鱼病的防治作用，既浪费了鱼药，又延误了治疗疾病的最佳时机。通常面粉是制作药饵的黏合剂，价格不高，使用起来也方便。还有，制作药饵时，要均匀地将药物拌进基料，让病鱼也能吃到饲料里的药物。

13. 鉴别有毒食品包装袋有何技巧？

常见的有毒食品包装袋大致可以分为以下 3 种：

（1）许多塑料包装袋是用聚氯乙烯塑料制成，当温度高于 50℃时就会有 HCl（氯化氢）气体缓慢析出，对人体有害。

（2）由聚氯乙烯树脂制成的包装袋，虽然本身无毒性，但制成塑料时加入了增塑剂（邻苯二甲醇二丁醋或邻苯二甲酸二辛醋）或稳定剂（硬脂酸铅），这些成分都是有毒的。它们遇油或酒精性食物就会析出铅，人食用后会造成铅中毒。

（3）有很多包装袋是用废旧塑料制成的，往往含有毒成分。

14. 如何鉴别牙刷类别？

（1）天然毛牙刷：大部分都是用猪鬃做成。对吸附牙膏的作用及牙齿清洁的效果均较佳，是比较理想的牙刷。在选择的时候，最好选四周软毛、中间硬毛的牙刷。

（2）尼龙丝牙刷：这种牙刷的刷毛一般都是呈平切状或者圆形，经久耐用，且干得快。它对牙龈的按摩作用及牙齿的清洁作用较佳。

（3）其他：在牙刷中，用硬毛牙刷，对除牙垢和菌斑的作用比较好，但是它对牙龈的损伤和牙齿的磨损也较大，而用软毛牙刷，对已形成的牙石和厚的菌斑不能完全刷除，但却可以进入龈缘以下，且能进入牙齿邻面的间隙里将菌斑去除。平齐花型牙刷与平花型牙刷均属这类情况，优缺点各异。

15. 选用牙刷有什么技巧？

在使用牙刷的时候，最重要的就是牙刷毛束的排数和密度。

（1）成人牙刷：其刷头的长度不应超过 35 毫米，3 排 22 束牙刷较合理，应选择三排毛牙刷，这种牙刷的刷头比较小，且刷毛较软，在使用的时候不会伤害牙龈，轻巧灵活，适用竖刷的方法刷牙。

（2）儿童牙刷：刷头的长度不应超过 25 毫米。毛束排数不应超过 4 排，毛高应为

10～12毫米，毛束的孔距不应小于1.4毫米，2排44束和3排19束适宜于儿童。

（3）其他牙刷：牙齿较整洁的人，可以选用平毛型牙刷，若牙齿的生长不齐，可选用花毛型和凹型牙刷。牙龈容易出血的人，应选用刷毛较软的牙刷。

16. 如何根据不同功能选用牙膏？

（1）含氟牙膏：为了预防龋齿，可以选用含氟的牙膏。加入适量的氟化物在牙膏里，氟离子可将牙齿结构增强、提高牙齿的抗酸能力，对饮水里氟含量比较低的地区，可以选用含氟牙膏。目前，我国的含氟牙膏多数是含单氟磷酸氟，同时，均含上面两种称为双氟牙膏，其效果更好。

（2）消炎、止血功能的牙膏：对于那些患有牙周疾病的人，可以选用有止血、消炎功能的牙膏，或者含中草药成分的牙膏。如洗必泰牙膏，它含有抑制细菌药物的洗必泰，对牙周疾病者有一定的预防作用。

（3）脱敏牙膏：若牙齿过敏，可以用脱敏牙膏（也叫防酸牙膏）。此类牙膏里的脱敏药物对酸、冷刺激比较敏感的牙齿有一定效果。

（4）儿童牙膏：儿童牙膏里的摩擦剂颗粒比较细，可减轻对年轻恒牙或者乳牙的磨损。

17. 鉴别牙膏质量有什么决窍？

（1）看稀稠程度：牙膏挤出来的时候，应该稀稠适度。若挤出来的非常稀薄不成圆条状或者挤的时候费力，则说明牙膏已变质或太稠。

（2）看颗粒：挤少许牙膏在玻璃上，用手指摊开，看它有没有过硬的颗粒，若有过硬的颗粒，在刷牙的时候会把牙根擦伤，影响健康。

（3）看是否渗水：挤一些牙膏在毛边纸上，再将其均匀地摊开，然后，观察纸的反面，看是否有渗水的现象，质量好的牙膏很少掺水。

（4）颜色：若是白色膏体，牙膏会非常洁白，若膏体呈灰黑色，那么有可能是铅质软管的锡层太薄或不匀，在挤压的时候，膏体一接触铅层，含铅质的变色牙膏，会对人体有所伤害，容易中毒。

18. 如何根据不同功用选购香皂？

香皂可以分为6种，它的作用不一，质感也不一。

（1）洗衣用的肥皂。它含碱度非常高，容易刺激皮肤，在洗脸的时候不能用。

（2）中性香皂。它质地细腻，品质温和，性质稳定，香味持久，价格相对贵些。

（3）高脂香皂。它含有大量的脂质，容易形成一层薄膜在皮肤上，有润滑感。但是，若在短期内不用完，会变得非常稀且会失去清洁的效果。

（4）浮水香皂。其价格一般比较低廉，但品质不错，在使用或者溶化后，其颜色与香味会有变化。

（5）透明香皂。这种香皂含有较多植物油和10%以上的甘油，使用后会有特殊的润滑感。色素的含量较少，比一般的香皂溶解得快。存放后，其品质和颜色会改变，因此，在每次使用后，应整理好包装，减缓质变，防止水分散失。

（6）特殊香皂。是一种加了杀菌剂的药皂，添加了微粒而制成的磨砂香皂，且还添加了中药成分等。

19. 怎样选购老年人香皂？

人一进入老年后，其生理功能便会逐步退化，皮肤的弹性也会失去，皮脂腺的分泌物也会慢慢地减少，因此，皮肤会变得粗糙、干燥，不能很好地抵御细菌侵袭，还会有表皮呈鳞片状脱落。因此，可根据此特点，给老年人选用润肤效果好、酸性弱的润肤型香皂，或者选择具有止痒、杀菌的香药皂。这类香皂里含有富脂剂、润肤剂、保湿剂、营养剂等，可以滋润、保护皮肤，它里面的营养物质还能使肌肤柔软而光滑，能促进皮肤的血液循环、促进新陈代谢。

20. 怎样选购毛巾？

毛巾一般可以分为剪毛线巾和长毛线巾两种，它们都是由棉线织成的。若表面上有细长的毛线则是长毛线巾，它的吸水性好；剪毛线巾则是把它的长毛线剪去，看上去跟绒一样，手感特别柔软，但是它的吸水性比长毛线的要差些。另外，毛线织得密，它的吸水性就会很强。一般标准重量的毛巾都要比棉线分量少的要重些，所以，轻重是鉴别毛巾好坏的一个重要标志，重则质佳。

21. 夏季使用毛巾应掌握哪些技巧？

夏季时毛巾经常不耐用，用几天就会损坏，质地厚的条子毛巾最严重，这是因为毛巾上有大量细菌分泌酶液，水解纤维，造成发脆。夏季，可根据以下方法来使用毛巾。

（1）毛巾用后马上清洗。用完毛巾后应立即对其进行清洗。因为身体上所分泌出的汗酸、油泥是真菌的营养物质。若用完毛巾后，将其堆放在面盆里比把它悬挂在墙上要耐用。这是因为，毛巾上所生长的真菌是需要氧气的，若挂在架上，会增加吸收氧气的面积，使真菌的繁殖生长加速。

（2）如何清洁毛巾。若条件好，最好每天用热水将毛巾泡 1 次或者在使用的时候先加些热水再加些冷水。

（3）怎样防止损坏。若发现毛巾上有小部分损坏或出现色斑，应马上用 0.3% 的肥皂水将其煮沸约 20 分钟，这样，即可防止损坏被进一步扩大。

（4）怎样消灭细菌。若有条件，可每个星期将比较新的毛巾在烧饭时蒸一下，这样，也能将毛巾上的真菌消灭掉。

（5）怎样除汗味。夏季，用毛巾来擦汗的次数多了，即便是天天洗涤，也难免会黏糊糊的，且还会有汗臭味。对于此类毛巾，可用食盐先搓洗，然后再用清水漂洗干净。

22. 选购洗衣粉有什么窍门？

（1）识包装：若是假冒伪劣洗衣粉，其包装袋上印刷的图文比较粗糙。有些则是不标明厂家名称、厂名，或者没有详细的地址。

（2）看色泽：若是正宗的洗衣粉，其色泽不杂而洁白，若是染过色的洗衣粉，其色泽鲜艳而均匀。而如果是假劣洗衣粉，不太洁白，甚至会有泛黄的杂质。

（3）闻气味：一般的洗衣粉，除了有固定气味外，还加了些适量的香料，洗完后，若留有香味，则为上品，若有其他异常气味，则为劣质产品。

（4）比颗粒：正宗洗衣粉的颗粒均匀，质量好的洗衣粉，颗粒的直径一般约为 0.5 ～ 0.8 毫米，且大小均匀一致，不结块、不吸潮。而假劣洗衣粉，其颗粒大不匀，且有些不成颗粒，呈雪花粉状，仔细看可看出其颗粒和粉的区分非常明显。

（5）观流动性：洗衣粉颗粒能够自由、均匀地流动在包装袋里，或者倒在干燥的纸上时，能流动的，则为质量好的洗衣粉。若颗粒大小、且比重不一致，或者有吸潮、结块现象，且流动性比较差的为下品。

（6）溶解度：质量好的洗衣粉，其溶解度很高。高泡沫洗衣粉以去污力强、泡沫丰富、便于漂洗，洗涤了的衣服晒干后手感好、不发硬的为上品，反之则为下品。低泡沫洗衣粉以消失快、泡沫少、去污力强为上品。

23. 选购石英挂钟有何技巧?

在选购的时候，首先要考虑个人爱好，钟表面光洁，电镀部位色泽均匀，完好的针盘记时，将挂钟后盖的调时旋钮转动，若分、时针能相互对应，顺、逆时针转动灵活没有碰针的现象则为好。若分针可准确指示时间刻度误差不超过半格。将分针顺拨或倒拨转以后音乐报时、打点报时的点数仍可与指示的读数相同的为好。在电池夹中装入电池，若每秒跳动一格强劲有力并且不抖动，说明该钟质量较好。

24. 选购座钟有何技巧?

在选购座钟的时候，因座钟装饰性很强，所以首先要选择美观大方、颜色悦目的。其次质量上，前、后门的松紧要适当，外壳不能有破损。摆陀不要摇晃，摆陀的摆动幅度应在120°左右，在上发条以前首先要看两个钥匙眼内头轮轴方棒位置是否在中间。不可有摩擦的现象。分钟打点波动要正常，回应声音应清脆柔和，悦耳动听，间隔均匀。

如果是带日历的座钟，还应观察星辰盘在波动分针时与时针转动是否相符合，当窗孔中间是月亮图时，应缓拨分针，并且观察在窗孔中的日期和星期是否逐渐移动。日历的跳字在夜间12时至2时之间就算正常。

25. 怎样选购闹钟?

在选购闹钟的时候，首先检查它的外观，可以用上发条的方法来检查它的灵敏度，上一圈发条，如不启动，再上一圈，在三圈之内走动的，则为灵敏。起动后上三圈发条后经正、侧、钟面朝上、向下等方法试听声音，清脆有回音则说明钟的走时没有问题。再将发条上满。闹钟在闹时允许有正负5分钟的偏差，然后将定闹盘拨开，再把闹盘顶时拨过来上紧发条，将闹铃声和延续时间检查一下。若背铃闹钟不少于15秒钟，双铃闹钟不少于10秒钟时闹钟为正常。按一下闹帽，可以查是否止闹。再次上发条时，上闹帽应可以马上弹回原处，则说明止闹是正常的，之后再拨对针试一试，针的松紧应适当，对针时对闹面不跟转为正常的。

26. 选购机械手表有什么技巧?

(1)检查外观：表壳没有划痕或砂眼，棱角对称，表壳与后盖旋合紧密。表上面有机玻璃面光亮而透明，表针与表盘的镀层光洁度非常好，夜光点和秒刻度线完好。

(2)检查发条：转动条柄轴上的发条时，只要上几圈后秒针就会起步，一般情况下，讲圈数越少越好，若5圈内起步，属正常。同时，在上发条的时候，应先觉得轻松，然后再慢慢地越上越紧。如产生打滑现象和发出"喳喳"的异常响声，则说明部分机件有毛病。

(3)检查灵敏度：轻轻摇动一下没有上发条的手表。若在很短时间内秒针就停止走动，说明此表在上足发条以后就能全部走松，灵敏度高；如果秒针走动5分钟以上，则说明此表在静态运转的时候发条还没有放完，但摆轮停摆了，这说明其质量不好，灵敏度也不高。

(4)检查拨针与指针系统：将对针柄拉出，倒拨分针、时针，并观察秒针的反应，秒针倒走、顺走、停走均属正常。但一旦松开对针柄，秒针立即会顺着走，若秒针不走，则说明指针系统与拨针不好。

(5)检查表针的间隙和位置：顺拨分针时，观察时针与表面、分针与秒针、时针与分针、秒针与玻璃间的距离是否匀称，若是正常，则应无轻微的碰擦。

(6)听声音：只要手表在走动的时候，所发出的声音清晰、均匀，没有杂音，则说明没有毛病。

（7）对正点：把时针拨在 3 点、6 点、12 点，分针与时针若分别呈 180°、90°、两针重合，则说明时针与分针相互配合的位置是正常的。

27. 选购名牌手表有何窍门?

现在手表市场上有很多假冒名表，在选购的时候，可根据以下 3 点来选择：

（1）看标记：名牌手表的表把、表盘和盖，其标记是一样的，外表非常精致，且后盖上面的钢印字迹非常清楚，其合格证印也比较精致。

（2）查机芯：将盖打开后，若是正牌的表，其摆轮应是镀金的，但若是冒牌的表，则是白色的；正牌手表的机芯，每个轴孔会有蓝宝石或红宝石；若是防震表，它轮上方的轴孔里红宝石的周围会有一圈多边，这是防震的簧，而若是冒牌表，大多是独钻表，其轴孔里镶的铜眼跟夹板的颜色是一样的，呈圆凹形；若是正牌表，其机芯平板应该是铜制品，若是塑料制品，则为冒牌表。

（3）听声音：手表走动的声音其规律应是正常，若不正常，则此表可能是用残次的零件所拼装的假表。

28. 怎样选购眼镜?

首先，在眼镜的选购上要根据自己不同的需要来选购。眼睛近视，或者是年老眼花，经过验光后应该佩戴一副度数合适的眼镜，能使看清楚远距离的物品，或者使老花眼在看近距离物品的时候，能从模糊不清变得清晰起来。

其次，工作性质也是影响眼镜选购的一个原因，其主要是为了保护眼睛不受到强烈的日光或者某些射线的伤害。镜片的作用，因工作性质的不同而会有所不同。

（1）紫色、灰色或黄色镜片：能吸收部分可见光和紫外线，适合在太阳光下使用。

（2）蓝色、绿色镜片，能吸收部分可见光和红光，适合观看熔炉火焰、熔制搪瓷、玻璃或熔制钢破时戴用。

（3）黑色、紫色镜片：能将大部分可见光吸收起来，主要供冶炼工人、电焊工人和登山运动员戴用。

（4）平光镜：适合野外的工作人员戴，能防止风沙的侵袭。

29. 识别劣质眼镜有什么好办法?

（1）看镜片表面：将镜片斜向迎光观摩，如抛光不亮，光洁度差，镜片内部有结石、斑点、气泡、条纹、裂纹等，则为劣质品。

（2）查看镜片厚度：两镜片厚度不一，单片厚薄不均匀，边缘毛糙的为劣品。

（3）查看眼镜架：若发现镜架的表面无光泽，有碰伤、划痕、腐蚀等，或者镜架上面没有打印规格、代号、牌号、尺寸、等 A 级等字样，或者金属架弹性差，强度低，抛光不精，结合不牢等，则应视为劣质眼镜。

（4）观察试戴效果：若感到头晕目胀，看物体模糊，有变形者，必为劣质品。

30. 选购眼镜片有什么窍门?

按照传统的说法水芯片能凉爽、养目，所以吸引很多人购买。其实水芯片不能很好地吸收紫外线，而且会有双折射，不利于眼睛观察物体。其实光学玻璃制品要好一些，自托力克镜片是市场上较普遍的，它的光线折射指数是 1.532，还能吸收紫外线，不容易出现划痕，可以制作不同度数的镜片。有色的光学玻璃也已经应用在制作镜片上，茶色或皮蛋青色镜片对减少强光很有益处，适合在强光下工作或视网膜对光线极敏感的人。

31. 选用眼镜架有什么技巧?

选用眼镜架的时候，要与脸型相配，深色宽边且不透明的适合长脸者，方镜框适合方脸者，上宽下窄的适合尖脸者，高鼻托的适合低鼻梁的，低的反之。

32. 怎样试戴眼镜？

在试眼镜的时候，千万不要对着太阳光，就算镜片的质量非常好，也不能让太阳光直射在镜片上，以防对眼睛有所伤害。在试眼镜的时候，可在室内比较亮的地方，如果在街上，则要背光来试眼镜。

33. 鉴别太阳镜有什么窍门？

在选购太阳镜的时候，要注意两个镜片的大小一样，颜色一致，深浅的位置相同，无波纹、气泡或者斑痕，光洁度好，上下左右移动镜片的时候，景物不会扭动、弯曲或者颤动。将太阳镜戴上，对着镜子来观察一下自己的眼球，隐约可见的为宜。

34. 如何选购太阳镜镜片颜色？

（1）蓝色镜片。比较流行的太阳镜片色是蓝色，它能有效地将海蓝色及天空所反射的浅蓝色滤去。

（2）墨绿色镜片。将热气吸走，会带来清凉的感觉，但清晰度及透光度较低，适合晒太阳的时候佩戴，不宜在驾驶时戴。

（3）橙色或浅黄色镜片。与茶色镜片的作用基本相似，但更适合在阳光不是很强烈的户外佩戴。

（4）灰色镜片。属于比较全面的镜片，戴上以后仍然能清楚地将颜色分辨出来。

（5）茶色镜片。能将平滑光亮表面的反射光线挡住，戴眼镜的人仍然能看清楚细微的部分，是驾驶员理想的选择。

35. 如何选择护眼的太阳镜片？

并不是所有颜色的镜片对眼睛都有保护作用，有些只不过是带了颜色的玻璃而已，虽然美观，但价值不高。灰色的镜片有护眼的效果，能有效地阻挡住伤害眼睛的紫光、紫外线和蓝光，使射入瞳孔的光线变得柔和，而且失真最少，这对司机特别重要。

36. 近视眼选配太阳镜有什么好方法？

近视眼在选择太阳眼镜的时候，可通过以下几种方法来进行选择：

（1）配带夹子的镜片。可加配一副带有夹子的镜片在原有的眼镜上，俗称为套镜，其价格根据各店而不相同。这种套镜，当人进入室内后，即可将镜片往上翻起来，使用起来比较方便。

（2）选择变色近视镜片。若近视的屈光在600度以下的，可以选择变色的近视镜片，然后再配上一副镜架即可，这相当于再配了一副眼镜。

（3）加膜处理。加一层膜在原有的镜片上，即成了一副有色的近视眼镜。戴隐形眼镜的人可以跟不戴眼镜的人一样去选购太阳眼镜。

37. 检查变色镜片的质量有什么窍门？

一般来说，镜片从强光转到弱光，或者从弱光转到强光以及透光率的转变速度越快越好。

（1）检查变色速度：一般要求在强光照射下40秒内便可完全变色；当离开阳光以后，两分钟内即会褪色，达到半透明的程度。

（2）看变色度是否均匀：变色的深浅跟镜片的热处理有关，其热处理的温度越高，变色就会越深；反之就会浅。在选择的时候，一定要将其放在阳光下面做变色检查，特别要注意的是：要看两个镜片的感光变色是不是深浅一致。

（3）检查镜片的内在质量：有无因原料熔化关系而使镜片上有气泡、结石，以及镜架的大小、款式，镜架是否严密，镜片加工是否精细等。

38. 挑选隐形眼镜应掌握哪些技巧？

在挑选隐形眼镜的时候，要注意以下两点：

（1）性质要稳定，表面上不能带有电荷，要柔韧耐用，不吸附尘埃、蛋白质，可以长期保持清洁透亮且不粘连。工艺要精致。

（2）光学性能最好可以制造成光洁的球形表面，镜片聚焦要清晰，低对比度视力好，且能去除其表面的电荷。其护理的程序要简单可靠，可以采用全功能保养液的高效护理系统。

39. 怎样选购老花镜？

在选购老花镜的时候，应注意老花镜的度数，戴上后以能看清楚视力表上的 15 这一行，能看清报纸上的最小字体也行；戴上半小时，眼不胀，头不晕，感到清晰、舒适为准。

40. 怎样选购自行车？

（1）前后轮：先检查一下前后轮是否呈直线。可将车把扶正，使车把车架与横管基本垂直，再正视检查。然后检查一下后轮是不是对称地处在车架平立叉中间。分别转动前后轮，看它是否灵活。当车轮停止转动前，应该能前后摆动，不应该突然停转，用手指紧紧地靠在车架的前叉腿及平立叉上，作为标尺，检查车圈在转动的时候有没有明显的上衣跳摆现象。另外，还应要检查一下它的辐条是否均匀拉紧。当左右摇摆车轮轮缘的时候，不会有明显的松动（若有，也不能超过 1 毫米）。

（2）车闸：检查一下车闸的效果是否良好。可以紧紧地握着闸杠，然后再强制推动自行车，此时，车轮不会有明显滚动。

（3）油漆件的外观：仔细地检查油漆件外观。主要看它的外表有没有严重的擦毛、碰伤；前叉、车架的各接头部位有没有开裂、脱焊、锈蚀现象。还要检查一下电镀的部件有没

有明显的擦伤，色泽的光亮程度及镀层是不是有剥落、露底、气泡及严重的毛刺。

41. 鉴别冒牌自行车有什么窍门？

（1）看配件商标：名牌自行车上的配件，如车铃、车胎、飞轮等，都标着生产厂家的商标或名称；而冒牌的自行车，则没有专门的厂家所提供的配件，配件大部分都没有跟车牌相符的商标。

（2）看特定标记：名牌自行车上的主要部件都有特定的印记或标花。如"凤凰"牌自行车的车架、车把、挡泥板及链壳上都有凤凰字样或凤凰图案，而冒牌的自行车零件大部分是拼凑起来的，且型号也很复杂，没有专一的印记和标花。即使有印记或标花，也是用手工雕饰的，摸的时候手会有粗糙感。

（3）看烤漆工艺：名牌自行车烤漆的工艺非常好，贴花图案鲜艳而美观，漆面光亮夺目，不容易褪色，手摸着有光滑感；而冒牌的自行车，烤漆工艺简单而落后，常用煤油灯来烤漆，漆面高低不平，有许多甚至还有漆疙瘩，都是用人工来描绘商标图案和贴花图案，上面的小拼音字母既不清晰，其颜色的调配也很不均匀，用手指甲轻轻一划便可划掉。

（4）看电镀质量：名牌自行车上的电镀质量好，厚薄均匀，发光发亮，质感好；而冒牌的自行车，电镀则没有光泽，还带白色，斑点多，表面粗糙，镀层薄而不匀。

42. 选购摩托车头盔有什么窍门？

（1）颜色：颜色要醒目、鲜明，白色最好，其次是红色。

（2）反光性：要有较好的反光性。

（3）四周：帽子四周必须要与头接触，不能太紧，也不能太松，因为戴一段时间后头盔会变得松些。

（4）质量：结好帽带，将帽子戴上几分

钟，然后再用力向前拉帽，看它是否会被拉下来。按照相关规定，若有 10 千克重的物体落在头盔上面，头盔会在原来位置的角度上改变 30° 以下；当遭受 60 千克的重物冲击时，也不会脱落，且不会出现破裂现象。

（5）挡风玻璃：将挡风透明的有机玻璃板拉下来，检查它跟帽子的接触点，看它的密封性是否完好。若密封不好，在行驶的时候，除了吹进来的凉风会伤害面部与眼睛以外，在高速路上行驶的时候，还会产生让人讨厌的噪音，在下雨天，还容易进水。

43. 如何检查鱼竿的好坏？

（1）竿的纤维结构的检视。先拧开竿后漏水盖，从每节的底端末的透明漆部位去看它的质料，如果发现因气泡颗粒造成了结构中纤维条纹杂乱或有空隙，而且每一节的厚度层次没有渐次性，此竿便不是好竿。

（2）脆弱部位需注意。将钓竿一节接一节地从细端到粗端慢慢抽出，同时要注意每节的结合处，如果节与节结合处不松动、没间隙、更无裂痕，则为好竿，反之，则不是好竿。

（3）最大抗力点的测试。将钓竿平举，轻轻地将竿左右摇动，然后由细至粗将竿身振动几下，测试力开始反弹是在第几节。一般在细端的四五节处是手竿使力点。晃动的时候，竿尖所产生的弧度愈大，竿的韧性就越强。

（4）适情选择。在站立持竿式钓场，需用较细、较轻的竿，其纤维纯度也是越高越好。在置竿式钓场，要用抗力大、韧性好又结实耐用而且节长的竿，其质量是次要的。如果在架竿式钓场，则只要用轻而硬的竿即可。

❀ 八、家庭理财技巧 ❀

1. 怎样识别第五套 10 元纸币的真假？

（1）位于正面左侧空白处迎光透视，可看到立体感很强的月季花水印。

（2）正面左侧下方印有双色横号码，左侧部分为红色，右侧部分为黑色。

（3）位于双色横号码下方，迎光透视，可看到透光性很强的图案"10"水印。

（4）在票面上，可看到纸张中有不规则分布的红色和蓝色纤维。

（5）正面上方的胶印图案中，多处印有缩微文字"RMB10"字样。

（6）正面右上方有一装饰图案，将票面置于与眼睛接近平行的位置，面对光源平面旋转 45° 或 90° 角，可看到面额数字"10"的字样。

（7）正面主景毛泽东头像、"中国人民银行"行名、面额数字、盲文面额标记和背面主景"长江三峡"图案等均采用雕刻凹版印刷，用手指触摸有明显凹凸感。

（8）正面中间偏左，有一条开窗式安全线，开窗部分可看到由缩微字符"￥10"组成的全息图案，用仪器检测有磁性。

（9）正面左下角和背面右下角都有一圆形局部图案，迎光透视，可看到正背两面图案合并组成一个完整的古钱币图案。

2. 怎样识别第五套 20 元纸币的真假？

（1）位于正面左侧空白处，迎光透视，可见立体感很强的荷花水印。

（2）正面左侧下方印有双色横号码，左侧部分为红色，右侧部分为黑色。

（3）在票面上，可以看到纸张中有不规则分布的红色和蓝色纤维。

（4）迎光观察，有一条明暗相间的安全线。

（5）正面主景为毛泽东头像，采用手工雕刻凹版印刷工艺，形象逼真传神，凹凸感强，易于识别。

（6）正面右上方有一装饰图案，将票面置于与眼睛接近平行的位置，面对光源作平面旋转 45° 或 90° 角，可看到面额"20"字样。

（7）正面右侧和下方及背面胶印图案中，多处印有缩微文字"RMB20"字样。

（8）面额数字、盲文面额标记等均采用雕刻凹版印刷，用手触摸有明显凹凸感。

3. 怎样识别第五套 50 元纸币的真假？

（1）位于正面左侧空白处，迎光透视，可以看到与主景人像相同、立体感很强的毛泽东头像水印。

（2）正面左侧下方印有双色横号码，左侧部分为红色，右侧部分为黑色。

（3）在票面上，可以看到纸张中有不规

则分布的红色和蓝色纤维。

（4）钞票纸中的安全线，迎光透视，可以看到缩微文字"RMB50"字样，仪器检测有磁性。

（5）正面主景毛泽东头像、"中国人民银行"行名、面额数字、盲文面额标记及背面主景"布达拉宫"图案等均采用雕刻凹版印刷，用手指触摸有明显凹凸感。

（6）正面右上方有一装饰图案，将票面置于与眼睛接近平行的位置，面对光源作平面旋转45°或90°角，可看到面额"50"字样。

（7）正面上方胶印图案中，多处印有缩微文字"50"、"RMB50"字样。

（8）正面左下方面额数字"50"字样，与票面垂直角度观察为金色，倾斜一定角度则变为绿色。

（9）正面左下角和背面右下角都有一圆形局部图案，迎光透视，可看到正背两面图案合并组成一个完整的古钱币图案。

4. 为什么有些人一拿到钱就知其真假？

现行流通的纸币，以元为单位的钞券均采用了凹印技术，并且墨层较厚，用手指反复触摸纸面，有较明显的凹凸感，而假币则没有这种感觉。

5. 如何通过观察水印识人民币真假？

真币的水印是在造纸过程中做在纸张中的，迎光透视，层次丰富，具有浮雕主体效果。而假币的水印是用印模盖上去的，不用迎光透视即可看出，且图案无立体感。

6. 如何通过观字迹画面辨 100 元假币？

100元面额的假币上"中国人民银行"几个字和下方阿拉伯数字字迹都较粗，正面四位领袖人物头像颜色略带橙黄色，其画面人像严重失真，遇到以上情形时，即可判定是假币。

7. 假币与真币在长和宽上有区别吗？如何识别？

有区别。假人民币的长度和宽度一般与真币有区别。一般假币的长度比真币短0.5厘米，宽度窄0.2厘米。

8. 怎样辨别真假港币？

● 通过字母辨别：目前市场上流通的假港币，多是伪造汇丰银行发行的1000元面额和500元面额的港币。1000元面额的真港币其号码字头是AA、AB、AC、AD、AE，假币则使用其他字头。

● 灯照法：在荧光灯照耀下，真币的安全线较粗，假币的安全线则较细；真币背面一对狮子的线条及轮廓鲜明，假币则较暗淡；真币1000元字样反光较强，假币反光较弱；真币的水印狮子头不发光，假币则发光。

● 通过徽号质感：真港币上汇丰银行的六角形徽号十分清晰，假币则较模糊；真币的纸质较韧，凹凸感强，假币则纸质较松，而且平滑。

9. 怎样分辨美钞的真与假？

● 手摸法：目前在中国流通的美元钞票，其四个角上的面额数字，一般用手摸起来有凸凹感。而假美钞的面额数字则没有。

● 针挑法：真美钞票面的空白处，有一些细小的红黑色丝，这种金属丝为特制品，用针尖可将其挑出，但却不易折断。

● 擦拭法：真美钞票面正面右侧的绿色徽记和绿色号码，在白纸上用力一擦，纸上便可留下"绿痕"。

● 直观质感法：真美钞的纸质较细腻，且颜色呈深浅色。用肉眼看，正面人物肖像显得有"神光"，背面花纹、建筑物图案及"上帝与我们在一起"的英文字母印刷清晰度高，比例大小也很均匀。

10. 怎样防银行卡汇款诈骗？

一些骗子常常假冒落难受困的外地人，博取人们的同情，以趁机诈骗钱财。他们通常声称自己是"外地人"，在本地又无亲无故，落难此地寻求借用银行卡，让家人给其汇钱。一般被骗者多是学生及外地打工者。因此提醒大家，每遇到这种情况，首先应冷静分析，不要被对方的外表蒙蔽。在银行查账时，不可让陌生人跟随，更不能轻易在陌生人面前取钱。若有意外，应迅速拨打110电话报警。

11. 如何预防找零钱受骗？

只要有商品交易，就存在着找零的情况，而要预防别人少找给零钱，首先应保持自己意识清晰，尤其是在夜间消费、疲劳状态下消费时更应注意；其次是在消费后要向其索要正规发票，以便事后进行核对和维权。

12. 怎样识别假医疗事故防受骗？

经常有些骗子盯准一些小诊所，利用人为制造的"医疗事故"进行诈骗。因此在行医的过程中，如果出了事故，要寻求正规的渠道进行解决，如果抱有息事宁人的想法，就有上当受骗的可能。

13. 如何识别双簧表演防受骗？

以双簧表演的形式骗取他人钱财的案例很多，其作案人分工明细、各有不同，通常都是由三个骗子来共同完成。因此提醒大家，不要相信一些"天上掉馅饼"的好事，一旦遇到类似情况，应冷静分析，然后赶紧报警求助。

14. 如何防备套取房产信息诈骗？

目前二手房信息市场中打着"中介免谈"字样的个人房源信息很多，当打电话进行咨询时，却发现很多是房屋中介，而且基本上都是以收取看房费或信息费为主。这类人通常以求租、求购者的身份寻求信息，当有房主联系他们时，他们便将房主的姓名、地址、房屋面积、电话等记录下来，随后将这些信息变成中介房源，有偿提供给求租、求购人。至于买卖双方是否联系、成交与否都与他们无关。遇到这种情况要小心。

15. 如何防备交钥匙不交产权诈骗？

很多购房者以为自己拿到房屋的钥匙并入住了，房子就是自己的了。实际上，在房屋正式过户之前，产权仍然归属原业主，并且存在无法完成交易的可能性。如果在过户之前将全部房款支付给业主，买方就有可能陷入"钱房两空"的境地。许多不法中介为了促成交易，对可能出现的风险避而不谈，等购房人房款已付，房产却无法过户，再推卸责任。因此，在买房付款时要注意产权归属问题。

16. 防义诊诈骗有何窍门？

目前有些骗子打着解放军医疗队的幌子，去家属小区开展义诊活动，一般不是推销治疗仪，就是采用借钱、交押金等方式进行诈骗。因此当遇到"义诊"时，一定要搞清楚"义诊"是否来自正规的医疗单位，是否和有关部门合作，是否和居委会打过招呼等，以此来判断其是否是真正的"义诊"。同时也不要轻信来路不明的药物和仪器。

17. 办消费卡如何防受骗？

消费者若有办卡服务需求时，一定要有所选择，同时要对该单位的营业资质进行核实，不要为了贪图便宜而盲目购买"会员卡"、"美容卡"、"月卡"、"年卡"等，最好去当地工商、消费等部门进行咨询，谨防被不法之徒敲诈欺骗。

18. 怎样识别消费欺骗陷阱？

（1）明码实价，实际上却是虚假的，商家在售卖时仍然在打折。

（2）某些商家在进行交易时，早已准备

好了很多有效的理由，来对付消费者无效的申辩。

（3）很多商品都是要先交钱再试用，更有甚者在你试用完了以后告诉你要交钱。

（4）不少商家以"月卡"、"年卡"、"会员卡"的幌子进行推销，然后关门歇业逃之夭夭或改名经营。

（5）邮购产品数量上短斤少两，质量上更是接近假冒伪劣。

（6）不要轻易相信买一赠一、买一赠二、买一赠三的广告，所谓赠品不过是诱骗消费者购物的诱饵。而且商家赠送的商品质量往往不可靠。

19. 日常储蓄如何防失误？

要选取合适的凭条，存款为红色凭条，取款为蓝色凭条。

储蓄种类一般分为活期、定期、定活两便、零存整取等。

要按凭条的要求正确填写日期、户名、账号、地址、金额、联系方式等，每项都应填全，再将凭条交给经办员办理。

办理取存手续后，应当面检查存单或存折及款项，确定准确无误后再离开。

20. 网上购物如何防受骗？

（1）根据消费者协会提供的资料显示，网络购物的欺骗大多发生在异地交易。所以，网上购物一定要多留个心眼，尽量采取本地交易，交易结束后，一定要保存交易时的有关资料，以便在出现欺诈等情况时持有关证据协同有关部门调查。

（2）仔细区分电子布告栏与新闻论坛上的广告是个人买卖或是商业交易，避免在享受权利时无法受到保护。

（3）查清楚对方是合法公司后，在确实有必要时，才提供信用卡号与银行账户等

个人资料，并避免输入与交易不相干的个人资料。

（4）对于在网络上或通过电子邮件以朋友身份招揽投资赚钱计划，或快速致富方案等的信息要格外小心，也不要轻信免费赠品或抽中大奖通知而支付任何费用。

（5）在支付方式上，如果对现有的金融体系还是不很放心，建议选择"货到付款"的付款方式。

21. 网上消费者如何防资料被盗？

（1）网上购物时，应仔细阅读该厂商的网络保密政策。

（2）若无意购买或只想试用，请不要留下个人资料。

（3）无论在何时，都不要在陌生的电子邮件或网页中透露你的个人信息，即不要随便在网络上输入个人身份证号码、银行卡号、有效期、密码、地址等。

（4）退出登录界面前，要确认消除输入的个人资料。

（5）一旦发现或怀疑个人信息被盗用，应及时通知所属银行。

22. 怎样识别 ATM 机取款骗术？

（1）犯罪分子在 ATM（英语 Automated Teller Machine 的缩写，自动柜员机）机的出钞口设置障碍，或者在读卡部分设置装置，这样当持卡人进行插卡、输入密码等正确操作后，钱就会被障碍物挡住而无法"吐出"，如果持卡人此时离开，躲在暗处的犯罪分子便会很快将现金取走。

（2）犯罪分子在 ATM 机上端放置摄像仪器，以窃取持卡人的卡号和密码，然后制造假卡，通过电话或网上银行大规模划款。

（3）犯罪分子先用假身份证办一张真的银行卡，然后在网上银行测试前后连续卡号，

在 54 秒内破译其密码，然后制造假卡，通过网络进行转账划款。

对于以上犯罪案例，持卡人一定要仔细鉴别，发现异常后应及时通知发卡银行。

23.ATM 机取款应注意什么事项？

（1）当申请到银行卡时，一定要在卡的后面签上姓名，以防被别人冒领存款。

（2）在使用 ATM 机取款时，要认真输入密码，以防银行卡被吞掉，造成不必要的麻烦。

（3）当机器吐出卡和现金后，应及时将其取出，以防停留时间过长而被机器自动吞回。

（4）在 ATM 机前，不要轻信他人，更不能将自己的银行卡交给他人操作。当 ATM 机取不出钱时，宁愿多走几步路，更换别处取款，切不可在该 ATM 机上多次试卡。

24. 怎样预防银行卡掉包？

（1）银行卡要随身携带，千万不要将钱包及银行卡放在空车上，以免让窃贼有机可乘。

（2）持卡消费时要谨慎，收回并确认是自己的银行卡。

（3）不要随便将卡号和密码告诉别人，以防不法分子"克隆"卡，从而造成不必要的损失。

25. 存款有哪些技巧？

● 将暂时不用的生活费存起来：以月工资为 1000 元的现款为例来分配，把其中的 500 元作为生活费，将另外 500 元存入银行。若是一同将生活费 500 元也作为活期储蓄，即可使本来暂不用的生活费也"养"出了利息，从而达到了节省开支的目的。

● 少存活期储蓄：存款的存期越长，利率越高，所得的利息也越多。除将那些作为

日常生活开支的钱存活期外，其余的以存定期为佳。

● 定期存款支取：通常定期存款若提前支取，只按活期利率计算利息。如果存单即将到期，又急需用钱，则可拿存单做抵押，贷一笔金额比存单面额小的钱款，以解燃眉之急。若须提前支取，则可办理部分提前支取，从而减少利息的损失。

● 定期存款提前支取法：应急定期存款分几笔存，用的时候先取最近存入的存单，既解决了用钱之需又可以减少利息损失。

● 续存增息转存：如果定期存款到期不取而导致逾期的话，银行便会按活期储蓄利率支付逾期的利息。因此，要注意存入日期，存款到期时，应立刻到银行续办转存手续。

26. 居民外币储蓄应注意什么？

（1）在存储品种上美元、英镑、港币为首选的 3 个强势存储币种，其 1 年期的存款利率高出人民币存款利率 1 倍多。

（2）应首选利率浮动高和提供存兑整体服务的银行。根据央行的规定，允许商业银行对境内的个人外币存款利率在央行公布的法定基准利率基础上浮动 5 %，对于折合在 2 万美元以上的大额外币存款的利率可在基准利率基础上加 0.5 %。

（3）在存取方式上，应"追涨杀跌"，存期应以 3 ~ 6 个月为主，对于已超过一半存期的外币转存是不划算的。

（4）在币种兑换上，应"少兑少换"。当换存人民币的收益小于直接存外币时，不要轻易兑换。一旦将外币换成人民币后，若再想换回外币就比较困难了。

27. 家庭存取如何节省？

很多人在办理卡存取等业务时，都不愿跑较远的路程去到该卡的所属银行办理，而是

就近选择一家其他银行网点，进行跨行交易。有些银行对跨行交易有了新规定，如跨行取款，银行除收取 2 元的基本费用外，还要收取其取款金额 1% 的手续费，因此在跨行交易前，最好还是算算哪个更合适。

28. 家庭储蓄如何达到"滚雪球"的目的？

通常每月可将家中余钱存 1 年定期存款。1 年下来，手中正好有 12 张存单。这样，不管哪个月急用钱都可取出当月到期的存款。若不急需用钱，可再将到期的存款连同利息及手头的余钱接着续存 1 年定期。这种"滚雪球"的存钱方法即可达到增利息的目的。

29. 三口之家如何理财？

（1）合理分配的最佳开支。最佳开支 =（日常开支 + 家庭收入）× 40%。同时合理利用大减价等促销活动购买日用品，以及在生活中注意随手关灯、节约用水等均可减少大部分开支。

（2）选用正确安全的储蓄方式。可考虑将收入的 20% 资金存入银行，同时兼顾选择一部分外币存入，即可抵御可能产生的贬值风险。

（3）新婚夫妇可选用每月收入的 10% 作为宝宝基金。以后将其积累的基金作为孩子长期的教育费用。

（4）生活中用夫妻双方工资的 20% 作为风险备用资金。当有不时之需，即可解决燃眉之急。

30. 家庭财务如何筹划？

（1）把家里的资产、存款、国债、股票、有价证券及负债等列出后，做一张财产明细表，使自己做到心中有数。

（2）把家庭成员的每月收入及支出，仔细记下来，到月底加减对照，即可了解收支是否平衡。

（3）每月合理预定好支出，列出餐费、交通费、水电煤气费、通讯费、保险费等必要支出费用，控制好应酬、娱乐、购物等不必要支出费用，并将计划外的余款存入银行。

（4）平时把一些不必要的消费省下来，可帮助快速实现自己的财务基金计划。

（5）把钱合理分流使用，以备不时之需；可尝试做一些小投资，多让自己增加一些投资理财的经验。

（6）每年的身体检查、自我充电、学习等费用，一定不要省去。健康、有活力的身体加上智慧的头脑才是创造财富的基本条件。

31. 如何使存款利息最大化？

存期越长，利率也越高。因此，在其他方面不受影响的前提下，尽可能地将存期延长，收益也就自然大了。银行的定期存款分 1 年期、2 年期、3 年期和 5 年期，根据自身的需要，若总存期恰好是 1 年、2 年、3 年和 5 年的话，那就可分别存这 4 个档次的定期，在同样期限内，利率均最高。若有笔钱可存 4 年，可先将其存一个 3 年定期，到期取出本息再存 1 年定期；若存 6 年，最佳方式则是先存 3 年定期，到期将本息再接着存 3 年定期。这样可以争取利息最大化。

32. 办理签证如何省钱？

● 避免重复消费：有些办理留学的申请者，由于材料准备不充分而遭拒签，不仅耽误学业，还会损失不少费用，包括大学的申请费用、来往的快件费、国际传真费、签证费等。再次申请就需要重新花钱。因此，要认真对待签证申请，争取一次通过，避免重复消费。

● 自行办理留学：目前国内外的正规院校都拥有自己的网站，详细地公布了招生信息。许多热门留学国家的驻华使馆也都相应推出了中文网页，详细介绍了本国的教育情况和签证程序。学生和家长可通过院校和各个使馆的网站，了解其留学信息和签证信息，然后按照相关要求自行申请选定的学校和签证，即可节约一笔中介服务费。

33. 选择保险公司有什么技巧？

（1）保险公司是经营风险的金融企业，因此重点要看公司的条款是否适合自己，售后服务是否更值得信赖。

（2）比较一下各家保险公司的条款和汇率，细心衡量后，会发现有所不同。

（3）应研究条款中的保险责任和责任免除等部分，以明确保单能提供什么样的保障，谨防个别营销员的误导。

34. 怎样选医疗健康保险？

在选择医疗健康险种的时候，每个家庭应首选重大疾病保险。其产品具有保障范围广（包括重大疾病、身故、高残）、保障性高、缴费灵活等特点。一般的原则是，每年的医疗保险费为其年收入的 7% ~ 12%，如果没有社会医疗保障的话，这个比例可以适当地提高一些。

35. 家庭财产投保应注意什么？

（1）家庭财产保险通常是分项承保、分项理赔，因此在投保时，各类财产都应有自己的保额：房子的保额是房屋的实际价值，家具、家电的保额是其对应的实际价值，在发生保险事故后，各类财产的损失赔偿要以其实际价值为限。

（2）家庭财产保险费率只是基本费率，其保险公司仅负因自然灾害和因意外事故而造成的财产损失。若需保险公司提供失窃责任，应根据当前的保险费率在原定费率的基础上附加盗窃责任保险费。

（3）无论选择哪种保险形式，在约定的有效期内乔迁变动时，都必须到原投保的保险公司办理变更手续，以免发生纠纷和经济损失。

（4）投保家庭财产保险时，应根据实际情况，确定保险金额，保险人一般不核查。

（5）保险金额应按照财产的实际价值确定，估算得过高或过低都不好，只有如实估算，才能使自己的财产得到可靠的保障。

36. 保险索赔如何办理？

（1）必须及时报案。投保人应在保险事故发生后 5 日内通知保险公司，但由于各个险种的理赔时效也不尽相同，所以一定要根据保险合同的规定及时报案，以防自己的利益遭受损失。

（2）保险公司只对被保险人确实因责任范围内的风险引起的损失进行赔偿，对于保险条款中的除外责任，如犯罪及投保人和被保险人的故意行为等则不进行赔偿。

（3）不论是什么险种，受益人均需备齐所需的单证如保险单正本、被保险人和受益人的身份证件、户口本、军官证、士兵证等原件以及最近一次所缴保险费的发票，若委托他人办理索赔手续的应填写委托授权书。

（4）若被保险人有公费医疗，单位和社保已经给报销了一部分，就应事先向保险公司出示由单位出具的医疗费用分割单，并注意所花费的医疗费用总额和单位已支付的费用，连同原始单据的复印件一起交给保险公司，保险公司将依据上述材料在医疗费用的剩余额度内进行理赔。

（5）被保险人索赔时，应当向保险公司提供保险单、事故证明、事故责任认定书、事故调解书、判决书、损失清单和有关费用单据。

37. 怎样办理家庭财产理赔？

（1）投保财产的价值要分项填写准确，不要出现保险金额不足或超额，否则都将会给被保险人带来经济损失。

（2）出险时，应在填写出险通知书后按规定提供有关单据和公安、消防、所在单位或街道组织等有关部门的证明。

（3）保险公司通常按照实际损失和当时的实际价值计算赔款，但最高不会超过保险单上分项列明的保险金额。

（4）被保险人从保险财产遭受损失的当天起，若在1年内不向保险公司申请赔偿，即作为自愿放弃索赔权益。

38. 贷款抵押房屋保险应注意什么？

（1）保险期限，与贷款期限一致。在抵押期间，若借款人中断保险，贷款银行有权代保，一切费用由借款人负担。

（2）保险财产主要是抵押贷款所购买的房屋。其他因装修、购置而附属于房屋的有关财产不属于投保范围。

（3）保险金额及保险费是指以所购房屋价格定额来确定保险金额。

（4）保险对象应是办理房屋抵押贷款的房屋所有人。

39. 购房还贷有什么技巧？

住房贷款的还款方式主要包括等额本息还款和等额本金还款两种。等额本息还款是指借款人每月以相等的金额偿还贷款本息；等额本金还款是指借款人每月等额偿还本金，贷款利息随本金逐月递减。目前，大部分国内商业银行均采用等额本息还款法。